JN441298

최신 개정판

철도안전법

법령
시행령
시행규칙

- 철도안전법 완벽해설
- 철도차량 운전면허
- 철도교통 관제자격증
- 철도교통 안전관리자

에듀컨텐츠·휴피아
ECH Educontents·Huepia

목 차

철도안전법

김형준 ♦ 著

에듀컨텐츠·휴피아
ECH Educontents·Huepia

에듀컨텐츠·휴피아
ECH Educontents·Huepia

철도안전법

[시행 2024. 9. 27.] [법률 제2042호, 2024. 3. 26., 일부개정]

제1장 총칙

제1조(목적)

이 법은 철도안전을 확보하기 위하여 필요한 사항을 규정하고 철도안전 관리체계를 확립함으로써 공공복리의 증진에 이바지함을 목적으로 한다.

※ 시행령 제1조(목적)
이 영은 「철도안전법」에서 위임된 사항과 그 시행에 필요한 사항을 규정함을 목적으로 한다.

※ 시행규칙 제1조(목적)
이 규칙은 「철도안전법」 및 같은 법 시행령에서 위임된 사항과 그 시행에 필요한 사항을 규정함을 목적으로 한다.

제2조(정의)

이 법에서 사용하는 용어의 뜻은 다음과 같다.

1. **"철도"** 란 「철도산업발전기본법」(이하 "기본법" 이라 한다) 제3조제1호에 따른 철도를 말한다.

"철도" 라 함은 여객 또는 화물을 운송하는 데 필요한 철도시설과 철도차량 및 이와 관련된 운영 · 지원체계가 유기적으로 구성된 운송체계를 말한다.

2. **"전용철도"** 란 「철도사업법」 제2조제5호에 따른 전용철도를 말한다.

"전용철도" 란 다른 사람의 수요에 따른 영업을 목적으로 하지 아니하고 자신의 수요에 따라 특수 목적을 수행하기 위하여 설치하거나 운영하는 철도를 말한다.

3. **"철도시설"** 이란 기본법 제3조제2호에 따른 철도시설을 말한다.

"철도시설" 이라 함은 다음 각 목의 어느 하나에 해당하는 시설(부지를 포함한다)을 말한다.
가. 철도의 선로(선로에 부대되는 시설을 포함한다), 역시설(물류시설 · 환승 시설 및 편의시설 등을 포함한다) 및 철도운영을 위한 건축물 · 건축설비
나. 선로 및 철도차량을 보수 · 정비하기 위한 선로보수기지, 차량정비기지 및 차량유치시설
다. 철도의 전철전력설비, 정보통신설비, 신호 및 열차제어설비
라. 철도노선간 또는 다른 교통수단과의 연계운영에 필요한 시설

마. 철도기술의 개발 · 시험 및 연구를 위한 시설
바. 철도경영연수 및 철도전문인력의 교육훈련을 위한 시설
사. 그 밖에 철도의 건설 · 유지보수 및 운영을 위한 시설로서 *대통령령(철산법)*으로 정하는 시설

[철도산업발전기본법시행령]
1. 철도의 건설 및 유지보수에 필요한 자재를 가공 · 조립 · 운반 또는 보관하기 위하여 당해 사업기간중에 사용되는 시설
2. 철도의 건설 및 유지보수를 위한 공사에 사용되는 진입도로 · 주차장 · 야적장 · 토석채취장 및 사토장과 그 설치 또는 운영에 필요한 시설
3. 철도의 건설 및 유지보수를 위하여 당해 사업기간중에 사용되는 장비와 그 정비 · 점검 또는 수리를 위한 시설
4. 그 밖에 철도안전관련시설 · 안내시설 등 철도의 건설 · 유지보수 및 운영을 위하여 필요한 시설로서 국토교통부장관이 정하는 시설

4. **"철도운영"** 이란 기본법 제3조제3호에 따른 철도운영을 말한다.

"철도운영" 이라 함은 철도와 관련된 다음 각 목의 어느 하나에 해당하는 것을 말한다.
가. 철도 여객 및 화물 운송
나. 철도차량의 정비 및 열차의 운행관리
다. 철도시설 · 철도차량 및 철도부지 등을 활용한 부대사업개발 및 서비스

5. **"철도차량"** 이란 기본법 제3조제4호에 따른 철도차량을 말한다.

"철도차량" 이라 함은 선로를 운행할 목적으로 제작된 동력차 · 객차 · 화차 및 특수차를 말한다.

5의2. **"철도용품"** 이란 철도시설 및 철도차량 등에 사용되는 부품 · 기기 · 장치 등을 말한다.

6. **"열차"** 란 선로를 운행할 목적으로 철도운영자가 편성하여 열차번호를 부여한 철도차량을 말한다.

7. **"선로"** 란 철도차량을 운행하기 위한 궤도와 이를 받치는 노반(路盤) 또는 인공구조물로 구성된 시설을 말한다.

8. **"철도운영자"** 란 철도운영에 관한 업무를 수행하는 자를 말한다.

9. **"철도시설관리자"** 란 철도시설의 건설 또는 관리에 관한 업무를 수행하는 자를 말한다.

10. **"철도종사자"** 란 다음 각 목의 어느 하나에 해당하는 사람을 말한다.

가. 철도차량의 운전업무에 종사하는 사람(이하 **"운전업무종사자"** 라 한다)

나. 철도차량의 운행을 집중 제어・통제・감시하는 업무(이하 **"관제업무"** 라 한다)에 종사하는 사람

다. 여객에게 승무(乘務) 서비스를 제공하는 사람(이하 **"여객승무원"** 이라 한다)

라. 여객에게 역무(驛務) 서비스를 제공하는 사람(이하 **"여객역무원"** 이라 한다)

마. 철도차량의 운행선로 또는 그 인근에서 철도시설의 건설 또는 관리와 관련한 작업의 협의 · 지휘 · 감독 · 안전관리 등의 업무에 종사하도록 철도운영자 또는 철도시설관리자가 지정한 사람(이하 **"작업책임자"** 라 한다)

바. 철도차량의 운행선로 또는 그 인근에서 철도시설의 건설 또는 관리와 관련한 작업의 일정을 조정하고 해당 선로를 운행하는 열차의 운행일정을 조정하는 사람(이하 **"철도운행안전관리자"** 라 한다)

사. 그 밖에 철도운영 및 철도시설관리와 관련하여 철도차량의 안전운행 및 질서유지와 철도차량 및 철도시설의 점검 · 정비 등에 관한 업무에 종사하는 사람으로서 ***대통령령(3조)*** **으로 정하는 사람**

＊ 시행령 제3조(안전운행 또는 질서유지 철도종사자)

1. 철도사고, 철도준사고 및 운행장애(이하 "철도사고등" 이라 한다)가 발생한 현장에서 조사 · 수습 · 복구 등의 업무를 수행하는 사람
2. 철도차량의 운행선로 또는 그 인근에서 철도시설의 건설 또는 관리와 관련된 작업의 현장 감독업무를 수행하는 사람
3. 철도시설 또는 철도차량을 보호하기 위한 순회점검업무 또는 경비업무를 수행하는 사람
4. 정거장에서 철도신호기 · 선로전환기 또는 조작판 등을 취급하거나 열차의 조성업무를 수행하는 사람
5. 철도에 공급되는 전력의 원격제어장치를 운영하는 사람
6. 「사법경찰관리의 직무를 수행할 자와 그 직무범위에 관한 법률」 제5조제11호에 따른 철도경찰 사무에 종사하는 국가공무원
7. 철도차량 및 철도시설의 점검・정비 업무에 종사하는 사람

＊ 시행령 제2조(정의)

이 영에서 사용하는 용어의 뜻은 다음 각 호와 같다.

1. **"정거장"** 이란 여객의 승하차(여객 이용시설 및 편의시설을 포함한다), 화물의 적하(積荷), 열차의 조성(組成: 철도차량을 연결하거나 분리 하는 작업을 말한다), 차의 교차통행 또는 대피를 목적으로 사용되는 장소를 말한다.
2. **"선로전환기"** 란 철도차량의 운행선로를 변경시키는 기기를 말한다.

11. **"철도사고"** 란 철도운영 또는 철도시설관리와 관련하여 사람이 죽거나 다치거나 물건이

파손되는 사고로 *국토교통부령(1조의2)*으로 정하는 것을 말한다.

※시행규칙 제1조의2(철도사고의 범위)

1. **철도교통사고**

   철도차량의 운행과 관련된 사고로서 다음 각 목의 어느 하나에 해당하는 사고

   가. **충돌사고**: 철도차량이 다른 철도차량 또는 장애물(동물 및 조류는 제외한다)과 충돌하거나 접촉한 사고

   나. **탈선사고**: 철도차량이 궤도를 이탈하는 사고

   다. **열차화재사고**: 철도차량에서 화재가 발생하는 사고

   라. **기타철도교통사고**: 가목부터 다목까지의 사고에 해당하지 않는 사고 로서 철도차량의 운행과 관련된 사고

2. **철도안전사고**: 철도시설 관리와 관련된 사고로서 다음 각 목의 어느 하나에 해당하는 사고. 다만, 「재난 및 안전관리 기본법」 제3조제1호 가목에 따른 자연재난으로 인한 사고는 제외한다.

   가. **철도화재사고**: 철도역사, 기계실 등 철도시설에서 화재가 발생하는 사고

   나. **철도시설파손사고**: 교량·터널·선로, 신호·전기·통신 설비 등의 철도 시설이 파손되는 사고

   다. **기타철도안전사고**: 가목 및 나목에 해당하지 않는 사고로서 철도 시설 관리와 관련된 사고

12. **"철도준사고"** 란 철도안전에 중대한 위해를 끼쳐 철도사고로 이어질 수 있었던 것으로 *국토교통부령(1조의3)*으로 정하는 것을 말한다.

※시행규칙 제1조의3(철도준사고의 범위)

1. 운행허가를 받지 않은 구간으로 열차가 주행하는 경우
2. 열차가 운행하려는 선로에 장애가 있음에도 진행을 지시하는 신호가 표시 되는 경우. 다만, 복구 및 유지 보수를 위한 경우로서 관제 승인을 받은 경우에는 제외한다.
3. 열차 또는 철도차량이 승인 없이 정지신호를 지난 경우
4. 열차 또는 철도차량이 역과 역사이로 미끄러진 경우
5. 열차운행을 중지하고 공사 또는 보수작업을 시행하는 구간으로 열차가 주행한 경우
6. 안전운행에 지장을 주는 레일 파손이나 유지보수 허용범위를 벗어난 선로 뒤틀림이 발생한 경우
7. 안전운행에 지장을 주는 철도차량의 차륜, 차축, 차축베어링에 균열 등의 고장이 발생한 경우
8. 철도차량에서 화약류 등 「철도안전법 시행령」(이하 "영" 이라 한다) 제45조에 따른 위험물 또는 제78조제1항에 따른 위해물품이 누출된 경우
9. 제1호부터 제8호까지의 준사고에 준하는 것으로서 철도사고로 이어질 수 있는 것

13. **"운행장애"** 란 철도사고 및 철도준사고 외에 철도차량의 운행에 지장을 주는 것으로서 *국토교통부령(1조의4)*으로 정하는 것을 말한다.

> **※시행규칙 제1조의4(운행장애의 범위)**
> 1. 관제의 사전승인 없는 정차역 통과
> 2. 다음 각 목의 구분에 따른 운행 지연. 다만, 다른 철도사고 또는 운행장애로 인한 운행 지연은 제외한다.
>   가. 고속열차 및 전동열차: 20분 이상
>   나. 일반여객열차: 30분 이상
>   다. 화물열차 및 기타열차: 60분 이상

14. **"철도차량정비"** 란 철도차량(철도차량을 구성하는 부품・기기・장치를 포함한다)을 점검・검사, 교환 및 수리하는 행위를 말한다.

15. **"철도차량정비기술자"** 란 철도차량정비에 관한 자격, 경력 및 학력 등을 갖추어 제24조의2에 따라 국토교통부장관의 인정을 받은 사람을 말한다.

제3조(다른 법률과의 관계)

철도안전에 관하여 다른 법률에 특별한 규정이 있는 경우를 제외하고는 이 법에서 정하는 바에 따른다.

제3조의2(조약과의 관계)

국제철도(대한민국을 포함한 둘 이상의 국가에 걸쳐 운행되는 철도를 말한다)를 이용한 화물 및 여객 운송에 관하여 대한민국과 외국 간 체결된 조약에 이 법과 다른 규정이 있는 때에는 그 조약의 규정에 따른다. 다만, 이 법의 규정내용이 조약의 안전기준보다 강화된 기준을 포함하는 때에는 그러하지 아니하다.

제4조(국가 등의 책무)

① 국가와 지방자치단체는 국민의 생명 · 신체 및 재산을 보호하기 위하여 철도안전시책을 마련하여 성실히 추진하여야 한다.

② 철도운영자 및 철도시설관리자(이하 "철도운영자등" 이라 한다)는 철도운영이나 철도시설 관리를 할 때에는 법령에서 정하는 바에 따라 철도안전을 위하여 필요한 조치를 하고, 국가나 지방자치단체가 시행하는 철도안전시책에 적극 협조하여야 한다.

【제1장 예상 및 기출문제】

1. 다음 설명 중 철도종사자로서 대통령령으로 정하는 사람으로 틀린 것은?
가. 철도사고, 철도준사고 및 운행장애(이하 "철도사고등"이라 한다)가 발생한 현장에서 조사 · 수습 · 복구 등의 업무를 수행하는 사람
나. 철도차량의 운행선로 또는 그 인근에서 철도시설의 건설 또는 관리와 관련된 작업의 현장감독업무를 수행하는 사람
다. 철도차량의 운행선로 또는 그 인근에서 철도시설의 건설 또는 관리와 관련한 작업의 협의 · 지휘 · 감독 · 안전관리 등의 업무에 종사하는 사람
라. 철도차량 및 철도시설의 점검 · 정비 · 업무에 종사하는 사람

정답 및 풀이 : 다
철도안전법 제2조(정의)
10. 철도차량의 운행선로 또는 그 인근에서 철도시설의 건설 또는 관리와 관련한 작업의 협의 · 지휘 · 감독 · 안전관리 등의 업무에 종사하도록 철도운영자 또는 철도시설관리자가 지정한 사람(이하 "작업책임자"라 한다.)

2. 다음 설명 중 철도 준사고의 범위로 틀린 것은?
가. 운행허가를 받지 않은 구간으로 열차가 주행하는 경우
나. 안전운행에 지장을 주는 철도차량의 차륜, 차축, 추축베어링에 균열 등의 고장이 발생한 경우
다. 열차운행을 중지하고 공사 또는 보수작업을 시행하는 구간으로 열차가 주행한 경우
라. 열차가 운행하려는 선로에 장애가 있음에도 진행을 지시하는 신호가 표시되어 복구 및 유지 보수를 위해 관제 승인을 받은 경우

정답 및 풀이 : 라
철도안전법(시행규칙) 제1조의3(철도준사고의 범위)
2. 열차가 운행하려는 선로에 장애가 있음에도 진행을 지시하는 신호가 표시되는 경우. 다만 복구 및 유지 보수를 위한 경우로서 관제 승인을 받은 경우에는 제외한다.

3. 다음 설명 중 철도준사고의 범위가 아닌 것은?
가. 운행허가를 받지 않은 구간으로 열차가 주행하는 경우
나. 열차 또는 철도차량이 승인 없이 정지신호를 지난 경우
다. 철도차량이 다른 철도차량 또는 장애물(동물 및 조류는 제외)과 충돌하거나 접촉한 경우
라. 열차 또는 철도차량이 역과 역 사이로 미끄러진 경우

정답 및 풀이 : 다
철도안전법 시행규칙 제 1조의2(철도사고의 범위)
'다'는 철도사고의 범위에 해당한다.

4. 대통령령으로 정하는 안전운행 또는 질서유지 철도종사자가 아닌 것은?
가. 철도사고, 철도준사고 및 운행장애가 발생한 현장에서 조사, 수습, 복구 등의 업무를 수행하는 사람
나. 철도차량의 운행을 집중제어, 통제, 감시하는 업무에 종사하는 사람
다. 철도시설 또는 철도차량을 보호하기 위한 순회점검업무 또는 경비업무를 수행하는 사람
라. 철도에 공급되는 전력의 원격제어장치를 운영하는 사람

정답 및 풀이 : 나
철도안전법 시행령 제3조(안전운행 또는 질서유지 철도종사자)
'나'는 철도안전법령상 철도종사자에 해당한다.

5. 철도안전법령상 용어의 정의로 틀린 것은?
가. 열차란 선로를 운행할 목적으로 철도시설관리자가 편성하여 열차번호를 부여한 철도차량을 말한다.
나. 선로란 철도차량을 운행하기 위한 궤도와 이를 받치는 노반 또는 인공구조물로 구성된 시설을 말한다.
다. 철도준사고란 철도안전에 중대한 위해를 끼쳐 철도사고로 이어질 수 있었던 것으로 국토교통부령으로 정하는 것을 말한다.
라. 운행장애란 철도사고 및 철도준사고 외에 철도차량의 운행에 지장을 주는것으로서 국토교통부령으로 정하는 것을 말한다.

정답 및 풀이 : 가
철도안전법 제2조(정의)
열차란 선로를 운행할 목적으로 철도운영자가 편성하여 열차번호를 부여한 철도차량을 말한다.

6. 다음 중 철도준사고의 범위에 해당되지 않는 것은?
가. 안전운행에 지장을 주는 철도차량의 차륜, 차축, 기초 제동장치에 균열 등의 고장이 발생한 경우
나. 운행허가를 받지 않은 구간으로 열차가 주행하는 경우
다. 열차 또는 철도차량이 승인 없이 정지신호를 지난 경우
라. 열차 또는 철도차량이 역과 역사이로 미끄러진 경우

정답 및 풀이 : 가
철도안전법 제1조의3(철도준사고의 범위)
7. 안전운행에 지장을 주는 철도차량의 차륜, 차축, 차축베어링에 균열 등의 고장이 발생한 경우

7. 다음 중 철도안전 종합계획에 포함되어야 하는 내용으로 옳지 않은 것은?
가. 철도안전에 관한 시설의 확충, 개량 및 점검 등에 관한 사항
나. 철도안전 관련 전문 인력의 양성 및 수급관리에 관한 사항
다. 철도안전 관련 연구 및 기술개발에 관한 사항
라. 철도종사자의 안전 및 근무환경 유지에 관한 사항

정답 및 풀이 : 라
철도안전법 제5조(철도안전 종합계획)
6. 철도종사자의 안전 및 근무환경 향상에 관한 사항

8. 작업원을 대상으로 하는 안전교육의 내용으로 옳지 않은 것은?
가. 안전장비 착용 등 작업원 보호에 관한 사항
나. 건설기계 등 장비를 사용하는 작업의 경우에는 철도사고 조치에 관한 사항
다. 작업특성 및 현장여건에 따른 위험요인에 대한 안전조치 방법
라. 작업책임자와 작업원의 의사소통 방법, 작업통제 방법 및 그 준수에 관한 사항

정답 및 풀이 : 나
철도안전법 제76조의6(작업책임자의 준수사항)
5. 건설기계 등 장비를 사용하는 작업의 경우에는 철도사고 예방에 관한 사항

9. 운전면허를 받을 수 없는 경우에 대한 설명이 틀린 것은?
가. 19세 미만인 사람
나. 두 귀의 청력 또는 두 눈의 시력을 완전히 상실한 사람
다. 운전면허가 취소된 날부터 2년이 지나지 아니하였거나 운전면허의 효력정지기간 중인 사람

라. 철도차량 운전상의 위험과 장해를 일으킬 수 있는 정신질환자 또는 뇌전증환자로서 국토교통부령으로 정하는 사람

정답 및 풀이 : 라

10. 철도안전법 시행규칙 제24조(운전면허시험의 과목 및 합격기준)에 대한 설명으로 알맞지 않은 것은?

가. 법 제17조제1항에 따른 철도차량시험(이하 "운전면허시험"이라 한다)은 영 제11조제1항에 따른 운전면허의 종류별로 필기시험과 기능시험으로 구분하여 시행한다. 이 경우기능시험은 실제차량이나 모의운전연습기를 활용하여 시행한다.
나. 제1항에 따른 필기시험과 기능시험의 과목 및 합격기준은 별표 10과 같다. 이 경우 기능시험은 필기시험을 합격한 경우에만 응시할 수 있다.
다. 제1항에 따른 필기시험에 합격한 사람에 대해서는 필기시험에 합격한 날부터 2년이 되는 날 이전까지 실시하는 운전면허시험에 있어 필기시험의 합격을 유효한 것으로 본다.
라. 운전면허시험의 방법, 절차, 기능시험 평가위원의 선정 등에 관하여 필요한 세부사항은 국토교통부장관이 정한다.

정답 및 풀이 : 다
제1항에 따른 필기시험에 합격한사람에 대해서는 필기시험에 합격한 날부터 2년이 되는 날이 속하는 해의 12월 31일까지 실시하는 운전면허시험에 있어 필기시험의 합격을 유효한 것으로 본다.

11. 법 제5조(철도안전 종합계획) 제3항 후단에서 "대통령령으로 정하는 경미한 사항의 변경" 중 틀리게 설명한 것은?
가. 법 제5조제1항에 따른 철도안전 종합계획에서 정한 총사업비를 원래 계획의 100분의 10 이내에서의 변경
나. 법령의 개정, 행정구역의 변경 등과 관련하여 철도안전 종합계획을 변경하는 등 당초 수립된 철도안전 종합계획의 기본방향에 영향을 미치지 아니하는 사항의 변경
다. 위탁 계약자의 변경에 따른 열차운행체계 또는 유지관리체계의 변경
라. 철도안전 종합계획에서 정한 시행기한 내에 단위사업의 시행시기의 변경

정답 및 풀이 : 다
시행규칙 제3조(안전관리체계의 경미한 사항 변경)
7. 위탁 계약자의 변경에 따른 열차운행체계 또는 유지관리체계의 변경

12. 다음 빈 칸에 들어갈 숫자를 고르시오.
법 제5조제1항에 따른 철도안전 종합계획에서 정한 총사업비를 원래 계획의 100분의(　　) 이내에서의 변경
가. 5
나. 10
다. 15
라. 20

정답 및 풀이 : 나.
법 제5조제1항에 따른 철도안전 종합계획에서 정한 총사업비를 원래 계획의 100분의 10 이내에서의 변경

13. 다음 중 철도안전 종합계획에 포함되지 않는 것은?
가. 철도안전 종합계획의 추진실적 및 방향
나. 철도 안전에 관한 시설확충, 개량 및 점검 등에 관한 사항

다. 철도 안전 관계 법령의 정비 등 제도개선에 관한 사항
라. 철도안전 관련 교육훈련에 관한 사항

정답 및 풀이 : 가
추진실적이 아닌 추진 목표이다.

14. 다음 중 철도준사고에 해당하지 않는 것은?
가. 운행허가를 받지 않은 구간의 열차주행
나. 열차 또는 철도차량이 승인 없이 정지신호를 지난 경우
다. 관제의 사전 승인 없이 정차역을 통과한 경우
라. 열차 또는 철도차량이 역과 역 사이로 미끄러진 경우

정답 및 해설 : 다
철도안전법 시행규칙 제1조의4(운행장애의 범위)
법 제2조제13호에서 "국토교통부령으로 정하는 것"이란 다음 각 호의 어느 하나에 해당하는 것을 말한다.
1. 관제의 사전승인 없는 정차역 통과

15. 다음 중 철도안전 종합계획에 포함되는 것으로 알맞지 않은 것은?
가. 철도안전 종합계획의 추진 목표 및 방향
나. 철도차량의 정비 및 점검등에 관한 사항
다. 철도안전 관련 교육기관에 관한 사항
라. 철도안전을 위한 홍보 및 광고에 관한 사항

정답 및 해설 : 라
철도안전법 제5조(철도안전 종합계획)
② 철도안전 종합계획에는 다음 각 호의 사항이 포함되어야 한다.
1. 철도안전 종합계획의 추진 목표 및 방향
2. 철도안전에 관한 시설의 확충, 개량 및 점검 등에 관한 사항
3. 철도차량의 정비 및 점검 등에 관한 사항
4. 철도안전 관계 법령의 정비 등 제도개선에 관한 사항
5. 철도안전 관련 전문 인력의 양성 및 수급관리에 관한 사항
6. 철도종사자의 안전 및 근무환경 향상에 관한 사항
7. 철도안전 관련 교육훈련에 관한 사항
8. 철도안전 관련 연구 및 기술개발에 관한 사항
9. 그 밖에 철도안전에 관한 사항으로서 국토교통부장관이 필요하다고 인정하는 사항

16. 다음 설명 중 철도안전법령상 용어의 정의로 옳지 않은 것은?
가. "철도운영자"란 철도운영에 관한 업무를 수행하는 자를 말한다.
나. "철도시설관리자"란 철도시설의 건설 또는 관리에 관한 업무를 수행하는 자를 말한다.
다. "철도용품"이란 철도시설 및 철도차량 등에 사용되는 부품, 기기, 장치 등을 말한다.
라. "철도운행안전관리자"란 철도차량의 운행선로 또는 관리와 관련한 작업의 협의, 지휘, 감독, 안전관리 등의 업무에 종사하도록 철도운영자 또는 철도시설관리자가 지정한 자를 말한다.

정답 및 풀이 : 라
철도안전법 제2조(정의)
10. (바) "철도운행안전관리자"란 철도차량의 운행선로 또는 그 인근에서 철도시설의 건설 또는 관리와 관련한 작업의 일정을 조정하고 해당 선로를 운행하는 열차의 운행 일정을 조정하는 자를 말한다.

17. 다음 설명 중 철도준사고의 범위로 옳지 않는 것은?
가. 철도차량에서 화약류 등 위험물 또는 위해물품이 누출된 경우
나. 열차 또는 철도차량이 역과 역사이로 미끄러진 경우
다. 안전운행에 지장을 주는 레일 파손이나 유지보수 허용범위를 벗어난 선로 뒤틀림이 발생한 경우
라. 안전운행에 지장을 주는 철도차량의 차륜, 차축, 차축이어링에 균열 등의 고장이 발생한 경우

정답 및 풀이 : 라
철도안전법 시행규칙 제1조의3(철도준사고의 범위)
7. 안전운행에 지장을 주는 철도차량의 차륜, 차축, 차축베어링에 균열 등의 고장이 발생한 경우

18. 철도 종사자에 대한 내용으로 틀린 것은?
가. 철도차량의 운전업무에 종사하는 사람을 말한다.
나. 여객에게 승무 서비스를 제공하는 사람을 말한다.
다. 철도운영 또는 철도시설관리자가 지정한 사람을 말한다.
라. 철도차량정비기술자도 철도 종사자에 속한다.

정답 : 라
해설 : 철도차량정비기술자는 종사자에 속하지 않고 철도차량 정비에 관한 자격, 경력 및 학력 등을 갖추어 제24조의 2에 따라 국토교통부장관에 인정을 받는 사람을 말한다.

19. 다음 중 옳지 않는 내용은?
가. 운전면허의 효력이 실효된 사람이 운전면허가 실효된 날부터 2년 이내에 실효된 운전면허와 동일한 운전면허를 취득하려는 경우에는 운전면허 취득절차의 일부를 면제할 수 있다.
나. 운전면허의 효력이 정지된 사람이 기간 내에 운전면허 갱신을 받은 경우 해당 운전면허의 유효기간은 갱신 받기 전 운전면허의 유효기간 만료일 다음 날부터 기산한다.
다. 운전면허 취득자가 운전면허의 갱신을 받지 아니하면 그 운전면허의 유효기간이 만료되는 날의 다음 날부터 그 운전면허의 효력이 정지된다.
라. 한국교통안전공단은 운전면허의 효력이 정지된 사람이 있는 때에는 해당 운전면허의 효력이 정지된 날부터 30일 이내에 해당 운전면허 취득자에게 이를 통지하여야 한다.

정답 및 풀이 : 가
철도안전법 제20조(운전면허 취득절차의 일부 면제)
법 제19조제7항에 따라 운전면허의 효력이 실효된 사람이 운전면허가 실효된 날부터 3년 이내에 실효된 운전면허와 동일한 운전면허를 취득하려는 경우에는 다음 각 호의 구분에 따라 운전면허 취득절차의 일부를 면제한다.

20. 운전면허 갱신에 관한 설명으로 바르지 않은 것은?
가. 운전면허 유효기간은 5년으로 한다.
나. 운전면허 취득자로서 유효기간 이후에도 효력을 유지하려는 사람은 기간만료 전에 국토교통부령으로 정하는 바에 따라 운전면허의 갱신을 받아야 한다.
다. 국토교통부장관은 면허 취득자에게 기간 만료되기 전에 국토교통부령으로 정하는 바에 따라 운전면허 갱신에 관한 내용을 통지해야 한다.
라. 국토교통부장관은 제5항에 따라 운전면허의 효력이 실효된 사람이 운전면허를 다시 받으려는 경우 대통령령으로 정하는 바에 따라 그 절차의 일부를 면제할 수 있다.

정답 및 풀이 : 가
법 제19조(운전면허의 갱신) 1항 운전면허의 유효기간은 10년으로 한다.

21. 다음 설명 중 운전면허갱신에 관한 설명이 아닌 것은?
가. 운전면허의 유효기한은 10년이다.
나. 운전면허 효력 실효자의 면허 재발급시 대통령령으로 정하는 바에 따라 절차의 일부를 면제할 수 있다.
다. 운전면허 취득자는 유효기간 이후 6개월의 범위에서 운전면허의 갱신을 신청하지 않으면 운전면허는 효력을 잃는다.
라. 운전면허 갱신 안내통지는 운전적성검사기관에서 통지한다.

정답 및 풀이 : 라
철도안전법 시행규칙 제33조(운전면허 갱신 안내 통지)
② 한국교통안전공단은 법 제19조제6항에 따라 운전면허의 유효기간 만료일 6개월 전까지 해당 운전면허 취득자에게 운전면허 갱신에 관한 내용을 통지하여야 한다.

22. 다음 중 운전면허 갱신에 필요한 경력이 아닌 것은?
가. 관제업무에서 2년 이상 종사
나. 운전교육훈련기관에서의 교육업무 2년 이상 종사
다. 운전업무 2년 이상 종사
라. 철도차량 운전자를 지도, 교육, 관리하는 업무 2년이상 종사

정답 및 풀이 : 다
철도안전법 시행규칙 제32조(운전면허 갱신에 필요한 경력 등)
(다) 사항 없음.

23. 운전면허 갱신에 필요한 경력에 대한 내용으로 맞는 것은?
가. 운전면허의 유효기간 내에 1개월 이상
나. 운전면허의 유효기간 내에 3개월 이상
다. 운전면허의 유효기간 내에 6개월 이상
라 운전면허의 유효기간 내에 12개월 이상

정답 및 풀이 : 다
시행규칙 제32조
철도차량의 운전업무에 종사한 경력이란 운전면허의 유효기간 내에 6개월 이상 해당 철도차량을 운전한 경력을 말한다.

24. 국토교통부령으로 정하는 바에 따라 이와 같은 수준 이상의 경력이 해당하는 업무에 2년이상 종사한 경력으로 해당하는 업무로 틀린 것은?
가. 관제업무
나. 운전교육훈련기관에서의 운전교육, 훈련업무
다. 철도운영자등에게 소속되어 철도차량 운전자를 지도, 교육, 관리하거나 감독하는 업무
라. 한국철도시선공단에서의 운전교육, 훈련업무

정답 및 풀이 : 라
시행규칙 제32조
2. 법 제 19조제3항제1호에서 "이와 같은 수준 이상의 경력이란 다음 각 호의 어느 하나에 해당하는 업무에 2년이상 종사한 경력을 말한다.
1. 관제업무
2. 운전교육훈련기관에서의 운전교육, 훈련업무
3. 철도운영자등에게 소속되어 철도차량 운전자를 지도, 교육, 관리하거나 감독하는 업무

25. 운전면허의 갱신에 관련된 내용으로 틀린 것은?
가. 운전면허의 유효기간은 10년이다.
나. 국토교통부장관은 운전면허 취득자에게 그 운전면허의 유효기간이 만료되기 전에 국토교통부령으로 정하는 바에 따라 운전면허의 갱신에 관한 내용을 통지하여야 한다.
다. 제4항에 따라 운전면허의 효력이 정지된 사람이 10개월의 범위에서 대통령령으로 정하는 기간 내에 운전면허의 갱신을 신청하여 운전면허는 효력을 잃는다.
라. 국토교통부령으로 정하는 철도차량의 운전업무에 종사한 경력이란 운전면허의 유효기간 내에 6개월 이상 해당 철도차량을 운전한 경력을 말한다.

정답 및 풀이 : 다
제4항에 따라 운전면허의 효력이 정지된 사람이 6개월의 범위에서 대통령령으로 정하는 기간 내에 운전면허의 갱신을 신청하여 운전면허는 효력을 잃는다.

26. 운전면허 갱신에 필요한 경력에 관련된 내용 중 틀린 것은?
가. 관제업무 2년
나. 운전교육훈련기관에서의 운전교육 훈련업무 2년
다. 차량정비 2년
라. 철도운영자등에게 소속되어 철도차량 운전자를 지도, 교육, 관리하거나 감독하는 업무

정답 및 풀이 : 다
차량정비는 포함이 갱신에 필요한 경력이 아니다.
(32조 운전면허 갱신에 필요한 경력 등 1)

27. 운전면허 갱신에 필요한 경력으로 아닌 것은?
가. 관제업무
나. 운전교육훈련기관에서의 운전교육훈련업무
다. 철도차량 운전자를 지도, 교육, 관리하거나 감독하는 업무
라. 만료된 운전면허

정답 및 풀이 : 라
만료된 운전면허는 갱신에 필요하지 않다.

28. 운전면허를 취소하여야 하는 경우로 알맞은 것은?
가. 철도차량을 운전 중 고의 또는 중중과실로 철도사고를 일으킨 경우
나. 운전면허증을 다른 사람에게 빌려주었을 때
다. 술을 마시거나 약물을 사용한 상태에서 철도차량을 운전하였을 때
라. 철도의 안전 및 보호와 질서유지를 위하여 한 명령, 처분을 위반하였을 때

정답 및 풀이 : 나
운전면허증을 다른 사람에게 빌려주었을 때는 면허를 무조건 취소하여야 한다.

29. 운전면허의 취소 및 효력정지 처분의 통지로 알맞이 않은 것은?
가. 운전면허의 취소나 효력정지 처분을 한 때에는 처분 통지서를 해당 처분대상자에게 발송하여야 한다.
나. 처분대상자가 철도운영자등에게 소속되어 있는 경우에는 철도운영자등에게 그 처분 사실을 통지하여야 한다.
다. 처분대상자의 주소등을 확인할 수 없는 경우에는 한국교통안전공단 게시판 또는 인터넷 홈페이지에 14일간 공고할 수 있다.
라. 운전면허의 취소 또는 효력정지 처분의 통지를 받은 사람은 운전면허증을 한국교통안전공단에 반납하여야 한다.

정답 및 풀이 : 다
처분대상자의 주소등을 확인할 수 없는 경우에는 한국교통안전공단 게시판 또는 인터넷 홈페이지에 14일 이상 공고하여야 한다.

30. 다음 중 운전면허 유효기간으로 맞는 것은?
가. 2년
나. 5년
다. 8년
라. 10년

정답 및 풀이 : 라
운전면허의 유효기간은 10년이다.

31. 운전면허 갱신 안내통지에서 한국교통안전공단은 면허증의 효력이 정지된 날부터 몇일 이내에 해당 운전면허 취득자에게 통지하여야 하는가?
가. 14일
나. 15일
다. 30일
라. 45일

정답 및 풀이: 다
한국교통안전공단은 법 제19조제4항에 따라 운전면허의 효력이 정지된 사람이 있는 때에는 해당 운전면허의 효력이 정지된 날부터 30일 이내에 통지하여야 한다.

32. 한국교통안전공단은 운전면허의 유효기간 몇 개월 전까지 해당 운전면허 취득자에게 운전면허 갱신에 관한 내용을 통지해야 되나요?
가. 2개월
나. 4개월
다. 6개월
라. 8개월

답 : 다

33. 한국교통안전공단은 게시판 또는 인터넷 홈페이지에 운전면허 갱신 안내 통지를 몇 일 이상 해야 하나?
가. 2일
나. 6일
다. 12일
라. 14일

답: 라

34. 운전면허 갱신에 대하여 옳지 않는 것은?
가. 운전면허의 유효기간은 10년이다.
나. 국토교통부장관은 운전면허의 갱신을 신청한 사람이 국토교통부령으로 정하는 교육훈련을 받은 경우 운전면허증을 갱신하여 발급하여야 한다.
다. 국토교통부장관은 운전면허의 갱신을 신청한 사람이 운전면허의 갱신을 신청하는 날 전 10년 이내에 국토교통부령으로 정하는 철도차량의 운전업무에 종사한 경력이 있으면 운전면허증을 갱신하여 발급하여야 한다.
라. 운전면허의 효력이 정지된 사람이 1년의 범위에서 운전면허의 갱신을 받지 아니하면 그 기간이 만료되는 다음 날부터 운전면허의 효력을 잃는다.

정답 및 풀이 : 라
1년 ⇒ 6개월

35. 운전면허가 실효된 날로부터 3년이내에 실효된 운전면허와 동일한 운전면허를 취득하려는 경우 다음 중 운전면허 취득절차를 일부 면제할 수 있는 것은?
가. 법 제19조제3항 각 호에 해당하지 아니하는 경우 – 법 제16조에 따른 기능시험 면제
나. 법 제19조제3항 각 호에 해당하지 아니하는 경우 – 법 제16조에 따른 필기시험 면제
다. 법 제19조제3항 각 호에 해당하는 경우 – 법 제16조에 따른 운전교육훈련과 법 제17조에 따른 운전면허시험 중 필기시험 면제
라. 법 제19조제3항 각 호에 해당하는 경우 – 법 제16조에 따른 운전교육훈련과 법 제17조에 따른 운전면허시험 중 기능시험 면제

정답 및 풀이 : 다
법 제19조제3항 각 호에 해당하지 아니하는 경우 – 법 제16조에 따른 운전교육훈련 면제

36. 한국교통안전공단은 운전면허의 효력이 정지된 사람이 있을 때에 며칠 이내에 운전면허 취득자에게 이를 통지하여야 하는가?
가. 14일
나. 15일
다. 30일
라. 60일

정답 및 풀이 : 다

37. 다음 중 운전면허를 취소하여야 하는 경우는?
가. 철도차량을 운전 중 고의 또는 중과실로 철도사고를 일으켰을 때
나. 제41조제1항을 위반하여 술을 마시거나 약물을 사용한 상태에서 철도차량을 운전하였을 때
다. 운전면허의 효력정지기간 중 철도차량을 운전하였을 때
라. 제41조제2항을 위반하여 술을 마신 상태에서 업무를 하였다고 인정할 만한 상당한 이유가 있음에도 불구하고 국토교통부장관의 확인 또는 검사를 거부하였을 때

정답 및 풀이 : 다
가, 나, 라는 필히 운전면허를 취소하여야 하는 것은 아님.

38. 다음 중 운전면허취소·효력정지 처분의 세부기준 중 2차위반에 면허취소가 아닌 것은?
가. 철도차량 운전 중 고의 또는 중과실로 철도사고를 일으켜 부상자가 발생한 경우
나. 법 제40조의2제5항을 위반한 경우
다. 알코올농도 0.02% 이상 0.1% 미만에서 운전한 경우
라. 철도차량 운전규칙을 위반하여 운전을 하다가 열차운행에 중대한 차질을 초래한 경우

정답 및 풀이 : 라
라. 1차 : 효력정지 1개월, 2차 : 효력정지 2개월, 3차 : 효력정지 3개월,
4차 : 면허취소

39. 다음 중 철도종사자의 안전교육 대상에 해당되지 않는 사람은?
가. 운전업무종사자
나. 관제업무에 종사하는 사람
다. 철도 운영에 관한 업무를 수행하는 사람
라. 여객에게 역무서비스를 제공하는 사람

정답 및 해설 : 다
시행규칙 41조의2
1. 법 제2조제10호가목부터 라목까지에 해당하는 사람
가. 철도차량의 운전업무에 종사하는 사람(이하 "운전업무종사자"라 한다)
나. 철도차량의 운행을 집중 제어, 통제, 감시하는 업무(이하 "관제업무"라 한다)에 종사하는 사람
다. 여객에게 승무(乘務) 서비스를 제공하는 사람(이하 "여객승무원"이라 한다)
라. 여객에게 역무(驛務) 서비스를 제공하는 사람(이하 "여객역무원"이라 한다)
마. 철도 운영에 관한 업무를 수행하는 사람은 철도 운영자로 철도종사자가 아니다.

40. 다음 중 철도종사자의 안전교육 대상에 해당되지 않은 사람은?
가. 철도시설 또는 철도차량을 보호하기 위한 순회점검업무 또는 경비업무를 수행하는 사람
나. 정거장에서 철도신호기, 선로전환기 또는 조작판 등을 취급하거나 열차의 조성업무를 수행하는 사람
다. 철도에 공급되는 전력의 원격제어장치를 운영하는 사람
라.「사법경찰관리의 직무를 수행할 자 와 그 직무범위에 관한 법률」제5조제11호에 따른 철도경찰 사무에 종사하는 국가공무원

정답 및 풀이 : 라
라는 영 3조 6호로 철도종사자는 맞지만 안전교육의 대상이 되지 않는다.
이 문제는 영 3조 2~5호, 7호까지 범위다.
영 3조
2. 철도차량의 운행선로 또는 그 인근에서 철도시설의 건설 또는 관리와 관련된 작업의 현장감독업무를 수행하는 사람
3. 철도시설 또는 철도차량을 보호하기 위한 순회점검업무 또는 경비업무를 수행하는 사람
4. 정거장에서 철도신호기, 선로전환기 또는 조작판 등을 취급하거나 열차의 조성업무를 수행하는 사람
5. 철도에 공급되는 전력의 원격제어장치를 운영하는 사람
7. 철도차량 및 철도시설의 점검정비 업무에 종사하는 사람

41. 다음 중 철도종사자에 대한 안전교육으로 알맞지 않은 것은?
가. 철도안전법령 및 안전관련 규정
나. 철도사고 사례 및 사고예방대책
다. 위기대응체계 및 위기대응 메뉴얼 등
라. 철도사고 발생 시 행동요령

정답 및 풀이 : 라
라. 철도사고 발생 시 행동요령이 아닌 철도사고 및 운행장애 등 비상시 응급조치 및 수습복구대책에 관한 안전교육이다.

에듀컨텐츠·휴피아
ECH Educontents Huepia

제2장 철도안전 관리체계

제5조(철도안전 종합계획)

① 국토교통부장관은 5년마다 철도안전에 관한 종합계획(이하 "철도안전 종합계획"이라 한다)을 수립하여야 한다.

② 철도안전 종합계획에는 다음 각 호의 사항이 포함되어야 한다.

1. 철도안전 종합계획의 추진 목표 및 방향
2. 철도안전에 관한 시설의 확충, 개량 및 점검 등에 관한 사항
3. 철도차량의 정비 및 점검 등에 관한 사항
4. 철도안전 관계 법령의 정비 등 제도개선에 관한 사항
5. 철도안전 관련 전문 인력의 양성 및 수급관리에 관한 사항
6. 철도종사자의 안전 및 근무환경 향상에 관한 사항
7. 철도안전 관련 교육훈련에 관한 사항
8. 철도안전 관련 연구 및 기술개발에 관한 사항
9. 그 밖에 철도안전에 관한 사항으로서 국토교통부장관이 필요하다고 인정하는 사항

③ 국토교통부장관은 철도안전 종합계획을 수립할 때에는 미리 관계 중앙행정기관의 장 및 철도운영자등과 협의한 후 *기본법 제6조제1항*에 따른 철도산업위원회의 심의를 거쳐야 한다. 수립된 철도안전 종합계획을 변경(*대통령령(4조)*으로 정하는 경미한 사항의 변경은 제외한다)할 때에도 또한 같다.

> ＊ 시행령 제4조(**철도안전 종합계획의 경미한 변경**)
>
> 1. 법 제5조제1항에 따른 철도안전 종합계획(이하 "철도안전 종합계획"이라 한다)에서 정한 총사업비를 원래 계획의 100분의 10 이내에서의 변경
> 2. 철도안전 종합계획에서 정한 시행기한 내에 단위사업의 시행시기의 변경
> 3. 법령의 개정, 행정구역의 변경 등과 관련하여 철도안전 종합계획을 변경 하는 등 당초 수립된 철도안전 종합계획의 기본방향에 영향을 미치지 아니 하는 사항의 변경

> ＊ 철도산업발전기본법 제6조(**철도산업위원회**)
>
> ① 철도산업에 관한 기본계획 및 중요정책 등을 심의·조정하기 위하여 국토교통부에 철도산업위원회(이하 "위원회"라 한다)를 둔다.

④ 국토교통부장관은 철도안전 종합계획을 수립하거나 변경하기 위하여 필요하다고 인정하면 관계 중앙행정기관의 장 또는 특별시장·광역시장·특별자치시장·도지사·특별자치도지사(이하 "시·도지사"라 한다)에게 관련 자료의 제출을 요구할 수 있다. 자료 제출

요구를 받은 관계 중앙행정기관의 장 또는 시·도지사는 특별한 사유가 없으면 이에 따라야 한다.

⑤ 국토교통부장관은 제3항에 따라 철도안전 종합계획을 수립하거나 변경하였을 때에는 이를 관보에 고시하여야 한다.

제6조(시행계획)

① 국토교통부장관, 시·도지사 및 철도운영자등은 철도안전 종합계획에 따라 소관별로 철도안전 종합계획의 단계적 시행에 필요한 연차별 시행계획(이하 "시행계획"이라 한다)을 수립·추진하여야 한다.

② 시행계획의 수립 및 시행절차 등에 관하여 필요한 사항은 *대통령령(5조)*으로 정한다.

***시행령 제5조(시행계획 수립절차 등)**

① 법 제6조에 따라 특별시장·광역시장·특별자치시장·도지사 또는 특별자치도지사(이하 "시·도지사"라 한다)와 철도운영자 및 철도시설관리자(이하 "철도운영자등"이라 한다)는 다음 연도의 시행계획을 매년 10월 말까지 국토교통부장관에게 제출하여야 한다.

② 시·도지사 및 철도운영자등은 전년도 시행계획의 추진실적을 매년 2월 말까지 국토교통부장관에게 제출하여야 한다.

③ 국토교통부장관은 제1항에 따라 시·도지사 및 철도운영자등이 제출한 다음 연도의 시행계획이 철도안전 종합계획에 위반되거나 철도안전 종합계획을 원활하게 추진하기 위하여 보완이 필요하다고 인정될 때에는 시·도지사 및 철도운영자등에게 시행계획의 수정을 요청할 수 있다.

④ 제3항에 따른 수정 요청을 받은 시·도지사 및 철도운영자등은 특별한 사유가 없는 한 이를 시행계획에 반영하여야 한다.

제6조의2(철도안전투자의 공시)

① 철도운영자는 철도차량의 교체, 철도시설의 개량 등 철도안전 분야에 투자(이하 이 조에서 "철도안전투자"라 한다)하는 예산 규모를 매년 공시하여야 한다.

② 제1항에 따른 철도안전투자의 공시 기준, 항목, 절차 등에 필요한 사항은 *국토교통부령(1조의2)*으로 정한다.

***시행규칙 제1조의5(철도안전투자의 공시 기준 등)**

① 철도운영자는 예산 규모를 공시하는 경우에는 다음 각 호의 기준에 따라야 한다.

1. 예산 규모에는 다음 각 목의 예산이 모두 포함되도록 할 것
   가. 철도차량 교체에 관한 예산
   나. 철도시설 개량에 관한 예산
   다. 안전설비의 설치에 관한 예산

라. 철도안전 교육훈련에 관한 예산
마. 철도안전 연구개발에 관한 예산
바. 철도안전 홍보에 관한 예산
사. 그 밖에 철도안전에 관련된 예산으로서 국토교통부장관이 정해 고시 하는 사항

2. 다음 각 목의 사항이 모두 포함된 예산 규모를 공시할 것
가. 과거 3년간 철도안전투자의 예산 및 그 집행 실적
나. 해당 년도 철도안전투자의 예산
다. 향후 2년간 철도안전투자의 예산
3. 국가의 보조금, 지방자치단체의 보조금 및 철도운영자의 자금 등 철도안전 투자 예산의 재원을 구분해 공시할 것
4. 그 밖에 철도안전투자와 관련된 예산으로서 국토교통부장관이 정해 고시하는 예산을 포함해 공시할 것

② 철도운영자는 철도안전투자의 예산 규모를 매년 5월말까지 공시해야 한다.
③ 제2항에 따른 공시는 법 제71조제1항에 따라 구축된 철도안전정보종합관리시스템과 해당 철도운영자의 인터넷 홈페이지에 게시하는 방법으로 한다.
④ 제1항부터 제3항까지에서 규정한 사항 외에 철도안전투자의 공시 기준 및 절차 등에 관해 필요한 사항은 국토교통부장관이 정해 고시한다.

제7조(안전관리체계의 승인)

① 철도운영자등(전용철도의 운영자는 제외한다. 이하 이 조 및 제8조에서 같다)은 철도운영을 하거나 철도시설을 관리하려는 경우에는 인력, 시설, 차량, 장비, 운영절차, 교육훈련 및 비상대응계획 등 철도 및 철도시설의 안전관리에 관한 유기적 체계(이하 "안전관리체계"라 한다)를 갖추어 국토교통부장관의 승인을 받아야 한다.
② 전용철도의 운영자는 자체적으로 안전관리체계를 갖추고 지속적으로 유지하여야 한다.
③ 철도운영자등은 제1항에 따라 승인받은 안전관리체계를 변경(제5항에 따른 안전관리기준의 변경에 따른 안전관리체계의 변경을 포함한다. 이하 이 조에서 같다)하려는 경우에는 국토교통부장관의 변경승인을 받아야 한다. 다만, *국토교통부령(3조)*으로 정하는 경미한 사항을 변경하려는 경우에는 국토교통부장관에게 신고하여야 한다.
④ 국토교통부장관은 제1항 또는 제3항 본문에 따른 안전관리체계의 승인 또는 변경승인의 신청을 받은 경우에는 해당 안전관리체계가 제5항에 따른 안전관리기준에 적합한지를 검사한 후 승인 여부를 결정하여야 한다.
⑤ 국토교통부장관은 철도안전경영, 위험관리, 사고 조사 및 보고, 내부점검, 비상대응계획, 비상대응훈련, 교육훈련, 안전정보관리, 운행안전관리, 차량·시설의 유지관리(차량의 기대수명에 관한 사항을 포함한다) 등 철도운영 및 철도시설의 안전관리에 필요한 기술기

준을 정하여 고시하여야 한다.

⑥ 제1항부터 제5항까지의 규정에 따른 승인절차, 승인방법, 검사기준, 검사방법, 신고절차 및 고시방법 등에 관하여 필요한 사항은 *국토교통부령(2조,4조,5조)*으로 정한다.

＊ 시행규칙 제2조(안전관리체계 승인 신청 절차 등)

① 철도운영자 및 철도시설관리자(이하 "철도운영자등"이라 한다)가 안전관리체계를 승인받으려는 경우에는 철도운용 또는 철도시설 관리 개시 예정일 90일 전까지 *별지 제1호서식*의 철도안전관리체계 승인신청서에 다음 각 호의 서류를 첨부하여 국토교통부장관에게 제출하여야 한다.

1. 「철도사업법」 또는 「도시철도법」에 따른 철도사업면허증 사본
2. 조직・인력의 구성, 업무 분장 및 책임에 관한 서류
3. 다음 각 호의 사항을 적시한 철도안전관리시스템에 관한 서류
   가. 철도안전관리시스템 개요
   나. 철도안전경영
   다. 문서화
   라. 위험관리
   마. 요구사항 준수
   바. 철도사고 조사 및 보고
   사. 내부 점검
   아. 비상대응
   자. 교육훈련
   차. 안전정보
   카. 안전문화
4. 다음 각 호의 사항을 적시한 열차운행체계에 관한 서류
   가. 철도운영 개요
   나. 철도사업면허
   다. 열차운행 조직 및 인력
   라. 열차운행 방법 및 절차
   마. 열차 운행계획
   바. 승무 및 역무
   사. 철도관제업무
   아. 철도보호 및 질서유지
   자. 열차운영 기록관리
   차. 위탁 계약자 감독 등 위탁업무 관리에 관한 사항
5. 다음 각 호의 사항을 적시한 유지관리체계에 관한 서류
   가. 유지관리 개요

나. 유지관리 조직 및 인력
다. 유지관리 방법 및 절차(법 제38조에 따른 종합시험운행 실시 결과(완료된 결과를 말한다. 이하 이 조에서 같다)를 반영한 유지관리 방법을 포함한다)
라. 유지관리 이행계획
마. 유지관리 기록
바. 유지관리 설비 및 장비
사. 유지관리 부품
아. 철도차량 제작 감독
자. 위탁 계약자 감독 등 위탁업무 관리에 관한 사항
6. 법 제38조에 따른 종합시험운행 실시 결과 보고서

② 철도운영자등이 법 제7조제3항 본문에 따라 **승인받은 안전관리체계를 변경**하려는 경우에는 변경된 철도운용 또는 철도시설 관리 개시 예정일 30일 전(제3조제1항제4호에 따른 변경사항의 경우에는 90일 전)까지 별지 제1호의2서식의 철도안전관리체계 변경승인 신청서에 다음 각 호의 서류를 첨부하여 국토교통부장관에게 제출하여야 한다.
1. 안전관리체계의 변경내용과 증빙서류
2. 변경 전후의 대비표 및 해설서

③ 제1항 및 제2항에도 불구하고 철도운영자등이 안전관리체계의 승인 또는 변경승인을 신청하는 경우 제1항제5호다목 및 같은 항 제6호에 따른 서류는 철도운용 또는 철도시설 관리 개시 예정일 14일 전까지 제출할 수 있다.

④ 국토교통부장관은 제1항 및 제2항에 따라 안전관리체계의 승인 또는 변경승인 신청을 받은 경우에는 15일 이내에 승인 또는 변경승인에 필요한 검사 등의 계획서를 작성하여 신청인에게 통보하여야 한다.

***시행규칙 제3조(안전관리체계의 경미한 사항 변경)**

① 법 제7조제3항 단서에서 "국토교통부령으로 정하는 경미한 사항"이란 다음 각 호의 어느 하나에 해당하는 사항을 제외한 변경사항을 말한다.
1. 안전 업무를 수행하는 전담조직의 변경(조직 부서명의 변경은 제외한다)
2. 열차운행 또는 유지관리 인력의 감소
3. 철도차량 또는 다음 각 목의 어느 하나에 해당하는 철도시설의 증가
가. 교량, 터널, 옹벽
나. 선로(레일)
다. 역사, 기지, 승강장안전문
라. 전차선로, 변전설비, 수전실, 수・배전선로
마. 연동장치, 열차제어장치, 신호기장치, 선로전환기장치, 궤도회로장치, 건널목보안장치
바. 통신선로설비, 열차무선설비, 전송설비

4. 철도노선의 신설 또는 개량
5. 사업의 합병 또는 양도·양수
6. 유지관리 항목의 축소 또는 유지관리 주기의 증가
7. 위탁 계약자의 변경에 따른 열차운행체계 또는 유지관리체계의 변경

② 철도운영자등은 법 제7조제3항 단서에 따라 경미한 사항을 변경하려는 경우에는 별지 제1호의3서식의 철도안전관리체계 변경신고서에 다음 각 호의 서류를 첨부하여 국토교통부장관에게 제출하여야 한다.
1. 안전관리체계의 변경내용과 증빙서류
2. 변경 전후의 대비표 및 해설서

③ 국토교통부장관은 제2항에 따라 신고를 받은 때에는 제2항 각 호의 첨부서류를 확인한 후 *별지 제1호의4서식*의 철도안전관리체계 변경신고확인서를 발급하여야 한다.

***시행규칙 제4조(안전관리체계의 승인 방법 및 증명서 발급 등)**

① 법 제7조제4항에 따른 안전관리체계의 승인 또는 변경승인을 위한 검사는 다음 각 호에 따른 서류검사와 현장검사로 구분하여 실시한다. 다만, 서류검사만으로 법 제7조제5항에 따른 안전관리에 필요한 기술기준(이하 "안전관리기준"이라 한다)에 적합 여부를 판단할 수 있는 경우에는 현장검사를 생략할 수 있다.
1. 서류검사: 제2조제1항 및 제2항에 따라 철도운영자등이 제출한 서류가 안전관리기준에 적합한지 검사
2. 현장검사: 안전관리체계의 이행가능성 및 실효성을 현장에서 확인하기 위한 검사

② 국토교통부장관은 「도시철도법」 제3조제2호에 따른 도시철도 또는 같은 법 제24조 또는 제42조에 따라 도시철도건설사업 또는 도시철도운송사업을 위탁받은 법인이 건설·운영하는 도시철도에 대하여 법 제7조제4항에 따른 안전관리체계의 승인 또는 변경승인을 위한 검사를 하는 경우에는 해당 도시철도의 관할 시·도지사와 협의할 수 있다. 이 경우 협의 요청을 받은 시·도지사는 협의를 요청받은 날부터 20일 이내에 의견을 제출하여야 하며, 그 기간 내에 의견을 제출하지 아니하면 의견이 없는 것으로 본다.

③ 국토교통부장관은 제1항에 따른 검사 결과 안전관리기준에 적합하다고 인정하는 경우에는 별지 제2호서식의 철도안전관리체계 승인증명서를 신청인에게 발급하여야 한다.

④ 제1항에 따른 검사에 관한 세부적인 기준, 절차 및 방법 등은 국토교통부장관이 정하여 고시한다.

■ 철도안전법 시행규칙 [별지 제1호서식]

철도안전관리체계 승인신청서

※ [ ]에는 해당되는 곳에 √ 표시를 합니다.

접수번호	접수일자	처리기간 90일

신청인		
신청인	상호 또는 명칭	
	성 명 (대표자)	사업자등록번호 (법인등록번호)
	소재지	전화번호

구분				
구분	[ ] 철도시설관리자	[ ] 고속철도	[ ] 일반철도	[ ] 도시철도
	[ ] 철도운영자	[ ] 고속철도	[ ] 일반철도	[ ] 도시철도
	[ ] 철도안전관리시스템(SMS) [ ] 열차운행체계 [ ] 유지관리체계			

「철도안전법」 제7조제1항 및 같은 법 시행규칙 제2조제1항에 따라 철도안전관리체계 승인을 신청합니다.

년 월 일

신청인 (서명 또는 인)

국토교통부장관 귀하

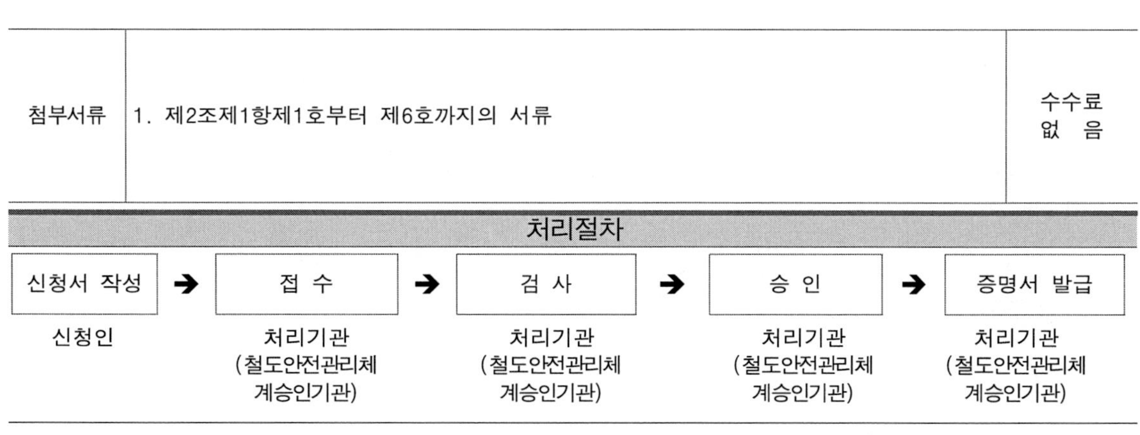

첨부서류	1. 제2조제1항제1호부터 제6호까지의 서류	수수료 없 음

처리절차

신청서 작성	→	접 수	→	검 사	→	승 인	→	증명서 발급
신청인		처리기관 (철도안전관리체계승인기관)		처리기관 (철도안전관리체계승인기관)		처리기관 (철도안전관리체계승인기관)		처리기관 (철도안전관리체계승인기관)

210㎜×297㎜[백상지 80g/㎡(재활용품)]

＊시행규칙 제5조(안전관리기준의 고시)

① 국토교통부장관은 법 제7조제5항에 따른 안전관리기준을 정할 때 전문기술적인 사항에 대해 제44조에 따른 철도기술심의위원회의 심의를 거칠 수 있다.

② 국토교통부장관은 법 제7조제5항에 따른 안전관리기준을 정한 경우에는 이를 관보에 고시해야 한다.

제8조(안전관리체계의 유지 등)

① 철도운영자등은 철도운영을 하거나 철도시설을 관리하는 경우에는 제7조에 따라 승인받은 안전관리체계를 지속적으로 유지하여야 한다.

② 국토교통부장관은 안전관리체계 위반 여부 확인 및 철도사고 예방 등을 위하여 철도운영자등이 제1항에 따른 안전관리체계를 지속적으로 유지하는지 다음 각 호의 검사를 통해 *국토교통부령(6조)*으로 정하는 바에 따라 점검・확인할 수 있다.

1. 정기검사: 철도운영자등이 국토교통부장관으로부터 승인 또는 변경승인 받은 안전관리체계를 지속적으로 유지하는지를 점검・확인하기 위하여 정기적으로 실시하는 검사

2. 수시검사: 철도운영자등이 철도사고 및 운행장애 등을 발생시키거나 발생시킬 우려가 있는 경우에 안전관리체계 위반사항 확인 및 안전관리체계 위해요인 사전예방을 위해 수행하는 검사

③ 국토교통부장관은 제2항에 따른 검사 결과 안전관리체계가 지속적으로 유지되지 아니하거나 그 밖에 철도안전을 위하여 필요하다고 인정하는 경우에는 *국토교통부령(6조)*으로 정하는 바에 따라 시정조치를 명할 수 있다.

＊시행규칙 제6조(안전관리체계의 유지・검사 등)

① 국토교통부장관은 법 제8조제2항제1호에 따른 정기검사를 1년마다 1회 실시해야 한다.

② 국토교통부장관은 법 제8조제2항에 따른 정기검사 또는 수시검사를 시행하려는 경우에는 검사 시행일 7일 전까지 다음 각 호의 내용이 포함된 검사계획을 검사 대상 철도운영자등에게 통보해야 한다. 다만, 철도사고, 철도준사고 및 운행장애(이하 "철도사고등"이라 한다)의 발생 등으로 긴급히 수시검사를 실시하는 경우에는 사전 통보를 하지 않을 수 있고, 검사 시작 이후 검사계획을 변경할 사유가 발생한 경우에는 철도운영자등과 협의하여 검사계획을 조정할 수 있다.

1. 검사반의 구성
2. 검사 일정 및 장소
3. 검사 수행 분야 및 검사 항목
4. 중점 검사 사항
5. 그 밖에 검사에 필요한 사항

③ 국토교통부장관은 다음 각 호의 사유로 철도운영자등이 안전관리체계 정기검사의 유예를 요청한 경우에 검사 시기를 유예하거나 변경할 수 있다.

1. 검사 대상 철도운영자등이 사법기관 및 중앙행정기관의 조사 및 감사를 받고 있는 경우
2. 「항공·철도 사고조사에 관한 법률」 제4조제1항에 따른 항공·철도사고조사 위원회가 같은 법 제19조에 따라 철도사고에 대한 조사를 하고 있는 경우
3. 대형 철도사고의 발생, 천재지변, 그 밖의 부득이한 사유가 있는 경우

④ 국토교통부장관은 정기검사 또는 수시검사를 마친 경우에는 다음 각 호의 사항이 포함된 검사 결과보고서를 작성하여야 한다.

1. 안전관리체계의 검사 개요 및 현황
2. 안전관리체계의 검사 과정 및 내용
3. 법 제8조제3항에 따른 시정조치 사항
4. 제6항에 따라 제출된 시정조치계획서에 따른 시정조치명령의 이행 정도
5. 철도사고에 따른 사망자·중상자의 수 및 철도사고등에 따른 재산피해액

⑤ 국토교통부장관은 법 제8조제3항에 따라 철도운영자등에게 시정조치를 명하는 경우에는 시정에 필요한 적정한 기간을 주어야 한다.

⑥ 철도운영자등이 법 제8조제3항에 따라 시정조치명령을 받은 경우에 14일 이내에 시정조치계획서를 작성하여 국토교통부장관에게 제출하여야 하고, 시정조치를 완료한 경우에는 지체 없이 그 시정내용을 국토교통부장관에게 통보하여야 한다.

⑦ 제1항부터 제6항까지의 규정에서 정한 사항 외에 정기검사 또는 수시검사에 관한 세부적인 기준·방법 및 절차는 국토교통부장관이 정하여 고시한다.

제9조(승인의 취소 등)

① 국토교통부장관은 안전관리체계의 승인을 받은 철도운영자등이 다음 각 호의 어느 하나에 해당하는 경우에는 그 승인을 취소하거나 6개월 이내의 기간을 정하여 업무의 제한이나 정지를 명할 수 있다. 다만, 제1호에 해당하는 경우에는 그 승인을 취소하여야 한다.

1. 거짓이나 그 밖의 부정한 방법으로 승인을 받은 경우
2. 제7조제3항을 위반하여 변경승인을 받지 아니하거나 변경신고를 하지 아니하고 안전관리체계를 변경한 경우
3. 제8조제1항을 위반하여 안전관리체계를 지속적으로 유지하지 아니하여 철도운영이나 철도시설의 관리에 중대한 지장을 초래한 경우
4. 제8조제3항에 따른 시정조치명령을 정당한 사유 없이 이행하지 아니한 경우

② 제1항에 따른 승인 취소, 업무의 제한 또는 정지의 기준 및 절차 등에 관하여 필요한 사항은 *국토교통부령(7조)*으로 정한다.

***시행규칙 제7조(안전관리체계 승인의 취소 등 처분기준)**

법 제9조에 따른 철도운영자등의 안전관리체계 승인의 취소 또는 업무의 제한·정지 등의 처분기준은 *별표 1*과 같다.

■ 철도안전법 시행규칙 [별표 1]

안전관리체계 관련 처분기준(제7조 관련)

1. 일반기준

가. 위반행위의 횟수에 따른 행정처분의 가중된 부과기준은 최근 2년간 같은 위반행위로 행정처분을 받은 경우에 적용한다. 이 경우 기간의 계산은 위반행위에 대하여 행정처분을 받은 날과 그 처분 후 다시 같은 위반행위를 하여 적발된 날을 기준으로 한다.

나. 가목에 따라 가중된 부과처분을 하는 경우 가중처분의 적용 차수는 그 위반행위 전 부과처분 차수(가목에 따른 기간 내에 행정처분이 둘 이상 있었던 경우에는 높은 차수를 말한다)의 다음 차수로 한다.

다. 위반행위가 둘 이상인 경우로서 그에 해당하는 각각의 처분기준이 다른 경우에는 그 중 무거운 처분기준(무거운 처분기준이 같을 때에는 그 중 하나의 처분기준을 말한다)에 따르며, 둘 이상의 처분기준이 같은 업무제한·정지인 경우에는 무거운 처분기준의 2분의 1 범위에서 가중할 수 있되, 각 처분기준을 합산한 기간을 초과할 수 없다.

라. 국토교통부장관은 다음의 어느 하나에 해당하는 경우에는 제2호의 개별기준에 따른 업무제한·정지 기간의 2분의 1 범위에서 그 기간을 줄일 수 있다.

1) 위반행위가 사소한 부주의나 오류로 인한 것으로 인정되는 경우
2) 위반행위자가 법 위반상태를 시정하거나 해소하기 위한 노력이 인정되는 경우
3) 그 밖에 위반행위의 정도, 위반행위의 동기와 그 결과 등을 고려하여 업무제한·정지 기간을 줄일 필요가 있다고 인정되는 경우

마. 국토교통부장관은 다음의 어느 하나에 해당하는 경우에는 제2호의 개별기준에 따른 업무제한·정지 기간의 2분의 1 범위에서 그 기간을 늘릴 수 있다. 다만, 법 제9조제1항에 따른 업무제한·정지 기간의 상한을 넘을 수 없다.

1) 위반의 내용 및 정도가 중대하여 공중에게 미치는 피해가 크다고 인정되는 경우
2) 법 위반상태의 기간이 6개월 이상인 경우
3) 그 밖에 위반행위의 정도, 위반행위의 동기와 그 결과 등을 고려하여 업무제한·정지 기간을 늘릴 필요가 있다고 인정되는 경우

2. 개별기준

위반행위	근거 법조문	처분 기준
가. 거짓이나 그 밖의 부정한 방법으로 승인을 받은 경우	법 제9조 제1항제1호	

1) 1차 위반		승인취소
나. 법 제7조제3항을 위반하여 변경승인을 받지 않고 안전관리체계를 변경한 경우 1) 1차 위반 2) 2차 위반 3) 3차 위반 4) 4차 이상 위반	법 제9조 제1항제2호	 업무정지(업무제한) 10일 업무정지(업무제한) 20일 업무정지(업무제한) 40일 업무정지(업무제한) 80일
다. 법 제7조제3항을 위반하여 변경신고를 하지 않고 안전관리체계를 변경한 경우 1) 1차 위반 2) 2차 위반 3) 3차 이상 위반	법 제9조 제1항제2호	 경고 업무정지(업무제한) 10일 업무정지(업무제한) 20일
라. 법 제8조제1항을 위반하여 안전관리체계를 지속적으로 유지하지 않아 철도운영이나 철도시설의 관리에 중대한 지장을 초래한 경우 1) 철도사고로 인한 사망자 수 가) 1명 이상 3명 미만 나) 3명 이상 5명 미만 다) 5명 이상 10명 미만 라) 10명 이상 2) 철도사고로 인한 중상자 수 가) 5명 이상 10명 미만 나) 10명 이상 30명 미만 다) 30명 이상 50명 미만 라) 50명 이상 100명 미만 마) 100명 이상 3) 철도사고 또는 운행장애로 인한 재산피해액 가) 5억원 이상 10억원 미만 나) 10억원 이상 20억원 미만 다) 20억원 이상	법 제9조 제1항제3호	 업무정지(업무제한) 30일 업무정지(업무제한) 60일 업무정지(업무제한) 120일 업무정지(업무제한) 180일 업무정지(업무제한) 15일 업무정지(업무제한) 30일 업무정지(업무제한) 60일 업무정지(업무제한) 120일 업무정지(업무제한) 180일 업무정지(업무제한) 15일 업무정지(업무제한) 30일 업무정지(업무제한) 60일
마. 법 제8조제3항에 따른 시정조치명령을 정당한 사유 없이 이행하지 않은 경우 1) 1차 위반 2) 2차 위반 3) 3차 위반 4) 4차 이상 위반	법 제9조 제1항제4호	 업무정지(업무제한) 20일 업무정지(업무제한) 40일 업무정지(업무제한) 80일 업무정지(업무제한) 160일

비고

1. "사망자"란 철도사고가 발생한 날부터 30일 이내에 그 사고로 사망한 경우를 말한다.
2. "중상자"란 철도사고로 인해 부상을 입은 날부터 7일 이내 실시된 의사의 최초 진단결과 24시간 이상 입원 치료가 필요한 상해를 입은 사람(의식불명, 시력상실을 포함)을 말한다.

3. "재산피해액"이란 시설피해액(인건비와 자재비등 포함), 차량피해액(인건비와 자재비등 포함), 운임환불 등을 포함한 직접손실액을 말한다.

제9조의2(과징금)

① 국토교통부장관은 제9조제1항에 따라 철도운영자등에 대하여 업무의 제한이나 정지를 명하여야 하는 경우로서 그 업무의 제한이나 정지가 철도 이용자 등에게 심한 불편을 주거나 그 밖에 공익을 해할 우려가 있는 경우에는 업무의 제한이나 정지를 갈음하여 **30억원** 이하의 과징금을 부과할 수 있다.

② 제1항에 따라 과징금을 부과하는 위반행위의 종류, 과징금의 부과기준 및 징수방법, 그 밖에 필요한 사항은 *대통령령(6조,7조)*으로 정한다.

③ 국토교통부장관은 제1항에 따른 과징금을 내야 할 자가 납부기한까지 과징금을 내지 아니하는 경우에는 국세 체납처분의 예에 따라 징수한다.

＊시행령 제6조(안전관리체계 관련 과징금의 부과기준)

법 제9조의2제2항에 따른 과징금을 부과하는 위반행위의 종류와 과징금의 금액은 *별표 1*과 같다.

＊시행령 제7조(과징금의 부과 및 납부)

① 국토교통부장관은 법 제9조의2제1항에 따라 과징금을 부과할 때에는 그 위반행위의 종류와 해당 과징금의 금액을 명시하여 이를 납부할 것을 서면으로 통지하여야 한다.

② 제1항에 따라 통지를 받은 자는 통지를 받은 날부터 **20일 이내**에 국토교통부장관이 정하는 수납기관에 과징금을 내야 한다.

③ 제2항에 따라 과징금을 받은 수납기관은 그 과징금을 낸 자에게 영수증을 내주어야 한다.

④ 과징금의 수납기관은 제2항에 따른 과징금을 받으면 지체 없이 그 사실을 국토교통부장관에게 통보하여야 한다.

■ 철도안전법 시행령 [별표 1]

안전관리체계 관련 과징금의 부과기준(제6조 관련)

1. 일반기준

가. 위반행위의 횟수에 따른 과징금의 가중된 부과기준은 최근 2년간 같은 위반행위로 과징금 부과처분을 받은 경우에 적용한다. 이 경우 기간의 계산은 위반행위에 대하여 과징금 부과처분을 받은 날과 그 처분 후 다시 같은 위반행위를 하여 적발된 날을 기준으로 한다.

나. 가목에 따라 가중된 부과처분을 하는 경우 가중처분의 적용 차수는 그 위반행위 전 부과처분 차수(가목에 따른 기간 내에 과징금 부과처분이 둘 이상 있었던 경우에는 높은 차수를 말한다)

의 다음 차수로 한다.

다. 위반행위가 둘 이상인 경우로서 각 처분내용이 모두 업무정지인 경우에는 각 처분기준에 따른 과징금을 합산한 금액을 넘지 않는 범위에서 무거운 처분기준에 해당하는 과징금 금액의 2분의 1의 범위에서 가중할 수 있다.

라. 국토교통부장관은 다음의 어느 하나에 해당하는 경우에는 제2호의 개별기준에 따른 과징금 금액의 2분의 1 범위에서 그 금액을 줄일 수 있다. 다만, 과징금을 체납하고 있는 위반행위자의 경우에는 그렇지 않다.

1) 위반행위가 사소한 부주의나 오류로 인한 것으로 인정되는 경우

2) 위반행위자가 법 위반상태를 시정하거나 해소하기 위한 노력이 인정되는 경우

3) 그 밖에 사업 규모, 사업 지역의 특수성, 위반행위의 정도, 위반행위의 동기와 그 결과 및 위반 횟수 등을 고려하여 과징금 금액을 줄일 필요가 있다고 인정되는 경우

마. 국토교통부장관은 다음의 어느 하나에 해당하는 경우에는 제2호의 개별기준에 따른 과징금 금액의 2분의 1 범위에서 그 금액을 늘릴 수 있다. 다만, 법 제9조의2제1항에 따른 과징금 금액의 상한을 넘을 경우 상한금액으로 한다.

1) 위반의 내용 및 정도가 중대하여 공중에게 미치는 피해가 크다고 인정되는 경우

2) 법 위반상태의 기간이 6개월 이상인 경우

3) 그 밖에 사업 규모, 사업 지역의 특수성, 위반행위의 정도, 위반행위의 동기와 그 결과 및 위반 횟수 등을 고려하여 과징금 금액을 늘릴 필요가 있다고 인정되는 경우

2. 개별기준

(단위 : 백만원)

위반행위	근거 법조문	과징금 금액
가. 법 제7조제3항을 위반하여 변경승인을 받지 않고 안전관리체계를 변경한 경우	법 제9조 제1항제2호	
1) 1차 위반		120
2) 2차 위반		240
3) 3차 위반		480
4) 4차 이상 위반		960
나. 법 제7조제3항을 위반하여 변경신고를 하지 않고 안전관리체계를 변경한 경우	법 제9조 제1항제2호	
1) 1차 위반		경고
2) 2차 위반		120
3) 3차 이상 위반		240
다. 법 제8조제1항을 위반하여 안전관리체계를 지속적으로 유지하지 않아 철도운영이나 철도시설의 관리에 중대한 지장을 초래한 경우	법 제9조 제1항제3호	

1) 철도사고로 인한 사망자 수		
가) 1명 이상 3명 미만		360
나) 3명 이상 5명 미만		720
다) 5명 이상 10명 미만		1,440
라) 10명 이상		2,160
2) 철도사고로 인한 중상자 수		
가) 5명 이상 10명 미만		180
나) 10명 이상 30명 미만		360
다) 30명 이상 50명 미만		720
라) 50명 이상 100명 미만		1,440
마) 100명 이상		2,160
3) 철도사고 또는 운행장애로 인한 재산피해액		
가) 5억원 이상 10억원 미만		180
나) 10억원 이상 20억원 미만		360
다) 20억원 이상		720
라. 법 제8조제3항에 따른 시정조치명령을 정당한 사유 없이 이행하지 않은 경우	법 제9조 제1항제4호	
1) 1차 위반		240
2) 2차 위반		480
3) 3차 위반		960
4) 4차 이상 위반		1,920

비고

1. "사망자"란 철도사고가 발생한 날부터 30일 이내에 그 사고로 사망한 사람을 말한다.
2. "중상자"란 철도사고로 인해 부상을 입은 날부터 7일 이내 실시된 의사의 최초 진단결과 24시간 이상 입원 치료가 필요한 상해를 입은 사람(의식불명, 시력상실을 포함)를 말한다.
3. "재산피해액"이란 시설피해액(인건비와 자재비등 포함), 차량피해액(인건비와 자재비등 포함), 운임 환불 등을 포함한 직접손실액을 말한다.
4. 위 표의 다목 1)부터 3)까지의 규정에 따른 과징금을 부과하는 경우에 사망자, 중상자, 재산피해가 동시에 발생한 경우는 각각의 과징금을 합산하여 부과한다. 다만, 합산한 금액이 법 제9조의2제1항에 따른 과징금 금액의 상한을 초과하는 경우에는 법 제9조의2제1항에 따른 상한금액을 과징금으로 부과한다.
5. 위 표 및 제4호에 따른 과징금 금액이 해당 철도운영자등의 전년도(위반행위가 발생한 날이 속하는 해의 직전 연도를 말한다) 매출액의 100분의 4를 초과하는 경우에는 전년도 매출액의 100분의 4에 해당하는 금액을 과징금으로 부과한다.

제9조의3(철도운영자등에 대한 안전관리 수준평가)

① 국토교통부장관은 철도운영자등의 자발적인 안전관리를 통한 철도안전 수준의 향상을 위하여 철도운영자등의 안전관리 수준에 대한 평가를 실시할 수 있다.

② 국토교통부장관은 제1항에 따른 안전관리 수준평가를 실시한 결과 그 평가결과가 미흡한 철도운영자등에 대하여 제8조제2항에 따른 검사를 시행하거나 같은 조 제3항에 따른 시정조치 등 개선을 위하여 필요한 조치를 명할 수 있다.

③ 제1항에 따른 안전관리 수준평가의 대상, 기준, 방법, 절차 등에 필요한 사항은 *국토교통부령(8조)*으로 정한다.

＊ 시행규칙 제8조(철도운영자등에 대한 안전관리 수준평가의 대상 및 기준 등)

① 법 제9조의3제1항에 따른 철도운영자등의 안전관리 수준에 대한 평가(이하 "안전관리 수준평가" 라 한다)의 대상 및 기준은 다음 각 호와 같다. 다만, 철도시설관리자에 대해서 안전관리 수준평가를 하는 경우 제2호를 제외하고 실시할 수 있다.

1. 사고 분야
   가. 철도교통사고 건수
   나. 철도안전사고 건수
   다. 운행장애 건수
   라. 사상자 수
2. 철도안전투자 분야: 철도안전투자의 예산 규모 및 집행 실적
3. 안전관리 분야
   가. 안전성숙도 수준
   나. 정기검사 이행실적
4. 그 밖에 안전관리 수준평가에 필요한 사항으로서 국토교통부장관이 정해 고시하는 사항

② 국토교통부장관은 매년 3월말까지 안전관리 수준평가를 실시한다.

③ 안전관리 수준평가는 서면평가의 방법으로 실시한다. 다만, 국토교통부장관이 필요하다고 인정하는 경우에는 현장평가를 실시할 수 있다.

④ 국토교통부장관은 안전관리 수준평가 결과를 해당 철도운영자등에게 통보해야 한다. 이 경우 해당 철도운영자등이 「지방공기업법」에 따른 지방공사인 경우에는 같은 법 제73조제1항에 따라 해당 지방공사의 업무를 관리·감독하는 지방자치단체의 장에게도 함께 통보할 수 있다.

⑤ 제1항부터 제4항까지에서 규정한 사항 외에 안전관리 수준평가의 기준, 방법 및 절차 등에 관해 필요한 사항은 국토교통부장관이 정해 고시한다.

제9조의4(철도안전 우수운영자 지정)

① 국토교통부장관은 제9조의3에 따른 안전관리 수준평가 결과에 따라 철도운영자등을 대상으로 철도안전 우수운영자를 지정할 수 있다.

② 제1항에 따른 철도안전 우수운영자로 지정을 받은 자는 철도차량, 철도시설이나 관련 문서 등에 철도안전 우수운영자로 지정되었음을 나타내는 표시를 할 수 있다.

③ 제1항에 따른 지정을 받은 자가 아니면 철도차량, 철도시설이나 관련 문서 등에 우수운영자로 지정되었음을 나타내는 표시를 하거나 이와 유사한 표시를 하여서는 아니 된다.

④ 국토교통부장관은 제3항을 위반하여 우수운영자로 지정되었음을 나타내는 표시를 하거나 이와 유사한 표시를 한 자에 대하여 해당 표시를 제거하게 하는 등 필요한 시정조치를 명할 수 있다.

⑤ 제1항에 따른 철도안전 우수운영자 지정의 대상, 기준, 방법, 절차 등에 필요한 사항은 *국토교통부령(9조)*으로 정한다.

＊ 시행규칙 제9조(철도안전 우수운영자 지정 대상 등)

① 국토교통부장관은 법 제9조의4제1항에 따라 안전관리 수준평가 결과가 최상위 등급인 철도운영자등을 철도안전 우수운영자(이하 "철도안전 우수운영자"라 한다)로 지정하여 철도안전 우수운영자로 지정되었음을 나타내는 표시를 사용하게 할 수 있다.

② 철도안전 우수운영자 지정의 유효기간은 지정받은 날부터 1년으로 한다.

③ 철도안전 우수운영자는 제1항에 따라 철도안전 우수운영자로 지정되었음을 나타내는 표시를 하려면 국토교통부장관이 정해 고시하는 표시를 사용해야 한다.

④ 국토교통부장관은 철도안전 우수운영자에게 포상 등의 지원을 할 수 있다.

⑤ 제1항부터 제4항까지에서 규정한 사항 외에 철도안전 우수운영자 지정 표시 및 지원 등에 관해 필요한 사항은 국토교통부장관이 정해 고시한다.

제9조의5(우수운영자 지정의 취소)

국토교통부장관은 제9조의4에 따라 철도안전 우수운영자 지정을 받은 자가 다음 각 호의 어느 하나에 해당하는 경우에는 그 지정을 취소할 수 있다. 다만, 제1호 또는 제2호에 해당하는 경우에는 지정을 취소하여야 한다.

1. 거짓이나 그 밖의 부정한 방법으로 철도안전 우수운영자 지정을 받은 경우
2. 제9조에 따라 안전관리체계의 승인이 취소된 경우
3. 제9조의4제5항에 따른 지정기준에 부적합하게 되는 등 그 밖에 *국토교통부령*으로 정하는 사유가 발생한 경우

【제2장 예상 및 기출문제】

1. 다음 설명 중 철도안전 종합계획에 포함된 사항으로 틀린 것은?
가. 철도안전 종합계획의 추진 목표 및 필요사항
나. 철도안전에 관한 시설의 확충, 개량 및 점검 등에 관한 사항
다. 철도차량의 정비 및 점검 등에 관한 사항
라. 철도 종사자의 안전 및 근무환경 향상에 관한 사항

정답 및 풀이 : 가
철도안전법 제5조(철도안전 종합계획)
1. 철도안전 종합계획의 추진목표 및 방향

2. 다음 설명 중 시행계획 수립절차에 관한 설명으로 틀린 것은?
가. 시 · 도지사, 철도운영자 등은 다음 연도의 시행계획을 매년 10월 말까지 국토교통부장관에게 제출하여야 한다.
나. 시 · 도지사 및 철도운영자등은 전년도 시행계획의 추진 실적을 매년 3월말까지 국토교통부장관에게 제출하여야 한다.
다. 국토교통부장관은 다음연도의 시행계획이 철도안전 종합계획에 위반되거나 철도안전 종합계획을 원활하게 추진하기 위하여 보완이 필요하다고 인정될 때에는 시 · 도지사 및 철도운영자등에게 시행계획의 수정을 요청할 수 있다.
라. 제3항에 따른 수정 요청을 받은 시 · 도지사 및 철도운영자 등은 특별한 사유가 없는 한 이를 시행계획에 반영하여야 한다.

정답 및 풀이 : 나
철도안전법(시행령) 제5조(시행계획 수립절차등)
2. 시 · 도지사 및 철도운영자 등은 전년도 시행계획의 추진 실적을 매년 2월 말까지 국토교통부장관에게 제출하여야 한다.

3. 다음 설명 중 철도안전관리시스템에 관한 서류로 틀린 것은?
가. 철도안전경영
나. 철도보호 및 질서유지
다. 교육훈련
라. 요구사항 준수

정답 및 풀이 : 나
철도안전법(시행규칙) 제2조(안전관리체계 승인 신청 절차 등)
4호 아. 철도보호 및 질서유지

4. 다음 설명 중 안전관리체계 검사계획으로 틀린 것은?
가. 검사반의 구성
나. 검사 일정 및 장소
다. 검사 수행 분야 및 검사 방법
라. 중점 검사 사항

정답 및 풀이 : 다
철도안전법(시행규칙) 제6조(안전관리체계의 유지 · 검사 등)
3. 검사 수행 분야 및 검사 항목

5. 다음 설명 중 승인의 취소 사항으로 틀린 것은?
가. 거짓이나 그 밖의 부정한 방법으로 승인을 받은 경우
나. 제7조제3항을 위반하여 변경승인을 받지 아니하거나 변경신고를 하지 아니하고 안전관리체계를 변경한 경우

다. 제8조제1항을 위반하여 안전관리체계를 지속적으로 유지하여 철도운영이나 철도시설의 관리에 중대한 지장을 초래한 경우
라 제8조제3항에 따른 시정조치명령을 정당한 사유 없이 이행하지 아니한경우

정답 및 풀이 : 다
철도안전법 제9조(승인의 취소)
3. 제8조제1항을 위반하여 안전관리체계를 지속적으로 유지하지 아니하여 철도운영이나 철도시설의 관리에 중대한 지장을 초래한 경우

6. 다음 중 안전관리 수준평가의 사고분야 기준으로 틀린 것은?
가. 철도교통사고 건수
나. 철도시설사고 건수
다. 운행장애 건수
라. 사상자 수

정답 및 풀이 : 나
철도안전법(시행규칙) 제8조(철도운영자등에 대한 안전관리수준평가의 대상 및 기준 등)
나. 철도안전사고 건수

7. 철도안전 종합계획에 포함되어야 하는 사항이 아닌 것은?
가. 철도안전 종합계획의 추진 목표 및 방향
나. 철도안전 관계 법령의 정비 등 제도 개선에 관한 사항
다. 철도종사자의 안전 및 근무환경 향상에 관한 사항
라. 철도사고 예방을 위한 사항

정답 및 풀이 : 라
철도안전법 제5조(철도안전 종합계획)

8. 안전관리체계의 승인 방법 및 증명서 발급에 관한 설명으로 틀린 것은?
가. 서류검사는 철도운영자등이 제출한 서류가 안전관기기준에 적합한지 검사 하는 것이다.
나. 현장검사는 안전관리체계의 이행가능성 및 실효성을 현장에서 확인하기 위한 검사이다.
다. 국토교통부장관은 안전관리기준에 적합하다고 인정하는 경우에는 철도안전관리체계 승인증명서를 신청인에게 발급하여야 한다.
라. 현장검사만으로 안전관리에 필요한 기술기준에 적합 여부를 판단할 수 있는 경우 서류검사를 생략할 수 있다.

정답 및 풀이 : 라
철도안전 시행규칙 제4조(안전관리체계의 승인 방법 및 증명서 발급 등)
서류검사만으로 안전관리에 필요한 기술기준에 적합 여부를 판단 할 수 있는 경우 현장검사를 생략할 수 있다.

9. 안전관리체계의 유지, 검사에 관한 설명으로 틀린 것은?
가. 국토교통부장관은 정기검사를 1년마다 1회 실시해야 한다.
나. 국토교통부장관은 정기검사 또는 수시검사를 시행하려는 경우 검사 시행일 10일 전까지 검사계획을 검사 대상 철도운영자등에게 통보해야 한다.
다. 국토교통부장관은 철도운영자등에게 시정조치를 명하는 경우 시정에 필요한 적정한 기간을 주어야 한다.
라. 철도운영자등이 시정조치명령을 받은 경우에 14일 이내에 시정조치계획서를 작성하여 국토교통부장관에게 제출하여야 한다.

정답 및 풀이 : 나
철도안전 시행규칙 제6조(안전관리체계의 유지, 검사)
국토교통부장관은 정기검사 또는 수시검사를 시행하려는 경우 검사 시행일 7일전까지 검사계획을 검사 대상 철도운영자등에게 통보해야 한다.

10. 다음 중 국토교통부장관이 안전관리체계의 승인을 취소하거나 6개월 이내의 업무 제한이나 정지를 명할 수 있는 경우가 아닌 것은?
가. 변경승인을 받지 아니하거나 변경신고를 하지 아니하고 안전관리체계를 변경한 경우
나. 거짓이나 그 밖의 부정한 방법으로 승인을 받은 경우
다. 안전관리체계를 지속적으로 유지하지 아니하여 철도운영이나 철도시설의관리에 중대한 지장을 초래한 경우
라. 시정조치명령을 정당한 사유 없이 이행하지 아니한 경우

정답 및 풀이 : 나
철도안전법 제9조(승인의 취소 등)
거짓이나 그 밖의 부정한 방법으로 승인을 받는 경우에는 그 승인을 취소해야 한다.

11. 철도안전 종합계획에 포함되지 않는 것은?
가. 철도안전 관련 연구 및 기술개발에 관한 사항
나. 철도안전 관련 전문 인력의 양성 및 수급관리에 관한 사항
다. 철도차량의 정비 및 점검 등에 관한 사항
라. 안전장비 착용 등 작업원 보호에 관한 사항

정답 및 풀이 : 라
'라'는 시행규칙 제76조의6제1항제2호인 안전교육에 포함되어야 하는 사항이다.

12. 다음 중 틀린 것은?
가. 철도운영자는 철도안전투자의 예산규모를 매년 5월 말까지 공시해야 한다.
나. 철도운영자는 다음 연도의 시행계획을 매년 10월 말까지 국토교통부장관에게 제출해야 한다.
다. 시 · 도지사 및 철도운영자등은 전년도 시행계획의 추진실적을 매년 5월 말까지 국토교통부장관에게 제출해야 한다.
라. 국토교통부장관은 5년마다 철도안전종합계획을 수립해야 한다.

정답 및 풀이 : 다
시행령 제5조에서 '추진실적을 매년 2월 말까지 국토교통부장관에게 제출하여야 한다.' 라고 적혀있다.

13. 철도안전관리시스템에 관한 서류에 적시해야 하는 사항은?
가. 요구사항 준수
나. 철도사업면허
다. 철도운영 개요
라. 승무 및 역무

정답 및 풀이 : 가
철도안전법 시행규칙 제2조에서 나, 다, 라는 열차운행체계에 관한 서류에 적시해야 한다.

14. 열차운행체계에 관한 서류에 적시해야 하는 사항은?
가. 유지관리 개요
나. 비상대응
다. 교육훈련
라. 철도관제업무

정답 및 풀이 : 라
철도안전법 시행규칙 제2조에서 '유지관리 개요'는 유지관리체계에 관한 서류에 적시해야 하고 '비상대응', '교육훈련'은 철도안전관리시스템에 관한 서류에 적시해야 한다.

15. 변경승인을 받지 않고 안전관리체계를 변경한 경우에 받는 처분기준이 틀린 것은?
가. 1차 위반시 업무정지(업무제한) 10일
나. 2차 위반시 업무정지(업무제한) 20일
다. 3차 위반시 업무정지(업무제한) 30일
라. 4차 이상 위반시 업무정지(업무제한) 80일

정답 및 풀이 : 다
별표1 안전관리체계 관련 처분기준에 따르면 3차 위반시 업무정지(업무제한) 40일이다.

16. 다음 중 틀린 것은?
가. "사망자"란 철도사고가 발생한 날부터 30일 이내에 그 사고로 사망한 경우를 말한다.
나. "재산피해액"이란 시설피해액, 차량피해액, 운임환불 등을 포함한 직접손실액을 말한다.
다. 동력장치가 집중되어 있는 철도차량을 기관차, 동력장치가 분산되어 있는 철도차량을 부수차로 구분한다.
라. 도로 위에 부설한 레일 위를 주행하는 철도차량은 노면전차로 구분한다.

정답 및 풀이 : 다
동력장치가 분산되어 있는 차량을 동차라고 한다.

17. 다음 중 철도안전 우수운영자 지정 대상에 대한 설명으로 옳지 않은 것은?
가. 철도안전 우수운영자 지정의 유효기간은 지정받은 날부터 2년으로 한다.
나. 철도안전 우수운영자는 제1항에 따라 철도안전 우수운영자로 지정되었음을 나타내는 표시를 하려면 국토교통부장관이 정해 고시하는 표시를 사용해야 한다.
다. 국토교통부장관은 철도안전 우수운영자에게 포상 등의 지원을 할 수 있다.
라. 규정한 사항 외에 철도안전 우수운영자 지정 표시 및 지원 등에 관해 필요한 사항은 국토교통부장관이 정해 고시한다.

정답 및 풀이 : 가
철도안전법 제9조(철도안전 우수운영자 지정 대상 등)
② 철도안전 우수운영자 지정의 유효기간은 지정받은 날부터 1년으로 한다.

18. 다음 중 철도안전 종합계획에 관한 설명으로 옳지 않은 것은?
가. 국토교통부장관은 5년마다 철도안전에 관한 종합계획을 수립하여야 한다.
나. 철도안전 종합계획의 경미한 변경은 국토교통부령으로 정한다.
다. 국토교통부장관은 철도안전 종합계획을 수립하거나 변경하였을 때에는 이를 관보에 고시하여야 한다.
라. 철도안전 종합계획에서 정한 시행기한 내에 단위사업의 시행시기의 변경은 경미한 사항의 변경에 해당한다.

정답 및 풀이 : 다
철도안전법 제5조(철도안전 종합계획) 제4조(철도안전 종합계획의 경미한 변경)
철도안전 종합계획의 경미한 변경은 대통령령으로 정한다.

19. 변경승인을 받지 않고 안전관리체계를 변경한 경우에 처벌로 틀린 것은?
가. 1차 위반 시 업무정지(업무제한) 10일
나. 2차 위반 시 업무정지(업무제한) 20일
다. 3차 위반 시 업무정지(업무제한) 40일
라. 4차 위반 시 업무정지(업무제한) 60일

정답 및 풀이 : 라
철도안전법 안전관리체계 관련 처분기준(제7조 관련)
4차 위반 시 업무정지(업무제한) 80일

20. 철도안전법 시행규칙 제6조(안전관리체계의 유지 검사 등)에 관한 설명으로 바르지 않은 것은?

가. 국토교통부 장관은 법 제 8조2항제1호에 따른 정기검사를 1년마다 1회 실시해야 한다.
나. 국토교통부 장관은 다음 각 호의 사유로 철도운영자등이 안전관리체계 정기검사의 유예를 요청한 경우에 검사 시기를 유예하거나 변경할 수 있다.
다. 국토교통부 장관은 정기검사 또는 수시검사를 마친 경우에는 다음 각 호의 사항이 포함된 검사 결과보고서를 작성하여야 한다.
라. 철도운영자등이 법 8조제3항에 따라 시정조치명령을 받은 경우에 20일 이내에 시정조치계획서를 작성하여 국토교통부장관에게 제출하여야 하고, 시정조치를 완료한 경우에는 지체없이 그 시정내용을 국토교통부장관에게 통보하여야 한다.

정답 및 해설 : 라
철도안전법 시행규칙 제6조 6항
철도운영자등이 법 8조제3항에 따라 시정조치명령을 받은 경우에 14일 이내에 시정조치계획서를 작성하여 국토교통부장관에게 제출하여야 하고, 시정조치를 완료한 경우에는 지체 없이 그 시정내용을 국토교통부장관에게 통보하여야 한다.

21. 철도안전법 시행규칙 제9조(철도안전 우수운영자 지정 대상 등)에 대한 설명으로 알맞지 않은 것은?
가. 국토교통부장관은 법 제9조의4제1항에 따라 안전관리 수준평가 결과가 최상위 등급인 철도운영자등을 철도안전 우수운영자(이하 "철도안전 우수운영자"라 한다)로 지정하여 철도안전 우수운영자로 지정되었음을 나타내는 표시를 사용할 수 있다.
나. 철도안전 우수운영자 지정의 유효기간은 지정받은 날부터 2년으로 한다.
다. 국토교통부장관은 철도안전 우수운영자에게 포상 등의 지원을 할 수 있다.
라. 제2항부터 제4항까지에서 규정한 사항 외에 철도안전 우수운영자 지정표시 및 지원 등에 관해 필요한 사항은 국토교통부장관이 정해 고시한다.

정답 및 풀이 : 나
철도안전법 시행규칙 제9조제2항
철도안전 우수운영자 지정의 유효기간은 지정받은 날부터 1년으로 한다.

22. 시행규칙 제 1조의5(철도안전투자의 공시 기준 등) 중 철도안전투자의 예산 규모를 공시하는 경우로 틀리게 설명하는 것은?
가. 과거 3년간 철도안전투자의 예산 및 그 집행 실적
나. 철도안전에 관한 시설의 확충, 개량 및 점검에 관한 사항
다. 안전설비의 설치에 관한 예산
라. 철도시설 개량에 관한 예산

정답 및 풀이 : 나
법 제5조(철도안전 종합계획)
2. 철도안전에 관한 시설의 확충, 개량 및 점검에 관한 사항

23. 다음 중 선로를 운행할 목적으로 철도운영자가 편성하여 열차번호를 부여한 철도차량을 무엇이라 하는가?
가. 열차
나. 객차
다. 화차
라. 특수차량

정답 및 풀이 : 가
철도안전법 제2조(정의)
6. "열차"란 선로를 운행할 목적으로 철도운영자가 편성하여 열차번호를 부여한 철도차량을 말한다.

24. 철도안전종합계획은 몇 년마다 수립하여야 하는가?
가. 1년
나. 3년
다. 5년
라. 10년

정답 및 풀이 : 다
철도안전법 제5조(철도안전 종합계획)
① 국토교통부장관은 5년마다 철도안전에 관한 종합계획(이하 "철도안전 종합계획"이라 한다)을 수립하여야 한다.

25. 다음 중 철도안전 종합계획을 심의하는 기관은?
가. 국무총리
나. 건설교통부 장관
다. 철도안전위원회
라. 철도산업위원회

정답 및 풀이 : 라
철도안전법 제5조(철도안전 종합계획)
③ 국토교통부장관은 철도안전 종합계획을 수립할 때에는 미리 관계 중앙행정기관의 장 및 철도운영자등과 협의한 후 기본법 제6조제1항에 따른 철도산업위원회의 심의를 거쳐야 한다.

26. 다음 중 시행계획을 수립하지 않는 자는?
가. 건설교통부 장관
나. 특별시장
다. 교통안전공단
라. 철도시설관리자

정답 및 풀이 : 다
철도안전법 시행령 제5조(시행계획 수립절차 등) ① 법 제6조에 따라 특별시장 · 광역시장·특별자치시장 · 도지사 또는 특별자치도지사(이하 "시 · 도지사"라 한다)와 철도운영자 및 철도시설관리자(이하 "철도운영자등"이라 한다)는 다음 연도의 시행계획을 매년 10월 말까지 국토교통부장관에게 제출하여야 한다.

27. 철도운영자가 건설교통부 장관에게 제출하는 전년도 철도안전종합시행 계획의 추진 실적은 매년 언제까지 제출하여야 하는가?
가. 2월 말
나. 4월 말
다. 10월 말
라. 12월 말

정답 및 풀이 : 가
철도안전법 시행령 제5조(시행계획 수립절차 등)
② 시·도지사 및 철도운영자등은 전년도 시행계획의 추진실적을 매년 2월 말까지 국토교통부장관에게 제출하여야 한다

28. 안전관리 수준평가의 대상 및 기준 중 사고분야가 아닌 것은?
가. 철도교통사고 건수
나. 철도안전사고 건수
다. 운행장애 건수
라. 정기검사 이행실적

정답 및 풀이 : 라
철도안전법 시행규칙 제8조(철도운영자등에 대한 안전관리 수준평가의 대상 및 기준 등) ① 법 제9조의3제1항에 따른 철도운영자등의 안전관리 수준에 대한 평가(이하 "안전관리 수준평가"라 한다)의 대상 및 기준은 다음 각 호와 같다.
1. 사고 분야
가. 철도교통사고 건수 나. 철도안전사고 건수
다. 운행장애 건수 라. 사상자 수
3. 안전관리 분야
가. 안전성숙도 수준 나. 정기검사 이행실적

29. 철도사고로 인한 사망자 수와 업무정지 일수가 다르게 짝지어 진 것은?
가. 1명 이상 3명 미만 - 업무정지 30일
나. 3명 이상 5명 미만 - 업무정지 60일
다. 5명 이상 10명 미만 - 업무정지 90일
라. 10명 이상 - 업무정지 180일

정답 및 풀이 : 다
철도안전법 시행규칙 <별표 1> 안전관리체계 관련 처분기준(제7조 관련)
라. 법 제8조제1항을 위반하여 안전관리체계를 지속적으로 유지하지 않아 철도운영이나 철도시설의 관리에 중대한 지장을 초래한 경우
1) 철도사고로 인한 사망자 수
가. 1명 이상 3명 미만 - 업무정지 30일
나. 3명 이상 5명 미만 - 업무정지 60일
다. 5명 이상 10명 미만 - 업무정지 120일
라. 10명 이상 - 업무정지 180일

30. 안전관리체계를 승인받으려는 경우에 철도운용 또는 철도시설 관리개시 예정일로 맞는 것은?
가. 예정일 30일 전
나. 예정일 60일 전
다. 예정일 90일 전
라. 예정일 100일 전

정답 및 풀이 : 다
철도안전법 시행규칙 제2조
1. 안전관리체계를 승인받으려는 경우에는 철도운용 또는 철도시설관리 개시 예정일 90일 전까지

31. 국토교통부장관은 정기검사 또는 수시검사 시행일 7일 전까지 철도운영자등에게 통보해야 하는 검사계획으로 틀린 것은?
가. 검사 시간
나. 검사반의 구성
다. 검사수행분야 및 검사항목
라. 검사 일정 및 장소

정답 및 풀이 : 가
철도안전법 시행규칙 제6조
2. 안전관리체계 검사계획에는 1. 검사반의 구성, 2. 검사일정 및 장소, 3. 검사수행분야 및 검사항목, 4. 중점검사사항이 속한다.

32. 철도운영자등의 안전관리 수준에 대한 평가의 대상 및 기준이 틀린 것은?
가. 사고분야
나. 철도안전투자 분야
다. 안전관리 분야
라. 그 밖에 안전관리 수준평가에 필요한 사항으로서 대통령이 정해 고시하는 사항

정답 및 풀이 : 라
철도안전법 제8조
4. 그밖에 안전관리 수준평가에 필요한 사항으로서 국토교통부장관이 정해 고시하는 사항

33. 국토교통부장관이 제2호의 개별기준에 따른 업무정지 기간의 2분의 1의 범위에서 그 기간을 줄일 수 있는 경우는 무엇인지 고르시오.
가. 그 밖에 위반행위의 정도, 위반행위의 동기와 그 과정 등을 고려해서 처분기간을 감경할 필요가 있다고 인정되는 경우
나. 위반행위가 부주의로 인한 것으로 인정되는 경우
다. 위반행위자의 법 위반 상태를 시정하거나 해소하기 위한 노력이 인정되는 경우
라. 법 위반 상태의 기간이 3개월 이하인 경우

정답 및 풀이 : 다
철도안전법 시행규칙 별표 20 시험기관의 지정취소 및 업무정지의 기준 (제85조의9제1항 관련) 제1호 일반 기준 라목.

34. 다음 중 선로를 구성하는 요소로 알맞지 않은 것은?
가. 노반
나. 궤도
다. 인공구조물
라. 열차

정답 및 해설 : 라
철도안전법 제2조(정의)
7. "선로"란 철도차량을 운행하기 위한 궤도와 이를 받치는 노반(路盤) 또는 인공구조물로 구성된 시설을 말한다.

35. 철도 운영자 및 철도 시설 관리자가 법 제7조 1항에 따른 안전관리체계를 승인받으려는 경우에 철도운용 또는 철도시설 관리 개시 [ ]일 전까지 국토교통부 장관에게 제출하여야 한다.
가. 15일
나. 30일
다. 60일
라. 90일

정답: 라
철도안전법 시행규칙 제2조(안전관리체계 승인 신청 절차 등)
① 철도운영자 및 철도시설관리자(이하 "철도운영자등"이라 한다)가 법 제7조제1항에 따른 안전관리체계(이하 "안전관리체계"라 한다)를 승인받으려는 경우에는 철도운용 또는 철도시설 관리 개시 예정일 90일 전까지 별지 제1호서식의 철도안전관리체계 승인신청서에 다음 각 호의 서류를 첨부하여 국토교통부장관에게 제출하여야 한다.

36. 법 제8조 2항에 따른 정기검사 또는 수시검사를 진행하려고 할 때 검사시행일 7일 전까지 검사 대상 철도운영자에게 통보해야 하는 내용이 아닌 것은?
가. 검사 일정 및 장소
나. 중점 검사 사항
다. 검사 수행 분야 및 검사 항목
라. 검사 소요 시간과 검사 후 조치

정답 및 해설 : 라
철도안전법 시행규칙 제6조(안전관리체계의 유지, 검사 등)
② 국토교통부장관은 법 제8조제2항에 따른 정기검사 또는 수시검사를 시행하려는 경우에는 검사 시행일 7일 전까지 다음 각 호의 내용이 포함된 검사계획을 검사 대상 철도운영자등에게 통보해야 한다. 다만, 철도사고, 철도준사고 및 운행장애(이하 "철도사고등"이라 한다)의 발생 등으로 긴급히 수시검사를 실시하는 경우에는 사전 통보를 하지 않을 수 있고, 검사 시작 이후 검사계획을 변경할 사유가 발생한 경우에는 철도운영자등과 협의하여 검사계획을 조정할 수 있다.
1. 검사반의 구성
2. 검사 일정 및 장소
3. 검사 수행 분야 및 검사 항목
4. 중점 검사 사항
5. 그 밖에 검사에 필요한 사항

37. 다음 중 운행장애에 해당하는 지연 시간으로 알맞은 것은?
가. 고속열차 20분 지연
나. 전동열차 30분 지연
다. 일반여객열차 20분 지연
라. 화물열차 30분 지연

정답 및 해설 : 가
철도안전법 시행규칙 제1조의4(운행장애의 범위)
법 제2조제13호에서 "국토교통부령으로 정하는 것"이란 다음 각 호의 어느 하나에 해당하는 것을 말한다.
2. 다음 각 목의 구분에 따른 운행 지연. 다만, 다른 철도사고 또는 운행장애로 인한 운행 지연은 제외한다.
가. 고속열차 및 전동열차: 20분 이상
나. 일반여객열차: 30분 이상
다. 화물열차 및 기타열차: 60분 이상

38. 다음 중 철도안전투자의 예산 규모를 공시할 때 포함되어야 하는 내용이 아닌 것은?
가. 철도차량 교체에 관한 예산
나. 철도안전 교육훈련에 관한 예산
다. 철도안전법 제정에 관한 예산
라. 안전설비의 설치에 관한 예산

정답 및 해설 : 다
철도안전법 시행규칙 제1조의5(철도안전투자의 공시 기준 등)
① 철도운영자는 법 제6조의2제1항에 따라 철도안전투자(이하 "철도안전투자"라 한다)의 예산 규모를 공시하는 경우에는 다음 각 호의 기준에 따라야 한다.
1. 예산 규모에는 다음 각 목의 예산이 모두 포함되도록 할 것
가. 철도차량 교체에 관한 예산
나. 철도시설 개량에 관한 예산
다. 안전설비의 설치에 관한 예산
라. 철도안전 교육훈련에 관한 예산
마. 철도안전 연구개발에 관한 예산
바. 철도안전 홍보에 관한 예산
사. 그 밖에 철도안전에 관련된 예산으로서 국토교통부장관이 정해 고시하는 사항

39. 안전 운행 지연 중 고속열차 및 전동열차의 지연 시간은?
가. 20분 이상
나. 30분 이상
다. 30분 이상
라. 40분 이상

답지 및 해설 : 가
철도안전법 시행규칙 제1조4(운행장애의 범위)
2. 고속열차 및 전동열차 20분 이상

40. 철도운영자등이 안전관리체계를 승인을 받으려고 하는 경우 철도안전관리체계 승인 신청서를 철도 운용 또는 철도시설관리 개시 예정일은 몇 일전까지 국토교통부장관에게 제출해야 하는가?
가. 50일
나. 60일
다. 90일
라. 100일

정답 및 해설 : 다
철도안전법 시행규칙 제2조(안전관리체계 승인 신청 절차 등)
① 철도운용 또는 철도 시설관리 개시예정일 90일 전까지 국토교통부 장관에게 제출해야한다

41. 수준평가의 대상, 기준, 방법, 절차 등에 필요한 사항은 누구의 령으로 부터 정하는가?
가. 대통령령
나. 국토교통부령
다. 국토교통부장관령
라. 국방부장관령

정답 및 해설 : 나
철도안전법 제9조3(철도운영자등에 대한 안전관리 수준평가)
③ 제1항에 따른 안전관리 수준평가의 대상, 기준, 방법, 절차 등에 필요한 사항은 국토교통부령으로 정한다.

42. 안전관리체계의 경미한 사항 변경에서 맞지 않는 것은?
가. 사업의 합병 또는 양도, 양수
나. 철도노선의 신설 또는 개량
다. 다음 철도시설의 증가 (역사, 기지, 열차유선장비, 전송설비)
라. 영차운행 또는 유지관리 인력의 감소
마. 유지관리 항목의 축소 또는 유지관리 주기의 증가

정답 및 풀이 : 다
다음 철도시설의 증가(역사, 기지, 열차무선장비, 전송설비)로 고쳐야 함.

43. 운전면허의 결격사유로 맞지 않는 것은?
가. 철도차량 운전상의 위험과 장해를 일으킬 수 있는 정신질환자 또는 뇌전증 환자로서 대통령령으로 정하는 자
나. 19세 미만인 자
다. 두 귀의 청력과 두 눈의 시력을 완전히 상실한 자
라. 운전면허가 취소된 날부터 1년이 지나지 아니하였거나 운전면허의 효력이 정지중인 자
마. 알코올 중독자로서 대통령령으로 정하는 자

정답 및 풀이 : 라
운전면허가 취소된 날부터 2년이 지나지 아니하였거나 운전면허의 효력이 정지중인 자로 고쳐야 함

44. 다음 설명 중 철도안전법령상 용어의 정의로 옳지 않은 것은?
가. "선로"란 철도차량을 운행하기 위한 궤도와 이를 받치는 노반 또는 인공구조물로 구성된 시설을 말한다.
나. "철도차량정비기술자"란 철도차량정비에 관한 자격, 경력 및 학력 등을 갖추어 국토교통부장관의 인정을 받은 사람을 말한다.
다. "운행장애"란 철도사고 및 철도준사고 외에 철도차량의 운행에 지장을 주는 것으로서 국토교통부령으로 정하는 것을 말한다.
라. "철도사고"란 철도안전에 중대한 위해를 끼쳐 철도사고로 이어질 수 있었던 것으로 국토교통부령으로 정하는 것을 말한다.

정답 및 풀이 : 라
철도안전법 제2조(정의)
"철도사고"란 철도운영 또는 철도시설관리와 관련하여 사람이 죽거나 다치거나 물건이 파손되는 사고로 국토교통부령으로 정하는 것을 말한다.

45. 다음 중 철도안전관리시스템에 관한 서류로 구분되지 않는 것은?
가. 철도안전관리시스템 개요
나. 철도안전경영
다. 내부 점검
라. 철도보호 및 질서 유지

정답 및 풀이 : 라
철도안전법 시행규칙 제2조(안전관리체계 승인 신청 절차 등)
3. 철도안전관리시스템에 관한 서류

가. 철도안전관리시스템 개요
나. 철도안전경영 다. 문서화 라. 위험관리 마. 요구사항 준수
바. 철도사고 조사 및 보고 사. 내부 점검 아. 비상대응 자. 교육훈련
차. 안전정보 카. 안전문화
* 철도보호 및 질서 유지는 열차운행체계에 관한 서류로 구분된다.

46. 철도안전법 시행규칙 제6조(안전관리체계의 유지 * 검사등)에서 철도운영자등이 안전관리체계 정기검사의 유예를 요청할 수 있는 사유가 아닌 것은?
가. 검사 대상 철도운영자등이 사법기관 및 중앙행정기관의 조사 및 감사를 받고 있는 경우
나. [항공, 철도 사고조사에 관한 법률] 제4조제1항에 따른 항공, 철도사고조사위원회가 같은 법 제19조에 따라 철도사고에 대한 조사를 하고 있는 경우
다. 철도운영자등이 안전관리체계의 유지를 잘한 경우
라. 대형 철도사고의 발생, 천재지변, 그 밖의 부득이한 사유가 있는 경우

정답 및 풀이 : 다
철도안전법 시행규칙 제6조(안전관리체계의 유지*검사등)3항
철도운영자등이 안전관리체계의 유지를 잘 한 경우는 없다.

47. 시행계획 수립절차내용으로 옳은 것은?
가. 시 · 도지사 와 철도운영자등 은 다음 연도의 시행계획을 매년 10월 말까지 대통령에게 제출해야한다.
나. 시 · 도지사 및 철도운영자등은 전년도 시행계획의 추진실적을 매년 3월 말까지 국토교통부장관에게 제출하여야 한다.
다. 국토교통부장관은 시 · 도지사 및 철도운영자등이 제출한 철도안전 종합계획에 위반되거나 철도안전 종합 계획을 원활하게 추진하기 위하여 보완이 필요하다고 인정 될 때 시, 도지사 및 철도 운영자등이게 시행 계획의 수정을 요청 할수 있다
라. 3에 따른 수정 요청을 받은 시, 도지사 및 철도운영자 등은 특별한 사유가 없이, 시행계획에 반영을 하지 않을 수 있다.

답 : 다
해설: 가. 대통령이 아니라 국토교통부 장관에게 제출한다. 제5조(시행계획 수립절차 등) 법 제6조에 따라
나. 시 · 도지사 및 철도운영자등은 전년도 시행계획의 추진실적을 매년 2월 말까지 국토교통부 장관에게 제출하여야 한다.
라. 3에 따른 수정 요청을 받은 시,도지사 및 철도운영자 등은 특별한 사유가 없이, 시행계획에 반영을 해야만 한다.

48. 철도안전투자의 공시 기준에 관한 설명으로 틀린 내용은?
가. 예산 규모에는 철도시설 개량에 관한 예산이 포함되어야 한다.
나. 국가의 보조금, 지방자치단체의 보조금 및 철도 운영자의 자금 등 철도안전투자 예산의 재원을 구분해 공시해야 한다.
다. 철도운영자는 철도안전투자의 예산 규모를 매년 7월 말까지 공시해야 한다.
라. 철도안전투자의 공시 기준 및 절차 등에 관해 필요한 사항은 국토교통부장관이 정해 고시한다.

정답 : 다
제1조의 5(철도안전투자의 공시 기준 등)에 따라 철도운영자는 철도안전투자의 예산규모를 매년 5월 말까지 공시해야 한다.

49. 과징금에 대해 바르게 설명하고 있는 것은?
가. 위반행위의 횟수에 따른 과징금의 가중된 부과기준은 최근 3년간 같은 위반행위로 과징금 부과처분을 받은 날과 그 처분 후 다시 같은 위반행위를 하여 적발된 날을 기준으로 한다.
나. 법 제7조제3항을 위반하여 변경신고를 하지 않고 안전관리체계를 변경한 경우를 처음 하였을 때 과징금을 120만원을 내야 한다.
다. 철도사고로 인한 중상자 수가 40명일 때 과징금을 720만원을 내야 한다.
라. 천재지변이나 그 밖의 부득이한 사유로 그 기간에 과징금을 낼 수 없는 경우에는 그 사유가 없어진 날로부터 14일 이내에 내야 한다.

정답 및 풀이 : 다
철도사고로 인한 중상자 수가 30~50명일 때 과징금을 720만원 내야 한다.

50. 안전관리체계 관련 과징금의 부과기준에서 틀린 것은?
가. 위반행위의 횟수에 따른 과징금의 가중된 부과기준은 최근 2년간 같은 위반행위로 과징금 부과처분을 받은 경우에 적용한다.
나. "중상자"란 철도사고로 인해 부상을 입은 날부터 7일 이내 실시된 의사의 최초진단결과 24시간 이상 입원 치료가 필요한 상해를 입은 사람(의식불명, 시력상실을 포함)을 말한다.
다. "재산피해액"이란 시설피해액(인건비와 자재비등 포함), 차량피해액(인건비와 자재비등 포함), 운임환불 등을 포함한 간접손실액을 말한다.
라. 철도사고로 인한 중상자 수 – 10명이상 30명 미만 720만원
.
정답 및 풀이 : 다
간접손실이 아닌 직접손실이다.

에듀컨텐츠·휴피아
ECH Educontents Huepia

제3장 철도종사자의 안전관리

제10조(철도차량 운전면허)

① 철도차량을 운전하려는 사람은 국토교통부장관으로부터 철도차량 운전면허(이하 "운전면허"라 한다)를 받아야 한다. 다만, 제16조에 따른 교육훈련 또는 제17조에 따른 운전면허 시험을 위하여 철도차량을 운전하는 경우 등 *대통령령(10조)*으로 정하는 경우에는 그러하지 아니하다.

② 「도시철도법」 제2조제2호에 따른 노면전차를 운전하려는 사람은 제1항에 따른 운전면허 외에 「도로교통법」 제80조에 따른 운전면허를 받아야 한다.

③ 제1항에 따른 운전면허는 *대통령령(11조)*으로 정하는 바에 따라 철도차량의 종류별로 받아야 한다.

***시행령 제10조(운전면허 없이 운전할 수 있는 경우)**

① 법 제10조제1항 단서에서 "대통령령으로 정하는 경우"란 다음 각 호의 어느 하나에 해당하는 경우를 말한다.

1. 법 제16조제3항에 따른 철도차량 운전에 관한 전문 교육훈련기관(이하 "운전교육훈련기관"이라 한다)에서 실시하는 운전교육훈련을 받기 위하여 철도차량을 운전하는 경우
2. 법 제17조제1항에 따른 운전면허시험(이하 이 조에서 "운전면허시험"이라 한다)을 치르기 위하여 철도차량을 운전하는 경우
3. 철도차량을 제작·조립·정비하기 위한 공장 안의 선로에서 철도차량을 운전하여 이동하는 경우
4. 철도사고등을 복구하기 위하여 열차운행이 중지된 선로에서 사고복구용 특수차량을 운전하여 이동하는 경우

② 제1항제1호 또는 제2호에 해당하는 경우에는 해당 철도차량에 운전교육훈련을 담당하는 사람이나 운전면허시험에 대한 평가를 담당하는 사람을 승차시켜야 하며, *국토교통부령*으로 정하는 표지를 해당 철도차량의 앞면 유리에 붙여야 한다.

***시행령 제11조(운전면허 종류)**

① 법 제10조제3항에 따른 철도차량의 종류별 운전면허는 다음 각 호와 같다.

1. **고속철도차량 운전면허**
2. **제1종 전기차량 운전면허**
3. **제2종 전기차량 운전면허**

4. 디젤차량 운전면허
5. 철도장비 운전면허
6. 노면전차(路面電車) 운전면허

② 제1항 각 호에 따른 운전면허(이하 "운전면허"라 한다)를 받은 사람이 운전할 수 있는 철도차량의 종류는 *국토교통부령*으로 정한다.

＊ 시행규칙 제10조(교육훈련 철도차량 등의 표지)

영 제10조제2항에 따른 표지는 *별지 제3호서식*에 따른다.

■ 철도안전법 시행규칙 [별지 제3호서식]

교육훈련 철도차량 등의 표지

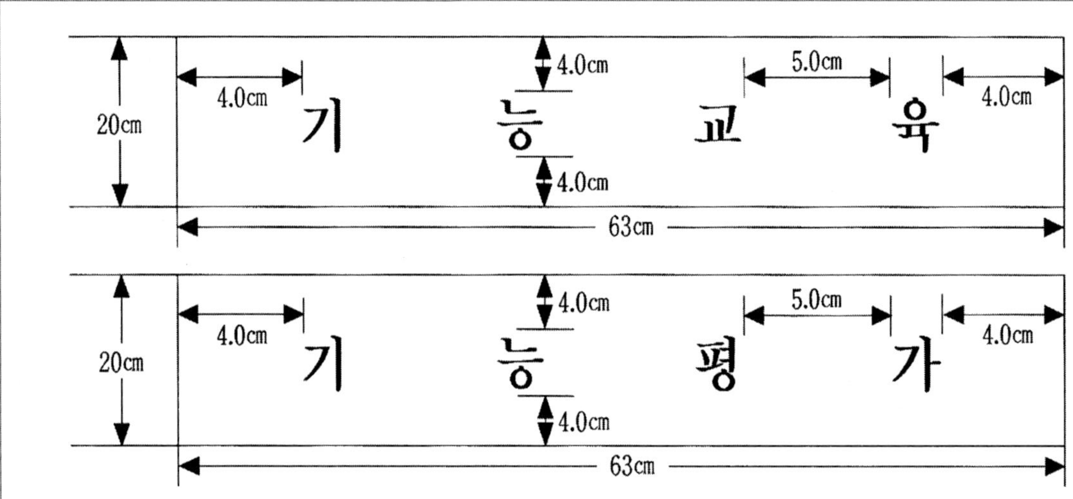

주)
1. 바탕은 파란색, 글씨는 노란색으로 합니다.
2. 앞면 유리 오른쪽(운전석 중심으로) 윗부분에 부착합니다.

> **※ 시행규칙 제11조(운전면허의 종류에 따라 운전할 수 있는 철도차량의 종류)**
> 영 제11조제1항에 따른 철도차량의 종류별 운전면허를 받은 사람이 운전할 수 있는 철도차량의 종류는 *별표 1의2*와 같다.

■ 철도안전법 시행규칙 [별표 1의2]

철도차량 운전면허 종류별 운전이 가능한 철도차량(제11조 관련)

운전면허의 종류	운전할 수 있는 철도차량의 종류
1. 고속철도차량 운전면허	가. 고속철도차량 나. 철도장비 운전면허에 따라 운전할 수 있는 차량
2. 제1종 전기차량 운전면허	가. 전기기관차 나. 철도장비 운전면허에 따라 운전할 수 있는 차량
3. 제2종 전기차량 운전면허	가. 전기동차 나. 철도장비 운전면허에 따라 운전할 수 있는 차량
4. 디젤차량 운전면허	가. 디젤기관차 나. 디젤동차 다. 증기기관차 라. 철도장비 운전면허에 따라 운전할 수 있는 차량
5. 철도장비 운전면허	가. 철도건설과 유지보수에 필요한 기계나 장비 나. 철도시설의 검측장비 다. 철도・도로를 모두 운행할 수 있는 철도복구장비 라. 전용철도에서 시속 25킬로미터 이하로 운전하는 차량 마. 사고복구용 기중기 바. 입환(入換)작업을 위해 원격제어가 가능한 장치를 설치하여 시속 25킬로미터 이하로 운전하는 동력차
6. 노면전차 운전면허	노면전차

비고:
1. 시속 100킬로미터 이상으로 운행하는 철도시설의 검측장비 운전은 고속철도차량 운전면허, 제1종 전기차량 운전면허, 제2종 전기차량 운전면허, 디젤차량 운전면허 중 하나의 운전면허가 있어야 한다.
2. 선로를 시속 200킬로미터 이상의 최고운행 속도로 주행할 수 있는 철도차량을 고속철도차량으로 구분한다.
3. 동력장치가 집중되어 있는 철도차량을 기관차, 동력장치가 분산되어 있는 철도차량을 동차로 구분한다.
4. 도로 위에 부설한 레일 위를 주행하는 철도차량은 노면전차로 구분한다.
5. 철도차량 운전면허(철도장비 운전면허는 제외한다) 소지자는 철도차량 종류에 관계없이 차량기지 내에서 시속 25킬로미터 이하로 운전하는 철도차량을 운전할 수 있다. 이 경우 다른 운전면허의 철도차량을 운전하는 때에는 국토교통부장관이 정하는 교육훈련을 받아야 한다.
6. "전용철도"란 「철도사업법」 제2조제5호에 따른 전용철도를 말한다.

제11조(운전면허의 결격사유)

① 다음 각 호의 어느 하나에 해당하는 사람은 운전면허를 받을 수 없다.

1. 19세 미만인 사람
2. 철도차량 운전상의 위험과 장해를 일으킬 수 있는 정신질환자 또는 뇌전증환자로서 *대통령령(12조)*으로 정하는 사람
3. 철도차량 운전상의 위험과 장해를 일으킬 수 있는 약물(「마약류 관리에 관한 법률」 제2조제1호에 따른 마약류 및 「화학물질관리법」 제22조제1항에 따른 환각물질을 말한다. 이하 같다) 또는 알코올 중독자로서 *대통령령(12조)*으로 정하는 사람
4. 두 귀의 청력 또는 두 눈의 시력을 완전히 상실한 사람
5. 운전면허가 취소된 날부터 2년이 지나지 아니하였거나 운전면허의 효력정지기간 중인 사람

② 국토교통부장관은 제1항에 따른 결격사유의 확인을 위하여 개인정보를 보유하고 있는 기관의 장에게 해당 정보의 제공을 요청할 수 있다. 이 경우 요청을 받은 기관의 장은 특별한 사유가 없으면 이에 따라야 한다.

③ 제2항에 따라 요청하는 대상기관과 개인정보의 내용 및 제공방법 등에 필요한 사항은 대통령령으로 정한다.(2024.7.17.시행)

＊시행령 제12조(운전면허를 받을 수 없는 사람)

법 제11조제2호 및 제3호에서 "대통령령으로 정하는 사람"이란 **해당 분야 전문의가 정상적인 운전을 할 수 없다고 인정하는 사람**을 말한다.

제12조(운전면허의 신체검사)

① 운전면허를 받으려는 사람은 철도차량 운전에 적합한 신체상태를 갖추고 있는지를 판정받기 위하여 국토교통부장관이 실시하는 신체검사에 합격하여야 한다.

② 국토교통부장관은 제1항에 따른 신체검사를 제13조에 따른 의료기관에서 실시하게 할 수 있다.

③ 제1항에 따른 신체검사의 합격기준, 검사방법 및 절차 등에 관하여 필요한 사항은 *국토교통부령(12조)*으로 정한다.

＊시행규칙 제12조(신체검사 방법·절차·합격기준 등)

① 법 제12조제1항에 따른 운전면허의 신체검사 또는 법 제21조의5제1항에 따른 관제자격증명의 신체검사를 받으려는 사람은 *별지 제4호서식*의 신체검사 판정서에 성명·주민등록번호 등 본인의 기록사항을 작성하여 법 제13조에 따른 신체검사 실시 의료기관(이하 "신체검사의료기관"이라 한다)에 제출하여야 한다.

② 법 제12조제3항 및 법 제21조의5제2항에 따른 신체검사의 항목과 합격기준은 *별표 2 제1호*와 같다.

③ 신체검사의료기관은 별지 제4호서식의 신체검사 판정서의 각 신체검사 항목별로 신체검사를 실시한 후 합격여부를 기록하여 신청인에게 발급하여야 한다.
④ 그 밖에 신체검사의 방법 및 절차 등에 관하여 필요한 세부사항은 국토교통부장관이 정하여 고시한다.

■ 철도안전법 시행규칙 [별표 2]

신체검사 항목 및 불합격 기준(제12조제2항 및 제40조제4항 관련)

1. 운전면허 또는 관제자격증명 취득을 위한 신체검사

검사 항목	불합격 기준
가. 일반 결함	1) 신체 각 장기 및 각 부위의 악성종양 2) 중증인 고혈압증(수축기 혈압 180㎜Hg 이상이고, 확장기 혈압 110㎜Hg 이상인 사람) 3) 이 표에서 달리 정하지 아니한 법정 감염병 중 직접 접촉, 호흡기 등을 통하여 전파가 가능한 감염병
나. 코・구강・인후 계통	의사소통에 지장이 있는 언어장애나 호흡에 장애를 가져오는 코, 구강, 인후, 식도의 변형 및 기능장애
다. 피부 질환	다른 사람에게 감염될 위험성이 있는 만성 피부질환자 및 한센병 환자
라. 흉부 질환	1) 업무수행에 지장이 있는 급성 및 만성 늑막질환 2) 활동성 폐결핵, 비결핵성 폐질환, 중증 만성천식증, 중증 만성기관지염, 중증 기관지확장증 3) 만성폐쇄성 폐질환
마. 순환기 계통	1) 심부전증 2) 업무수행에 지장이 있는 발작성 빈맥(분당 150회 이상)이나 기질성 부정맥 3) 심한 방실전도장애 4) 심한 동맥류 5) 유착성 심낭염 6) 폐성심 7) 확진된 관상동맥질환(협심증 및 심근경색증)
바. 소화기 계통	1) 빈혈증 등의 질환과 관계있는 비장종대 2) 간경변증이나 업무수행에 지장이 있는 만성 활동성 간염 3) 거대결장, 게실염, 회장염, 궤양성 대장염으로 고치기 어려운 경우

사. 생식이나 비뇨기 계통	1) 만성 신장염 2) 중증 요실금 3) 만성 신우염 4) 고도의 수신증이나 농신증 5) 활동성 신결핵이나 생식기 결핵 6) 고도의 요도협착 7) 진행성 신기능장애를 동반한 양측성 신결석 및 요관결석 8) 진행성 신기능장애를 동반한 만성신증후군
아. 내분비 계통	1) 중증의 갑상샘 기능 이상 2) 거인증이나 말단비대증 3) 애디슨병 4) 그 밖에 쿠싱증후군 등 뇌하수체의 이상에서 오는 질환 5) 중증인 당뇨병(식전 혈당 140 이상) 및 중증의 대사질환(통풍 등)
자. 혈액이나 조혈 계통	1) 혈우병 2) 혈소판 감소성 자반병 3) 중증의 재생불능성 빈혈 4) 용혈성 빈혈(용혈성 황달) 5) 진성적혈구 과다증 6) 백혈병
차. 신경 계통	1) 다리·머리·척추 등 그 밖에 이상으로 앉아 있거나 걷지 못하는 경우 2) 중추신경계 염증성 질환에 따른 후유증으로 업무수행에 지장이 있는 경우 3) 업무에 적응할 수 없을 정도의 말초신경질환 4) 머리뼈 이상, 뇌 이상이나 뇌 순환장애로 인한 후유증(신경이나 신체증상)이 남아 업무수행에 지장이 있는 경우 5) 뇌 및 척추종양, 뇌기능장애가 있는 경우 6) 전신성·중증 근무력증 및 신경근 접합부 질환 7) 유전성 및 후천성 만성근육질환 8) 만성 진행성·퇴행성 질환 및 탈수조성 질환(유전성 무도병, 근위축성 측색경화증, 보행실조증, 다발성경화증)
카. 사지	1) 손의 필기능력과 두 손의 악력이 없는 경우 2) 난치의 뼈·관절 질환이나 기형으로 업무수행에 지장이 있는 경우 3) 한쪽 팔이나 한쪽 다리 이상을 쓸 수 없는 경우(운전업무에만 해당한다)

타. 귀	귀의 청력이 500Hz, 1000Hz, 2000Hz에서 측정하여 측정치의 산술평균이 두 귀 모두 40dB 이상인 사람
파. 눈	1) 두 눈의 나안(맨눈) 시력 중 어느 한쪽의 시력이라도 0.5 이하인 경우(다만, 한쪽 눈의 시력이 0.7 이상이고 다른 쪽 눈의 시력이 0.3 이상인 경우는 제외한다)로서 두 눈의 교정시력 중 어느 한쪽의 시력이라도 0.8 이하인 경우(다만, 한쪽 눈의 교정시력이 1.0 이상이고 다른 쪽 눈의 교정시력이 0.5 이상인 경우는 제외한다) 2) 시야의 협착이 1/3 이상인 경우 3) 안구 및 그 부속기의 기질성·활동성·진행성 질환으로 인하여 시력 유지에 위협이 되고, 시기능장애가 되는 질환 4) 안구 운동장애 및 안구진탕 5) 색각이상(색약 및 색맹)
하. 정신 계통	1) 업무수행에 지장이 있는 지적장애 2) 업무에 적응할 수 없을 정도의 성격 및 행동장애 3) 업무에 적응할 수 없을 정도의 정신장애 4) 마약·대마·향정신성 의약품이나 알코올 관련 장애 등 5) 뇌전증 6) 수면장애(폐쇄성 수면 무호흡증, 수면발작, 몽유병, 수면 이상증 등)이나 공황장애

비고

1. **철도차량 운전면허 소지자가 다른 종류의 철도차량 운전면허를 취득하려는 경우에는 운전면허 취득을 위한 신체검사를 받은 것으로 본다.**
2. **도시철도 관제자격증명을 취득한 사람이 철도 관제자격증명을 취득하려는 경우에는 관제자격증명 취득을 위한 신체검사를 받은 것으로 본다.**
3. **철도차량 운전면허 소지자가 관제자격증명을 취득하려는 경우 또는 관제자격증명 취득자가 철도차량 운전면허를 취득하려는 경우에는 관제자격증명 또는 운전면허 취득을 위한 신체검사를 받은 것으로 본다.**

2. 운전업무종사자 등에 대한 신체검사

검사 항목	불합격 기준	
	최초검사·특별검사	정기검사
가. 일반 결함	1) 신체 각 장기 및 각 부위의 악성종양 2) 중증인 고혈압증(수축기 혈압	1) 업무수행에 지장이 있는 악성종양 2) 조절되지 아니하는 중증인 고혈

	180㎜Hg 이상이고, 확장기 혈압 110㎜Hg 이상인 경우) 3) 이 표에서 달리 정하지 아니한 법정 감염병 중 직접 접촉, 호흡기 등을 통하여 전파가 가능한 감염병	압증 3) 이 표에서 달리 정하지 아니한 법정 감염병 중 직접 접촉, 호흡기 등을 통하여 전파가 가능한 감염병
나. 코ㆍ구강ㆍ인후 계통	의사소통에 지장이 있는 언어장애나 호흡에 장애를 가져오는 코ㆍ구강ㆍ인후ㆍ식도의 변형 및 기능장애	의사소통에 지장이 있는 언어장애나 호흡에 장애를 가져오는 코ㆍ구강ㆍ인후ㆍ식도의 변형 및 기능장애
다. 피부 질환	다른 사람에게 감염될 위험성이 있는 만성 피부질환자 및 한센병 환자	
라. 흉부 질환	1) 업무수행에 지장이 있는 급성 및 만성 늑막질환 2) 활동성 폐결핵, 비결핵성 폐질환, 중증 만성천식증, 중증 만성기관지염, 중증 기관지확장증 3) 만성 폐쇄성 폐질환	1) 업무수행에 지장이 있는 활동성 폐결핵, 비결핵성 폐질환, 만성 천식증, 만성 기관지염, 기관지 확장증 2) 업무수행에 지장이 있는 만성 폐쇄성 폐질환
마. 순환기 계통	1) 심부전증 2) 업무수행에 지장이 있는 발작성 빈맥(분당 150회 이상)이나 기질성 부정맥 3) 심한 방실전도장애 4) 심한 동맥류 5) 유착성 심낭염 6) 폐성심 7) 확진된 관상동맥질환(협심증 및 심근경색증)	1) 업무수행에 지장이 있는 심부전증 2) 업무수행에 지장이 있는 발작성 빈맥(분당 150회 이상)이나 기질성 부정맥 3) 업무수행에 지장이 있는 심한 방실전도장애 4) 업무수행에 지장이 있는 심한 동맥류 5) 업무수행에 지장이 있는 유착성 심낭염 6) 업무수행에 지장이 있는 폐성심 7) 업무수행에 지장이 있는 관상동맥질환(협심증 및 심근경색증)
바. 소화기 계통	1) 빈혈증 등의 질환과 관계있는	업무수행에 지장이 있는 만성 활

	비장종대 2) 간경변증이나 업무수행에 지장이 있는 만성 활동성 간염 3) 거대결장, 게실염, 회장염, 궤양성 대장염으로 난치인 경우	동성 간염이나 간경변증
사. 생식이나 비뇨기 계통	1) 만성 신장염 2) 중증 요실금 3) 만성 신우염 4) 고도의 수신증이나 농신증 5) 활동성 신결핵이나 생식기 결핵 6) 고도의 요도협착 7) 진행성 신기능장애를 동반한 양측성 신결석 및 요관결석 8) 진행성 신기능장애를 동반한 만성신증후군	1) 업무수행에 지장이 있는 만성 신장염 2) 업무수행에 지장이 있는 진행성 신기능장애를 동반한 양측성 신결석 및 요관결석
아. 내분비 계통	1) 중증의 갑상샘 기능 이상 2) 거인증이나 말단비대증 3) 애디슨병 4) 그 밖에 쿠싱증후군 등 뇌하수체의 이상에서 오는 질환 5) 중증인 당뇨병(식전 혈당 140 이상) 및 중증의 대사질환(통풍 등)	업무수행에 지장이 있는 당뇨병, 내분비질환, 대사질환(통풍 등)
자. 혈액이나 조혈 계통	1) 혈우병 2) 혈소판 감소성 자반병 3) 중증의 재생불능성 빈혈 4) 용혈성 빈혈(용혈성 황달) 5) 진성적혈구 과다증 6) 백혈병	1) 업무수행에 지장이 있는 혈우병 2) 업무수행에 지장이 있는 혈소판 감소성 자반병 3) 업무수행에 지장이 있는 재생불능성 빈혈 4) 업무수행에 지장이 있는 용혈성 빈혈(용혈성 황달) 5) 업무수행에 지장이 있는 진성적혈구 과다증 6) 업무수행에 지장이 있는 백혈병
차. 신경 계통	1) 다리·머리·척추 등 그 밖에 이상으로 앉아 있거나 걷지	1) 다리·머리·척추 등 그 밖에 이상으로 앉아 있거나 걷지 못

	못하는 경우 2) 중추신경계 염증성 질환에 따른 후유증으로 업무수행에 지장이 있는 경우 3) 업무에 적응할 수 없을 정도의 말초신경질환 4) 머리뼈 이상, 뇌 이상이나 뇌순환장애로 인한 후유증(신경이나 신체증상)이 남아 업무수행에 지장이 있는 경우 5) 뇌 및 척추종양, 뇌기능장애가 있는 경우 6) 전신성·중증 근무력증 및 신경근 접합부 질환 7) 유전성 및 후천성 만성근육질환 8) 만성 진행성·퇴행성 질환 및 탈수조성 질환(유전성 무도병, 근위축성 측색경화증, 보행 실조증, 다발성 경화증)	하는 경우 2) 중추신경계 염증성 질환에 따른 후유증으로 업무수행에 지장이 있는 경우 3) 업무에 적응할 수 없을 정도의 말초신경질환 4) 머리뼈 이상, 뇌 이상이나 뇌순환장애로 인한 후유증(신경이나 신체증상)이 남아 업무수행에 지장이 있는 경우 5) 뇌 및 척추종양, 뇌기능장애가 있는 경우 6) 전신성·중증 근무력증 및 신경근 접합부 질환 7) 유전성 및 후천성 만성근육질환 8) 업무수행에 지장이 있는 만성 진행성·퇴행성 질환 및 탈수조성 질환(유전성 무도병, 근위축성 측색경화증, 보행 실조증, 다발성 경화증)
카. 사지	1) 손의 필기능력과 두 손의 악력이 없는 경우 2) 난치의 뼈·관절 질환이나 기형으로 업무수행에 지장이 있는 경우 3) 한쪽 팔이나 한쪽 다리 이상을 쓸 수 없는 경우(운전업무에만 해당한다)	1) 손의 필기능력과 두 손의 악력이 없는 경우 2) 난치의 뼈·관절 질환이나 기형으로 업무수행에 지장이 있는 경우 3) 한쪽 팔이나 한쪽 다리 이상을 쓸 수 없는 경우(운전업무에만 해당한다)
타. 귀	귀의 청력이 500Hz, 1000Hz, 2000Hz에서 측정하여 측정치의 산술평균이 두 귀 모두 40dB 이상인 경우	귀의 청력이 500Hz, 1000Hz, 2000Hz에서 측정하여 측정치의 산술평균이 두 귀 모두 40dB 이상인 경우
파. 눈	1) 두 눈의 나안 시력 중 어느 한쪽의 시력이라도 0.5 이하인 경우(다만, 한쪽 눈의 시력이 0.7 이상이고 다른 쪽 눈	1) 두 눈의 나안 시력 중 어느 한쪽의 시력이라도 0.5 이하인 경우(다만, 한쪽 눈의 시력이 0.7 이상이고 다른 쪽 눈의 시력이

	의 시력이 0.3 이상인 경우는 제외한다)로서 두 눈의 교정시력 중 어느 한쪽의 시력이라도 0.8 이하인 경우(다만, 한쪽 눈의 교정시력이 1.0 이상이고 다른 쪽 눈의 교정시력이 0.5 이상인 경우는 제외한다) 2) 시야의 협착이 1/3 이상인 경우 3) 안구 및 그 부속기의 기질성, 활동성, 진행성 질환으로 인하여 시력 유지에 위협이 되고, 시기능장애가 되는 질환 4) 안구 운동장애 및 안구진탕 5) 색각이상(색약 및 색맹)	0.3 이상인 경우는 제외한다)로서 두 눈의 교정시력 중 어느 한쪽의 시력이라도 0.8 이하인 경우(다만, 한쪽 눈의 교정시력이 1.0 이상이고 다른 쪽 눈의 교정시력이 0.5 이상인 경우는 제외한다) 2) 시야의 협착이 1/3 이상인 경우 3) 안구 및 그 부속기의 기질성, 활동성, 진행성 질환으로 인하여 시력 유지에 위협이 되고, 시기능장애가 되는 질환 4) 안구 운동장애 및 안구진탕 5) 색각이상(색약 및 색맹)
하. 정신 계통	1) 업무수행에 지장이 있는 지적장애 2) 업무에 적응할 수 없을 정도의 성격 및 행동장애 3) 업무에 적응할 수 없을 정도의 정신장애 4) 마약・대마・향정신성 의약품이나 알코올 관련 장애 등 5) 뇌전증 6) 수면장애(폐쇄성 수면 무호흡증, 수면발작, 몽유병, 수면 이상증 등)이나 공황장애	1) 업무수행에 지장이 있는 지적장애 2) 업무에 적응할 수 없을 정도의 성격 및 행동장애 3) 업무에 적응할 수 없을 정도의 정신장애 4) 마약・대마・향정신성 의약품이나 알코올 관련 장애 등 5) 뇌전증 6) 업무수행에 지장이 있는 수면장애(폐쇄성 수면 무호흡증, 수면발작, 몽유병, 수면 이상증 등)이나 공황장애

제13조(신체검사 실시 의료기관)

제12조제1항에 따른 신체검사를 실시할 수 있는 의료기관은 다음 각 호와 같다.

1. 「의료법」 제3조제2항제1호가목의 **의원**
2. 「의료법」 제3조제2항제3호가목의 **병원**
3. 「의료법」 제3조제2항제3호마목의 **종합병원**

■ 철도안전법 시행규칙 [별지 제4호서식] <개정 2019. 1. 4.>

판정번호

신체검사 판정서

성명	생년월일	사 진 (모자를 쓰지 않고 배경 없이 촬영한 것) (3.5cm×4.5cm)
소속기관명 *해당자만 적습니다.		
검사구분	[ ]최초 [ ]정기 [ ]특별	
검사분야	[ ]운전면허 취득 [ ]관제자격증명 취득 [ ]운전업무 [ ]관제업무 [ ]신호기 등 취급업무	

검사항목	검사결과				검사항목	검사결과	
신장					체중		
시력	나안	좌		우	청력	좌	
	교정	좌		우		우	
혈압(최고/최저)					생식/비뇨기 계통		
일반 결함					내분비 계통		
코·구강·인후 계통					혈액/조혈 계통		
피부 질환					신경 계통		
흉부 질환					사지		
순환기 계통					눈(시력 제외)		
소화기 계통					정신 계통		

위와 같이 검사하였습니다.

년 월 일

검사자(담당의사) (서명 또는 인)

검사결과 적격 여부	[ ]합격	
	[ ]판정 보류	* 필요시 소견서 별도 첨부
	[ ]불합격	* 불합격 사유

「철도안전법 시행규칙」 제12조제3항 및 제40조제4항에 따라 위와 같이 판정하였음을 증명합니다.

년 월 일

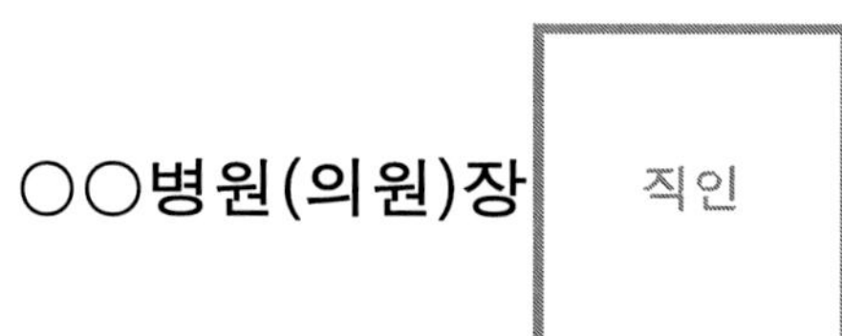

비고: 신체검사의료기관에서는 신체검사를 하기 전에 문진표를 작성할 수 있습니다.

210mm×297mm[백상지 120g/㎡]

제15조(운전적성검사)

① 운전면허를 받으려는 사람은 철도차량 운전에 적합한 적성을 갖추고 있는지를 판정받기 위하여 국토교통부장관이 실시하는 적성검사(이하 "운전적성검사"라 한다)에 합격하여야 한다.

② 운전적성검사에 불합격한 사람 또는 운전적성검사 과정에서 부정행위를 한 사람은 다음 각 호의 구분에 따른 기간 동안 운전적성검사를 받을 수 없다.

1. 운전적성검사에 불합격한 사람: 검사일부터 3개월
2. 운전적성검사 과정에서 부정행위를 한 사람: 검사일부터 1년

③ 운전적성검사의 합격기준, 검사의 방법 및 절차 등에 관하여 필요한 사항은 *국토교통부령(16조)*으로 정한다.

④ 국토교통부장관은 운전적성검사에 관한 전문기관(이하 "운전적성검사기관"이라 한다)을 지정하여 운전적성검사를 하게 할 수 있다.

⑤ 운전적성검사기관의 지정기준, 지정절차 등에 관하여 필요한 사항은 *대통령령(13,14조)*으로 정한다.

⑥ 운전적성검사기관은 정당한 사유 없이 운전적성검사 업무를 거부하여서는 아니 되고, 거짓이나 그 밖의 부정한 방법으로 운전적성검사 판정서를 발급하여서는 아니 된다.

***시행규칙 제16조(적성검사 방법 · 절차 및 합격기준 등)**

① 법 제15조제1항에 따른 운전적성검사(이하 "운전적성검사"라 한다) 또는 법 제21조의6제1항에 따른 관제적성검사(이하 "관제적성검사"라 한다)를 받으려는 사람은 *별지 제9호*서식의 적성검사 판정서에 성명 · 주민등록번호 등 본인의 기록사항을 작성하여 법 제15조제4항에 따른 운전적성검사기관(이하 "운전적성검사기관"이라 한다) 또는 법 제21조의6제3항에 따른 관제적성검사기관(이하 "관제적성검사기관"이라 한다)에 제출하여야 한다.

② 법 제15조제3항 및 법 제21조의6제2항에 따른 적성검사의 항목 및 합격기준은 *별표 4*와 같다.

③ 운전적성검사기관 또는 관제적성검사기관은 별지 제9호서식의 적성검사 판정서의 각 적성검사 항목별로 적성검사를 실시한 후 합격 여부를 기록하여 신청인에게 발급하여야 한다.

④ 그 밖에 운전적성검사 또는 관제적성검사의 방법 · 절차 · 판정기준 및 항목별 배점기준 등에 관하여 필요한 세부사항은 국토교통부장관이 정한다.

■ 철도안전법 시행규칙 [별표 4]

<table>
<tr><td colspan="4">적성검사 항목 및 불합격 기준(제16조제2항 관련)</td></tr>
<tr><td rowspan="2">검사대상</td><td colspan="2">검사항목</td><td rowspan="2">불합격기준</td></tr>
<tr><td>문답형 검사</td><td>반응형 검사</td></tr>
<tr><td>1. 고속철도차량
·
제1종전기차량
·
제2종전기차량
·
디젤차량
·
노면전차
·
철도장비
철도차량 운전면허 시험 응시자</td><td>· 인성
-일반성격
-안전성향</td><td>· 주의력
-복합기능
-선택주의
-지속주의

· 인식 및 기억력
-시각변별
-공간지각

· 판단 및 행동력
-추론
-민첩성</td><td>· 문답형 검사항목 중 안전성향 검사에서 부적합으로 판정된 사람

· 반응형 검사 평가점수가 30점 미만인 사람</td></tr>
<tr><td>2. 철도교통관제사 자격증명 응시자</td><td>· 인성
-일반성격
-안전성향</td><td>· 주의력
-복합기능
-선택주의

· 인식 및 기억력
-시각변별
-공간지각
-작업기억

· 판단 및 행동력
-추론
-민첩성</td><td>· 문답형 검사항목 중 안전성향 검사에서 부적합으로 판정된 사람

· 반응형 검사 평가점수가 30점 미만인 사람</td></tr>
<tr><td colspan="4">비고:
1. 문답형 검사 판정은 적합 또는 부적합으로 한다.
2. 반응형 검사 점수 합계는 70점으로 한다.
3. 안전성향검사는 전문의(정신건강의학) 진단결과로 대체 할 수 있으며, 부적합 판정을 받은 자에 대해서는 당일 1회에 한하여 재검사를 실시하고 그 재검사 결과를 최종적인 검사결과로 할 수 있다.
4. 철도차량 운전면허 소지자가 다른 종류의 철도차량 운전면허를 취득하려는 경우에는 운전적성검사를 받은 것으로 본다. 다만, 철도장비 운전면허 소지자(2020년 10월 8일 이전에 적성검사를 받은 사람만 해당한다)가 다른 종류의 철도차량 운전면허를 취득하려는 경우에는 적성검사를 받아야 한다.
5. 도시철도 관제자격증명을 취득한 사람이 철도 관제자격증명을 취득하려는 경우에는 관제적성검사를 받은 것으로 본다.</td></tr>
</table>

■ 철도안전법 시행규칙 [별지 제9호서식] <개정 2020. 10. 7.>

적성검사 판정서

성명		생년월일	
소속 기관명 *해당자만 적습니다.		검사 구분	[ ]최초 [ ]정기 [ ]특별
검사일		발급번호	
검사 분야	[ ]운전면허 취득(○ 일반차량, ○ 철도장비) [ ]관제자격증명 취득 [ ]운전업무 종사(○ 일반차량, ○ 철도장비) [ ]관제업무 종사 [ ]신호기 등 취급업무 종사		

검사항목 및 판정

구분	문답형 검사	반응형 검사								종합 점수
검사 항목	인성	주의			인식 및 기억			판단 및 행동		
		복합 기능	선택적 주의	지속적 주의	시각 변별	공간 지각	작업 기억	추론	민첩성	
등급										
점수										

종합 판정	판정 형태	검사관 의견
	[ ]합격	
	[ ]불합격	

「철도안전법 시행규칙」 제16조제3항 및 제41조제4항에 따라 위와 같이 판정하였음을 증명합니다.

담당 검사관 (서명 또는 인)

년 월 일

적성검사기관의 장 직인

210㎜×297㎜[백상지 120g/㎡]

***시행령 제13조(운전적성검사기관 지정절차)**

① 법 제15조제4항에 따른 운전적성검사에 관한 전문기관(이하 "운전적성검사기관"이라 한다)으로 지정을 받으려는 자는 국토교통부장관에게 지정 신청을 하여야 한다.

② 국토교통부장관은 제1항에 따라 운전적성검사기관 지정 신청을 받은 경우에는 제14조에 따른 지정기준을 갖추었는지 여부, 운전적성검사기관의 운영계획, 운전업무종사자의 수급상황 등을 종합적으로 심사한 후 그 지정 여부를 결정하여야 한다.

③ 국토교통부장관은 제2항에 따라 운전적성검사기관을 지정한 경우에는 그 사실을 관보에 고시하여야 한다.

④ 제1항부터 제3항까지의 규정에 따른 운전적성검사기관 지정절차에 관한 세부적인 사항은 *국토교통부령(17조)*으로 정한다.

***시행규칙 제17조(운전적성검사기관 또는 관제적성검사기관의 지정절차 등)**

① 운전적성검사기관 또는 관제적성검사기관으로 지정받으려는 자는 *별지 제10호서식*의 적성검사기관 지정신청서에 다음 각 호의 서류를 첨부하여 국토교통부장관에게 제출하여야 한다. 이 경우 국토교통부장관은 「전자정부법」 제36조제1항에 따른 행정정보의 공동이용을 통하여 법인 등기사항증명서(신청인이 법인인 경우만 해당한다)를 확인하여야 한다.

1. 운영계획서
2. 정관이나 이에 준하는 약정(법인 그 밖의 단체만 해당한다)
3. 운전적성검사 또는 관제적성검사를 담당하는 전문인력의 보유 현황 및 학력・경력・자격 등을 증명할 수 있는 서류
4. 운전적성검사시설 또는 관제적성검사시설 내역서
5. 운전적성검사장비 또는 관제적성검사장비 내역서
6. 운전적성검사기관 또는 관제적성검사기관에서 사용하는 직인의 인영

② 국토교통부장관은 제1항에 따라 운전적성검사기관 또는 관제적성검사기관의 지정 신청을 받은 경우에는 영 제13조제2항(영 제20조의3에서 준용하는 경우를 포함한다)에 따라 그 지정 여부를 종합적으로 심사한 후 지정에 적합하다고 인정되는 경우 *별지 제11호서식*의 적성검사기관 지정서를 신청인에게 발급해야 한다.

※시행령 제14조(운전적성검사기관 지정기준)

① 운전적성검사기관의 지정기준은 다음 각 호와 같다.

1. 운전적성검사 업무의 통일성을 유지하고 운전적성검사 업무를 원활히 수행하는데 필요한 상설 전담조직을 갖출 것
2. 운전적성검사 업무를 수행할 수 있는 전문검사인력을 3명 이상 확보할 것
3. 운전적성검사 시행에 필요한 사무실, 검사장과 검사 장비를 갖출 것
4. 운전적성검사기관의 운영 등에 관한 업무규정을 갖출 것

② 제1항에 따른 운전적성검사기관 지정기준에 관한 세부적인 사항은 *국토교통부령(18조)*으로 정한다.

※시행규칙 제18조(운전적성검사기관 및 관제적성검사기관의 세부 지정기준 등)

① 영 제14조제2항 및 영 제20조의3에 따른 운전적성검사기관 및 관제적성검사기관의 세부 지정기준은 *별표 5*와 같다.

② 국토교통부장관은 운전적성검사기관 또는 관제적성검사기관이 제1항 및 영 제14조 제1항(영 제20조의3에서 준용하는 경우를 포함한다)에 따른 지정기준에 적합한지를 2년마다 심사해야 한다.

③ 영 제15조 및 영 제20조의3에 따른 운전적성검사기관 및 관제적성검사기관의 변경 사항 통지는 *별지 제11호*의2서식에 따른다.

■ 철도안전법 시행규칙 [별표 5]

운전적성검사기관 또는 관제적성검사기관의 세부 지정기준(제18조제1항 관련)

1. 검사인력

가. 자격기준

등급	자격자	학력 및 경력자
책임검사관	1) 정신건강임상심리사 1급 자격을 취득한 사람 2) 정신건강임상심리사 2급 자격을 취득한 사람으로서 2년 이상 적성검사 분야에 근무한 경력이 있는 사람 3) 임상심리사 1급 자격을 취득한 사람 4) 임상심리사 2급 자격을 취득한 사람으로서 2년 이상 적성검사 분야에 근	1) 심리학 관련 분야 박사학위를 취득한 사람 2) 심리학 관련 분야 석사학위 취득한 사람으로서 2년 이상 적성검사 분야에 근무한 경력이 있는 사람 3) 대학을 졸업한 사람(법령에 따라 이와 같은 수준 이상의 학력이 있다고 인정되는 사람을 포함한다)으로서 선임검

	무한 경력이 있는 사람	사관 경력이 2년 이상 있는 사람
선임검사관	1) 정신건강임상심리사 2급 자격을 취득한 사람 2) 임상심리사 2급 자격을 취득한 사람	1) 심리학 관련 분야 석사학위를 취득한 사람 2) 심리학 관련 분야 학사학위 취득한 사람으로서 2년 이상 적성검사 분야에 근무한 경력이 있는 사람 3) 대학을 졸업한 사람(법령에 따라 이와 같은 수준 이상의 학력이 있다고 인정되는 사람을 포함한다)으로서 검사관 경력이 5년 이상 있는 사람
검사관		학사학위 이상 취득자

비고: 가목의 자격기준 중 책임검사관 및 선임검사관의 경력은 해당 자격·학위·졸업 또는 학력을 취득·인정받기 전과 취득·인정받은 후의 경력을 모두 포함한다.

나. 보유기준

1) 운전적성검사 또는 관제적성검사(이하 이 표에서 "적성검사"라 한다) 업무를 수행하는 상설 전담조직을 1일 50명을 검사하는 것을 기준으로 하며, 책임검사관과 선임검사관 및 검사관은 각각 1명 이상 보유하여야 한다.
2) 1일 검사인원이 25명 추가될 때마다 적성검사를 진행할 수 있는 검사관을 1명씩 추가로 보유하여야 한다.

2. 시설 및 장비

가. 시설기준

1) 1일 검사능력 50명(1회 25명) 이상의 검사장(70㎡ 이상이어야 한다)을 확보하여야 한다. 이 경우 분산된 검사장은 제외한다.

나. 장비기준

1) 별표 4 또는 별표 13에 따른 문답형 검사 및 반응형 검사를 할 수 있는 검사장비와 프로그램을 갖추어야 한다.
2) 적성검사기관 공동으로 활용할 수 있는 프로그램(별표 4 및 별표 13에 따른 문답형 검사 및 반응형 검사)을 개발할 수 있어야 한다.

3. 업무규정

가. 조직 및 인원
나. 검사 인력의 업무 및 책임
다. 검사체제 및 절차
라. 각종 증명의 발급 및 대장의 관리
마. 장비운용 · 관리계획

바. 자료의 관리·유지

사. 수수료 징수기준

아. 그 밖에 국토교통부장관이 적성검사 업무수행에 필요하다고 인정하는 사항

4. 일반사항

가. 국토교통부장관은 2개 이상의 운전적성검사기관 또는 관제적성검사기관을 지정한 경우에는 모든 운전적성검사기관 또는 관제적성검사기관에서 실시하는 적성검사의 방법 및 검사항목 등이 동일하게 이루어지도록 필요한 조치를 하여야 한다.

나. 국토교통부장관은 철도차량운전자 등의 수급계획과 운영계획 및 검사에 필요한 프로그램개발 등을 종합 검토하여 필요하다고 인정하는 경우에는 1개 기관만 지정할 수 있다. 이 경우 전국의 분산된 5개 이상의 장소에서 검사를 할 수 있어야 한다.

***시행령 제15조(운전적성검사기관의 변경사항 통지)**

① 운전적성검사기관은 그 명칭·대표자·소재지나 그 밖에 운전적성검사 업무의 수행에 중대한 영향을 미치는 사항의 변경이 있는 경우에는 해당 사유가 발생한 날부터 15일 이내에 국토교통부장관에게 그 사실을 알려야 한다.

② 국토교통부장관은 제1항에 따라 통지를 받은 때에는 그 사실을 관보에 고시하여야 한다.

제15조의2(운전적성검사기관의 지정취소 및 업무정지)

① 국토교통부장관은 운전적성검사기관이 다음 각 호의 어느 하나에 해당할 때에는 지정을 취소하거나 6개월 이내의 기간을 정하여 업무의 정지를 명할 수 있다. 다만, 제1호 및 제2호에 해당할 때에는 지정을 취소하여야 한다.

1. 거짓이나 그 밖의 부정한 방법으로 지정을 받았을 때
2. 업무정지 명령을 위반하여 그 정지기간 중 운전적성검사 업무를 하였을 때
3. 제15조제5항에 따른 지정기준에 맞지 아니하게 되었을 때
4. 제15조제6항을 위반하여 정당한 사유 없이 운전적성검사 업무를 거부하였을 때
5. 제15조제6항을 위반하여 거짓이나 그 밖의 부정한 방법으로 운전적성검사 판정서를 발급하였을 때

② 제1항에 따른 지정취소 및 업무정지의 세부기준 등에 관하여 필요한 사항은 *국토교통부령(19조)*으로 정한다.

③ 국토교통부장관은 제1항에 따라 지정이 취소된 운전적성검사기관이나 그 기관의 설립·운영자 및 임원이 그 지정이 취소된 날부터 2년이 지나지 아니하고 설립·운영하는 검사기관을 운전적성검사기관으로 지정하여서는 아니 된다.

※시행규칙 제19조

(운전적성검사기관 및 관제적성검사기관의 지정취소 및 업무정지)

① 법 제15조의2제2항 및 법 제21조의6제5항에 따른 운전적성검사기관 및 관제적성검사기관의 지정취소 및 업무정지의 기준은 *별표 6*과 같다.

② 국토교통부장관은 운전적성검사기관 또는 관제적성검사기관의 지정을 취소하거나 업무정지의 처분을 한 경우에는 지체 없이 운전적성검사기관 또는 관제적성검사기관에 별지 제11호의3서식의 지정기관 행정처분서를 통지하고, 그 사실을 관보에 고시하여야 한다.

■ 철도안전법 시행규칙 [별표 6]

운전적성검사기관 및 관제적성검사기관의 지정취소 및 업무정지의 기준(제19조제1항 관련)

위반사항	해당 법조문	처분기준			
		1차 위반	2차 위반	3차 위반	4차 위반
1. 거짓이나 그 밖의 부정한 방법으로 지정을 받은 경우	법 제15조의2 제1항제1호	지정취소			
2. 업무정지 명령을 위반하여 그 정지기간 중 운전적성검사업무 또는 관제적성검사업무를 한 경우	법 제15조의2 제1항제2호	지정취소			
3. 법 제15조제5항 또는 제21조의6제4항에 따른 지정기준에 맞지 아니하게 된 경우	법 제15조의2 제1항제3호	경고 또는 보완 명령	업무정지 1개월	업무정지 3개월	지정취소
4. 정당한 사유 없이 운전적성검사업무 또는 관제적성검사업무를 거부한 경우	법 제15조의2 제1항제4호	경고	업무정지 1개월	업무정지 3개월	지정취소
5. 법 제15조제6항을 위반하여 거짓이나 그 밖의 부정한 방법으로 운전적성검사 판정서 또는 관제적성검사 판정서를 발급한 경우	법 제15조의2 제1항제5호	업무정지 1개월	업무정지 3개월	지정취소	

비고:

1. 위반행위가 둘 이상인 경우로서 그에 해당하는 각각의 처분기준이 다른 경우에는 그 중 무거운 처분기준에 따르며, 위반행위가 둘 이상인 경우로서 그에 해당하는 각각의 처분기준이 같은 경우에는 무거운 처분기준의 2분의 1까지 가중할 수 있되, 각 처분기준을 합산한 기간을 초과할 수 없다.
2. 위반행위의 횟수에 따른 행정처분의 가중된 부과기준은 최근 1년간 같은 위반행위로 행정처분을

받은 경우에 적용한다. 이 경우 기간의 계산은 위반행위에 대하여 행정처분을 받은 날과 그 처분 후 다시 같은 위반행위를 하여 적발된 날을 기준으로 한다.

3. 비고 제2호에 따라 가중된 행정처분을 하는 경우 가중처분의 적용 차수는 그 위반행위 전 부과처분 차수(비고 제2호에 따른 기간 내에 행정처분이 둘 이상 있었던 경우에는 높은 차수를 말한다)의 다음 차수로 한다.
4. 처분권자는 위반행위의 동기·내용 및 위반의 정도 등 다음 각 목에 해당하는 사유를 고려하여 그 처분을 감경할 수 있다. 이 경우 그 처분이 업무정지인 경우에는 그 처분기준의 2분의 1 범위에서 감경할 수 있고, 지정취소인 경우(거짓이나 그 밖의 부정한 방법으로 지정을 받은 경우나 업무정지 명령을 위반하여 그 정지기간 중 적성검사업무를 한 경우는 제외한다)에는 3개월의 업무정지 처분으로 감경할 수 있다.

가. 위반행위가 고의나 중대한 과실이 아닌 사소한 부주의나 오류로 인한 것으로 인정되는 경우

나. 위반의 내용·정도가 경미하여 이해관계인에게 미치는 피해가 적다고 인정되는 경우

第16조(운전교육훈련)

① 운전면허를 받으려는 사람은 철도차량의 안전한 운행을 위하여 국토교통부장관이 실시하는 운전에 필요한 지식과 능력을 습득할 수 있는 교육훈련(이하 "운전교육훈련" 이라 한다)을 받아야 한다.

② 운전교육훈련의 기간, 방법 등에 관하여 필요한 사항은 *국토교통부령(20조)*으로 정한다.

③ 국토교통부장관은 철도차량 운전에 관한 전문 교육훈련기관(이하 "운전교육훈련기관" 이라 한다)을 지정하여 운전교육훈련을 실시하게 할 수 있다.

④ 운전교육훈련기관의 지정기준, 지정절차 등에 관하여 필요한 사항은 *대통령령(16조, 17조)*으로 정한다.

⑤ 운전교육훈련기관의 지정취소 및 업무정지*(국토교통부령 23조)* 등에 관하여는 제15조제6항 및 제15조의2를 준용한다. 이 경우 "운전적성검사기관" 은 "운전교육훈련기관" 으로, "운전적성검사 업무" 는 "운전교육훈련 업무" 로, "제15조제5항" 은 "제16조제4항" 으로, "운전적성검사 판정서" 는 "운전교육훈련 수료증" 으로 본다.

***시행규칙 제20조(운전교육훈련의 기간 및 방법 등)**

① 법 제16조제1항에 따른 교육훈련(이하 "운전교육훈련" 이라 한다)은 운전면허 종류별로 실제 차량이나 모의운전연습기를 활용하여 실시한다.

② 운전교육훈련을 받으려는 사람은 법 제16조제3항에 따른 운전교육훈련기관(이하 "운전교육훈련기관" 이라 한다)에 운전교육훈련을 신청하여야 한다.

③ 운전교육훈련의 과목과 교육훈련시간은 *별표 7*과 같다.

④ 운전교육훈련기관은 운전교육훈련과정별 교육훈련신청자가 적어 그 운전교육훈련과정의 개설이 곤란한 경우에는 국토교통부장관의 승인을 받아 해당 운전교육훈련과정을 개설하지 아니하거나 운전교육훈련시기를 변경하여 시행할 수 있다.

⑤ 운전교육훈련기관은 운전교육훈련을 수료한 사람에게 *별지 제12호서식*의 운전교육훈련 수료증을 발급하여야 한다.

⑥ 그 밖에 운전교육훈련의 절차・방법 등에 관하여 필요한 세부사항은 국토교통부장관이 정한다.

■ 철도안전법 시행규칙 [별표 7]

운전면허 취득을 위한 교육훈련 과정별 교육시간 및 교육훈련과목

(제20조제3항 관련)

1. 일반응시자

교육과정	교육과목 및 시간	
	이론교육	기능교육
가. 디젤차량 운전면허 (810)	•철도관련법(50) •철도시스템 일반(60) •디젤 차량의 구조 및 기능(170) •운전이론 일반(30) •비상시 조치(인적오류 예방 포함) 등(30)	•현장실습교육 •운전실무 및 모의운행 훈련 •비상시 조치 등
	340시간	470시간
나. 제1종 전기차량 운전면허 (810)	•철도관련법(50) •철도시스템 일반(60) •전기기관차의 구조 및 기능(170) •운전이론 일반(30) •비상시 조치(인적오류 예방 포함) 등(30)	•현장실습교육 •운전실무 및 모의운행 훈련 •비상시 조치 등
	340시간	470시간
다. 제2종 전기 차량 운전면허 (680)	•철도관련법(50) (40) •도시철도시스템 일반(50) (45) •전기동차의 구조 및 기능(110) (100) •운전이론 일반(30) (25) •비상시 조치(인적오류 예방 포함) 등(30)	•현장실습교육 •운전실무 및 모의운행 훈련 •비상시 조치 등
	270시간 (240시간)	410시간 (440시간)
라. 철도장비 운전면허 (340)	•철도관련법(50) •철도시스템 일반(40) •기계・장비의 구조 및 기능(60) •비상시 조치(인적오류 예방 포함) 등(20)	•현장실습교육 •운전실무 및 모의운행 훈련 •비상시 조치 등
	170시간	170시간
마. 노면전차 운전면허 (440)	•철도관련법(50) •노면전차 시스템 일반(40) •노면전차의 구조 및 기능(80) •비상시 조치(인적오류 예방 포함) 등(30)	•현장실습교육 •운전실무 및 모의운행 훈련 •비상시 조치 등
	200시간	240시간

*** 이론교육의 과목별 교육시간은 100분의 20 범위 내에서 조정 가능.**

2. 운전면허 소지자

( ) : 시간

소지면허	교육과목 및 시간		
	교육과정	이론교육	기능교육
가.디젤차량운	고속철도차량	•고속철도 시스템 일반(15)	•현장실습교육

전면허 · 제1종 전기차량 운전면허 · 제2종전기차량 운전면허	운전면허 (420)	•고속철도차량의 구조 및 기능(85) •고속철도 운전이론 일반(10) •고속철도 운전관련 규정(20) •비상시 조치(인적오류 예방 포함) 등(10)	•운전실무 및 모의운행 훈련 •비상시 조치 등
		140시간	280시간
나. 디젤차량 운전면허	1) 제1종 전기차량운전면허 (85)	•전기기관차의 구조 및 기능(40) •비상시 조치(인적오류 예방 포함) 등(10)	•현장실습교육 •운전실무 및 모의운행 훈련
		50시간	35시간
	2) 제2종 전기차량운전면허 (85)	•도시철도 시스템 일반(10) •전기동차의 구조 및 기능(30) •비상시 조치(인적오류 예방 포함) 등(10)	•현장실습교육 •운전실무 및 모의운행 훈련
		50시간	35시간
	3) 노면전차 운전면허 (60)	•노면전차 시스템 일반(10) •노면전차의 구조 및 기능(25) •비상시 조치(인적오류 예방 포함) 등(5)	•현장실습교육 •운전실무 및 모의운행 훈련
		40시간	20시간
다. 제1종 전기차량 운전면허	1) 디젤차량 운전면허 (85)	•디젤 차량의 구조 및 기능(40) •비상시 조치(인적오류 예방 포함) 등(10)	•현장실습교육 •운전실무 및 모의운행 훈련
		50시간	35시간
	2) 제2종 전기차량운전면허 (85)	•도시철도 시스템 일반(10) •전기동차의 구조 및 기능(30) •비상시 조치(인적오류 예방 포함) 등(10)	•현장실습교육 •운전실무 및 모의운행 훈련
		50시간	35시간
	3) 노면전차 운전면허 (50)	•노면전차 시스템 일반(10) •노면전차의 구조 및 기능(15) •비상시 조치(인적오류 예방 포함) 등(5)	•현장실습교육 •운전실무 및 모의운행 훈련
		30시간	20시간
라. 제2종 전기차량 운전면허	1) 디젤차량 운전면허 (130)	•철도시스템 일반(10) •디젤 차량의 구조 및 기능(45) •비상시 조치(인적오류 예방 포함) 등(5)	•현장실습교육 •운전실무 및 모의운행 훈련
		60시간	70시간
	2) 제1종 전기차량	•철도시스템 일반(10) •전기기관차의 구조 및 기능(45)	•현장실습교육 •운전실무 및 모의운행 훈련

	운전면허 (130)	•비상시 조치(인적오류 예방 포함) 등(5)	
		60시간	70시간
	3) 노면전차 운전면허 (50)	•노면전차 시스템 일반(10) •노면전차의 구조 및 기능(15) •비상시 조치(인적오류 예방 포함) 등(5)	•현장실습교육 •운전실무 및 모의운행 훈련
		30시간	20시간
마. 철도장비 운전면허	1) 디젤차량 운전면허 (460)	•철도관련법(30) •철도시스템 일반(30) •디젤차량의 구조 및 기능(100) •운전이론(30) •비상시 조치(인적오류 예방 포함) 등(10)	•현장실습교육 •운전실무 및 모의운행 훈련 •비상시 조치 등
		200시간	260시간
	2) 제1종 전기 차량 운전면허 (460)	•철도관련법(30) •철도시스템 일반(30) •전기기관차의 구조 및 기능(100) •운전이론(30) •비상시 조치(인적오류 예방 포함) 등(10)	•현장실습교육 •운전실무 및 모의운행 훈련 •비상시 조치 등
		200시간	260시간
	3) 제2종 전기 차량 운전면허 (340)	•철도관련법(30) •도시철도시스템 일반(30) •전기동차의 구조 및 기능(70) •운전이론(30) •비상시 조치(인적오류 예방 포함) 등(10)	•현장실습교육 •운전실무 및 모의운행 훈련 •비상시 조치 등
		170시간	170시간
	4) 노면전차 운전면허 (220)	•철도관련법(30) •노면전차시스템 일반(20) •노면전차의 구조 및 기능(60) •비상시 조치(인적오류 예방 포함) 등(10)	•현장실습교육 •운전실무 및 모의운행 훈련 •비상시 조치 등

		120시간	100시간
바. 노면전차 운전면허	1) 디젤차량 운전면허 (320)	•철도관련법(30) •철도시스템 일반(30) •디젤 차량의 구조 및 기능(100) •운전이론(30) •비상시 조치(인적오류 예방 포함) 등(10)	•현장실습교육 •운전실무 및 모의운행 훈련 •비상시 조치 등
		200시간	120시간
	2) 제1종 전기 차량 운전면허 (320)	•철도관련법(30) •철도시스템 일반(30) •전기기관차의 구조 및 기능(100) •운전이론(30) •비상시 조치(인적오류 예방 포함) 등(10)	•현장실습교육 •운전실무 및 모의운행 훈련 •비상시 조치 등
		200시간	120시간
	3) 제2종 전기 차량 운전면허 (275)	•철도관련법(30) •도시철도시스템 일반(30) •전기동차의 구조 및 기능(70) •운전이론(30) (25) •비상시 조치(인적오류 예방 포함) 등(10)	•현장실습교육 •운전실무 및 모의운행 훈련 •비상시 조치 등
		170시간 (165)	105시간 (110)
	4) 철도장비 운전면허 (165)	•철도관련법(30) •철도시스템 일반(20) •기계·장비의 구조 및 기능(60) •비상시 조치(인적오류 예방 포함) 등(10)	•현장실습교육 •운전실무 및 모의운행 훈련 •비상시 조치 등
		120시간	45시간

*** 이론교육의 과목별 교육시간은 100분의 20 범위 내에서 조정 가능.**

3. 관제자격증명 취득자

( ): 시간

소지면허	교육과목 및 시간		
	교육과정	이론교육	기능교육
가. 철도관제 자격증명	디젤차량 운전면허 (260)	· 디젤 차량의 구조 및 기능(100) · 운전이론(30) · 비상시 조치(인적오류 예방 포함) 등(10)	· 현장실습교육 · 운전실무 및 모의운행 훈련 · 비상시 조치 등
		140시간	120시간
	제1종 전기차량	· 전기기관차의 구조 및 기능(100) · 운전이론(30)	· 현장실습교육 · 운전실무 및 모의운행 훈련

	운전면허 (260)	· 비상시 조치(인적오류 예방 포함) 등(10)	· 비상시 조치 등
		140시간	120시간
	제2종 전기차량 운전면허 (215)	· 전기동차의 구조 및 기능(70) · 운전이론(30) (25) · 비상시 조치(인적오류 예방 포함) 등(10)	· 현장실습교육 · 운전실무 및 모의운행 훈련 · 비상시 조치 등
		110시간 (105)	105시간 (110시간)
	철도장비 운전면허 (115)	· 기계·장비의 구조 및 기능(60) · 비상시 조치(인적오류 예방 포함) 등(10)	· 현장실습교육 · 운전실무 및 모의운행 훈련 · 비상시 조치 등
		70시간	45시간
	노면전차 운전면허 (170)	· 노면전차의 구조 및 기능(60) · 비상시 조치(인적오류 예방 포함) 등(10)	· 현장실습교육 · 운전실무 및 모의운행 훈련 · 비상시 조치 등
		70시간	100시간
나. 도시철도 관제자격증명	디젤차량 운전면허 (290)	· 철도시스템 일반(30) · 디젤 차량의 구조 및 기능(100) · 운전이론(30) · 비상시 조치(인적오류 예방 포함) 등(10)	· 현장실습교육 · 운전실무 및 모의운행 훈련 · 비상시 조치 등
		170시간	120시간
	제1종 전기차량 운전면허 (290)	· 철도시스템 일반(30) · 전기기관차의 구조 및 기능(100) · 운전이론(30) · 비상시 조치(인적오류 예방 포함) 등(10)	· 현장실습교육 · 운전실무 및 모의운행 훈련 · 비상시 조치 등
		170시간	120시간
	제2종 전기차량 운전면허 (215)	· 전기동차의 구조 및 기능(70) · 운전이론(30) (25) · 비상시 조치(인적오류 예방 포함) 등(10)	· 현장실습교육 · 운전실무 및 모의운행 훈련 · 비상시 조치 등
		110시간 (105시간)	105시간 (110시간)
	철도장비 운전면허 (135)	· 철도시스템 일반(20) · 기계·장비의 구조 및 기능(60) · 비상시 조치(인적오류 예방 포함) 등(10)	· 현장실습교육 · 운전실무 및 모의운행 훈련 · 비상시 조치 등
		90시간	45시간
	노면전차	· 노면전차의 구조 및 기능(60)	· 현장실습교육

	운전면허 (170)	· 비상시 조치(인적오류 예방 포함) 등(10)	· 운전실무 및 모의운행 훈련 · 비상시 조치 등
		70시간	100시간

*** 이론교육의 과목별 교육시간은 100분의 20 범위 내에서 조정 가능**

4. 철도차량 운전 관련 업무경력자

( ) : 시간

경력	교육과목 및 시간		
	교육과정	이론교육	기능교육
철도차량 운전업무 보조경력 1년 이상 (철도장비의 경우 철도장비운전 업무 수행경력 3년 이상)	디젤 또는 제1종 차량 운전면허 (290)	•철도관련법(30) •철도시스템 일반(20) •디젤 차량 또는 전기기관차의 구조 및 기능(100) •운전이론 일반(20) •비상시 조치(인적오류 예방 포함) 등(20)	•현장실습교육 •운전실무 및 모의운행 훈련 •비상시 조치 등
		190시간	100시간
철도차량 운전업무 보조경력 1년 이상 또는 전동차 차장 경력이 2년 이상	1) 제2종 전기차량 운전면허 (290)	•철도관련법(30) •도시철도시스템 일반(30) •전기동차의 구조 및 기능(90) •운전이론 일반(30) (25) •비상시 조치(인적오류 예방 포함) 등(10)	•현장실습교육 •운전실무 및 모의운행 훈련 •비상시 조치 등
		190시간 (185시간)	100시간 (105시간)
	2) 노면전차 운전면허 (140)	•철도관련법(20) •노면전차시스템 일반(10) •노면전차의 구조 및 기능(40) •비상시 조치(인적오류 예방 포함) 등(10)	•현장실습교육 •운전실무 및 모의운행 훈련 •비상시 조치 등
		80시간	60시간
철도차량 운전업무 보조경력 1년 이상	철도장비 운전면허 (100)	•철도관련법(20) •철도시스템 일반(10) •기계 · 장비의 구조 및 기능(40) •비상시 조치(인적오류 예방 포함) 등(10)	•현장실습교육 •운전실무 및 모의운행 훈련 •비상시 조치 등
		80시간	20시간
철도건설 및 유지보수에 필요한 기계 또는 장비작업경력 1년 이상	철도장비 운전면허 (185)	•철도관련법(20) •철도시스템 일반(20) •기계 · 장비의 구조 및 기능(70) •비상시 조치(인적오류 예방 포함) 등(10)	•현장실습교육 •운전실무 및 모의운행 훈련 •비상시 조치 등
		120시간	65시간

* 이론교육의 과목별 교육시간은 100분의 20 범위 내에서 조정 가능.

5. 철도 관련 업무경력자

( ) : 시간

경력	교육과목 및 시간		
	교육과정	이론교육	기능교육
철도운영자에 소속되어 철도관련 업무에 종사한 경력 3년 이상인 사람	1) 디젤 또는 제1종 차량 운전면허 (395)	•철도관련법(30) •철도시스템 일반(30) •디젤 차량 또는 전기기관차의 구조 및 기능(150) •운전이론 일반(20) •비상시 조치(인적오류 예방 포함) 등(20)	•현장실습교육 •운전실무 및 모의운행 훈련 •비상시 조치 등
		250시간	145시간
	2) 제2종 전기차량 운전면허 (340)	•철도관련법(30) •도시철도시스템 일반(30) •전기동차의 구조 및 기능(100) (90) •운전이론 일반(20) •비상시 조치(인적오류 예방 포함) 등(20)	•현장실습교육 •운전실무 및 모의운행 훈련 •비상시 조치 등
		200시간 (190시간)	140시간 (150시간)
	3) 철도장비 운전면허 (215)	•철도관련법(30) •철도시스템 일반(20) •기계·장비의 구조 및 기능(70) •비상시 조치(인적오류 예방 포함) 등(10)	•현장실습교육 •운전실무 및 모의운행 훈련 •비상시 조치 등
		130시간	85시간
	4) 노면전차 운전면허 (215)	•철도관련법(30) •노면전차시스템 일반(20) •노면전차의 구조 및 기능(70) •비상시 조치(인적오류 예방 포함) 등(10)	•현장실습교육 •운전실무 및 모의운행 훈련 •비상시 조치 등
		130시간	85시간

＊ 이론교육의 과목별 교육시간은 100분의 20 범위 내에서 조정 가능.

6. 버스 운전 경력자

( ) : 시간

경력	교육과목 및 시간		
	교육과정	이론교육	기능교육
「여객자동차운수사업법	노면전차	•철도관련법(30)	•현장실습교육

시행령」 제3조제1호에 따른 노선 여객자동차 운송사업에 종사한 경력이 1년 이상인 사람	운전면허 (250)	•노면전차시스템 일반(20) •노면전차의 구조 및 기능 (70) •비상시 조치(인적오류 예방 포함) 등(10)	•운전실무 및 모의운행 훈련 •비상시 조치 등
		130시간	120시간

*** 이론교육의 과목별 교육시간은 100분의 20 범위 내에서 조정 가능.**

7. 일반사항

가. 철도관련법은 「철도안전법」과 그 하위법령 및 철도차량운전에 필요한 규정을 말한다.

나. 고속철도차량 운전면허를 취득하기 위해 교육훈련을 받으려는 사람은 법 제21조에 따른 디젤차량, 제1종 전기차량 또는 제2종 전기차량의 운전업무 수행경력이 3년 이상 있어야 한다. 이 경우 운전업무 수행경력이란 운전업무종사자로서 운전실에 탑승하여 전방 선로 감시 및 운전관련 기기를 실제로 취급한 기간을 말한다.

다. 모의운행훈련은 전(全) 기능 모의운전연습기를 활용한 교육훈련과 병행하여 실시하는 기본기능 모의운전연습기 및 컴퓨터지원교육시스템을 활용한 교육훈련을 포함한다.

라. 노면전차 운전면허를 취득하기 위한 교육훈련을 받으려는 사람은 「도로교통법」제80조에 따른 운전면허를 소지하여야 한다.

마. 법 제16조제3항에 따른 운전훈련교육기관으로 지정받은 대학의 장은 해당 대학의 철도운전 관련 학과의 정규과목 이수를 제1호부터 제5호까지의 규정에 따른 이론교육의 과목 이수로 인정할 수 있다.

바. 제1호부터 제6호까지에 동시에 해당하는 자에 대해서는 이론교육·기능교육 훈련 시간의 합이 가장 적은 기준을 적용한다.

■ 철도안전법 시행규칙 [별지 제12호서식]

증서번호: (　　년도)　　　-

운전전문교육훈련 수료증

성명	생년월일	사 진 (모자를 쓰지 않고 배경 없이 촬영한 것) (3.5cm×4.5cm) 압 인

위 사람은 「철도안전법」 제16조 및 같은 법 시행규칙 제20조제5항에 따라 운전교육훈련기관인 ○○○에서 아래의 운전교육훈련과정을 이수하였으므로 이 증서를 드립니다.

운전교육훈련 실시 결과

운전교육훈련과정	○○○과정
교육기간	년　월　일 ~　년　월　일

년　월　일

○○○기관장　직인

철도차량 운전면허 교육훈련기관 코드번호 ○○-○○○○

비고: 증서 바탕에는 돋을새김한 디자인 또는 비표를 넣어 쉽게 위조할 수 없도록 합니다.

210mm×297mm[백상지 120g/㎡]

＊시행령 제16조(운전교육훈련기관 지정절차)

① 운전교육훈련기관으로 지정을 받으려는 자는 국토교통부장관에게 지정 신청을 하여야 한다.

② 국토교통부장관은 제1항에 따라 운전교육훈련기관의 지정 신청을 받은 경우에는 제17조에 따른 지정기준을 갖추었는지 여부, 운전교육훈련기관의 운영계획 및 운전업무종사자의 수급 상황 등을 종합적으로 심사한 후 그 지정 여부를 결정하여야 한다.

③ 국토교통부장관은 제2항에 따라 운전교육훈련기관을 지정한 때에는 그 사실을 관보에 고시하여야 한다.

④ 제1항부터 제3항까지의 규정에 따른 운전교육훈련기관의 지정절차에 관한 세부적인 사항은 *국토교통부령(21조)*으로 정한다.

＊시행규칙 제21조(운전교육훈련기관의 지정절차 등)

① 운전교육훈련기관으로 지정받으려는 자는 별지 제13호서식의 운전교육훈련기관 지정신청서에 다음 각 호의 서류를 첨부하여 국토교통부장관에게 제출하여야 한다. 이 경우 국토교통부장관은 「전자정부법」 제36조제1항에 따른 행정정보의 공동이용을 통하여 법인 등기사항증명서(신청인이 법인인 경우만 해당한다)를 확인하여야 한다.

1. 운전교육훈련계획서(운전교육훈련평가계획을 포함한다)
2. 운전교육훈련기관 운영규정
3. 정관이나 이에 준하는 약정(법인 그 밖의 단체에 한정한다)
4. 운전교육훈련을 담당하는 강사의 자격·학력·경력 등을 증명할 수 있는 서류 및 담당업무
5. 운전교육훈련에 필요한 강의실 등 시설 내역서
6. 운전교육훈련에 필요한 철도차량 또는 모의운전연습기 등 장비 내역서
7. 운전교육훈련기관에서 사용하는 직인의 인영

② 국토교통부장관은 제1항에 따라 운전교육훈련기관의 지정 신청을 받은 때에는 영 제16조제2항에 따라 그 지정 여부를 종합적으로 심사한 후 별지 제14호서식의 운전교육훈련기관 지정서를 신청인에게 발급하여야 한다.

＊시행령 제17조(운전교육훈련기관 지정기준)

① 운전교육훈련기관 지정기준은 다음 각 호와 같다.

1. 운전교육훈련 업무 수행에 필요한 상설 전담조직을 갖출 것
2. 운전면허의 종류별로 운전교육훈련 업무를 수행할 수 있는 전문인력을 확보할 것
3. 운전교육훈련 시행에 필요한 사무실·교육장과 교육 장비를 갖출 것
4. 운전교육훈련기관의 운영 등에 관한 업무규정을 갖출 것

② 제1항에 따른 운전교육훈련기관 지정기준에 관한 세부적인 사항은 *국토교통부령(22조)*으로 정한다.

＊시행규칙 제22조(운전교육훈련기관의 세부 지정기준 등)

① 영 제17조제2항에 따른 운전교육훈련기관의 세부 지정기준은 *별표 8*과 같다.

② 국토교통부장관은 운전교육훈련기관이 제1항 및 영 제17조제1항에 따른 지정기준에 적합한 지의 여부를 2년마다 심사하여야 한다.

③ 영 제18조에 따른 운전교육훈련기관의 변경사항 통지는 별지 제11호의2서식에 따른다.

■ 철도안전법 시행규칙 [별표 8]

교육훈련기관의 세부 지정기준(제22조제1항 관련)

1. 인력기준

가. 자격기준

등 급	학력 및 경력
책임교수	1) 박사학위 소지자로서 철도교통에 관한 업무에 10년 이상 또는 철도차량 운전 관련 업무에 5년 이상 근무한 경력이 있는 사람 2) 석사학위 소지자로서 철도교통에 관한 업무에 15년 이상 또는 철도차량 운전 관련 업무에 8년 이상 근무한 경력이 있는 사람 3) 학사학위 소지자로서 철도교통에 관한 업무에 20년 이상 또는 철도차량 운전 관련 업무에 10년 이상 근무한 경력이 있는 사람 4) 철도 관련 4급 이상의 공무원 경력 또는 이와 같은 수준 이상의 자격 및 경력이 있는 사람 5) 대학의 철도차량 운전 관련 학과에서 조교수 이상으로 재직한 경력이 있는 사람 6) 선임교수 경력이 3년 이상 있는 사람
선임교수	1) 박사학위 소지자로서 철도교통에 관한 업무에 5년 이상 또는 철도차량 운전 관련 업무에 3년 이상 근무한 경력이 있는 사람 2) 석사학위 소지자로서 철도교통에 관한 업무에 10년 이상 또는 철도차량 운전 관련 업무에 5년 이상 근무한 경력이 있는 사람

	3) 학사학위 소지자로서 철도교통에 관한 업무에 15년 이상 또는 철도차량 운전 관련 업무에 8년 이상 근무한 경력이 있는 사람 4) 철도차량 운전업무에 5급 이상의 공무원 경력 또는 이와 같은 수준 이상의 자격 및 경력이 있는 사람 5) 대학의 철도차량 운전 관련 학과에서 전임강사 이상으로 재직한 경력이 있는 사람 6) 교수 경력이 3년 이상 있는 사람
교 수	1) 학사학위 소지자로서 철도차량 운전업무수행자에 대한 지도교육 경력이 2년 이상 있는 사람 2) 전문학사학위 소지자로서 철도차량 운전업무수행자에 대한 지도교육 경력이 3년 이상 있는 사람 3) 고등학교 졸업자로서 철도차량 운전업무수행자에 대한 지도교육 경력이 5년 이상 있는 사람 4) 철도차량 운전과 관련된 교육기관에서 강의 경력이 1년 이상 있는 사람

비고:

1. "철도교통에 관한 업무"란 철도운전·안전·차량·기계·신호·전기·시설에 관한 업무를 말한다.
2. "철도차량운전 관련 업무"란 철도차량 운전업무수행자에 대한 안전관리·지도교육 및 관리감독 업무를 말한다.
3. 교수의 경우 해당 철도차량 운전업무 수행경력이 3년 이상인 사람으로서 학력 및 경력의 기준을 갖추어야 한다.
4. ~~고속철도차량 교수의 경우 종전 철도청에서 실시한 교수요원 양성과정(해외교육 이수자를 포함한다) 이수자 중 학력 및 경력 미달자도 고속철도차량 교수를 할 수 있다.~~
   노면전차 운전면허 교육과정 교수의 경우 국토교통부장관이 인정하는 해외 노면전차 교육훈련과정을 이수한 경우에는 제3호에 따른 경력을 갖춘 것으로 본다.
5. 해당 철도차량 운전업무 수행경력이 있는 사람으로서 현장 지도교육의 경력은 운전업무 수행경력으로 합산할 수 있다.
6. 책임교수·선임교수의 학력 및 경력란 1)부터 3)까지의 "근무한 경력" 및 교수의 학력 및 경력란 1)부터 3)까지의 "지도교육 경력"은 해당 학위를 취득 또는 졸업하기 전과 취득 또는 졸업한 후의 경력을 모두 포함한다.

나. 보유기준

1) 1회 교육생 30명을 기준으로 철도차량 운전면허 종류별 전임 책임교수, 선임교수, 교수를 각 1명 이상 확보하여야 하며, 운전면허 종류별 교육인원이 15명 추가될 때마다 운전면허 종류별 교수 1명 이상을 추가로 확보하여야 한다. 이 경우 추가로 확보하여야 하는 교수는 비전임으로 할 수 있다.
2) 두 종류 이상의 운전면허 교육을 하는 지정기관의 경우 책임교수는 1명만 둘 수 있다.

2. 시설기준

가. 강의실

- 면적은 교육생 30명 이상 한 번에 수용할 수 있어야 한다(60제곱미터 이상). 이 경우 1제곱미터당 수용인원은 1명을 초과하지 아니하여야 한다.

나. 기능교육장

1) 전 기능 모의운전연습기ㆍ기본기능 모의운전연습기 등을 설치할 수 있는 실습장을 갖추어야 한다.
2) 30명이 동시에 실습할 수 있는 컴퓨터지원시스템 실습장(면적 90㎡ 이상)을 갖추어야 한다.

다. 그 밖에 교육훈련에 필요한 사무실ㆍ편의시설 및 설비를 갖출 것

3. 장비기준

가. 실제차량

- 철도차량 운전면허별로 교육훈련기관으로 지정받기 위하여 고속철도차량ㆍ전기기관차ㆍ전기동차ㆍ디젤기관차ㆍ철도장비ㆍ노면전차를 각각 보유하고, 이를 운용할 수 있는 선로, 전기ㆍ신호 등의 철도시스템을 갖출 것

나. 모의운전연습기

<table>
<tr><th>장 비 명</th><th>성능기준</th><th>보유기준</th><th>비고</th></tr>
<tr><td rowspan="2">전 기능 모의운전연습기</td><td>• 운전실 및 제어용 컴퓨터시스템
• 선로영상시스템
• 음향시스템
• 고장처치시스템
• 교수제어대 및 평가시스템</td><td>1대 이상 보유</td><td></td></tr>
<tr><td>• 플랫홈시스템
• 구원운전시스템
• 진동시스템</td><td>권장</td><td></td></tr>
<tr><td rowspan="2">기본기능 모의운전연습기</td><td>• 운전실 및 제어용 컴퓨터시스템
• 선로영상시스템
• 음향시스템
• 고장처치시스템</td><td>5대 이상 보유</td><td>1회 교육수요(10명 이하)가 적어 실제차량으로 대체하는 경우 1대 이상으로 조정할 수 있음</td></tr>
<tr><td>• 교수제어대 및 평가시스템</td><td>권장</td><td></td></tr>
</table>

비고:

1. "전 기능 모의운전연습기"란 실제차량의 운전실과 유사하게 제작한 장비를 말한다.
2. "기본기능 모의운전연습기"란 철도차량의 운전훈련에 꼭 필요한 부분만을 제작한 장비를 말한다.

3. "보유"란 교육훈련을 위하여 설비나 장비를 필수적으로 갖추어야 하는 것을 말한다.
4. "권장"이란 원활한 교육의 진행을 위하여 설비나 장비를 향후 갖추어야 하는 것을 말한다.
5. 교육훈련기관으로 지정받기 위하여 철도차량 운전면허 종류별로 모의운전연습기나 실제차량을 갖추어야 한다. 다만, 부득이한 경우 등 국토교통부장관이 인정하는 경우에는 기본기능 모의운전연습기의 보유기준은 조정할 수 있다.

다. 컴퓨터지원교육시스템

성능기준	보유기준	비고
• 운전 기기 설명 및 취급법 • 운전 이론 및 규정 • 신호(ATS, ATC, ATO, ATP) 및 제동이론 • 차량의 구조 및 기능 • 고장처치 목록 및 절차 • 비상 시 조치 등	지원교육프로그램 및 컴퓨터 30대 이상 보유	컴퓨터지원교육시스템은 차종별 프로그램만 갖추면 다른 차종과 공유하여 사용할 수 있음

비고: "컴퓨터지원교육시스템"이란 컴퓨터의 멀티미디어 기능을 활용하여 운전·차량·신호 등을 학습할 수 있도록 제작된 프로그램 및 이를 지원하는 컴퓨터시스템 일체를 말한다.

라. 제1종 전기차량 운전면허 및 제2종 전기차량 운전면허의 경우는 팬터그래프, 변압기, 컨버터, 인버터, 견인전동기, 제동장치에 대한 설비교육이 가능한 실제 장비를 추가로 갖출 것. 다만, 현장교육이 가능한 경우에는 장비를 갖춘 것으로 본다.

4. 국토교통부장관이 정하는 필기시험 출제범위에 적합한 교재를 갖출 것

5. 교육훈련기관 업무규정의 기준

가. 교육훈련기관의 조직 및 인원
나. 교육생 선발에 관한 사항
다. 연간 교육훈련계획: 교육과정 편성, 교수인력의 지정 교과목 및 내용 등
라. 교육기관 운영계획
마. 교육생 평가에 관한 사항
바. 실습설비 및 장비 운용방안
사. 각종 증명의 발급 및 대장의 관리
아. 교수인력의 교육훈련
자. 기술도서 및 자료의 관리 · 유지
차. 수수료 징수에 관한 사항
카. 그 밖에 국토교통부장관이 철도전문인력 교육에 필요하다고 인정하는 사항

*시행령 제18조(운전교육훈련기관의 변경사항 통지)

① 운전교육훈련기관은 그 명칭·대표자·소재지나 그 밖에 운전교육훈련 업무의 수행에 중대한 영향을 미치는 사항의 변경이 있는 경우에는 해당 사유가 발생한 날부터 15일 이내에 국토교통부장관에게 그 사실을 알려야 한다.

② 국토교통부장관은 제1항에 따라 통지를 받은 경우에는 그 사실을 관보에 고시하여야 한다.

*시행규칙 제23조(운전교육훈련기관의 지정취소 및 업무정지 등)

① 법 제16조제5항에서 준용하는 법 제15조의 2에 따른 운전교육훈련기관의 지정취소 및 업무정지의 기준은 *별표 9*와 같다.

② 국토교통부장관은 운전교육훈련기관의 지정을 취소하거나 업무정지의 처분을 한 경우에는 지체 없이 그 운전교육훈련기관에 별지 제11호의3서식의 지정기관 행정처분서를 통지하고 그 사실을 관보에 고시하여야 한다.

■ 철도안전법 시행규칙 [별표 9]

운전교육훈련기관의 지정취소 및 업무정지기준(제23조제1항 관련)

위반사항	근거 법조문	처분기준			
		1차 위반	2차 위반	3차 위반	4차 위반
1. 거짓이나 그 밖의 부정한 방법으로 지정을 받은 경우	법 제15조의2 제1항제1호	지정취소			
2. 업무정지 명령을 위반하여 그 정지기간 중 운전교육훈련업무를 한 경우	법 제15조의2 제1항제2호	지정취소			
3. 법 제16조제4항에 따른 지정기준에 맞지 아니한 경우	법 제15조의2 제1항제3호	경 고 또 는 보완명령	업무정지 1개월	업무정지 3개월	지정취소
4. 정당한 사유 없이 운전교육훈련업무를 거부한 경우	법 제15조의2 제1항제4호	경고	업무정지 1개월	업무정지 3개월	지정취소
5. 법 제16조제5항에 따라 준용되는 법 제15조제6항을 위반하여 거짓이나 그 밖의 부정한 방법으로 운전교육훈련 수료증을 발급한 경우	법 제16조제5항 제5호	업무정지 1개월	업무정지 3개월	지정취소	

비고:

1. 위반행위가 둘 이상인 경우로서 그에 해당하는 각각의 처분기준이 다른 경우에는 그 중 무거운 처분기준에 따르며, 위반행위가 둘 이상인 경우로서 그에 해당하는 각각의 처분기준이 같은 경우에는 무거운 처분기준의 2분의 1까지 가중할 수 있되, 각 처분기준을 합산한 기간을 초과할 수 없다.
2. 위반행위의 횟수에 따른 행정처분의 가중된 부과기준은 최근 1년간 같은 위반행위로 행정처분을 받은 경우에 적용한다. 이 경우 기간의 계산은 위반행위에 대하여 행정처분을 받은 날과 그 처분 후 다시 같은 위반행위를 하여 적발된 날을 기준으로 한다.
3. 비고 제2호에 따라 가중된 행정처분을 하는 경우 가중처분의 적용 차수는 그 위반행위전 부과처분 차수(비고 제2호에 따른 기간 내에 행정처분이 둘 이상 있었던 경우에는 높은 차수를 말한다)의 다음 차수로 한다.
4. 처분권자는 위반행위의 동기·내용 및 위반의 정도 등 다음 각 목에 해당하는 사유를 고려하여 그 처분을 감경할 수 있다. 이 경우 그 처분이 업무정지인 경우에는 그 처분기준의 2분의 1 범위에서 감경할 수 있고, 지정취소인 경우(거짓이나 그 밖의 부정한 방법으로 지정을 받은 경우나 업무정지 명령을 위반하여 정지기간 중 교육훈련업무를 한 경우는 제외한다)에는 3개월의 업무정지 처분으로 감경할 수 있다.

가. 위반행위가 고의나 중대한 과실이 아닌 사소한 부주의나 오류로 인한 것으로 인정되는 경우

나. 위반의 내용·정도가 경미하여 이해관계인에게 미치는 피해가 적다고 인정되는 경우

제17조(운전면허시험)

① 운전면허를 받으려는 사람은 국토교통부장관이 실시하는 철도차량 운전면허시험(이하 "운전면허시험"이라 한다)에 합격하여야 한다.

② 운전면허시험에 응시하려는 사람은 제12조에 따른 신체검사 및 운전적성검사에 합격한 후 운전교육훈련을 받아야 한다.

③ 운전면허시험의 과목, 절차 등에 관하여 필요한 사항은 *국토교통부령(24조)*으로 정한다.

※시행규칙 제24조(운전면허시험의 과목 및 합격기준)

① 법 제17조제1항에 따른 철도차량 운전면허시험(이하 "운전면허시험"이라 한다)은 영 제11조제1항에 따른 운전면허의 종류별로 필기시험과 기능시험으로 구분하여 시행한다. 이 경우 기능시험은 실제차량이나 모의운전연습기를 활용하여 시행한다.

② 제1항에 따른 필기시험과 기능시험의 과목 및 합격기준은 *별표 10*과 같다. 이 경우 기능시험은 필기시험을 합격한 경우에만 응시할 수 있다.

③ 제1항에 따른 필기시험에 합격한 사람에 대해서는 **필기시험에 합격한 날부터 2년이 되는 날이 속하는 해의 12월 31일까지** 실시하는 운전면허시험에 있어 필기시험의 합격을 유효한 것으로 본다.

④ 운전면허시험의 방법·절차, 기능시험 평가위원의 선정 등에 관하여 필요한 세부사항은 국토교통부장관이 정한다.

■ 철도안전법 시행규칙 [별표 10]

철도차량 운전면허시험의 과목 및 합격기준 (제24조제2항 관련)

1. 운전면허 시험의 응시자별 면허시험 과목

가. 일반응시자·철도차량 운전 관련 업무경력자·철도 관련 업무 경력자·버스 운전 경력자

응시면허	필기시험	기능시험
디젤차량 운전면허	• 철도 관련 법 • 철도시스템 일반 • 디젤차량의 구조 및 기능 • 운전이론 일반 • 비상 시 조치 등	• 준비점검 • 제동취급 • 제동기 외의 기기 취급 • 신호준수, 운전취급, 신호·선로 숙지 • 비상 시 조치 등
제1종 전기차량 운전면허	• 철도 관련 법 • 철도시스템 일반 • 전기기관차의 구조 및 기능 • 운전이론 일반 • 비상 시 조치 등	• 준비점검 • 제동취급 • 제동기 외의 기기 취급 • 신호준수, 운전취급, 신호·선로 숙지 • 비상 시 조치 등

제2종 전기차량 운전면허	• 철도 관련 법 • 도시철도시스템 일반 • 전기동차의 구조 및 기능 • 운전이론 일반 • 비상 시 조치 등	• 준비점검 • 제동취급 • 제동기 외의 기기 취급 • 신호준수, 운전취급, 신호·선로 숙지 • 비상 시 조치 등
철도장비 운전면허	• 철도 관련 법 • 철도시스템 일반 • 기계·장비차량의 구조 및 기능 • 비상 시 조치 등	• 준비점검 • 제동취급 • 제동기 외의 기기 취급 • 신호준수, 운전취급, 신호·선로 숙지 • 비상 시 조치 등
노면전차 운전면허	• 철도 관련 법 • 노면전차 시스템 일반 • 노면전차의 구조 및 기능 • 비상 시 조치 등	• 준비점검 • 제동취급 • 제동기 외의 기기 취급 • 신호준수, 운전취급, 신호·선로 숙지 • 비상 시 조치 등

비고
"철도 관련 법"은 「철도안전법」과 그 하위 법령 및 철도차량 운전에 필요한 규정을 말한다.

나. 운전면허 소지자

소지면허	응시면허	필기시험	**기능시험**
1) 디젤차량 운전면허, 제1종 전기차량 운전면허, 제2종 전기차량 운전면허	고속철도 차량 운전면허	• 고속철도 시스템 일반 • 고속철도차량의 구조 및 기능 • 고속철도 운전이론 일반 • 고속철도 운전 관련 규정 • 비상 시 조치 등	• 준비점검 • 제동 취급 • 제동기 외의 기기 취급 • 신호 준수, 운전 취급, 신호·선로 숙지 • 비상 시 조치 등
		주) 고속철도차량 운전면허시험 응시자는 디젤차량, 제1종 전기차량 또는 제2종 전기차량에 대한 운전업무 수행 경력이 3년 이상 있어야 한다.	
2) 디젤차량 운전면허	제1종 전기차량 운전면허	• 전기기관차의 구조 및 기능	• 준비점검 • 제동 취급 • 제동기 외의 기기 취급 • 비상 시 조치 등

			• 신호 준수, 운전 취급, 신호·선로 숙지
		주) 디젤차량 운전업무수행 경력이 2년 이상 있고 별표 7 제2호에 따른 교육훈련을 받은 사람은 필기시험 및 기능시험을 면제한다.	
	제2종 전기차량 운전면허	• 도시철도 시스템 일반 • 전기동차의 구조 및 기능	• 준비점검 • 제동 취급 • 제동기 외의 기기 취급 • 비상 시 조치 등 • 신호 준수, 운전 취급, 신호·선로 숙지
		주) 디젤차량 운전업무수행 경력이 2년 이상 있고 별표 7 제2호에 따른 교육훈련을 받은 사람은 필기시험을 면제한다.	
	노면전차 운전면허	• 노면전차 시스템 일반 • 노면전차의 구조 및 기능	• 준비점검 • 제동 취급 • 제동기 외의 기기 취급 • 비상 시 조치 등 • 신호 준수, 운전 취급, 신호·선로 숙지
		주) 디젤차량 운전업무수행 경력이 2년 이상 있고 별표 7 제2호에 따른 교육훈련을 받은 사람은 필기시험을 면제한다.	
3) 제1종 전기차량 운전면허	디젤차량 운전면허	• 디젤차량의 구조 및 기능	• 준비점검 • 제동 취급 • 제동기 외의 기기 취급 • 비상 시 조치 등
		주) 제1종 전기차량 운전업무수행 경력이 2년 이상 있고 별표 7 제2호에 따른 교육훈련을 받은 사람은 필기시험 및 기능시험을 면제 한다.	
	제2종 전기차량 운전면허	• 도시철도 시스템 일반 • 전기동차의 구조 및 기능	• 준비점검 • 제동 취급 • 제동기 외의 기기 취급 • 비상 시 조치 등
		주) 제1종 전기차량 운전업무수행 경력이 2년 이상 있고 별표 7 제2호에 따른 교육훈련을 받은 사람은 필기시험을 면제 한다.	
	노면전차 운전면허	• 노면전차 시스템 일반 • 노면전차의 구조 및 기능	• 준비점검 • 제동 취급 • 제동기 외의 기기 취급 • 비상 시 조치 등
		주) 제1종 전기차량 운전업무수행 경력이 2년 이상 있고 별표 7 제2호에 따른 교육훈련을 받은 사람은 필기시험을 면제 한다.	
4) 제2종	디젤차량	• 철도시스템 일반	• 준비점검

<table>
<tr><td rowspan="6">전기차량
운전면허</td><td rowspan="2">운전면허</td><td>• 디젤차량의 구조 및 기능</td><td>• 제동 취급
• 제동기 외의 기기 취급
• 비상 시 조치 등
• 신호 준수, 운전 취급, 신호・선로 숙지</td></tr>
<tr><td colspan="2">주) 제2종 전기차량 운전업무수행 경력이 2년 이상 있고 별표 7 제2호에 따른 교육훈련을 받은 사람은 필기시험을 면제 한다.</td></tr>
<tr><td rowspan="2">제1종
전기차량
운전면허</td><td>• 철도시스템 일반
• 전기기관차의 구조 및 기능</td><td>• 준비점검
• 제동 취급
• 제동기 외의 기기 취급
• 비상 시 조치 등
• 신호 준수, 운전 취급, 신호・선로 숙지</td></tr>
<tr><td colspan="2">주) 제2종 전기차량 운전업무수행 경력이 2년 이상 있고 별표 7 제2호에 따른 교육훈련을 받은 사람은 필기시험을 면제 한다.</td></tr>
<tr><td rowspan="2">노면전차
운전면허</td><td>• 노면전차 시스템 일반
• 노면전차의 구조 및 기능</td><td>• 준비점검
• 제동 취급
• 제동기 외의 기기 취급
• 비상 시 조치 등
• 신호 준수, 운전 취급, 신호・선로 숙지</td></tr>
<tr><td colspan="2">주) 제2종 전기차량 운전업무수행 경력이 2년 이상 있고 별표 7 제2호에 따른 교육훈련을 받은 사람은 필기시험을 면제 한다.</td></tr>
<tr><td rowspan="4">5) 철도장비
운전면허</td><td>디젤차량
운전면허</td><td>• 철도 관련 법
• 철도시스템 일반
• 디젤차량의 구조 및 기능</td><td rowspan="4">• 준비점검
• 제동 취급
• 제동기 외의 기기 취급
• 신호 준수, 운전 취급, 신호・선로 숙지
• 비상 시 조치 등</td></tr>
<tr><td>제1종
전기차량
운전면허</td><td>• 철도 관련 법
• 철도시스템 일반
• 전기기관차의 구조 및 기능</td></tr>
<tr><td>제2종
전기차량
운전면허</td><td>• 철도 관련 법
• 도시철도 시스템 일반
• 전기동차의 구조 및 기능</td></tr>
<tr><td>노면전차
운전면허</td><td>• 철도 관련 법
• 노면전차 시스템 일반
• 노면전차의 구조 및 기능</td></tr>
<tr><td>6) 노면전차
운전면허</td><td>디젤차량
운전면허</td><td>• 철도 관련 법
• 철도시스템 일반
• 디젤차량의 구조 및 기능
• 운전이론 일반</td><td>• 준비점검
• 제동 취급
• 제동기 외의 기기 취급
• 신호 준수, 운전 취급, 신호・선로</td></tr>
</table>

	제1종 전기차량 운전면허	• 철도 관련 법 • 철도시스템 일반 • 전기기관차의 구조 및 기능 • 운전이론 일반	숙지 • 비상 시 조치 등
	제2종 전기차량 운전면허	• 철도 관련 법 • 도시철도 시스템 일반 • 전기동차의 구조 및 기능 • 운전이론 일반	
	철도장비 운전면허	• 철도 관련 법 • 철도시스템 일반 • 기계·장비차량의 구조 및 기능	

비고: 운전면허 소지자가 다른 종류의 운전면허를 취득하기 위하여 운전면허시험에 응시하는 경우에는 신체검사 및 적성검사의 증명서류를 운전면허증 사본으로 갈음한다. 다만, 철도장비 운전면허 소지자의 경우에는 적성검사 증명서류를 첨부하여야 한다.

다. 관제자격증명 취득자

소지면허	응시면허	필기시험	기능시험
1) 철도 관제 자격증명	디젤차량 운전면허	· 디젤차량의 구조 및 기능 · 운전이론 일반 · 비상 시 조치 등	· 준비점검 · 제동 취급 · 제동기 외의 기기 취급 · 신호 준수, 운전 취급, 신호·선로 숙지 · 비상 시 조치 등
	제1종 전기차량 운전면허	· 전기기관차의 구조 및 기능 · 운전이론 일반 · 비상 시 조치 등	
	제2종 전기차량 운전면허	· 전기동차의 구조 및 기능 · 운전이론 일반 · 비상 시 조치 등	
	철도장비 운전면허	· 기계·장비차량의 구조 및 기능 · 비상 시 조치 등	
	노면전차 운전면허	· 노면전차의 구조 및 기능 · 비상 시 조치 등	
2) 도시철도 관제자격증명	디젤차량 운전면허	· 철도시스템 일반 · 디젤차량의 구조 및 기능 · 운전이론 일반	· 준비점검 · 제동 취급 · 제동기 외의 기기 취급

		· 비상 시 조치 등	· 신호 준수, 운전 취급, 신호·선로 숙지 · 비상 시 조치 등
	제1종 전기차량 운전면허	· 철도시스템 일반 · 전기기관차의 구조 및 기능 · 운전이론 일반 · 비상 시 조치 등	
	제2종 전기차량 운전면허	· 전기동차의 구조 및 기능 · 운전이론 일반 · 비상 시 조치 등	
	철도장비 운전면허	· 철도시스템 일반 · 기계·장비차량의 구조 및 기능 · 비상 시 조치 등	
	노면전차 운전면허	· 노면전차의 구조 및 기능 · 비상 시 조치 등	

2. 철도차량 운전면허 시험의 합격기준은 다음과 같다.

가. 필기시험 합격기준은 과목당 100점을 만점으로 하여 매 과목 40점 이상(철도 관련 법의 경우 60점 이상), 총점 평균 60점 이상 득점한 사람

나. 기능시험의 합격기준은 시험 과목당 60점 이상, 총점 평균 80점 이상 득점한 사람

3. 기능시험은 실제차량이나 모의운전연습기를 활용한다.

4. 제1호나목 및 다목에 동시에 해당하는 경우에는 나목을 우선 적용한다. 다만, 응시자가 원하는 경우에는 다목의 규정을 적용할 수 있다.

***시행규칙 제25조(운전면허시험 시행계획의 공고)**

① 「한국교통안전공단법」에 따른 한국교통안전공단(이하 "한국교통안전공단"이라 한다)은 운전면허시험을 실시하려는 때에는 매년 11월 30일까지 필기시험 및 기능시험의 일정·응시과목 등을 포함한 다음 해의 운전면허시험 시행계획을 인터넷 홈페이지 등에 공고하여야 한다.

② 한국교통안전공단은 운전면허시험의 응시 수요 등을 고려하여 필요한 경우에는 제1항에 따라 공고한 시행계획을 변경할 수 있다. 이 경우 미리 국토교통부장관의 승인을 받아야 하며 변경되기 전의 필기시험일 또는 기능시험일(필기시험일 또는 기능시험일이 앞당겨진 경우에는 변경된 필기시험일 또는 기능시험일을 말한다)의 7일 전까지 그 변경사항을 인터넷 홈페이지 등에 공고하여야 한다.

※시행규칙 제26조(운전면허시험 응시원서의 제출 등)

① 운전면허시험에 응시하려는 사람은 필기시험 응시 전까지 *별지 제15호서식*의 철도차량 운전면허시험 응시원서에 다음 각 호의 서류를 첨부하여 한국교통안전공단에 제출해야 한다. 다만, 제3호의 서류는 기능시험 응시 전까지 제출할 수 있다.

1. 신체검사의료기관이 발급한 신체검사 판정서(운전면허시험 응시원서 접수일 이전 2년 이내인 것에 한정한다)
2. 운전적성검사기관이 발급한 운전적성검사 판정서(운전면허시험 응시원서 접수일 이전 10년 이내인 것에 한정한다)
3. 운전교육훈련기관이 발급한 운전교육훈련 수료증명서

3의2. 법 제16조제3항에 따라 운전교육훈련기관으로 지정받은 대학의 장이 발급한 철도운전관련 교육과목 이수 증명서(별표7 제7호마목에 따라 이론교육 과목의 이수로 인정받으려는 경우에만 해당한다)

4. 철도차량 운전면허증의 사본(철도차량 운전면허 소지자가 다른 철도차량 운전면허를 취득하고자 하는 경우에 한정한다)
5. 관제자격증명서 사본[제38조의12제2항에 따라 관제자격증명서를 발급받은 사람(이하 "관제자격증명 취득자"라 한다)만 제출한다]
6. 운전업무 수행 경력증명서(고속철도차량 운전면허시험에 응시하는 경우에 한정한다)

② 한국교통안전공단은 제1항제1호부터 제5호까지의 서류를 영 제63조제1항제7호에 따라 관리하는 정보체계에 따라 확인할 수 있는 경우에는 그 서류를 제출하지 않도록 할 수 있다.

③ 한국교통안전공단은 제1항에 따라 운전면허시험 응시원서를 접수한 때에는 *별지 제16호서식*의 철도차량 운전면허시험 응시원서 접수대장에 기록하고 *별지 제15호서식*의 운전면허시험 응시표를 응시자에게 발급하여야 한다. 다만, 응시원서 접수 사실을 영 제63조제1항제7호에 따라 관리하는 정보체계에 따라 관리하는 경우에는 응시원서 접수 사실을 철도차량 운전면허시험 응시원서 접수대장에 기록하지 아니할 수 있다.

④ 한국교통안전공단은 운전면허시험 응시원서 접수마감 7일 이내에 시험일시 및 장소를 한국교통안전공단 게시판 또는 인터넷 홈페이지 등에 공고하여야 한다.

■ 철도안전법 시행규칙 [별지 제15호서식]

한국교통안전공단 홈페이지 (www.railsafety.or.kr /web/indexjsp)에서도 신청할 수 있습니다.

철도차량 운전면허시험 응시원서

※ 뒤쪽의 작성방법을 읽고 작성하시기 바라며, [ ]에는 해당되는 곳에 √표시를 합니다. (앞쪽)

본인은 년도 제 차 철도차량 운전면허시험의 필기시험/기능시험에 응시하고자 원서를 제출합니다.
※ 아래 기재사항은 사실과 일치하며, 만약 시험 합격 후에 거짓 또는 부실 기재 사실이 발견되어 합격이 취소되어도 이의를 제기하지 않을 것을 서약합니다.

년 월 일

응시자 (서명 또는 인)

한국교통안전공단 이사장 귀하

응시자	① 성명				② 생년월일			사 진 3.5㎝×4.5㎝ (모자 벗은 상반신으로 뒤 그림 없이 6개월 이내에 촬영한 것)
	③ 전화번호 자택)				휴대전화)			
	④ 소속 기관 * 해당자만 적습니다.							
	⑤ 국적							
⑥ 응시 면허	[ ]고속철도차량 [ ]제1종 전기차량 [ ]제2종 전기차량 [ ]디젤차량 [ ]철도장비 [ ]노면전차							
⑦ 응시 과목	필기							
	기능							
⑧ 면제 사항	교육훈련		신체검사		적성검사		면허시험	
	[ ]		[ ]		[ ]		[ ]필기 [ ]기능	
⑨ 보유 면허	면허 종류	고속철도 차량	제1종 전기차량	제2종 전기차량	디젤차량	철도장비	노면전차	
	면허번호							
⑩ 교육 이수 사항	교육기관	교육과정	교육기간	수료증 번호	⑪ 응시번호		접수자	확인자
					⑫ 시험일시		(인)	(인)
					⑬ 시험장소			
⑭ 신체 검사	검사병원	판정서 발급 번호	유효기간	⑮ 적성 검사	검사기관	판정서 발급 번호	유효기간	

---------------------- 자 르 는 선 ----------------------

철도차량 운전면허시험 응시표			⑪ 응시번호	
			⑫ 시험일시	
			⑬ 시험장소	
① 응시자	성명 (서명 또는 인)	생년월일		사 진 3.5㎝×4.5㎝ (모자 벗은 상반신으로 뒤 그림 없이 6개월 이내에 촬영한 것)
⑥ 응시 면허	[ ]고속철도차량 [ ]제1종 전기차량 [ ]제2종 전기차량 [ ]디젤차량 [ ]철도장비 [ ]노면전차			
⑦ 응시 과목	필기			
	기능			
년 월 일				
한국교통안전공단 이사장 [인]				

210㎜×297㎜[백상지 80g/㎡(재활용품)]

(뒤쪽)

기재요령
<응시원서> 1. 검은색 또는 청남색으로 바르게 써야 합니다. 2. ⑥, ⑧은 해당되는 [ ]에 ∨표시를 해야 합니다. 3. ⑪, ⑫, ⑬은 응시자가 적지 않습니다. 4. 수수료는 「철도안전법」 제74조제1항에 따라 한국교통안전공단 이사장이 정한 금액을 내야 합니다. 5. 제출된 응시원서와 수수료는 반환하지 않습니다.
<응시표> 1. 응시표를 발급받은 후 기입란에 빠뜨린 사항이 없는지 확인해야 합니다. 2. 응시표를 가지지 아니한 사람은 응시하지 못하며 분실 또는 훼손한 경우에는 재발급을 받아야 합니다. 3. 필기시험 수험장에서는 답안지 작성에 필요한 필기도구(컴퓨터용 사인펜) 이외에는 휴대할 수 없습니다. 4. 기능시험 장소에는 기능시험에 필요한 용구를 휴대할 수 있으나 평가요원의 사전확인을 받아야 합니다. 5. 답안지를 작성할 때에는 컴퓨터용 사인펜만 사용하여야 하며 기입란 바깥에 적거나 줄을 긋거나 그 밖의 어떤 표시도 해서는 안 됩니다. 6. 응시 도중 퇴장하거나 자리를 벗어난 사람은 다시 입장할 수 없으며, 수험장 안에서는 흡연, 시험 관련 대화, 물품 대여 등을 해서는 안 됩니다. 7. 부정행위자 또는 주의사항이나 시험감독자의 지시에 따르지 않는 사람에 대해서는 즉각 퇴장을 명하고, 시험을 무효로 하며, 부정행위자는 향후 2년간 한국교통안전공단에서 시행하는 철도차량 운전면허시험의 응시자격이 정지됩니다. 8. 그 밖의 자세한 사항은 감독요원 또는 기능시험관의 지시에 따라야 합니다.
<첨부서류> 1. 신체검사의료기관에서 발급한 신체검사 판정서(철도차량 운전면허시험 응시원서 접수일 이전 2년 이내인 것으로 한정합니다) 2. 적성검사기관에서 발급한 적성검사 판정서(철도차량 운전면허 시험응시원서 접수일 이전 10년 이내인 것으로 한정합니다) 3. 운전교육훈련기관에서 발급한 운전교육훈련 수료증명서 4. 철도차량 운전면허증의 사본(철도차량 운전면허 소지자가 다른 철도차량 운전면허를 취득하려는 경우로 한정합니다) 5. 관제자격증명서 사본(관제자격증명 취득자만 제출합니다) 6. 운전업무 수행 경력증명서(고속철도차량 운전면허시험에 응시하는 경우로 한정합니다)

*시행규칙 제27조(운전면허시험 응시표의 재발급)

운전면허시험 응시표를 발급받은 사람이 응시표를 잃어버리거나 헐어서 못 쓰게 된 경우에는 사진(3.5센티미터 × 4.5센티미터) 1장을 첨부하여 한국교통안전공단에 재발급을 신청(「정보통신망 이용촉진 및 정보보호 등에 관한 법률」 제2조제1항제1호에 따른 정보통신망을 이용한 신청을 포함한다)하여야 하고, 한국교통안전공단은 응시원서 접수 사실을 확인한 후 운전면허시험 응시표를 신청인에게 재발급하여야 한다.

*시행규칙 제28조(시험실시결과의 게시 등)

①한국교통안전공단은 운전면허시험을 실시하여 합격자를 결정한 때에는 한국교통안전공단 게시판 또는 인터넷 홈페이지에 게재하여야 한다.

②한국교통안전공단은 운전면허시험을 실시한 경우에는 운전면허 종류별로 필기시험 및 기능시험 응시자 및 합격자 현황 등의 자료를 국토교통부장관에게 보고하여야 한다.

제18조(운전면허증의 발급 등)

① 국토교통부장관은 운전면허시험에 합격하여 운전면허를 받은 사람에게 *국토교통부령(29조)*으로 정하는 바에 따라 철도차량 운전면허증(이하 "운전면허증" 이라 한다)을 발급하여야 한다.

② 제1항에 따라 운전면허를 받은 사람(이하 "운전면허 취득자" 라 한다)이 운전면허증을 잃어버렸거나 운전면허증이 헐어서 쓸 수 없게 되었을 때 또는 운전면허증의 기재사항이 변경되었을 때에는 국토교통부령으로 정하는 바에 따라 운전면허증의 재발급이나 기재사항의 변경을 신청할 수 있다.

*시행규칙 제29조(운전면허증의 발급 등)

① 운전면허시험에 합격한 사람은 한국교통안전공단에 별지 제17호서식의 철도차량 운전면허증 (재)발급신청서를 제출(「정보통신망 이용촉진 및 정보보호 등에 관한 법률」 제2조제1항제1호에 따른 정보통신망을 이용한 제출을 포함한다)하여야 한다.

② 제1항에 따라 철도차량 운전면허증 발급 신청을 받은 한국교통안전공단은 법 제18조제1항에 따라 별지 제18호서식의 철도차량 운전면허증을 발급하여야 한다.

③ 제2항에 따라 철도차량 운전면허증을 발급받은 사람(이하 "운전면허 취득자" 라 한다)이 철도차량 운전면허증을 잃어버렸거나 헐어 못 쓰게 된 때에는 별지 제17호서식의 철도차량 운전면허증 (재)발급신청서에 분실사유서나 헐어 못 쓰게 된 운전면허증을 첨부하여 한국교통안전공단에 제출하여야 한다.

④ 한국교통안전공단은 제1항 및 제3항에 따라 철도차량 운전면허증을 발급이나 재발급한 때에는 별지 제19호서식의 철도차량 운전면허증 관리대장에 이를 기록·관리하여야 한다. 다만, 철도차량 운전면허증의 발급이나 재발급 사실을 영 제63조제1항제7호에 따라 관리하는 정보체계에 따라 관리하는 경우에는 별지 제19호서식의 철도차량 운전면허증 관리대장에 이를 기록·관리하지 아니할 수 있다.

＊시행규칙 제30조(철도차량 운전면허증 기록사항 변경)

① 운전면허 취득자가 주소 등 철도차량 운전면허증의 기록사항을 변경하려는 경우에는 이를 증명할 수 있는 서류를 첨부하여 한국교통안전공단에 기록사항의 변경을 신청하여야 한다. 이 경우 한국교통안전공단은 기록사항을 변경한 때에는 별지 제19호서식의 철도차량 운전면허증 관리대장에 이를 기록·관리하여야 한다.

② 제1항 후단에도 불구하고 철도차량 운전면허증의 기록 사항의 변경을 영 제63조제1항제7호에 따라 관리하는 정보체계에 따라 관리하는 경우에는 별지 제19호서식의 철도차량 운전면허증 관리대장에 이를 기록·관리하지 아니할 수 있다.

제19조(운전면허의 갱신)

① 운전면허의 **유효기간은 10년**으로 한다.

② 운전면허 취득자로서 제1항에 따른 유효기간 이후에도 그 운전면허의 효력을 유지하려는 사람은 운전면허의 유효기간 만료 전에 *국토교통부령(31조)*으로 정하는 바에 따라 운전면허의 갱신을 받아야 한다.

③ 국토교통부장관은 제2항 및 제5항에 따라 운전면허의 갱신을 신청한 사람이 다음 각 호의 어느 하나에 해당하는 경우에는 운전면허증을 갱신하여 발급하여야 한다.

1. 운전면허의 갱신을 신청하는 날 전 10년 이내에 *국토교통부령(32조)*으로 정하는 철도차량의 운전업무에 종사한 경력이 있거나 *국토교통부령(32조)*으로 정하는 바에 따라 이와 같은 수준 이상의 경력이 있다고 인정되는 경우
2. 국토교통부령으로 정하는 교육훈련을 받은 경우

④ 운전면허 취득자가 제2항에 따른 운전면허의 갱신을 받지 아니하면 그 운전면허의 유효기간이 만료되는 날의 다음 날부터 그 운전면허의 효력이 정지된다.

⑤ 제4항에 따라 운전면허의 효력이 정지된 사람이 6개월의 범위에서 *대통령령(19조)*으로 정하는 기간 내에 운전면허의 갱신을 신청하여 운전면허의 갱신을 받지 아니하면 그 기간이 만료되는 날의 다음 날부터 그 운전면허는 효력을 잃는다.

⑥ 국토교통부장관은 운전면허 취득자에게 그 운전면허의 유효기간이 만료되기 전에 *국토교통부령(33조)*으로 정하는 바에 따라 운전면허의 갱신에 관한 내용을 통지하여야 한다.

⑦ 국토교통부장관은 제5항에 따라 운전면허의 효력이 실효된 사람이 운전면허를 다시 받으려는 경우 *대통령령(20조)*으로 정하는 바에 따라 그 절차의 일부를 면제할 수 있다.

＊시행령 제19조(운전면허 갱신 등)

① 법 제19조제4항에 따라 운전면허의 효력이 정지된 사람이 제2항에 따른 기간 내에 운전면허 갱신을 받은 경우 해당 운전면허의 유효기간은 갱신 받기 전 운전면허의 유효기간 만료일 다음 날부터 기산한다.

② 법 제19조제5항에서 "대통령령으로 정하는 기간" 이란 6개월을 말한다.

＊시행령 제20조(운전면허 취득절차의 일부 면제)

법 제19조제7항에 따라 운전면허의 효력이 실효된 사람이 운전면허가 실효된 날부터 3년 이내에 실효된 운전면허와 동일한 운전면허를 취득하려는 경우에는 다음 각 호의 구분에 따라 운전면허 취득절차의 일부를 면제한다.

1. 법 제19조제3항 각 호에 해당하지 아니하는 경우: 법 제16조에 따른 운전교육훈련 면제
2. 법 제19조제3항 각 호에 해당하는 경우: 법 제16조에 따른 운전교육훈련과 법 제17조에 따른 운전면허시험 중 필기시험 면제

＊시행규칙 제31조(운전면허의 갱신절차)

① 법 제19조제2항에 따라 철도차량운전면허(이하 "운전면허" 라 한다)를 갱신하려는 사람은 운전면허의 유효기간 만료일 전 6개월 이내에 별지 제20호서식의 철도차량 운전면허 갱신신청서에 다음 각 호의 서류를 첨부하여 한국교통안전공단에 제출하여야 한다.

1. 철도차량 운전면허증
2. 법 제19조제3항 각 호에 해당함을 증명하는 서류

② 제1항에 따라 갱신받은 운전면허의 유효기간은 종전 운전면허 유효기간의 만료일 다음 날부터 기산한다.

＊시행규칙 제32조(운전면허 갱신에 필요한 경력 등)

① 법 제19조제3항제1호에서 "국토교통부령으로 정하는 철도차량의 운전업무에 종사한 경력" 이란 운전면허의 유효기간 내에 6개월 이상 해당 철도차량을 운전한 경력을 말한다.

② 법 제19조제3항제1호에서 "이와 같은 수준 이상의 경력" 이란 다음 각 호의 어느 하나에 해당하는 업무에 2년 이상 종사한 경력을 말한다.

1. 관제업무
2. 운전교육훈련기관에서의 운전교육훈련업무

3. 철도운영자등에게 소속되어 철도차량 운전자를 지도·교육·관리하거나 감독하는 업무

③ 법 제19조제3항제2호에서 "국토교통부령으로 정하는 교육훈련을 받은 경우"란 운전교육훈련기관이나 철도운영자등이 실시한 철도차량 운전에 필요한 교육훈련을 운전면허 갱신신청일 전까지 20시간 이상 받은 경우를 말한다.

④ 제1항 및 제2항에 따른 경력의 인정, 제3항에 따른 교육훈련의 내용 등 운전면허 갱신에 필요한 세부사항은 국토교통부장관이 정하여 고시한다.

※시행규칙 제33조(운전면허 갱신 안내 통지)

① 한국교통안전공단은 법 제19조제4항에 따라 운전면허의 효력이 정지된 사람이 있는 때에는 해당 운전면허의 효력이 정지된 날부터 30일 이내에 해당 운전면허 취득자에게 이를 통지하여야 한다.

② 한국교통안전공단은 법 제19조제6항에 따라 운전면허의 유효기간 만료일 6개월 전까지 해당 운전면허 취득자에게 운전면허 갱신에 관한 내용을 통지하여야 한다.

③ 제2항에 따른 운전면허 갱신에 관한 통지는 별지 제21호서식의 철도차량 운전면허 갱신통지서에 따른다.

④ 제1항 및 제2항에 따른 통지를 받을 사람의 주소 등을 통상적인 방법으로 확인할 수 없거나 통지서를 송달할 수 없는 경우에는 한국교통안전공단 게시판 또는 인터넷 홈페이지에 14일 이상 공고함으로써 통지에 갈음할 수 있다.

제19조의2(운전면허증의 대여 등 금지)

누구든지 운전면허증을 다른 사람에게 빌려주거나 빌리거나 이를 알선하여서는 아니 된다.

제20조(운전면허의 취소·정지 등)

① 국토교통부장관은 운전면허 취득자가 다음 각 호의 어느 하나에 해당할 때에는 운전면허를 취소하거나 1년 이내의 기간을 정하여 운전면허의 효력을 정지시킬 수 있다. 다만, 제1호부터 제4호까지의 규정에 해당할 때에는 운전면허를 취소하여야 한다.

1. 거짓이나 그 밖의 부정한 방법으로 운전면허를 받았을 때
2. 제11조제1항제2호부터 제4호까지의 규정에 해당하게 되었을 때(운전면허 결격사유 중)

2. 철도차량 운전상의 위험과 장해를 일으킬 수 있는 정신질환자 또는 뇌전증환자로서 *대통령령(12조)*으로 정하는 사람

3. 철도차량 운전상의 위험과 장해를 일으킬 수 있는 약물(「마약류 관리에 관한 법률」 제2조제1호에 따른 마약류 및 「화학물질관리법」 제22조제1항에 따른 환각

물질을 말한다. 이하 같다) 또는 알코올 중독자로서 *대통령령(12조)*으로 정하는 사람
4. 두 귀의 청력 또는 두 눈의 시력을 완전히 상실한 사람

3. 운전면허의 효력정지기간 중 철도차량을 운전하였을 때
4. 제19조의2를 위반하여 운전면허증을 다른 사람에게 빌려주었을 때
5. 철도차량을 운전 중 고의 또는 중과실로 철도사고를 일으켰을 때
5의2. 제40조의2제1항 또는 제5항을 위반하였을 때(철도종사자의 준수사항 위반)

① 운전업무종사자는 철도차량의 운전업무 수행 중 다음 각 호의 사항을 준수하여야 한다.
1. 철도차량 출발 전 국토교통부령으로 정하는 조치 사항을 이행할 것
2. 국토교통부령으로 정하는 철도차량 운행에 관한 안전 수칙을 준수할 것

⑤ 철도사고등이 발생하는 경우 해당 철도차량의 운전업무종사자와 여객승무원은 철도사고등의 현장을 이탈하여서는 아니 되며, 철도차량 내 안전 및 질서유지를 위하여 승객 구호조치 등 국토교통부령으로 정하는 후속조치를 이행하여야 한다. 다만, 의료기관으로의 이송이 필요한 경우 등 국토교통부령으로 정하는 경우에는 그러하지 아니하다

6. 제41조제1항을 위반하여 술을 마시거나 약물을 사용한 상태에서 철도차량을 운전하였을 때
7. 제41조제2항을 위반하여 술을 마시거나 약물을 사용한 상태에서 업무를 하였다고 인정할 만한 상당한 이유가 있음에도 불구하고 국토교통부장관 또는 시·도지사의 확인 또는 검사를 거부하였을 때
8. 이 법 또는 이 법에 따라 철도의 안전 및 보호와 질서유지를 위하여 한 명령·처분을 위반하였을 때

② 국토교통부장관이 제1항에 따라 운전면허의 취소 및 효력정지 처분을 하였을 때에는 *국토교통부령(34조)*으로 정하는 바에 따라 그 내용을 해당 운전면허 취득자와 운전면허 취득자를 고용하고 있는 철도운영자등에게 통지하여야 한다.

③ 제2항에 따른 운전면허의 취소 또는 효력정지 통지를 받은 운전면허 취득자는 그 통지를 받은 날부터 15일 이내에 운전면허증을 국토교통부장관에게 반납하여야 한다.

④ 국토교통부장관은 제3항에 따라 운전면허의 효력이 정지된 사람으로부터 운전면허증을 반납받았을 때에는 보관하였다가 정지기간이 끝나면 즉시 돌려주어야 한다.

⑤ 제1항에 따른 취소 및 효력정지 처분의 세부기준 및 절차는 그 위반의 유형 및 정도에 따라 *국토교통부령(35조)*으로 정한다.

⑥ 국토교통부장관은 *국토교통부령(36조)*으로 정하는 바에 따라 운전면허의 발급, 갱신, 취소 등에 관한 자료를 유지·관리하여야 한다.

***시행규칙 제34조(운전면허의 취소 및 효력정지 처분의 통지 등)**

① 국토교통부장관은 법 제20조제1항에 따라 운전면허의 취소나 효력정지 처분을 한 때에는 별지 제22호서식의 철도차량 운전면허 취소·효력정지 처분 통지서를 해당 처분대상자에게 발송하여야 한다.

② 국토교통부장관은 제1항에 따른 처분대상자가 철도운영자등에게 소속되어 있는 경우에는 철도운영자등에게 그 처분 사실을 통지하여야 한다.

③ 제1항에 따른 처분대상자의 주소 등을 통상적인 방법으로 확인할 수 없거나 별지 제22호서식의 철도차량 운전면허 취소·효력정지 처분 통지서를 송달할 수 없는 경우에는 운전면허시험기관인 한국교통안전공단 게시판 또는 인터넷 홈페이지에 14일 이상 공고함으로써 제1항에 따른 통지에 갈음할 수 있다.

④ 제1항에 따라 운전면허의 취소 또는 효력정지 처분의 통지를 받은 사람은 통지를 받은 날부터 15일 이내에 운전면허증을 한국교통안전공단에 반납하여야 한다.

***시행규칙 제35조(운전면허의 취소 또는 효력정지 처분의 세부기준)**

법 제20조제5항에 따른 운전면허의 취소 또는 효력정지 처분의 세부기준은 *별표 10의2* 와 같다.

■ 철도안전법 시행규칙 [별표 10의2]

운전면허취소·효력정지 처분의 세부기준(제35조 관련)

처분대상	근거 법조문	처 분 기 준			
		1차 위반	2차 위반	3차 위반	4차 위반
1. 거짓이나 그 밖의 부정한 방법으로 운전면허를 받은 경우	법 제20조제1항제1호	면허취소			
2. 법 제11조제2호부터 제4호까지의 규정에 해당하는 경우 가. 철도차량 운전상의 위험과 장해를 일으킬 수 있는 **정신질환자 또는 뇌전증환자**로서 해당 분야 전문의가 정상적인 운전을 할 수 없다고 인정하는 사람 나. 철도차량 운전상의 위험과 장해를 일으킬 수 있는 **약물**(「마약류 관리에 관	법 제20조제1항제2호	면허취소			

한 법률」 제2조제1호에 따른 마약류 및 「화학물질관리법」 제22조제1항에 따른 환각물질을 말한다) 또는 알코올 중독자로서 해당 분야 전문의가 정상적인 운전을 할 수 없다고 인정하는 사람 다. 두 귀의 청력을 완전히 상실한 사람, 두 눈의 시력을 완전히 상실한 사람						
3. 운전면허의 효력정지 기간 중 철도차량을 운전한 경우		법 제20조제1항제3호	면허취소			
4. 운전면허증을 타인에게 대여한 경우		법 제20조제1항제4호	면허취소			
5. 철도차량을 운전 중 고의 또는 중과실로 철도사고를 일으킨 경우	사망자가 발생한 경우	법 제20조제1항제5호	면허취소			
	부상자가 발생한 경우		효력정지 3개월	면허취소		
	1천만원 이상 물적 피해가 발생한 경우		효력정지 2개월	효력정지 3개월	면허취소	
5의2. 법 제40조의2제1항을 위반한 경우		법 제20조제1항제5호의2	경고	효력정지 1개월	효력정지 2개월	효력정지 3개월
5의3. 법 제40조의2제5항을 위반한 경우		법 제20조제1항제5호의2	효력정지 1개월	면허취소		
6. 법 제41조제1항을 위반하여 술에 만취한 상태(혈중 알코올농도 0.1퍼센트 이상)에서 운전한 경우		법 제20조제1항제6호	면허취소			
7. 법 제41조제1항을 위반하여 술을 마신 상태의 기준(혈중 알코올농도 0.02퍼센트 이		법 제20조제1항제6호	면허취소			

상)을 넘어서 운전을 하다가 철도사고를 일으킨 경우					
8. 법 제41조제1항을 위반하여 약물을 사용한 상태에서 운전한 경우	법 제20조제1항제6호	면허취소			
9. 법 제41조제1항을 위반하여 술을 마신 상태(혈중 알코올농도 0.02퍼센트 이상 0.1퍼센트 미만)에서 운전한 경우	법 제20조제1항제6호	효력정지 3개월	면허취소		
10. 법 제41조제2항을 위반하여 술을 마시거나 약물을 사용한 상태에서 업무를 하였다고 인정할 만한 상당한 이유가 있음에도 불구하고 확인이나 검사 요구에 불응한 경우	법 제20조제1항제7호	면허취소			
11. 철도차량 운전규칙을 위반하여 운전을 하다가 열차운행에 중대한 차질을 초래한 경우	법 제20조제1항제8호	효력정지 1개월	효력정지 2개월	효력정지 3개월	면허취소

비고:

1. 위반행위가 둘 이상인 경우로서 그에 해당하는 각각의 처분기준이 다른 경우에는 그 중 무거운 처분기준에 따르며, 위반행위가 둘 이상인 경우로서 그에 해당하는 각각의 처분기준이 같은 경우에는 무거운 처분기준의 2분의 1까지 가중할 수 있되, 각 처분기준을 합산한 기간을 초과할 수 없다.
2. 위반행위의 횟수에 따른 행정처분의 기준은 최근 1년간 같은 위반행위로 행정처분을 받은 경우에 적용한다. 이 경우 행정처분 기준의 적용은 같은 위반행위에 대하여 최초로 행정처분을 한 날과 그 처분 후의 위반행위가 다시 적발된 날을 기준으로 한다.
3. 국토교통부장관은 다음 어느 하나에 해당하는 경우에는 위 표 제5호, 제5호의2, 제5호의3 및 제11호에 따른 효력정지기간(위반행위가 둘 이상인 경우에는 비고 제1호에 따른 효력정지기간을 말한다)을 2분의 1의 범위에서 이를 늘리거나 줄일 수 있다. 다만, 효력정지기간을 늘리는 경우에도 1년을 넘을 수 없다.
   1) 효력정지기간을 줄여서 처분할 수 있는 경우
      가) 철도안전에 대한 위험을 피하기 위한 부득이한 사유가 있는 경우
      나) 그 밖에 위반행위의 정도, 위반행위의 동기와 그 결과 등을 고려하여 처분을 줄일 필요가 있다고 인정되는 경우
   2) 효력정지기간을 늘려서 처분할 수 있는 경우
      가) 고의 또는 중과실에 의해 위반행위가 발생한 경우

나) 다른 열차의 운행안전 및 여객·공중(公衆)에 상당한 영향을 미친 경우
다) 그 밖에 위반행위의 정도, 위반행위의 동기와 그 결과 등을 고려하여 처분을 늘릴 필요가 있다고 인정되는 경우

＊시행규칙 제36조(운전면허의 유지・관리)

한국교통안전공단은 운전면허 취득자의 운전면허의 발급・갱신・취소 등에 관한 사항을 별지 제23호서식의 철도차량 운전면허 발급대장에 기록하고 유지・관리하여야 한다.

제21조(운전업무 실무수습)

철도차량의 운전업무에 종사하려는 사람은 *국토교통부령(37조)*으로 정하는 바에 따라 실무수습을 이수하여야 한다.

※시행규칙 제37조(운전업무 실무수습)
법 제21조에 따라 철도차량의 운전업무에 종사하려는 사람이 이수하여야 하는 실무수습의 세부기준은 *별표 11*과 같다.

■ 철도안전법 시행규칙 [별표 11]

<table>
<tr><td colspan="3">실무수습・교육의 세부기준(제37조관련)</td></tr>
<tr><td colspan="3">1. 운전면허취득 후 실무수습・교육 기준
가. 철도차량 운전면허 실무수습 이수경력이 없는 사람</td></tr>
<tr><td>면 허 종 별</td><td>실무수습・교육항목</td><td>실무수습・교육시간
또는 거리</td></tr>
<tr><td>제1종 전기차량 운전면허</td><td rowspan="5">• 선로・신호 등 시스템
• 운전취급 관련 규정
• 제동기 취급
• 제동기 외의 기기취급
• 속도관측
• 비상시 조치 등</td><td>400시간 이상 또는
8,000킬로미터 이상</td></tr>
<tr><td>디젤차량 운전면허</td><td>400시간 이상 또는
8,000킬로미터 이상</td></tr>
<tr><td>제2종 전기차량 운전면허</td><td>400시간 이상 또는
6,000킬로미터 이상(단, 무인운전 구간의 경우 200시간 이상 또는 3,000킬로미터 이상)</td></tr>
<tr><td>철도장비 운전면허</td><td>300시간 이상 또는
3,000킬로미터 이상
(입환(入換)작업을 위해 원격제어가 가능한 장치를 설치하여 시속 25킬로미터 이하로 동력차를 운전할 경우 150시간 이상)</td></tr>
<tr><td>노면전차 운전면허</td><td>300시간 이상 또는
3,000킬로미터 이상</td></tr>
<tr><td colspan="3">나. 철도차량 운전면허 실무수습 이수경력이 있는 사람</td></tr>
<tr><td>면 허 종 별</td><td>실무수습・교육항목</td><td>실무수습・교육시간
또는 거리</td></tr>
<tr><td>고속철도차량 운전면허</td><td>• 선로・신호 등 시스템</td><td>200시간 이상 또는</td></tr>
</table>

		10,000킬로미터 이상
제1종 전기차량 운전면허		200시간 이상 또는 4,000킬로미터 이상
디젤차량 운전면허		200시간 이상 또는 4,000킬로미터 이상
제2종 전기차량 운전면허	• 운전취급 관련 규정 • 제동기 취급 • 제동기 외의 기기취급 • 속도관측 • 비상시조치 등	200시간 이상 또는 3,000킬로미터 이상(단,무인운전 구간의 경우 100시간 이상 또는 1,500킬로미터 이상)
철도장비 운전면허		150시간 이상 또는 1,500킬로미터 이상
노면전차 운전면허		150시간 이상 또는 1,500킬로미터 이상

2. 그 밖의 철도차량 운행을 위한 실무수습 · 교육 기준

가. 운전업무종사자가 운전업무 수행경력이 없는 구간을 운전하려는 때에는 60시간 이상 또는 1,200킬로미터 이상의 실무수습 · 교육을 받아야 한다. 다만, 철도장비 운전업무를 수행하는 경우는 30시간 이상 또는 600킬로미터 이상으로 한다.

나. 운전업무종사자가 기기취급방법, 작동원리, 조작방식 등이 다른 철도차량을 운전하려는 때는 해당 철도차량의 운전면허를 소지하고 30시간 이상 또는 600킬로미터 이상의 실무수습 · 교육을 받아야 한다.

다. 연장된 신규 노선이나 이설선로의 경우에는 수습구간의 거리에 따라 다음과 같이 실무수습 교육을 실시한다. 다만, 제75조제10항에 따라 영업시운전을 생략할 수 있는 경우에는 영상자료 등 교육자료를 활용한 선로견습으로 실무수습을 실시할 수 있다.

1) 수습구간이 10킬로미터 미만: 1왕복 이상

2) 수습구간이 10킬로미터 이상~20킬로미터 미만: 2왕복 이상

3) 수습구간이 20킬로미터 이상: 3왕복 이상

라. 철도장비 운전면허 취득 후 원격제어가 가능한 장치를 설치한 동력차의 운전을 위한 실무수습 · 교육을 150시간 이상 이수한 사람이 다른 철도장비 운전업무에 종사하려는 경우 150시간 이상의 실무수습 · 교육을 받아야 한다.

3. 일반사항

가. 제1호 및 제2호에서 운전실무수습 · 교육의 시간은 교육시간, 준비점검시간 및 차량점검시간과 실제운전시간을 모두 포함한다.

나. 실무수습 교육거리는 선로견습, 시운전, 실제 운전거리를 포함한다.

4. 제1호부터 제3호까지에서 규정한 사항 외에 운전업무 실무수습의 방법 · 평가 등에 관하여 필요한 세부사항은 국토교통부장관이 정하여 고시한다.

＊시행규칙 제38조(운전업무 실무수습의 관리 등)
철도운영자등은 철도차량의 운전업무에 종사하려는 사람이 제37조에 따른 운전업무 실무수습을 이수한 경우에는 별지 제24호서식의 운전업무종사자 실무수습 관리대장에 운전업무 실무수습을 받은 구간 등을 기록하고 그 내용을 한국교통안전공단에 통보해야 한다.

제21조의2(무자격자의 운전업무 금지 등)

철도운영자등은 운전면허를 받지 아니하거나(제20조에 따라 운전면허가 취소되거나 그 효력이 정지된 경우를 포함한다) 제21조에 따른 실무수습을 이수하지 아니한 사람을 철도차량의 운전업무에 종사하게 하여서는 아니 된다.

제21조의3(관제자격증명)

① 관제업무에 종사하려는 사람은 국토교통부장관으로부터 철도교통관제사 자격증명(이하 "관제자격증명"이라 한다)을 받아야 한다.

② 관제자격증명은 *대통령령(20조의2)*으로 정하는 바에 따라 관제업무의 종류별로 받아야 한다.

> **※시행령 제20조의2(관제자격증명의 종류)**
>
> 법 제21조의3제1항에 따른 철도교통관제사 자격증명(이하 "관제자격증명"이라 한다)은 같은 조 제2항에 따라 다음 각 호의 구분에 따른 관제업무의 종류별로 받아야 한다.
>
> 1. 「도시철도법」 제2조제2호에 따른 도시철도 차량에 관한 관제업무: **도시철도 관제자격증명**
> 2. 철도차량에 관한 관제업무(제1호에 따른 도시철도 차량에 관한 관제업무를 포함한다): **철도 관제자격증명**

제21조의4(관제자격증명의 결격사유)

관제자격증명의 결격사유에 관하여는 제11조를 준용한다. 이 경우 "운전면허"는 "관제자격증명"으로, "철도차량 운전"은 "관제업무"로 본다.

제21조의5(관제자격증명의 신체검사)

① 관제자격증명을 받으려는 사람은 관제업무에 적합한 신체상태를 갖추고 있는지 판정받기 위하여 국토교통부장관이 실시하는 신체검사에 합격하여야 한다.

② 제1항에 따른 **신체검사의 방법 및 절차 등에 관하여는 제12조 및 제13조를 준용**한다. 이 경우 "운전면허"는 "관제자격증명"으로, "철도차량 운전"은 "관제업무"로 본다.

제21조의6(관제적성검사)

① 관제자격증명을 받으려는 사람은 관제업무에 적합한 적성을 갖추고 있는지 판정받기 위하여 국토교통부장관이 실시하는 적성검사(이하 "관제적성검사"라 한다)에 합격하여야 한다.

② **관제적성검사의 방법 및 절차 등에 관하여는 제15조제2항 및 제3항을 준용**한다. 이 경우 "운전적성검사"는 "관제적성검사"로 본다.

③ 국토교통부장관은 관제적성검사에 관한 전문기관(이하 "관제적성검사기관"이라 한다)을 지정하여 관제적성검사를 하게 할 수 있다.

④ 관제적성검사기관의 지정기준 및 지정절차 등에 필요한 사항은 *대통령령(20조의3)*으로 정한다.

⑤ **관제적성검사기관의 지정취소 및 업무정지 등에 관하여는 제15조제6항 및 제15조의2를 준용**한다. 이 경우 "운전적성검사기관"은 "관제적성검사기관"으로, "운전적성검사"는 "관제적성검사"로, "제15조제5항"은 "제21조의6제4항"으로 본다.

> **＊시행령 제20조의3(관제적성검사기관의 지정절차 등)**
> 법 제21조의6제3항에 따른 관제적성검사에 관한 전문기관(이하 "관제적성검사기관"이라 한다)의 **지정절차, 지정기준 및 변경사항 통지에 관하여는 제13조부터 제15조까지의 규정을 준용**한다. 이 경우 "운전적성검사기관"은 "관제적성검사기관"으로, "운전업무종사자"는 "관제업무종사자"로, "운전적성검사"는 "관제적성검사"로 본다.

제21조의7(관제교육훈련)

① 관제자격증명을 받으려는 사람은 관제업무의 안전한 수행을 위하여 국토교통부장관이 실시하는 관제업무에 필요한 지식과 능력을 습득할 수 있는 교육훈련(이하 "관제교육훈련"이라 한다)을 받아야 한다. 다만, 다음 각 호의 어느 하나에 해당하는 사람에게는 *국토교통부령(38조의3)*으로 정하는 바에 따라 관제교육훈련의 일부를 면제할 수 있다.

1. 「고등교육법」 제2조에 따른 학교에서 *국토교통부령(38조의3)*으로 정하는 관제업무 관련 교과목을 이수한 사람
2. 다음 각 목의 어느 하나에 해당하는 업무에 대하여 5년 이상의 경력을 취득한 사람
   가. 철도차량의 운전업무
   나. 철도신호기・선로전환기・조작판의 취급업무
3. 관제자격증명을 받은 후 제21조의3제2항에 따른 다른 종류의 관제자격증명을 받으려는 사람

② 관제교육훈련의 기간 및 방법 등에 필요한 사항은 *국토교통부령(38조의2)*으로 정한다.

③ 국토교통부장관은 관제업무에 관한 전문 교육훈련기관(이하 "관제교육훈련기관"이라 한다)을 지정하여 관제교육훈련을 실시하게 할 수 있다.

④ 관제교육훈련기관의 지정기준 및 지정절차 등에 필요한 사항은 *대통령령(20조의4)*으로 정한다.

⑤ 관제교육훈련기관의 **지정취소 및 업무정지 등에 관하여는 제15조제6항 및 제15조의2를 준용**한다. 이 경우 "운전적성검사기관"은 "관제교육훈련기관"으로, "운전적성검사"는 "관제교육훈련"으로, "제15조제5항"은 "제21조의7제4항"으로, "운전적성검사 판정서"는 "관제교육훈련 수료증"으로 본다.

※시행령 제20조의4(관제교육훈련기관의 지정절차 등)

법 제21조의7제3항에 따른 관제업무에 관한 전문 교육훈련기관(이하 "관제교육훈련기관"이라 한다)의 **지정절차, 지정기준 및 변경사항 통지에 관하여는 제16조부터 제18조까지의 규정을 준용**한다. 이 경우 "운전교육훈련기관"은 "관제교육훈련기관"으로, "운전업무종사자"는 "관제업무종사자"로, "운전교육훈련"은 "관제교육훈련"으로 본다.

※시행규칙 제38조의2(관제교육훈련의 기간·방법 등)

① 법 제21조의7에 따른 관제교육훈련(이하 "관제교육훈련"이라 한다)은 모의관제시스템을 활용하여 실시한다.

② 관제교육훈련의 과목과 교육훈련시간은 *별표 11의2*와 같다.

③ 법 제21조의7제3항에 따른 관제교육훈련기관(이하 "관제교육훈련기관"이라 한다)은 관제교육훈련을 수료한 사람에게 별지 제24호의2서식의 관제교육훈련 수료증을 발급하여야 한다.

④ 관제교육훈련의 신청, 관제교육훈련과정의 개설 및 그 밖에 관제교육훈련의 절차·방법 등에 관하여는 제20조제2항·제4항 및 제6항을 준용한다. 이 경우 "운전교육훈련"은 "관제교육훈련"으로, "운전교육훈련기관"은 "관제교육훈련기관"으로 본다.

※시행규칙 제38조의3(관제교육훈련의 일부 면제)

① 법 제21조의7제1항 단서에 따른 관제교육훈련의 일부 면제 대상 및 기준은 *별표 11의2*와 같다.

② 법 제21조의7제1항제1호에서 "국토교통부령으로 정하는 관제업무 관련 교과목"이란 *별표 11의2*에 따른 관제교육훈련의 과목 중 어느 하나의 과목과 교육내용이 동일한 교과목을 말한다.

■ 철도안전법 시행규칙 [별표 11의2]

관제교육훈련의 과목 및 교육훈련시간(제38조의2제2항 관련)

1. 관제교육훈련의 과목 및 교육훈련시간

관제자격증명 종류	관제교육훈련 과목	교육훈련시간
가. 철도 관제자격증명	· 열차운행계획 및 실습 · 철도관제(노면전차 관제를 포함한다)시스템 운용 및 실습 · 열차운행선 관리 및 실습 · 비상 시 조치 등	360시간
나. 도시철도 관제자격증명	· 열차운행계획 및 실습 · 도시철도관제(노면전차 관제를 포함한다) 시스템 운용 및 실습 · 열차운행선 관리 및 실습 · 비상 시 조치 등	280시간

2. 관제교육훈련의 일부 면제

가. 법 제21조의7제1항제1호에 따라 「고등교육법」 제2조에 따른 학교에서 제1호에 따른 관제교육훈련 과목 중 어느 하나의 과목과 교육내용이 동일한 교과목을 이수한 사람에게는 해당 관제교육훈련 과목의 교육훈련을 면제한다. 이 경우 교육훈련을 면제받으려는 사람은 해당 교과목의 이수 사실을 증명할 수 있는 서류를 관제교육훈련기관에 제출하여야 한다

나. 법 제21조의7제1항제2호에 따라 철도차량의 운전업무 또는 철도신호기·선로전환기·조작판의 취급업무에 5년 이상의 경력을 취득한 사람에 대한 철도 관제자격증명 또는 도시철도 관제자격증명의 교육훈련시간은 105시간으로 한다. 이 경우 교육훈련을 면제받으려는 사람은 해당 경력을 증명할 수 있는 서류를 관제교육훈련기관에 제출하여야 한다.

다. 법 제21조의7제1항제3호에 따라 도시철도 관제자격증명을 취득한 사람에 대한 철도 관제자격증명의 교육훈련시간은 80시간으로 한다. 이 경우 교육 훈련을 면제받으려는 사람은 도시철도 관제자격증명서 사본을 관제교육훈련기관에 제출해야 한다.

＊시행규칙 제38조의4(관제교육훈련기관 지정절차 등)

① 관제교육훈련기관으로 지정받으려는 자는 별지 제24호의3서식의 관제교육훈련기관 지정신청서에 다음 각 호의 서류를 첨부하여 국토교통부장관에게 제출하여야 한다. 이 경우 국토교통부장관은 「전자정부법」 제36조제1항에 따른 행정정보의 공동이용을 통하여 법인 등기사항증명서(신청인이 법인인 경우만 해당한다)를 확인하여야 한다.

1. 관제교육훈련계획서(관제교육훈련평가계획을 포함한다)
2. 관제교육훈련기관 운영규정
3. 정관이나 이에 준하는 약정(법인 그 밖의 단체에 한정한다)
4. 관제교육훈련을 담당하는 강사의 자격·학력·경력 등을 증명할 수 있는 서류 및 담당업무
5. 관제교육훈련에 필요한 강의실 등 시설 내역서
6. 관제교육훈련에 필요한 모의관제시스템 등 장비 내역서
7. 관제교육훈련기관에서 사용하는 직인의 인영

② 국토교통부장관은 제1항에 따라 관제교육훈련기관의 지정 신청을 받은 때에는 영 제20조의4에서 준용하는 영 제16조제2항에 따라 그 지정 여부를 종합적으로 심사한 후 별지 제24호의4서식의 관제교육훈련기관 지정서를 신청인에게 발급해야 한다.

＊시행규칙 제38조의5(관제교육훈련기관의 세부 지정기준 등)

① 영 제20조의4에 따른 관제교육훈련기관의 세부 지정기준은 *별표 11의3*과 같다.

② 국토교통부장관은 관제교육훈련기관이 제1항 및 영 제20조의4에서 준용하는 영 제17조제1항에 따른 지정기준에 적합한지를 2년마다 심사해야 한다.

③ 관제교육훈련기관의 변경사항 통지에 관하여는 제22조제3항을 준용한다. 이 경우 "운전교육훈련기관"은 "관제교육훈련기관"으로 본다.

■ 철도안전법 시행규칙 [별표 11의3]

관제교육훈련기관의 세부 지정기준(제38조의5제1항 관련)

1. 인력기준

 가. 자격기준

등 급	학력 및 경력
책임교수	1) 박사학위 소지자로서 철도교통에 관한 업무에 10년 이상 또는 철도교통관제 업무에 5년 이상 근무한 경력이 있는 사람 2) 석사학위 소지자로서 철도교통에 관한 업무에 15년 이상 또는 철도교통관제 업무에 8년 이상 근무한 경력이 있는 사람 3) 학사학위 소지자로서 철도교통에 관한 업무에 20년 이상 또는 철도교통관제 업무에 10년 이상 근무한 경력이 있는 사람 4) 철도 관련 4급 이상의 공무원 경력 또는 이와 같은 수준 이상의 자격 및 경력이 있는 사람 5) 대학의 철도교통관제 관련 학과에서 조교수 이상으로 재직한 경력이 있는 사람 6) 선임교수 경력이 3년 이상 있는 사람
선임교수	1) 박사학위 소지자로서 철도교통에 관한 업무에 5년 이상 또는 철도교통관제 업무나 철도차량 운전 관련 업무에 3년 이상 근무한 경력이 있는 사람 2) 석사학위 소지자로서 철도교통에 관한 업무에 10년 이상 또는 철도교통관제 업무나 철도차량 운전 관련 업무에 5년 이상 근무한 경력이 있는 사람 3) 학사학위 소지자로서 철도교통에 관한 업무에 15년 이상 또는 철도교통관제 업무나 철도차량 운전 관련 업무에 8년 이상 근무한 경력이 있는 사람 4) 철도 관련 5급 이상의 공무원 경력 또는 이와 같은 수준 이상의 자격 및 경력이 있는 사람 5) 대학의 철도교통관제 관련 학과에서 전임강사 이상으로 재직한 경력이 있는 사람 6) 교수 경력이 3년 이상 있는 사람
교수	철도교통관제 업무에 1년 이상 또는 철도차량 운전업무에 3년 이상 근무한 경력이 있는 사람으로서 다음의 어느 하나에 해당하는 학력 및 경력을 갖춘 사람 1) 학사학위 소지자로서 철도교통관제사나 철도차량 운전업무수행자에 대한 지도교육 경력이 2년 이상 있는 사람 2) 전문학사학위 소지자로서 철도교통관제사나 철도차량 운전업무수행자에 대한 지도교육 경력이 3년 이상 있는 사람 3) 고등학교 졸업자로서 철도교통관제사나 철도차량 운전업무수행자에 대한 지도교육 경력이 5년 이상 있는 사람 4) 철도교통관제와 관련된 교육기관에서 강의 경력이 1년 이상 있는 사람

비고
1. 철도교통에 관한 업무란 철도운전·신호취급·안전에 관한 업무를 말한다.
2. 철도교통에 관한 업무 경력에는 책임교수의 경우 철도교통관제 업무 3년 이상, 선임교수의 경우 철도교통관제 업무 2년 이상이 포함되어야 한다.
3. 철도차량운전 관련 업무란 철도차량 운전업무수행자에 대한 안전관리·지도교육 및 관리감독 업무를 말한다.
4. 철도차량 운전업무나 철도교통관제 업무 수행경력이 있는 사람으로서 현장 지도교육의 경력은 운전업무나 관제업무 수행경력으로 합산할 수 있다.
5. 책임교수·선임교수의 학력 및 경력란 1)부터 3)까지의 "근무한 경력" 및 교수의 학력 및 경력란 1)부터 3)까지의 "지도교육 경력"은 해당 학위를 취득 또는 졸업하기 전과 취득 또는 졸업한 후의 경력을 모두 포함한다.

나. 보유기준

1회 교육생 30명을 기준으로 철도교통관제 전임 책임교수 1명, 비전임 선임교수, 교수를 각 1명 이상 확보하여야 하며, 교육인원이 15명 추가될 때마다 교수 1명 이상을 추가로 확보하여야 한다. 이 경우 추가로 확보하여야 하는 교수는 비전임으로 할 수 있다.

2. 시설기준

가. 강의실

면적 60제곱미터 이상의 강의실을 갖출 것. 다만, 1제곱미터당 교육인원은 1명을 초과하지 아니하여야 한다.

나. 실기교육장

1) 모의관제시스템을 설치할 수 있는 실습장을 갖출 것
2) 30명이 동시에 실습할 수 있는 면적 90제곱미터 이상의 컴퓨터지원시스템 실습장을 갖출 것

다. 그 밖에 교육훈련에 필요한 사무실·편의시설 및 설비를 갖출 것

3. 장비기준

가. 모의관제시스템

장 비 명	성능기준	보유기준
전 기능 모의관제시스템	· 제어용 서버 시스템 · 대형 표시반 및 Wall Controller 시스템 · 음향시스템 · 관제사 콘솔 시스템 · 교수제어대 및 평가시스템	1대 이상 보유

나. 컴퓨터지원교육시스템

장 비 명	성능기준	보유기준
컴퓨터지원교육시스템	· 열차운행계획 · 철도관제시스템 운용 및 실무 · 열차운행선 관리 · 비상 시 조치 등	관련 프로그램 및 컴퓨터 30대 이상 보유

비고:

1. 컴퓨터지원교육시스템이란 컴퓨터의 멀티미디어 기능을 활용하여 관제교육훈련을 시행할 수 있도록 제작된 기본기능 모의관제시스템 및 이를 지원하는 컴퓨터시스템 일체를 말한다.
2. 기본기능 모의관제시스템이란 철도 관제교육훈련에 꼭 필요한 부분만을 제작한 시스템을 말한다.

4. 관제교육훈련에 필요한 교재를 갖출 것

5. 다음 각 목의 사항을 포함한 업무규정을 갖출 것

가. 관제교육훈련기관의 조직 및 인원
나. 교육생 선발에 관한 사항
다. 연간 교육훈련계획: 교육과정 편성, 교수인력의 지정 교과목 및 내용 등
라. 교육기관 운영계획
마. 교육생 평가에 관한 사항
바. 실습설비 및 장비 운용방안
사. 각종 증명의 발급 및 대장의 관리
아. 교수인력의 교육훈련
자. 기술도서 및 자료의 관리·유지
차. 수수료 징수에 관한 사항
카. 그 밖에 국토교통부장관이 관제교육훈련에 필요하다고 인정하는 사항

제38조의6(관제교육훈련기관의 지정취소·업무정지 등)

① 법 제21조의7제5항에서 준용하는 법 제15조의2에 따른 관제교육훈련기관의 지정취소 및 업무정지의 기준은 *별표 9*와 같다.

② 관제교육훈련기관 지정취소·업무정지의 통지 등에 관하여는 제23조제2항을 준용한다. 이 경우 "운전교육훈련기관"은 "관제교육훈련기관"으로 본다.

■ 철도안전법 시행규칙 [별표 9]

운전교육훈련기관의 지정취소 및 업무정지기준(제23조제1항 관련)

위반사항	근거 법조문	처분기준			
		1차 위반	2차 위반	3차 위반	4차 위반
1. 거짓이나 그 밖의 부정한 방법으로 지정을 받은 경우	법 제16조제5항 제1호	지정취소			
2. 업무정지 명령을 위반하여 그 정지기간 중 운전교육훈련업무를 한 경우	법 제16조제5항 제2호	지정취소			
3. 법 제16조제4항에 따른 지정기준에 맞지 아니한 경우	법 제16조제5항 제3호	경 고 또 는 보완명령	업무정지 1개월	업무정지 3개월	지정취소
4. 정당한 사유 없이 운전교육훈련업무를 거부한 경우	법 제16조제5항 제4호	경고	업무정지 1개월	업무정지 3개월	지정취소
5. 법 제16조제5항을 위반하여 거짓이나 그 밖의 부정한 방법으로 운전교육훈련 수료증을 발급한 경우	법 제16조제5항 제5호	업무정지 1개월	업무정지 3개월	지정취소	

비고:

1. 위반행위가 둘 이상인 경우로서 그에 해당하는 각각의 처분기준이 다른 경우에는 그 중 무거운 처분기준에 따르며, 위반행위가 둘 이상인 경우로서 그에 해당하는 각각의 처분기준이 같은 경우에는 무거운 처분기준의 2분의 1까지 가중할 수 있되, 각 처분기준을 합산한 기간을 초과할 수 없다.
2. 위반행위의 횟수에 따른 행정처분의 가중된 부과기준은 최근 1년간 같은 위반행위로 행정처분을 받은 경우에 적용한다. 이 경우 기간의 계산은 위반행위에 대하여 행정처분을 받은 날과 그 처분 후 다시 같은 위반행위를 하여 적발된 날을 기준으로 한다.
3. 비고 제2호에 따라 가중된 행정처분을 하는 경우 가중처분의 적용 차수는 그 위반행위 전 부과처분 차수(비고 제2호에 따른 기간 내에 행정처분이 둘 이상 있었던 경우에는 높은 차수를 말한다)의 다음 차수로 한다.
4. 처분권자는 위반행위의 동기·내용 및 위반의 정도 등 다음 각 목에 해당하는 사유를 고려하여 그 처분을 감경할 수 있다. 이 경우 그 처분이 업무정지인 경우에는 그 처분기준의 2분의 1 범위에서 감경할 수 있고, 지정취소인 경우(거짓이나 그 밖의 부정한 방법으로 지정을 받은 경우나 업무정지 명령을 위반하여 정지기간 중 교육훈련업무를 한 경우는 제외한다)에는 3개월의 업무정지 처분으로 감경할 수 있다.

가. 위반행위가 고의나 중대한 과실이 아닌 사소한 부주의나 오류로 인한 것으로 인정되는 경우
나. 위반의 내용·정도가 경미하여 이해관계인에게 미치는 피해가 적다고 인정되는 경우

제21조의8(관제자격증명시험)

① 관제자격증명을 받으려는 사람은 관제업무에 필요한 지식 및 실무역량에 관하여 국토교통부장관이 실시하는 학과시험 및 실기시험(이하 "관제자격증명시험"이라 한다)에 합격하여야 한다.

② 관제자격증명시험에 응시하려는 사람은 제21조의5제1항에 따른 신체검사와 관제적성검사에 합격한 후 관제교육훈련을 받아야 한다.

③ 국토교통부장관은 다음 각 호의 어느 하나에 해당하는 사람에게는 *국토교통부령(38조의 9)* 으로 정하는 바에 따라 관제자격증명시험의 일부를 면제할 수 있다.

1. 운전면허를 받은 사람
2. 삭제
3. 관제자격증명을 받은 후 제21조의3제2항에 따른 다른 종류의 관제자격증명에 필요한 시험에 응시하려는 사람

④ 관제자격증명시험의 과목, 방법 및 절차 등에 필요한 사항은 *국토교통부령(7~11조)*으로 정한다.

시행규칙 제38조의7(관제자격증명시험의 과목 및 합격기준)

① 법 제21조의8제1항에 따른 관제자격증명시험(이하 "관제자격증명시험"이라 한다) 중 실기시험은 **모의관제시스템을 활용**하여 시행한다.

② 관제자격증명시험의 과목 및 합격기준은 *별표 11의4*와 같다. 이 경우 실기시험은 학과시험을 합격한 경우에만 응시할 수 있다.

③ 관제자격증명시험 중 학과시험에 합격한 사람에 대해서는 학과시험에 합격한 날부터 2년이 되는 날이 속하는 해의 12월 31일까지 실시하는 관제자격증명시험에 있어 학과시험의 합격을 유효한 것으로 본다.

④ 관제자격증명시험의 방법·절차, 실기시험 평가위원의 선정 등에 관하여 필요한 세부사항은 국토교통부장관이 정한다.

■ 철도안전법 시행규칙 [별표 11의4]

관제자격증명시험의 과목 및 합격기준 등(제38조의7제2항 및 제38조의9 관련)

1. 과목

관제자격증명 종류	학과시험 과목	실기시험 과목
가. 철도 관제자격증명	· 철도 관련 법 · 관제 관련 규정 · 철도시스템 일반 · 철도교통 관제 운영 · 비상 시 조치 등	· 열차운행계획 · 철도관제 시스템 운용 및 실무 · 열차운행선 관리 · 비상 시 조치 등
나. 도시철도 관제자격증명	· 철도 관련 법 · 관제 관련 규정 · 도시철도시스템 일반 · 도시철도교통 관제 운영 · 비상 시 조치 등	· 열차운행계획 · 도시철도관제 시스템 운용 및 실무 · 도시열차운행선 관리 · 비상 시 조치 등

비고

1. 위 표의 학과시험 과목란 및 실기시험 과목란의 "관제"는 노면전차 관제를 포함한다.
2. 위 표의 "철도 관련 법"은 「철도안전법」, 같은 법 시행령 및 시행규칙과 관련 지침을 포함한다.
3. "관제 관련 규정"은 「철도차량운전규칙」 또는 「도시철도운전규칙」, 이 규칙 제76조제4항에 따른 규정 등 철도교통 운전 및 관제에 필요한 규정을 말한다.

2. 시험의 일부 면제

가. 철도차량 운전면허 소지자

제1호의 학과시험 과목 중 철도 관련 법 과목 및 철도·도시철도 시스템 일반 과목 면제

나. 관제자격증명 취득자

1) 학과시험 과목

제1호가목의 철도 관제자격증명 학과시험 과목 중 철도 관련 법 과목 및 관제 관련 규정 과목 면제

2) 실기시험 과목

열차운행계획, 철도관제시스템 운용 및 실무 과목 면제

3. 합격기준

가. 학과시험 합격기준: 과목당 100점을 만점으로 하여 시험 과목당 40점 이상(관제 관련 규정의 경우 60점 이상), 총점 평균 60점 이상 득점할 것

나. 실기시험의 합격기준: 시험 과목당 60점 이상, 총점 평균 80점 이상 득점할 것

시행규칙 제38조의8(관제자격증명시험 시행계획의 공고)

관제자격증명시험 시행계획의 공고에 관하여는 제25조를 준용한다. 이 경우 "운전면허시험"은 "관제자격증명시험"으로, "필기시험 및 기능시험"은 "학과시험 및 실기시험"으로 본다.

시행규칙 제38조의9(관제자격증명시험의 일부 면제)

법 제21조의8제3항에 따른 관제자격증명시험의 일부 면제 대상 및 기준은 *별표 11의4*와 같다.

시행규칙 제38조의10(관제자격증명시험 응시원서의 제출 등)

① 관제자격증명시험에 응시하려는 사람은 별지 제24호의5서식의 관제자격증명시험 응시원서에 다음 각 호의 서류를 첨부하여 한국교통안전공단에 제출해야 한다.

1. 신체검사의료기관이 발급한 신체검사 판정서(관제자격증명시험 응시원서 **접수일 이전 2년 이내**인 것에 한정한다)
2. 관제적성검사기관이 발급한 관제적성검사 판정서(관제자격증명시험 응시원서 **접수일 이전 10년 이내**인 것에 한정한다)
3. 관제교육훈련기관이 발급한 관제교육훈련 수료증명서
4. 철도차량 운전면허증의 사본(철도차량 운전면허 소지자만 제출한다)
5. 도시철도 관제자격증명서의 사본(도시철도 관제자격증명 취득자만 제출한다)

② 한국교통안전공단은 제1항제1호부터 제4호까지의 서류를 영 제63조제1항제7호에 따라 관리하는 정보체계에 따라 확인할 수 있는 경우에는 그 서류를 제출하지 아니하도록 할 수 있다.

③ 한국교통안전공단은 제1항에 따라 관제자격증명시험 응시원서를 접수한 때에는 별지 제24호의6서식의 관제자격증명시험 응시원서 접수대장에 기록하고 별지 제24호의5서식의 관제자격증명시험 응시표를 응시자에게 발급하여야 한다. 다만, 응시원서 접수 사실을 영 제63조제1항제7호에 따라 관리하는 정보체계에 따라 관리하는 경우에는 응시원서 접수 사실을 관제자격증명시험 응시원서 접수대장에 기록하지 아니할 수 있다.

④ 한국교통안전공단은 관제자격증명시험 응시원서 접수마감 7일 이내에 시험일시 및 장소를 한국교통안전공단 게시판 또는 인터넷 홈페이지 등에 공고하여야 한다.

시행규칙 제38조의11(관제자격증명시험 응시표의 재발급 등)

관제자격증명시험 응시표의 재발급 및 관제자격증명시험결과의 게시 등에 관하여는 제27조 및 제28조를 준용한다. 이 경우 "운전면허시험"은 "관제자격증명시험"으로, "필기시험 및 기능시험"은 "학과시험 및 실기시험"으로 본다.

제21조의9(관제자격증명서의 발급 및 관제자격증명의 갱신 등)

관제자격증명서의 발급 및 관제자격증명의 갱신 등에 관하여는 제18조 및 제19조를 준용한다. 이 경우 "운전면허시험"은 "관제자격증명시험"으로, "운전면허"는 "관제자격증명"으로, "운전면허증"은 "관제자격증명서"로, "철도차량의 운전업무"는 "관제업무"로 본다.

＊시행령 제20조의5(관제자격증명 갱신 및 취득절차의 일부 면제)

관제자격증명의 갱신 및 취득절차의 일부 면제에 관하여는 제19조 및 제20조를 준용한다. 이 경우 "운전면허"는 "관제자격증명"으로, "운전교육훈련"은 "관제교육훈련"으로, "운전면허시험 중 필기시험"은 "관제자격증명시험 중 학과시험"으로 본다.

시행규칙 제38조의12(관제자격증명서의 발급 등)

① 관제자격증명시험에 합격한 사람은 한국교통안전공단에 별지 제24호의7서식의 관제자격증명서 발급신청서에 다음 각 호의 서류를 첨부하여 제출(「정보통신망 이용촉진 및 정보보호 등에 관한 법률」 제2조제1항제1호에 따른 정보통신망을 이용한 제출을 포함한다)해야 한다.

1. 주민등록증 사본
2. 증명사진(3.5센티미터×4.5센티미터)

② 제1항에 따라 관제자격증명서 발급 신청을 받은 한국교통안전공단은 별지 제24호의8서식의 철도교통 관제자격증명서를 발급하여야 한다.

③ 관제자격증명 취득자가 관제자격증명서를 잃어버렸거나 관제자격증명서가 헐거나 훼손되어 못 쓰게 된 때에는 별지 제24호의7서식의 관제자격증명서 재발급신청서에 다음 각 호의 서류를 첨부하여 한국교통안전공단에 제출해야 한다.

1. 관제자격증명서(헐거나 훼손되어 못쓰게 된 경우만 제출한다)
2. 분실사유서(분실한 경우만 제출한다)

3. 증명사진(3.5센티미터×4.5센티미터)

④ 제3항에 따라 관제자격증명서 재발급 신청을 받은 한국교통안전공단은 별지 제24호의8서식의 철도교통 관제자격증명서를 재발급하여야 한다.

⑤ 한국교통안전공단은 제2항 및 제4항에 따라 관제자격증명서를 발급하거나 재발급한 때에는 별지 제24호의9서식의 관제자격증명서 관리대장에 이를 기록·관리하여야 한다. 다만, 관제자격증명서의 발급이나 재발급 사실을 영 제63조제1항제7호에 따라 관리하는 정보체계에 따라 관리하는 경우에는 별지 제24호의9서식의 관제자격증명서 관리대장에 이를 기록·관리하지 아니할 수 있다.

시행규칙 제38조의13(관제자격증명서 기록사항 변경)

관제자격증명서의 기록사항 변경에 관하여는 제30조를 준용한다. 이 경우 "운전면허 취득자"는 "관제자격증명 취득자"로, "철도차량 운전면허증"은 "관제자격증명서"로, "별지 제19호서식의 철도차량 운전면허증 관리대장"은 "별지 제24호의9서식의 관제자격증명서 관리대장"으로 본다.

시행규칙 제38조의14(관제자격증명의 갱신절차)

① 법 제21조의9에 따라 관제자격증명을 갱신하려는 사람은 관제자격증명의 유효기간 만료일 전 6개월 이내에 별지 제24호의10서식의 관제자격증명 갱신신청서에 다음 각 호의 서류를 첨부하여 한국교통안전공단에 제출하여야 한다.

1. 관제자격증명서
2. 법 제21조의9에 따라 준용되는 법 제19조제3항 각 호에 해당함을 증명하는 서류

② 제1항에 따라 갱신받은 관제자격증명의 유효기간은 종전 관제자격증명 유효기간의 만료일 다음 날부터 기산한다.

시행규칙 제38조의15(관제자격증명 갱신에 필요한 경력 등)

① 법 제21조의9에 따라 준용되는 법 제19조제3항제1호에서 "국토교통부령으로 정하는 관제업무에 종사한 경력"이란 관제자격증명의 유효기간 내에 6개월 이상 관제업무에 종사한 경력을 말한다.

② 법 제21조의9에 따라 준용되는 법 제19조제3항제1호에서 "이와 같은 수준 이상의 경력"이란 다음 각 호의 어느 하나에 해당하는 업무에 2년 이상 종사한 경력을 말한다.

1. 관제교육훈련기관에서의 관제교육훈련업무
2. 철도운영자등에게 소속되어 관제업무종사자를 지도·교육·관리하거나 감독하는 업무

③ 법 제21조의9에 따라 준용되는 법 제19조제3항제2호에서 “국토교통부령으로 정하는 교육훈련을 받은 경우”란 관제교육훈련기관이나 철도운영자등이 실시한 관제업무에 필요한 교육훈련을 관제자격증명 갱신신청일 전까지 40시간 이상 받은 경우를 말한다.
④ 제1항 및 제2항에 따른 경력의 인정, 제3항에 따른 교육훈련의 내용 등 관제자격증명 갱신에 필요한 세부사항은 국토교통부장관이 정하여 고시한다.

시행규칙 제38조의16(관제자격증명 갱신 안내 통지)

관제자격증명 갱신 안내 통지에 관하여는 제33조를 준용한다. 이 경우 “운전면허”는 “관제자격증명”으로, “별지 제21호서식의 철도차량 운전면허 갱신통지서”는 “별지 제24호의11서식의 관제자격증명 갱신통지서”로 본다.

제21조의10(관제자격증명서의 대여 등 금지)

누구든지 관제자격증명서를 다른 사람에게 빌려주거나 빌리거나 이를 알선하여서는 아니 된다.

제21조의11(관제자격증명의 취소·정지 등)

① 국토교통부장관은 관제자격증명을 받은 사람이 다음 각 호의 어느 하나에 해당할 때에는 관제자격증명을 취소하거나 1년 이내의 기간을 정하여 관제자격증명의 효력을 정지시킬 수 있다. 다만, 제1호부터 제4호까지의 어느 하나에 해당할 때에는 관제자격증명을 취소하여야 한다.

1. 거짓이나 그 밖의 부정한 방법으로 관제자격증명을 취득하였을 때
2. 제21조의4에서 준용하는 제11조제1항제2호부터 제4호까지의 어느 하나에 해당하게 되었을 때
3. 관제자격증명의 효력정지 기간 중에 관제업무를 수행하였을 때
4. 제21조의10을 위반하여 관제자격증명서를 다른 사람에게 빌려주었을 때
5. 관제업무 수행 중 고의 또는 중과실로 철도사고의 원인을 제공하였을 때
6. 제40조의2제2항을 위반하였을 때
7. 제41조제1항을 위반하여 술을 마시거나 약물을 사용한 상태에서 관제업무를 수행하였을 때
8. 제41조제2항을 위반하여 술을 마시거나 약물을 사용한 상태에서 관제업무를 하였다고 인정할 만한 상당한 이유가 있음에도 불구하고 국토교통부장관 또는 시·도지사의 확인 또는 검사를 거부하였을 때

② 제1항에 따른 관제자격증명의 취소 또는 효력정지의 기준 및 절차 등에 관하여는 제20조제2항부터 제6항까지를 준용한다. 이 경우 “운전면허”는 “관제자격증명”으로, “운전면허증”은 “관제자격증명서”로 본다.

시행규칙 제38조의17(관제자격증명의 취소 및 효력정지 처분의 통지 등)

관제자격증명의 취소 및 효력정지 처분의 통지 등에 관하여는 제34조를 준용한다. 이 경우 "운전면허"는 "관제자격증명"으로, "별지 제22호서식의 철도차량 운전면허 취소·효력정지 처분 통지서"는 "별지 제24호의12서식의 관제자격증명 취소·효력정지 처분 통지서"로, "운전면허증"은 "관제자격증명서"로 본다.

시행규칙 제38조의18(관제자격증명의 취소 또는 효력정지 처분의 세부기준)

법 제21조의11제1항에 따른 관제자격증명의 취소 또는 효력정지 처분의 세부기준은 *별표 11의5*와 같다.

시행규칙 제38조의19(관제자격증명의 유지·관리)

한국교통안전공단은 관제자격증명 취득자의 관제자격증명의 발급·갱신·취소 등에 관한 사항을 별지 제24호의13서식의 관제자격증명서 발급대장에 기록하고 유지·관리하여야 한다.

■ 철도안전법 시행규칙 [별표 11의5]

<table>
<tr><th colspan="7">관제자격증명의 취소 또는 효력정지 처분의 세부기준(제38조의18 관련)</th></tr>
<tr><th colspan="2" rowspan="2">위반사항 및 내용</th><th rowspan="2">근거 법조문</th><th colspan="4">처분기준</th></tr>
<tr><th>1차위반</th><th>2차위반</th><th>3차위반</th><th>4차위반</th></tr>
<tr><td colspan="2">1. 거짓이나 그 밖의 부정한 방법으로 관제자격증명을 취득한 경우</td><td>법 제21조의11제1항제1호</td><td>자격증명 취소</td><td></td><td></td><td></td></tr>
<tr><td colspan="2">2. 법 제21조의4에서 준용하는 법 제11조 제2호부터 제4호까지의 어느 하나에 해당하게 된 경우</td><td>법 제21조의11제1항제2호</td><td>자격증명 취소</td><td></td><td></td><td></td></tr>
<tr><td colspan="2">3. 관제자격증명의 효력정지 기간 중에 관제업무를 수행한 경우</td><td>법 제21조의11제1항제3호</td><td>자격증명 취소</td><td></td><td></td><td></td></tr>
<tr><td colspan="2">4. 법 제21조의10을 위반하여 관제자격증명서를 다른 사람에게 대여한 경우</td><td>법 제21조의11제1항제4호</td><td>자격증명 취소</td><td></td><td></td><td></td></tr>
<tr><td rowspan="2">5. 관제업무 수행 중 고의 또는 중과실로 철도사고의 원인을 제공한 경우</td><td>사망자가 발생한 경우</td><td rowspan="2">법 제21조의11제1항제5호</td><td>자격증명 취소</td><td></td><td></td><td></td></tr>
<tr><td>부상자가 발생한 경우</td><td>효력정지 3개월</td><td>자격증명 취소</td><td></td><td></td></tr>
</table>

	1천만원 이상 물적 피해가 발생한 경우		효력정지 15일	효력정지 3개월	자격증명 취소	
6. 법 제40조의2제2항제1호를 위반한 경우		법 제21조의11제1항제6호	효력정지 1개월	효력정지 2개월	효력정지 3개월	효력정지 4개월
7. 법 제40조의2제2항제2호를 위반한 경우		법 제21조의11제1항제6호	효력정지 1개월	자격증명 취소		
8. 법 제41조제1항을 위반하여 술을 마신 상태(혈중 알코올농도 0.1퍼센트 이상)에서 관제업무를 수행한 경우		법 제21조의11제1항제7호	자격증명 취소			
9. 법 제41조제1항을 위반하여 술을 마신 상태(혈중 알코올농도 0.02퍼센트 이상 0.1퍼센트 미만)에서 관제업무를 수행하다가 철도사고의 원인을 제공한 경우		법 제21조의11제1항제7호	자격증명 취소			
10. 법 제41조제1항을 위반하여 술을 마신 상태(혈중 알코올농도 0.02퍼센트 이상 0.1퍼센트 미만)에서 관제업무를 수행한 경우(제9호의 경우는 제외한다)		법 제21조의11제1항제7호	효력정지 3개월	자격증명 취소		
11. 법 제41조제1항을 위반하여 약물을 사용한 상태에서 관제업무를 수행한 경우		법 제21조의11제1항제7호	자격증명 취소			
12. 법 제41조제2항을 위반하여 술을 마시거나 약물을 사용한 상태에서 관제업무를 하였다고 인정할 만한 상당한 이유가 있음에도 불구하고 국토교통부장관 또는 시·도지사의 확인 또는 검사를 거부한 경우		법 제21조의11제1항제8호	자격증명 취소			

비고

1. 위반행위가 둘 이상인 경우로서 그에 해당하는 각각의 처분기준이 다른 경우에는 그 중 무거운 처분기준에 따르며, 위반행위가 둘 이상인 경우로서 그에 해당하는 각각의 처분기준이 같은 경우에는 무거운 처분기준의 2분의 1까지 가중할 수 있되, 각 처분기준을 합산한 기간을 초과할 수 없다.
2. 위반행위의 횟수에 따른 행정처분의 가중된 부과기준은 최근 1년간 같은 위반행위로 행정처분을 받은 경우에 적용한다. 이 경우 기간의 계산은 위반행위에 대하여 행정처분을 받은 날과 그 처분 후 다시 같은 위반행위를 하여 적발된 날을 기준으로 한다.
3. 비고 제2호에 따라 가중된 행정처분을 하는 경우 가중처분의 적용 차수는 그 위반행위 전 부과처분 차수(비고 제2호에 따른 기간 내에 행정처분이 둘 이상 있었던 경우에는 높은 차수를 말한다)의 다음 차수로 한다.

제22조(관제업무 실무수습)

관제업무에 종사하려는 사람은 *국토교통부령(39조)*으로 정하는 바에 따라 실무수습을 이수하여야 한다.

시행규칙 제39조(관제업무 실무수습)

① 법 제22조에 따라 관제업무에 종사하려는 사람은 다음 각 호의 관제업무 실무수습을 모두 이수하여야 한다.

1. 관제업무를 수행할 구간의 철도차량 운행의 통제·조정 등에 관한 관제업무 실무수습
2. 관제업무 수행에 필요한 기기 취급방법 및 비상 시 조치방법 등에 대한 관제업무 실무수습

② 철도운영자등은 제1항에 따른 관제업무 실무수습의 항목 및 교육시간 등에 관한 실무수습 계획을 수립하여 시행하여야 한다. 이 경우 총 실무수습 시간은 100시간 이상으로 하여야 한다.

③ 제2항에도 불구하고 관제업무 실무수습을 이수한 사람으로서 관제업무를 수행할 구간 또는 관제업무 수행에 필요한 기기의 변경으로 인하여 다시 관제업무 실무수습을 이수하여야 하는 사람에 대해서는 별도의 실무수습 계획을 수립하여 시행할 수 있다.

④ 제1항에 따른 관제업무 실무수습의 방법·평가 등에 관하여 필요한 세부사항은 국토교통부장관이 정하여 고시한다.

시행규칙 제39조의2(관제업무 실무수습의 관리 등)

① 철도운영자등은 제39조제2항 및 제3항에 따른 실무수습 계획을 수립한 경우에는 그 내용을 한국교통안전공단에 통보하여야 한다.

② 철도운영자등은 관제업무에 종사하려는 사람이 제39조제1항에 따른 관제업무 실무수습을 이수한 경우에는 별지 제25호서식의 관제업무종사자 실무수습 관리대장에 실무수습을 받은 구간 등을 기록하고 그 내용을 한국교통안전공단에 통보하여야 한다.

③ 철도운영자등은 관제업무에 종사하려는 사람이 제39조제1항에 따라 관제업무 실무수습을 받은 구간 외의 다른 구간에서 관제업무를 수행하게 하여서는 아니 된다.

제22조의2(무자격자의 관제업무 금지 등)

철도운영자등은 관제자격증명을 받지 아니하거나(제21조의11에 따라 관제자격증명이 취소되거나 그 효력이 정지된 경우를 포함한다) 제22조에 따른 실무수습을 이수하지 아니한 사람을 관제업무에 종사하게 하여서는 아니 된다.

제23조(운전업무종사자 등의 관리)

① 철도차량 운전·관제업무 등 *대통령령(21조)*으로 정하는 업무에 종사하는 철도종사자는 정기적으로 신체검사와 적성검사를 받아야 한다.

② 제1항에 따른 신체검사·적성검사의 시기, 방법 및 합격기준 등에 관하여 필요한 사항은 *국토교통부령(40조,41조)*으로 정한다.

③ 철도운영자등은 제1항에 따른 업무에 종사하는 철도종사자가 같은 항에 따른 신체검사·적성검사에 불합격하였을 때에는 그 업무에 종사하게 하여서는 아니 된다.

④ 제1항에 따른 업무에 종사하는 철도종사자로서 적성검사에 불합격한 사람 또는 적성검사 과정에서 부정행위를 한 사람은 제15조제2항 각 호의 구분에 따른 기간 동안 적성검사를 받을 수 없다.

⑤ 철도운영자등은 제1항에 따른 신체검사와 적성검사를 제13조에 따른 신체검사 실시 의료기관 및 운전적성검사기관·관제적성검사기관에 각각 위탁할 수 있다.

***시행령 제21조(신체검사 등을 받아야 하는 철도종사자)**

법 제23조제1항에서 "대통령령으로 정하는 업무에 종사하는 철도종사자"란 다음 각 호의 어느 하나에 해당하는 철도종사자를 말한다.

1. 운전업무종사자
2. 관제업무종사자
3. 정거장에서 철도신호기·선로전환기 및 조작판 등을 취급하는 업무를 수행하는 사람

***시행규칙 제40조(운전업무종사자 등에 대한 신체검사)**

① 법 제23조제1항에 따른 철도종사자에 대한 신체검사는 다음 각 호와 같이 구분하여 실시한다.

1. 최초검사: 해당 업무를 수행하기 전에 실시하는 신체검사
2. 정기검사: 최초검사를 받은 후 2년마다 실시하는 신체검사
3. 특별검사: 철도종사자가 철도사고등을 일으키거나 질병 등의 사유로 해당 업무를 적절히 수행하기가 어렵다고 철도운영자등이 인정하는 경우에 실시하는 신체검사

② 영 제21조제1호 또는 제2호에 따른 운전업무종사자 또는 관제업무종사자는 법 제12조 또는 법 제21조의5에 따른 운전면허의 신체검사 또는 관제자격증명의 신체검사를 받은 날에 제1항제1호에 따른 최초검사를 받은 것으로 본다. 다만, 해당 신체검사를 받은 날부터 2년 이상이 지난 후에 운전업무나 관제업무에 종사하는 사람은 제1항 제1호에 따른 최초검사를 받아야 한다.

③ 정기검사는 최초검사나 정기검사를 받은 날부터 2년이 되는 날(이하 "신체검사

유효기간 만료일"이라 한다) 전 3개월 이내에 실시한다. 이 경우 정기검사의 유효기간은 신체검사 유효기간 만료일의 다음날부터 기산한다.

④ 제1항에 따른 신체검사의 방법 및 절차 등에 관하여는 제12조를 준용하며, 그 합격기준은 *별표 2 제2호*와 같다.

※시행규칙 제41조(운전업무종사자 등에 대한 적성검사)

① 법 제23조제1항에 따른 철도종사자에 대한 적성검사는 다음 각 호와 같이 구분하여 실시한다.

1. 최초검사: 해당 업무를 수행하기 전에 실시하는 적성검사
2. 정기검사: 최초검사를 받은 후 10년(50세 이상인 경우에는 5년)마다 실시하는 적성검사
3. 특별검사: 철도종사자가 철도사고등을 일으키거나 질병 등의 사유로 해당 업무를 적절히 수행하기 어렵다고 철도운영자등이 인정하는 경우에 실시하는 적성검사

② 영 제21조제1호 또는 제2호에 따른 운전업무종사자 또는 관제업무종사자는 운전적성검사 또는 관제적성검사를 받은 날에 제1항제1호에 따른 최초검사를 받은 것으로 본다. 다만, 해당 운전적성검사 또는 관제적성검사를 받은 날부터 10년(50세 이상인 경우에는 5년) 이상이 지난 후에 운전업무나 관제업무에 종사하는 사람은 제1항제1호에 따른 최초검사를 받아야 한다.

③ 정기검사는 최초검사나 정기검사를 받은 날부터 10년(50세 이상인 경우에는 5년)이 되는 날(이하 "적성검사 유효기간 만료일"이라 한다) 전 12개월 이내에 실시한다. 이 경우 정기검사의 유효기간은 적성검사 유효기간 만료일의 다음날부터 기산한다.

④ 제1항에 따른 적성검사의 방법·절차 등에 관하여는 제16조를 준용하며, 그 합격기준은 *별표 13*과 같다.

■ 철도안전법 시행규칙 [별표 13]

운전업무종사자등의 적성검사 항목 및 불합격기준(제41조제4항 관련)

검사대상		검사주기	검사항목		불합격기준
			문답형 검사	반응형 검사	
1. 영 제21조제1호의 운전업무	고속철도차량·제1종전	정기검사	· 인성 -일반성격 -안전성향 -스트레스	· 주의력 -복합기능 -선택주의 -지속주의	· 문답형 검사항목 중 안전성향 검사에서 부적합으로 판정된 사람

종사자	기차량 · 제2종전 기차량 · 디젤차량 ·			· 인식 및 기억력 -시각변별 -공간지각 · 판단 및 행동력 -민첩성	· 반응형 검사 항목 중 부적합(E등급)이 2개 이상인 사람
	노면전차 · 철도장비 운전업무 종사자	특 별 검사	· 인성 -일반성격 -안전성향 -스트레스	· 주의력 -복합기능 -선택주의 -지속주의 · 인식 및 기억력 -시각변별 -공간지각 · 판단 및 행동력 -추론 -민첩성	· 문답형 검사항목 중 안전성향 검사에서 부적합으로 판정된 사람 · 반응형 검사 항목 중 부적합(E등급)이 2개 이상인 사람
2. 영 제21조제2호의 관제업무종사자		정기 검사	· 인성 -일반성격 -안전성향 -스트레스	· 주의력 -복합기능 -선택주의 · 인식 및 기억력 -시각변별 -공간지각 -작업기억 · 판단 및 행동력 -민첩성	· 문답형 검사항목 중 안전성향 검사에서 부적합으로 판정된 사람 · 반응형 검사 항목 중 부적합(E등급)이 2개 이상인 사람
		특별 검사	· 인성 -일반성격 -안전성향 -스트레스	· 주의력 -복합기능 -선택주의 · 인식 및 기억력 -시각변별	· 문답형 검사항목 중 안전성향 검사에서 부적합으로 판정된 사람 · 반응형 검사 항목 중 부적합(E등급)이 2개 이상인

<table>
<tr><td></td><td></td><td></td><td>-공간지각
-작업기억

· 판단 및 행동력
-추론
-민첩성</td><td>사람</td></tr>
<tr><td rowspan="3">3. 영 제21조제3호의 정거장에서 철도 신호기·선로전환기 및 조작판 등을 취급하는 업무를 수행하는 사람</td><td>최초
검사</td><td>· 인성
-일반성격
-안전성향</td><td>· 주의력
-복합기능
-선택주의

· 인식 및 기억력
-시각변별
-공간지각
-작업기억

· 판단 및 행동력
-추론
-민첩성</td><td>· 문답형 검사항목 중 안전성향 검사에서 부적합으로 판정된 사람

· 반응형 검사 평가점수가 30점 미만인 사람</td></tr>
<tr><td>정기
검사</td><td>· 인성
-일반성격
-안전성향
-스트레스</td><td>· 주의력
-복합기능
-선택주의

· 인식 및 기억력
-시각변별
-공간지각
-작업기억

· 판단 및 행동력
-민첩성</td><td>· 문답형 검사항목 중 안전성향 검사에서 부적합으로 판정된 사람

· 반응형 검사 항목 중 부적합(E등급)이 2개 이상인 사람</td></tr>
<tr><td>특별
검사</td><td>· 인성
-일반성격
-안전성향
-스트레스</td><td>· 주의력
-복합기능
-선택주의

· 인식 및 기억력
-시각변별
-공간지각</td><td>· 문답형 검사항목 중 안전성향 검사에서 부적합으로 판정된 사람

· 반응형 검사 항목 중 부적합(E등급)이 2개 이상인 사람</td></tr>
</table>

			-작업기억 · 판단 및 행동력 -추론 -민첩성	

비고:

1. 문답형 검사 판정은 적합 또는 부적합으로 한다.
2. 반응형 검사 점수 합계는 70점으로 한다. 다만, 정기검사와 특별검사는 검사항목별 등급으로 평가한다.
3. 특별검사의 복합기능(운전) 및 시각변별(관제/신호) 검사는 시뮬레이터 검사기로 시행한다.
4. 안전성향검사는 전문의(정신건강의학) 진단결과로 대체 할 수 있으며, 부적합 판정을 받은 자에 대해서는 당일 1회에 한하여 재검사를 실시하고 그 재검사 결과를 최종적인 검사결과로 할 수 있다.

제24조(철도종사자에 대한 안전 및 직무교육)

① 철도운영자등 또는 철도운영자등과의 계약에 따라 철도운영이나 철도시설 등의 업무에 종사하는 사업주(이하 이 조에서 "사업주"라 한다)는 자신이 고용하고 있는 철도종사자에 대하여 정기적으로 철도안전에 관한 교육을 실시하여야 한다.

② 철도운영자등은 자신이 고용하고 있는 철도종사자가 적정한 직무수행을 할 수 있도록 정기적으로 직무교육을 실시하여야 한다.

③ 철도운영자등은 제1항에 따른 사업주의 안전교육 실시 여부를 확인하여야 하고, 확인 결과 사업주가 안전교육을 실시하지 아니한 경우 안전교육을 실시하도록 조치하여야 한다.

④ 제1항 및 제2항에 따라 철도운영자등 및 사업주가 실시하여야 하는 교육의 대상, 내용 및 그 밖에 필요한 사항은 *국토교통부령(41조의2,3)*으로 정한다.

＊시행규칙 제41조의2(철도종사자의 안전교육 대상 등)

① 법 제24조제1항에 따라 철도운영자등 및 철도운영자등과 계약에 따라 철도운영이나 철도시설 등의 업무에 종사하는 사업주(이하 이 조에서 "사업주"라 한다)가 철도안전에 관한 교육(이하 "철도안전교육"이라 한다)을 실시하여야 하는 대상은 다음 각 호와 같다.

1. 법 제2조제10호가목부터 라목까지에 해당하는 사람
   가. 철도차량의 운전업무에 종사하는 사람(이하 "운전업무종사자"라 한다)
   나. 철도차량의 운행을 집중 제어·통제·감시하는 업무(이하 "관제업무"라 한다)에

종사하는 사람

다. 여객에게 승무(乘務) 서비스를 제공하는 사람(이하 "여객승무원"이라 한다)

라. 여객에게 역무(驛務) 서비스를 제공하는 사람(이하 "여객역무원"이라 한다)

2. 영 제3조제2호부터 제5호까지 및 같은 조 제7호에 해당하는 사람

2. 철도차량의 운행선로 또는 그 인근에서 철도시설의 건설 또는 관리와 관련된 작업의 현장감독업무를 수행하는 사람

3. 철도시설 또는 철도차량을 보호하기 위한 순회점검업무 또는 경비업무를 수행하는 사람

4. 정거장에서 철도신호기·선로전환기 또는 조작판 등을 취급하거나 열차의 조성업무를 수행하는 사람

5. 철도에 공급되는 전력의 원격제어장치를 운영하는 사람

7. 철도차량 및 철도시설의 점검·정비 업무에 종사하는 사람

② 철도운영자등 및 사업주는 철도안전교육을 강의 및 실습의 방법으로 매 분기마다 6시간 이상 실시하여야 한다. 다만, 다른 법령에 따라 시행하는 교육에서 제3항에 따른 내용의 교육을 받은 경우 그 교육시간은 철도안전교육을 받은 것으로 본다.

③ 철도안전교육의 내용은 *별표 13의2*와 같다.

④ 철도운영자등 및 사업주는 철도안전교육을 법 제69조에 따른 안전전문기관 등 안전에 관한 업무를 수행하는 전문기관에 위탁하여 실시할 수 있다.

⑤ 제1항부터 제4항까지에서 규정한 사항 외에 철도안전교육의 평가방법 등에 필요한 세부사항은 국토교통부장관이 정하여 고시한다.

■ **철도안전법 시행규칙 [별표 13의2]**

철도종사자에 대한 안전교육의 내용(제41조의2제3항 관련)		
교 육 내 용		교육방법
1. 철도종사자 (법 제44조의3제1항에 따른 철도로 운송하는 위험물을 취급하는 종사자는 제외한다)	가. 철도안전법령 및 안전관련 규정 나. 철도운전 및 관제이론 등 분야별 안전업무수행 관련 사항 다. 철도사고 사례 및 사고예방대책 라. 철도사고 및 운행장애 등 비상 시 응급조치 및 수습복구대책 마. 안전관리의 중요성 등 정신교육 바. 근로자의 건강관리 등 안전·보건관리에 관한 사항 사. 철도안전관리체계 및 철도안전관리시스템(Safety Management System) 아. 위기대응체계 및 위기대응 매뉴얼 등	강의 및 실습
2. 위험물을 취급하는	가. 제1호 가목부터 아목까지의 교육과목	

철도종사자 (법 제44조의3제1항에 따른 철도로 운송하는 위험물을 취급하는 종사자를 말한다)	나. 위험물 취급 안전 교육	

※시행규칙 제41조의3(철도종사자의 직무교육 등)

① 다음 각 호의 어느 하나에 해당하는 사람(철도운영자등이 철도직무교육 담당자로 지정한 사람은 제외한다)은 법 제24조제2항에 따라 철도운영자등이 실시하는 직무교육(이하 "철도직무교육"이라 한다)을 받아야 한다.

1. 법 제2조제10호가목부터 다목까지에 해당하는 사람
   가. 철도차량의 운전업무에 종사하는 사람(이하 "운전업무종사자"라 한다)
   나. 철도차량의 운행을 집중 제어·통제·감시하는 업무(이하 "관제업무"라 한다)에 종사하는 사람
   다. 여객에게 승무(乘務) 서비스를 제공하는 사람(이하 "여객승무원"이라 한다)
2. 영 제3조제4호부터 제5호까지 및 같은 조 제7호에 해당하는 사람
   4. 정거장에서 철도신호기·선로전환기 또는 조작판 등을 취급하거나 열차의 조성업무를 수행하는 사람
   5. 철도에 공급되는 전력의 원격제어장치를 운영하는 사람
   7. 철도차량 및 철도시설의 점검·정비 업무에 종사하는 사람

② 철도직무교육의 내용·시간·방법 등은 *별표 13의3*과 같다.

■ 철도안전법 시행규칙 [별표 13의3]

철도직무교육의 내용·시간·방법 등(제41조의3제2항 관련)

1. 철도직무교육의 내용 및 시간
   가. 법 제2조제10호가목에 따른 **운전업무종사자**

교육내용	교육시간
1) 철도시스템 일반 2) 철도차량의 구조 및 기능 3) 운전이론 4) 운전취급 규정 5) 철도차량 기기취급에 관한 사항 6) 직무관련 기타사항 등	5년 마다 35시간 이상

나. 법 제2조제10호나목에 따른 **관제업무 종사자**

교육내용	교육시간
1) 열차운행계획 2) 철도관제시스템 운용 3) 열차운행선 관리 4) 관제 관련 규정 5) 직무관련 기타사항 등	5년 마다 35시간 이상

다. 법 제2조제10호다목에 따른 **여객승무원**

교육내용	교육시간
1) 직무관련 규정 2) 여객승무 위기대응 및 비상시 응급조치 3) 통신 및 방송설비 사용법 4) 고객응대 및 서비스 매뉴얼 등 5) 여객승무 직무관련 기타사항 등	5년 마다 35시간 이상

라. 영 제3조제4호에 따른 **철도신호기·선로전환기·조작판 취급자**

교육내용	교육시간
1) 신호관제 장치 2) 운전취급 일반 3) 전기·신호·통신 장치 실무 4) 선로전환기 취급방법 5) 직무관련 기타사항 등	5년 마다 21시간 이상

마. 영 제3조제4호에 따른 열차의 조성업무 수행자

교육내용	교육시간
1) 직무관련 규정 및 안전관리 2) 무선통화 요령 3) 철도차량 일반 4) 선로, 신호 등 시스템의 이해 5) 열차조성 직무관련 기타사항 등	5년 마다 21시간 이상

바. 영 제3조제5호에 따른 철도에 공급되는 **전력의 원격제어장치 운영자**

교육내용	교육시간
1) 변전 및 전차선 일반	5년 마다

교육내용	교육시간
2) 전력설비 일반 3) 전기・신호・통신 장치 실무 4) 비상전력 운용계획, 전력공급원격제어장치(SCADA) 5) 직무관련 기타사항 등	21시간 이상

사. 영 제3조제7호에 따른 철도차량 점검・정비 업무 종사자

교육내용	교육시간
1) 철도차량 일반 2) 철도시스템 일반 3) 「철도안전법」 및 철도안전관리체계(철도차량 중심) 4) 철도차량 정비 실무 5) 직무관련 기타사항 등	5년 마다 35시간 이상

아. 영 제3조제7호에 따른 철도시설 중 **전기・신호・통신 시설 점검・정비 업무 종사자**

교육내용	교육시간
1) 철도전기, 철도신호, 철도통신 일반 2) 「철도안전법」 및 철도안전관리체계(전기분야 중심) 3) 철도전기, 철도신호, 철도통신 실무 4) 직무관련 기타사항 등	5년 마다 21시간 이상

자. 영 제3조제7호에 따른 철도시설 중 **궤도・토목・건축 시설 점검・정비 업무 종사자**

교육내용	교육시간
1) 궤도, 토목, 시설, 건축 일반 2) 「철도안전법」 및 철도안전관리체계(시설분야 중심) 3) 궤도, 토목, 시설, 건축 일반 실무 4) 직무관련 기타사항 등	5년 마다 21시간 이상

2. 철도직무교육의 주기 및 교육 인정 기준

가. 철도직무교육의 주기는 철도직무교육 대상자로 신규 채용되거나 전직된 연도의 다음 년도 1월 1일부터 매 5년이 되는 날까지로 한다. 다만, 휴직·파견 등으로 6개월 이상 철도직무를 수행하지 아니한 경우에는 철도직무의 수행이 중단된 연도의 1월 1일부터 철도직무를 다시 시작하게 된 연도의 12월 31일까지의 기간을 제외하고 직무교육의 주기를 계산한다.

나. 철도직무교육 대상자는 질병이나 자연재해 등 부득이한 사유로 철도직무교육을 제1호에 따른 기간 내에 받을 수 없는 경우에는 철도운영자등의 승인을 받아 철도직무교육을 받을 시기를 연기할 수 있다. 이 경우 철도직무교육 대상자가 승인받은 기간 내에 철도직무교육을 받은 경우에는 제1호에 따른 기간 내에 철도직무교육을 받은 것으로 본다.

다. 철도운영자등은 철도직무교육 대상자가 다른 법령에서 정하는 철도직무에 관한 교육을 받은 경우에는 해당 교육시간을 제1호에 따른 철도직무교육시간으로 인정할 수 있다.

라. 철도차량정비기술자가 법 제24조의4에 따라 받은 철도차량정비기술교육훈련은 위 표에 따른 철도직무교육으로 본다.

3. 철도직무교육의 실시방법

가. 철도운영자등은 업무현장 외의 장소에서 집합교육의 방식으로 철도직무교육을 실시해야 한다. 다만, 철도직무교육시간의 10분의 5의 범위에서 다음의 어느 하나에 해당하는 방법으로 철도직무교육을 실시할 수 있다.

1) 부서별 직장교육

2) 사이버교육 또는 화상교육 등 전산망을 활용한 원격교육

나. 가목에도 불구하고 재해·감염병 발생 등 부득이한 사유가 있는 경우로서 국토교통부장관의 승인을 받은 경우에는 철도직무교육시간의 10분의 5를 초과하여 가목 1) 또는 2)에 해당하는 방법으로 철도직무교육을 실시할 수 있다.

다. 철도운영자등은 가목1)에 따른 부서별 직장교육을 실시하려는 경우에는 매년 12월 31일까지 다음 해에 실시될 부서별 직장교육 실시계획을 수립해야 하고, 교육내용 및 이수현황 등에 관한 사항을 기록·유지해야 한다.

라. 철도운영자등은 필요한 경우 다음의 어느 하나에 해당하는 기관에게 철도직무교육을 위탁하여 실시할 수 있다.

1) 다른 철도운영자등의 교육훈련기관

2) 운전 또는 관제 교육훈련기관

3) 철도관련 학회·협회

4) 그 밖에 철도직무교육을 실시할 수 있는 비영리 법인 또는 단체

마. 철도운영자등은 철도직무교육시간의 10분의 3 이하의 범위에서 철도운영기관의 실정에 맞게 교육내용을 변경하여 철도직무교육을 실시할 수 있다.

바. 2가지 이상의 직무에 동시에 종사하는 사람의 교육시간 및 교육내용은 다음과 같이 한다.

1) 교육시간: 종사하는 직무의 교육시간 중 가장 긴 시간

2) 교육내용: 종사하는 직무의 교육내용 가운데 전부 또는 일부를 선택

4. 제1호부터 제3호까지에서 규정한 사항 외에 철도직무교육에 필요한 사항은 국토교통부장관이 정하여 고시한다.

제24조의2(철도차량정비기술자의 인정 등)

① 철도차량정비기술자로 인정을 받으려는 사람은 국토교통부장관에게 자격 인정을 신청하여야 한다.

② 국토교통부장관은 제1항에 따른 신청인이 *대통령령(21조의2)*으로 정하는 자격, 경력 및 학력 등 철도차량정비기술자의 인정 기준에 해당하는 경우에는 철도차량정비기술자로 인정하여야 한다.

③ 국토교통부장관은 제1항에 따른 신청인을 철도차량정비기술자로 인정하면 철도차량정비기술자로서의 등급 및 경력 등에 관한 증명서(이하 "철도차량정비경력증"이라 한다)를 그 철도차량정비기술자에게 발급하여야 한다.

④ 제1항부터 제3항까지의 규정에 따른 인정의 신청, 철도차량정비경력증의 발급 및 관리 등에 필요한 사항은 *국토교통부령(42조, 42조의2)*으로 정한다.

> **＊시행령 제21조의2(철도차량정비기술자의 인정 기준)**
> 법 제24조의2제2항에 따른 철도차량정비기술자의 인정 기준은 *별표 1의2*와 같다.

■ 철도안전법 시행령 [별표 1의2]

철도차량정비기술자의 인정 기준(제21조의2 관련)

1. 철도차량정비기술자는 자격, 경력 및 학력에 따라 등급별로 구분하여 인정하되, 등급별 세부기준은 다음 표와 같다.

등급구분	역량지수
1등급 철도차량정비기술자	80점 이상
2등급 철도차량정비기술자	60점 이상 80점 미만
3등급 철도차량정비기술자	40점 이상 60점 미만
4등급 철도차량정비기술자	10점 이상 40점 미만

2. 제1호에 따른 역량지수의 계산식은 다음과 같다.

역량지수 = 자격별 경력점수 + 학력점수

가. 자격별 경력점수

국가기술자격 구분	점수
기술사 및 기능장	10점/년
기사	8점/년
산업기사	7점/년

기능사	6점/년
국가기술자격증이 없는 경우	3점/년

1) 철도차량정비기술자의 자격별 경력에 포함되는 「국가기술자격법」에 따른 국가기술자격의 종목은 국토교통부장관이 정하여 고시한다. 이 경우 둘 이상의 다른 종목 국가기술자격을 보유한 사람의 경우 그 중 점수가 높은 종목의 경력점수만 인정한다.
2) 경력점수는 다음 업무를 수행한 기간에 따른 점수의 합을 말하며, 마) 및 바)의 경력의 경우 100분의 50을 인정한다.
   가) 철도차량의 부품·기기·장치 등의 마모·손상, 변화 상태 및 기능을 확인하는 등 철도차량 점검 및 검사에 관한 업무
   나) 철도차량의 부품·기기·장치 등의 수리, 교체, 개량 및 개조 등 철도차량 정비 및 유지관리에 관한 업무
   다) 철도차량 정비 및 유지관리 등에 관한 계획수립 및 관리 등에 관한 행정업무
   라) 철도차량의 안전에 관한 계획수립 및 관리, 철도차량의 점검·검사, 철도차량에 대한 설계·기술검토·규격관리 등에 관한 행정업무
   마) 철도차량 부품의 개발 등 철도차량 관련 연구 업무 및 철도관련 학과 등에서의 강의 업무
   바) 그 밖에 기계설비·장치 등의 정비와 관련된 업무
3) 2)를 적용할 때 다음의 어느 하나에 해당하는 경력은 제외한다.
   가) 18세 미만인 기간의 경력(국가기술자격을 취득한 이후의 경력은 제외한다)
   나) 주간학교 재학 중의 경력(「직업교육훈련 촉진법」 제9조에 따른 현장실습계약에 따라 산업체에 근무한 경력은 제외한다)
   다) 이중취업으로 확인된 기간의 경력
   라) 철도차량정비업무 외의 경력으로 확인된 기간의 경력
4) 경력점수는 월 단위까지 계산한다. 이 경우 월 단위의 기간으로 산입되지 않는 일수의 합이 30일 이상인 경우 1개월로 본다.

나. 학력점수

학력 구분	점 수	
	철도차량정비 관련 학과	철도차량정비 관련 학과 외의 학과
석사 이상	25점	10점
학사	20점	9점
전문학사(3년제)	15점	8점
전문학사(2년제)	10점	7점
고등학교 졸업	5점	

1) “철도차량정비 관련 학과“란 철도차량 유지보수와 관련된 학과 및 기계・전기・전자・통신 관련 학과를 말한다. 다만, 대상이 되는 학력점수가 둘 이상인 경우 그 중 점수가 높은 학력점수에 따른다.

2) 철도차량정비 관련 학과의 학위 취득자 및 졸업자의 학력 인정 범위는 다음과 같다.

가) 석사 이상

(1) 「고등교육법」에 따른 학교에서 철도차량정비 관련 학과의 석사 또는 박사 학위과정을 이수하고 졸업한 사람

(2) 그 밖에 관계 법령에 따라 국내 또는 외국에서 (1)과 같은 수준 이상의 학력이 있다고 인정되는 사람

나) 학사

(1) 「고등교육법」에 따른 학교에서 철도차량정비 관련 학과의 학사 학위과정을 이수하고 졸업한 사람

(2) 그 밖에 관계 법령에 따라 국내 또는 외국에서 (1)과 같은 수준의 학력이 있다고 인정되는 사람

다) 전문학사(3년제)

(1) 「고등교육법」에 따른 학교에서 철도차량정비 관련 학과의 전문학사 학위과정을 이수하고 졸업한 사람(철도차량정비 관련 학과의 학위과정 3년을 이수한 사람을 포함한다)

(2) 그 밖의 관계 법령에 따라 국내 또는 외국에서 (1)과 같은 수준의 학력이 있다고 인정되는 사람

라) 전문학사(2년제)

(1) 「고등교육법」에 따른 4년제 대학, 2년제 대학 또는 전문대학에서 2년 이상 철도차량정비 관련 학과의 교육과정을 이수한 사람

(2) 그 밖에 관계 법령에 따라 국내 또는 외국에서 (1)과 같은 수준의 학력이 있다고 인정되는 사람

마) 고등학교 졸업

(1) 「초・중등교육법」에 따른 해당 학교에서 철도차량정비 관련 학과의 고등학교 과정을 이수하고 졸업한 사람

(2) 그 밖에 관계 법령에 따라 국내 또는 외국에서 (1)과 같은 수준의 학력이 있다고 인정되는 사람

3) 철도차량정비 관련 학과 외의 학위 취득자 및 졸업자의 학력 인정 범위는 다음과 같다.

가) 석사 이상

(1) 「고등교육법」에 따른 학교에서 석사 또는 박사 학위과정을 이수하고 졸업한 사람

(2) 그 밖에 관계 법령에 따라 국내 또는 외국에서 (1)과 같은 수준 이상의 학력이 있다고 인정되는 사람

나) 학사

(1) 「고등교육법」에 따른 학교에서 학사 학위과정을 이수하고 졸업한 사람

(2) 그 밖에 관계 법령에 따라 국내 또는 외국에서 (1)과 같은 수준의 학력이 있다

고 인정되는 사람

다) 전문학사(3년제)

(1) 「고등교육법」에 따른 학교에서 전문학사 학위과정을 이수하고 졸업한 사람(전문학사 학위과정 3년을 이수한 사람을 포함한다)

(2) 그 밖의 관계 법령에 따라 국내 또는 외국에서 (1)과 같은 수준의 학력이 있다고 인정되는 사람

라) 전문학사(2년제)

(1) 「고등교육법」에 따른 4년제 대학, 2년제 대학 또는 전문대학에서 2년 이상 교육과정을 이수한 사람

(2) 그 밖에 관계 법령에 따라 국내 또는 외국에서 (1)과 같은 수준의 학력이 있다고 인정되는 사람

마) 고등학교 졸업

(1) 「초·중등교육법」에 따른 해당 학교에서 고등학교 과정을 이수하고 졸업한 사람

(2) 그 밖에 관계 법령에 따라 국내 또는 외국에서 (1)과 같은 수준의 학력이 있다고 인정되는 사람

＊시행규칙 제42조(철도차량정비기술자의 인정 신청)

법 제24조의2제1항에 따라 철도차량정비기술자로 인정(등급변경 인정을 포함한다)을 받으려는 사람은 별지 제25호의2서식의 철도차량정비기술자 인정 신청서에 다음 각 호의 서류를 첨부하여 한국교통안전공단에 제출해야 한다.

1. 별지 제25호의3서식의 철도차량정비업무 경력확인서
2. 국가기술자격증 사본(영 별표 1의2에 따른 자격별 경력점수에 포함되는 국가기술자격의 종목에 한정한다)
3. 졸업증명서 또는 학위취득서(해당하는 사람에 한정한다)
4. 사진
5. 철도차량정비경력증(등급변경 인정 신청의 경우에 한정한다)
6. 정비교육훈련 수료증(등급변경 인정 신청의 경우에 한정한다)

＊시행규칙 제42조의2(철도차량정비경력증의 발급 및 관리)

① 한국교통안전공단은 제42조에 따라 철도차량정비기술자의 인정(등급변경 인정을 포함한다) 신청을 받으면 영 제21조의2에 따른 철도차량정비기술자 인정 기준에 적합한지를 확인한 후 별지 제25호의4서식의 철도차량정비경력증을 신청인에게 발급해야 한다.

② 한국교통안전공단은 제42조에 따라 철도차량정비기술자의 인정 또는 등급변경을 신청한 사람이 영 제21조의2에 따른 철도차량정비기술자 인정 기준에 부적합하다고

인정한 경우에는 그 사유를 신청인에게 서면으로 통지해야 한다.

③ 철도차량정비경력증의 재발급을 받으려는 사람은 별지 제25호의5서식의 철도차량정비경력증 재발급 신청서에 사진을 첨부하여 한국교통안전공단에 제출해야 한다.

④ 한국교통안전공단은 제3항에 따른 철도차량정비경력증 재발급 신청을 받은 경우 특별한 사유가 없으면 신청인에게 철도차량정비경력증을 재발급해야 한다.

⑤ 한국교통안전공단은 제1항 또는 제4항에 따라 철도차량정비경력증을 발급 또는 재발급 하였을 때에는 별지 제25호의6서식의 철도차량정비경력증 발급대장에 발급 또는 재발급에 관한 사실을 기록·관리해야 한다. 다만, 철도차량정비경력증의 발급이나 재발급 사실을 영 제63조제1항제7호에 따른 정보체계로 관리하는 경우에는 따로 기록·관리하지 않아도 된다.

⑥ 한국교통안전공단은 철도차량정비경력증의 발급(재발급을 포함한다) 및 취소 현황을 매 반기의 말일을 기준으로 다음 달 15일까지 별지 제25호의7서식에 따라 국토교통부장관에게 제출해야 한다.

제24조의3(철도차량정비기술자의 명의 대여금지 등)

① 철도차량정비기술자는 자기의 성명을 사용하여 다른 사람에게 철도차량정비 업무를 수행하게 하거나 철도차량정비경력증을 빌려 주어서는 아니 된다.

② 누구든지 다른 사람의 성명을 사용하여 철도차량정비 업무를 수행하거나 다른 사람의 철도차량정비경력증을 빌려서는 아니 된다.

③ 누구든지 제1항이나 제2항에서 금지된 행위를 알선해서는 아니 된다.

제24조의4(철도차량정비기술교육훈련)

① 철도차량정비기술자는 업무 수행에 필요한 소양과 지식을 습득하기 위하여 *대통령령(21조의3)*으로 정하는 바에 따라 국토교통부장관이 실시하는 교육·훈련(이하 "정비교육훈련"이라 한다)을 받아야 한다.

② 국토교통부장관은 철도차량정비기술자를 육성하기 위하여 철도차량정비 기술에 관한 전문교육훈련기관(이하 "정비교육훈련기관"이라 한다)을 지정하여 정비교육훈련을 실시하게 할 수 있다.

③ 정비교육훈련기관의 지정기준 및 절차 등에 필요한 사항은 *대통령령(21조의4)*으로 정한다.

④ 정비교육훈련기관은 정당한 사유 없이 정비교육훈련 업무를 거부하여서는 아니 되고, 거짓이나 그 밖의 부정한 방법으로 정비교육훈련 수료증을 발급하여서는 아니 된다.

⑤ 정비교육훈련기관의 지정취소 및 업무정지 등에 관하여는 제15조의2를 준용한다. 이 경우 "운전적성검사기관"은 "정비교육훈련기관"으로, "운전적성검사 업무"는 "정비교육훈련 업무"로, "제15조제5항"은 "제24조의4제3항"으로, "제15조제6항"은 "제24조의4제4항"으로, "운전적성검사 판정서"는 "정비교육훈련 수료증"으로 본다.

＊시행령 제21조의3(정비교육훈련 실시기준)

① 법 제24조의4제1항에 따른 정비교육훈련(이하 "정비교육훈련"이라 한다)의 실시기준은 다음 각 호와 같다.

1. 교육내용 및 교육방법: 철도차량정비에 관한 법령, 기술기준 및 정비기술 등 실무에 관한 이론 및 실습 교육
2. 교육시간: 철도차량정비업무의 수행기간 5년마다 35시간 이상

② 제1항에서 정한 사항 외에 정비교육훈련에 필요한 구체적인 사항은 *국토교통부령(42조의3)*으로 정한다.

＊시행규칙 제42조의3(정비교육훈련의 기준 등)

① 영 제21조의3제1항에 따른 정비교육훈련의 실시시기 및 시간 등은 *별표 13의4*와 같다.

② 철도차량정비기술자가 철도차량정비기술자의 상위 등급으로 등급변경의 인정을 받으려는 경우 제1항에 따른 정비교육훈련을 받아야 한다.

■ 철도안전법 시행규칙 [별표 13의4]

정비교육훈련의 실시시기 및 시간 등(제42조의3 관련)

1. 정비교육훈련의 시기 및 시간

교육훈련 시기	교육훈련 시간
기존에 정비 업무를 수행하던 철도차량 차종이 아닌 새로운 철도차량 차종의 정비에 관한 업무를 수행하는 경우 그 업무를 수행하는 날부터 1년 이내	35시간 이상
철도차량정비업무의 수행기간 5년 마다	35시간 이상

비고: 위 표에 따른 35시간 중 인터넷 등을 통한 원격교육은 10시간의 범위에서 인정할 수 있다.

2. 정비교육훈련의 면제 및 연기
   가. 「고등교육법」에 따른 학교, 철도차량 또는 철도용품 제작회사, 「과학기술분야 정부출연연구기관 등의 설립·운영 및 육성에 관한 법률」 등 관계법령에 따라 설립된 연구기관·교육기관 및 주무관청의 허가를 받아 설립된 학회·협회 등에서 철도차량정비와 관련된 교육훈련을 받은 경우 위 표에 따른 정비교육훈련을 받은 것으로 본다. 이 경우 해당 기관으로부터 교육과목 및 교육시간이 명시된 증명서(교육수료증 또는 이수증 등)를 발급 받은 경우에 한정한다.
   나. 철도차량정비기술자는 질병·입대·해외출장 등 불가피한 사유로 정비교육훈련을 받아야 하는 기한까지 정비교육훈련을 받지 못할 경우에는 정비교육훈련을 연기할 수 있다. 이 경우 연기 사유가 없어진 날부터 1년 이내에 정비교육훈련을 받아야 한다.
3. 정비교육훈련은 강의·토론 등으로 진행하는 이론교육과 철도차량정비 업무를 실습하는 실기교육으로 시행하되, 실기교육을 30% 이상 포함해야 한다.
4. 그 밖에 정비교육훈련의 교육과목 및 교육내용, 교육의 신청 방법 및 절차 등에 관한 사항은 국토교통부장관이 정하여 고시한다.

＊시행령 제21조의4(정비교육훈련기관 지정기준 및 절차)

① 법 제24조의4제2항에 따른 정비교육훈련기관(이하 "정비교육훈련기관"이라 한다)의 지정기준은 다음 각 호와 같다.

1. 정비교육훈련 업무 수행에 필요한 상설 전담조직을 갖출 것
2. 정비교육훈련 업무를 수행할 수 있는 전문인력을 확보할 것
3. 정비교육훈련에 필요한 사무실, 교육장 및 교육 장비를 갖출 것
4. 정비교육훈련기관의 운영 등에 관한 업무규정을 갖출 것

② 정비교육훈련기관으로 지정을 받으려는 자는 제1항에 따른 지정기준을 갖추어 국토교통부장관에게 정비교육훈련기관 지정 신청을 해야 한다.

③ 국토교통부장관은 제2항에 따라 정비교육훈련기관 지정 신청을 받으면 제1항에 따른 지정기준을 갖추었는지 여부 및 철도차량정비기술자의 수급 상황 등을 종합적으로 심사한 후 그 지정 여부를 결정해야 한다.

④ 국토교통부장관은 정비교육훈련기관을 지정한 때에는 다음 각 호의 사항을 관보에 고시해야 한다.

1. 정비교육훈련기관의 명칭 및 소재지
2. 대표자의 성명
3. 그 밖에 정비교육훈련에 중요한 영향을 미친다고 국토교통부장관이 인정하는 사항

⑤ 제1항부터 제4항까지에서 규정한 사항 외에 정비교육훈련기관의 지정기준 및 절차 등에 관한 세부적인 사항은 *국토교통부령(42조의4, 5)*으로 정한다.

＊시행규칙 제42조의4(정비교육훈련기관의 세부 지정기준 등)

① 영 제21조의4제1항에 따른 정비교육훈련기관(이하 "정비교육훈련기관"이라 한다)의 세부 지정기준은 *별표 13의5*와 같다.

② 국토교통부장관은 정비교육훈련기관이 제1항에 따른 정비교육훈련기관의 지정기준에 적합한지의 여부를 2년마다 심사해야 한다.

③ 정비교육훈련기관의 변경사항 통지에 관하여는 제22조제3항을 준용한다. 이 경우 "운전교육훈련기관"은 "정비교육훈련기관"으로 본다.

＊시행령 제21조의5(정비교육훈련기관의 변경사항 통지 등)

① 정비교육훈련기관은 제21조의4제4항 각 호의 사항이 변경된 때에는 그 사유가 발생한 날부터 15일 이내에 국토교통부장관에게 그 내용을 통지해야 한다.

② 국토교통부장관은 제1항에 따른 통지를 받은 때에는 그 내용을 관보에 고시해야 한다.

■ 철도안전법 시행규칙 [별표 13의5]

정비교육훈련기관의 세부 지정기준(제42조의4제1항 관련)

1. 인력기준

가. 자격기준

등급	학력 및 경력
책임교수	1) 1등급 철도차량정비경력증 소지자로서 철도교통에 관한 업무에 10년 이상 또는 철도차량정비에 관한 업무에 5년 이상 근무한 경력이 있는 사람 2) 2등급 철도차량정비경력증 소지자로서 철도교통에 관한 업무에 15년 이상 또는 철도차량정비에 관한 업무에 8년 이상 근무한 경력이 있는 사람 3) 3등급 철도차량정비경력증 소지자로서 철도교통에 관한 업무에 20년 이상 또는 철도차량정비에 관한 업무에 10년 이상 근무한 경력이 있는 사람 4) 철도 관련 4급 이상의 공무원 경력 또는 이와 같은 수준 이상의 자격 및 경력이 있는 사람 5) 대학의 철도차량정비 관련 학과에서 조교수 이상으로 재직한 경력이 있는 사람 6) 선임교수 경력이 3년 이상 있는 사람
선임교수	1) 1등급 철도차량정비경력증 소지자로서 철도교통에 관한 업무에 5년 이상 또는 철도차량정비에 관한 업무에 3년 이상 근무한 경력이 있는 사람 2) 2등급 철도차량정비경력증 소지자로서 철도교통에 관한 업무에 10년 이상 또는 철도차량정비에 관한 업무에 5년 이상 근무한 경력이 있는 사람 3) 3등급 철도차량정비경력증 소지자로서 철도교통에 관한 업무에 15년 이상 또는 철도차량정비에 관한 업무에 8년 이상 근무한 경력이 있는 사람 4) 철도 관련 5급 이상의 공무원 경력 또는 이와 같은 수준 이상의 자격 및 경력이 있는 사람 5) 대학의 철도차량정비 관련 학과에서 전임강사 이상으로 재직한 경력이 있는 사람 6) 교수 경력이 3년 이상 있는 사람
교수	1) 1등급 철도차량정비경력증 소지자로서 철도차량정비 업무에 근무한 경력이 있는 사람 2) 2등급 철도차량정비경력증 소지자로서 철도교통에 관한 업무에 5년 이상 또는 철도차량정비에 관한 업무에 3년 이상 근무한 경력이 있는 사람 3) 3등급 철도차량정비경력증 소지자로서 철도차량 정비업무수행자에 대한 지도교육 경력이 2년 이상 있는 사람 4) 4등급 철도차량정비경력증 소지자로서 철도차량 정비업무수행자에 대한 지도교육 경력이 3년 이상 있는 사람 5) 철도차량 정비와 관련된 교육기관에서 강의 경력이 1년 이상 있는 사람

비고

1. "철도교통에 관한 업무"란 철도안전·기계·신호·전기에 관한 업무를 말한다.

2. 책임교수의 경우 철도차량정비에 관한 업무를 3년 이상, 선임교수의 경우 철도차량정비에 관한 업무를 2년 이상 수행한 경력이 있어야 한다.

3. "철도차량정비에 관한 업무"란 철도차량 정비업무의 수행, 철도차량 정비계획의 수립·관리, 철도차량 정비에 관한 안전관리·지도교육 및 관리·감독 업무를 말한다.

4. "철도차량정비 관련 학과"란 철도차량 유지보수와 관련된 학과 및 기계·전기·전자·통신 관련 학과를 말한다.

5. "철도관련 공무원 경력"이란 「국가공무원법」 제2조에 따른 공무원 신분으로 철도관련 업무를 수행한 경력을 말한다.

나. 보유기준

1. 1회 교육생 30명을 기준으로 상시적으로 철도차량정비에 관한 교육을 전담하는 책임교수와 선임교수 및 교수를 각각 1명 이상 확보해야 하며, 교육인원이 15명 추가될 때마다 교수 1명 이상을 추가로 확보해야 한다. 이 경우 선임교수, 교수 및 추가로 확보해야 하는 교수는 비전임으로 할 수 있다.
2. 1회 교육생이 30명 미만인 경우 책임교수 또는 선임교수 1명 이상을 확보해야 한다.

2. 시설기준

가. 이론교육장: 기준인원 30명 기준으로 면적 60제곱미터 이상의 강의실을 갖추어야 하며, 기준인원 초과 시 1명마다 2제곱미터씩 면적을 추가로 확보해야 한다. 다만, 1회 교육생이 30명 미만인 경우 교육생 1명마다 2제곱미터 이상의 면적을 확보해야 한다.

나. 실기교육장: 교육생 1명마다 3제곱미터 이상의 면적을 확보해야 한다. 다만, 교육훈련기관 외의 장소에서 철도차량 등을 직접 활용하여 실습하는 경우에는 제외한다.

다. 그 밖에 교육훈련에 필요한 사무실 · 편의시설 및 설비를 갖추어야 한다.

3. 장비기준

가. 컴퓨터지원교육시스템

장 비 명	성능기준	보유기준
컴퓨터지원교육시스템	철도차량정비 관련 프로그램	1명당 컴퓨터 1대

비고: 컴퓨터지원교육시스템이란 컴퓨터의 멀티미디어 기능을 활용하여 정비교육훈련을 시행할 수 있도록 지원하는 컴퓨터시스템 일체를 말한다.

4. 정비교육훈련에 필요한 교재를 갖추어야 한다.

5. 다음 각 목의 사항을 포함한 업무규정을 갖추어야 한다.
   가. 정비교육훈련기관의 조직 및 인원
   나. 교육생 선발에 관한 사항
   다. 1년간 교육훈련계획: 교육과정 편성, 교수 인력의 지정 교과목 및 내용 등
   라. 교육기관 운영계획
   마. 교육생 평가에 관한 사항
   바. 실습설비 및 장비 운용방안
   사. 각종 증명의 발급 및 대장의 관리
   아. 교수 인력의 교육훈련
   자. 기술도서 및 자료의 관리·유지
   차. 수수료 징수에 관한 사항
   카. 그 밖에 국토교통부장관이 정비교육훈련에 필요하다고 인정하는 사항

＊시행규칙 제42조의5(정비교육훈련기관의 지정의 신청 등)

① 영 제21조의4제2항에 따라 정비교육훈련기관으로 지정을 받으려는 자는 별지 제25호의8서식의 정비교육훈련기관 지정신청서에 다음 각 호의 서류를 첨부하여 국토교통부장관에게 제출해야 한다. 이 경우 국토교통부장관은 「전자정부법」 제36조제1항에 따른 행정정보의 공동이용을 통하여 법인 등기사항증명서(신청인이 법인이 경우에만 해당한다)를 확인해야 한다.
   1. 정비교육훈련계획서(정비교육훈련평가계획을 포함한다)
   2. 정비교육훈련기관 운영규정
   3. 정관이나 이에 준하는 약정(법인 및 단체에 한정한다)
   4. 정비교육훈련을 담당하는 강사의 자격·학력·경력 등을 증명할 수 있는 서류 및 담당업무
   5. 정비교육훈련에 필요한 강의실 등 시설 내역서
   6. 정비교육훈련에 필요한 실습 시행 방법 및 절차
   7. 정비교육훈련기관에서 사용하는 직인의 인영(印影: 도장 찍은 모양)

② 국토교통부장관은 영 제21조의4제4항에 따라 정비교육훈련기관으로 지정한 때에는 별지 제25호의9서식의 정비교육훈련기관 지정서를 신청인에게 발급해야 한다.

※시행규칙 제42조의6(정비교육훈련기관의 지정취소 등)

① 법 제24조의4제5항에서 준용하는 법 제15조의2에 따른 정비교육 훈련기관의 지정취소 및 업무정지의 기준은 *별표 13의6*과 같다.

② 국토교통부장관은 정비교육훈련기관의 지정을 취소하거나 업무정지의 처분을 한 경우에는 지체 없이 그 정비교육훈련기관에 별지 제11호의3서식의 지정기관 행정처분서를 통지하고 그 사실을 관보에 고시해야 한다.

■ 철도안전법 시행규칙 [별표 13의6]

정비교육훈련기관의 지정취소 및 업무정지의 기준(제42조의6제1항 관련)

1. 일반기준

가. 위반행위의 횟수에 따른 행정처분의 가중된 부과기준은 최근 1년간 같은 위반행위로 행정처분을 받은 경우에 적용한다. 이 경우 기간의 계산은 위반행위에 대하여 행정처분을 받은 날과 그 처분 후 다시 같은 위반행위를 하여 적발된 날을 기준으로 한다.

나. 비고 제1호에 따라 가중된 행정처분을 하는 경우 가중처분의 적용 차수는 그 위반행위 전 부과처분 차수(비고 제1호에 따른 기간 내에 행정처분이 둘 이상 있었던 경우에는 높은 차수를 말한다)의 다음 차수로 한다.

다. 위반행위가 둘 이상인 경우로서 그에 해당하는 각각의 처분기준이 다른 경우에는 그 중 무거운 처분기준(무거운 처분기준이 같을 때에는 그 중 하나의 처분기준을 말한다)에 따르며, 위반행위가 둘 이상인 경우로서 그에 해당하는 각각의 처분기준이 같은 경우에는 무거운 처분기준의 2분의 1까지 가중할 수 있되, 각 처분기준을 합산한 기간을 초과할 수 없다.

라. 처분권자는 위반행위의 동기·내용 및 위반의 정도 등 다음 각 목에 해당하는 사유를 고려하여 그 처분을 감경할 수 있다. 이 경우 그 처분이 업무정지인 경우에는 그 처분기준의 2분의 1의 범위에서 감경할 수 있고, 지정취소인 경우(거짓이나 그 밖의 부정한 방법으로 지정을 받은 경우나 업무정지 명령을 위반하여 그 정지기간 중 적성검사업무를 한 경우는 제외한다)에는 3개월의 업무정지 처분으로 감경할 수 있다.

1) 위반행위가 고의나 중대한 과실이 아닌 사소한 부주의나 오류로 인한 것으로 인정되는 경우

2) 위반의 내용·정도가 경미하여 이해관계인에게 미치는 피해가 적다고 인정되는 경우

2. 개별기준

위반사항	해당 법조문	처분기준			
		1차 위반	2차 위반	3차 위반	4차 위반
1. 거짓이나 그 밖의 부정한	법 제15조의2	지정취소			

방법으로 지정을 받은 경우	제1항제1호				
2. 업무정지 명령을 위반하여 그 정지기간 중 정비교육훈련업무를 한 경우	법 제15조의2 제1항제2호	지정취소			
3. 법 제24조의4제3항에 따른 지정기준에 맞지 않은 경우	법 제15조의2 제1항제3호	경 고 또 는 보완명령	업무정지 1개월	업무정지 3개월	지정취소
4. 법 제24조의4제4항을 위반하여 정당한 사유 없이 정비교육훈련업무를 거부한 경우	법 제15조의2 제1항제4호	경고	업무정지 1개월	업무정지 3개월	지정취소
5. 법 제24조의4제4항을 위반하여 거짓이나 그 밖의 부정한 방법으로 정비교육훈련 수료증을 발급한 경우	법 제15조의2 제1항제5호	업무정지 1개월	업무정지 3개월	지정취소	

제24조의5(철도차량정비기술자의 인정취소 등)

① 국토교통부장관은 철도차량정비기술자가 다음 각 호의 어느 하나에 해당하는 경우 그 인정을 취소하여야 한다.

1. 거짓이나 그 밖의 부정한 방법으로 철도차량정비기술자로 인정받은 경우
2. 제24조의2제2항에 따른 자격기준에 해당하지 아니하게 된 경우
3. 철도차량정비 업무 수행 중 고의로 철도사고의 원인을 제공한 경우

② 국토교통부장관은 철도차량정비기술자가 다음 각 호의 어느 하나에 해당하는 경우 1년의 범위에서 철도차량정비기술자의 인정을 정지시킬 수 있다.

1. 다른 사람에게 철도차량정비경력증을 빌려 준 경우
2. 철도차량정비 업무 수행 중 중과실로 철도사고의 원인을 제공한 경우

【제3장 예상 및 기출문제】

1. 법 제20조(운전면허의 취소, 정지 등) 1항에서 말하는 운전면허를 취소하여야 하는 경우가 아닌 것은?
가. 거짓이나 그 밖의 부정한 방법으로 운전면허를 받았을 때
나. 제41조1항을 위반하여 술을 마시거나 약물을 사용한 상태에서 철도차량을 운전하였을 때
다. 운전면허의 효력기간 중 철도차량을 운전하였을 때
라. 제19조의2를 위반하여 운전면허증을 다른 사람에게 빌려주었을 때

정답 및 풀이 : 나
법 제20조(운전면허의 취소, 정지 등) 1항 제1호에서 제4호까지에 해당할 경우 운전면허를 취소하여야 한다. (나)는 제6호에 해당함

2. 법 제20조(운전면허의 취소, 정지 등)에 대한 설명으로 바르지 않은 것은?
가. 국토교통부장관이 제1항에 따라 운전면허의 취소 및 효력정지 처분을 하였을 때에는 국토교통부령으로 정하는 바에 따라 그 내용을 해당 운전면허 취득자와 운전면허 취득자를 고용하고 있는 철도운영자 등에게 통지하여야 한다.
나. 제2항에 따른 운전면허 취소 또는 효력정지 통지를 받은 운전면허 취득자는 그 통지를 받은 날부터 15일 이내에 운전면허증을 국토교통부령으로 정하는 기관에 반납하여야 한다.
다. 국토교통부 장관은 제3항에 따라 운전면허의 효력이 정지된 사람으로부터 운전면허증을 반납받았을 때에는 보관하였다가 정지기간이 끝나면 즉시 돌려주어야 한다.
라. 제1항에 따른 취소 및 효력정지 처분의 세부기준 및 절차는 그 위반의 유형 및 정도에 따라 국토교통부령으로 정한다.

정답 및 풀이 : 나
법 제20조 3항
제2항에 따른 운전면허 취소 또는 효력정지 통지를 받은 운전면허 취득자는 그 통지를 받은 날부터 15일 이내에 운전면허증을 국토교통부장관에게 반납하여야 한다.

3. 운전면허를 취소하여야 하는 경우로 틀린 것은?
가. 거짓이나 그 밖의 부정한 방법으로 운전면허를 받았을 때
나. 운전면허의 효력정지기간 중 철도차량을 운전하였을 때
다. 운전면허증을 다른 사람에게 빌려주었을 때
라. 철도차량 운전규칙을 위반하여 운전을 하다가 열차운행에 중대한 차질을 초래한 경우

정답 및 해설 : 라
철도차량 운전규칙을 위한하여 운전을 하다가 열차운행에 중대한 차질을 초래한 경우는 효력정지 1개월이다.

4. 국토교통부장관이 운전면허를 취소하여야 하는 경우인 것은?
가. 술을 마시거나 약물을 사용한 상태에서 철도차량을 운전하였을 때
나. 철도의 안전 및 보호와 질서유지를 위하여 한 명령, 처분을 위반하였을 때
다. 운전면허를 다른 사람에게 빌려주었을 때
라. 철도차량을 운전 중 고의 또는 중과실로 철도사고를 일으켰을 때

정답 및 해설 : 다
제20조 운전면허의 취소, 정지 등

5. 운전면허 취소, 효력정지 처분의 세부기준으로 틀린 것은?
가. 거짓이나 그 밖의 부정한 방법으로 운전면허를 받은 경우-1차위반-면허취소
나. 운전면허의 효력정지 기간 중 철도차량을 운전한 경우-1차위반-면허취소
다. 운전면허증을 타인에게 대여한 경우-1차위반-면허취소
라. 철도차량을 운전 중 고의 또는 중과실로 철도사고를 일으킨 경우-부상자가 발생한 경우-1차위반-면허취소

정답 및 풀이 : 라
별표 10의2
5. 철도차량을 운전 중 고의 또는 중과실로 철도사고를 일으킨 경우-부상자가발생한 경우-1차위반-효력정지3개월

6. 운전면허의 취소 대해 옳지 않은 것을 고르시오.
가. 거짓이나 그 밖의 부정한 방법으로 운전면허를 받았을 때
나. 철도차량 운전상의 위험과 장해를 일으킬 수 있는 정신질환자 또는 뇌전증 환자로서 국토교통부령으로 정하는 사람
다. 철도안전법 제19조의 2를 위반하여 운전면허증을 타인에게 빌려주었을 때
라. 운전면허의 효력 정지기간 중 철도차량을 운전하였을 때

정답 및 풀이 : 나
안전법 제20조 1항 2호에 해당하는 제11조 2호에서 국토교통부령으로 정하는 사람이 아닌 대통령령으로 정하는 사람으로 되어야 정답이다.

7. 운전면허의 취소의 사유로 틀린 것은?
가. 거짓이나 그 밖의 부정한 방법으로 운전면허를 받았을 때
나. 운전면허의 효력정지 기간 중 철도차량을 운전하였을 때
다. 제19조2항을 위반하여 운전면허증을 다른 사람에게 빌려 주었을 때
라. 철도차량을 운전 중 고의 또는 중과실로 철도사고를 일으켰을 때

정답 및 풀이 : 라
철도차량을 운전 중 고의 또는 중과실로 철도사고를 일으켰 을때는 업무정지에 해당한다.

8. 운전면허의 효력정지기간을 줄이거나 늘려서 철분할 수 있는 경우로 알맞지 않은 것은?
가. 철도안전에 대한 위험을 피하기 위한 부득이한 사유가 있는 경우
나. 위반행위의 정도, 위반행위의 동기가 그 결과 등을 고려하여 처분을 줄일 필요가 있다고 인정되는 경우
다. 고의 또는 중과실에 의해 위반행위가 발생한 경우
라. 다른 열차의 운행안전 및 공중에는 상관없이 여객에만 상당한 영향을 미친 경우

정답 및 풀이 : 다른 열차의 운행안전 및 여객, 공중에 상당한 영향을 미친 경우에는 효력정지시간을 늘려서 처분할 수 있다.

9. 운전면허의 취소, 정지에 대한 설명으로 틀린 것은?
가. 철도차량 운전 중 중과실을 일으켰을 경우 면허를 취소 또는 1년 이내의 효력정지의 처분을 받는다.
나. 운전면허의 취소 또는 효력정지를 통지받은 운전면허 취득자는 통지를 받은 날로부터 15일 이내에 한국교통안전공단에게 반납하여야 한다.
다. 운전면허의 취소 또는 효력정지 처분의 통지를 받은 사람은 통지를 받은 날로부터 15일 이내에 한국교통안전공단에게 반납하여야 한다.
라. 운전면허 취소 사유 중에는 효력 정지 기간 중 철도차량을 운전한 경우가 있다.

정답 및 해설 : 나
철도안전법 제20조(운전면허의 취소·정지 등)
③ 제2항에 따른 운전면허의 취소 또는 효력정지 통지를 받은 운전면허 취득자는 그 통지를 받은 날부터 15일 이내에 운전면허증을 국토교통부장관에게 반납하여야 한다.
철도안전법 시행규칙 제34조(운전면허의 취소 및 효력정지 처분의 통지 등)
④ 제1항에 따라 운전면허의 취소 또는 효력정지 처분의 통지를 받은 사람은 통지를 받은 날부터 15일 이내에 운전면허증을 한국교통안전공단에 반납하여야 한다.

10. 다음 운전면허의 효력 정지 및 취소에 대한 설명으로 틀린 것은?
① 국토교통부장관은 운전면허를 취소 및 효력정지를 한 경우, 그 즉시 해당 운전면허 취득자와 취득자를 고용하고 있는 철도운영자 등에게 통지하여야 한다.
② 운전면허의 효력정지 및 취소처분을 받은 취득자에게 통상적인 방법으로 통지할 수 없는 경우 한국교통안전공단의 홈페이지에 14일 이상 공고함으로 갈음할 수 있다
③ 철도차량 운전면허를 타인에게 빌려준 경우 면허 취소 사유에 해당한다.
④ 국토교통부장관은 운전면허의 발급, 갱신, 취소 등에 관한 자료를 5년마다 관리하여야 한다.
가. 1개
나. 2개
다. 3개
라. 4개

정답 및 해설 : 가
철도안전법 제20조(운전면허의 취소·정지 등)
⑥ 국토교통부장관은 국토교통부령으로 정하는 바에 따라 운전면허의 발급, 갱신, 취소 등에 관한 자료를 유지 · 관리하여야 한다.

11. 다음 중 운전면허를 취소하여야 하는 것이 아닌 것은?
가. 거짓이나 그 밖의 부정한 방법으로 운전면허를 받았을 때
나. 운전면허의 효력정지기간 중 철도차량을 운전하였을 때
다. 술을 마시거나 약물을 사용한 상태에서 철도차량을 운전하였을 때
라. 운전면허증을 다른 사람에게 빌려주었을 때

정답 및 풀이 : 다
철도안전법 제20조(운전면허의 취소, 정지 등)
- 국토교통부장관은 운전면허를 취득자가 다음 각 호의 어느 하나에 해당할 때에는 운전면허를 취소하거나 1년 이내의 기간을 정하여 운전면허의 효력을 정지시킬 수 있다. 다만, 제1호부터 제4호까지의 규정에 해당할 때에는 운전면허를 취소하여야 한다.
- 다 = 철도안전법 제20조6

12. 운전면허의 취소 및 효력정지 처분의 통지에 대한 설명으로 옳지 않은 것은?
가. 국토교통부장관은 법 제20조제1항에 따라 운전면허의 취소나 효력정지 처분을 한 때에는 별지 제22호의 서식의 철도차량 운전면허 취소, 효력정지 처분 통지서를 해당 처분대상자에게 발송하여야 한다.
나. 국토교통부장관은 제1항에 따른 처분대상자가 철도운영자등에게 소속되어 있는 경우 철도운영자등에게 그 처분 사실을 통지하여야 한다.
다. 제1항에 따른 처분대상자의 주소 등을 통상적인 방법으로 확인할 수 없는 경우 한국교통안전공단 게시판에 14일 이상 공고함으로써 제1항에 따른 통지에 갈음할 수 있다.
라. 제1항에 따라 운전면허의 취소 또는 효력정지 처분의 통지를 받은 사람은 통지를 받은 날부터 14일 이내에 운전면허증을 한국교통안전공단에 반납하여야 한다.

정답 및 풀이: 라
철도안전법 시행규칙 제34조4(운전면허의 취소 및 효력정지 처분의 통지)
제1항에 따라 운전면허의 취소 또는 효력정지 처분의 통지를 받은 사람은 통지를 받은 날부터 15일 이내에 운전면허증을 한국교통안전공단에 반납하여야한다.

13. 철도차량 운전면허시험의 기능시험과목에 대한 설명으로 옳지 않은 것은?
가. 준비점검
나. 기동취급
다. 제동기 외의 기기취급
라. 신호준수, 운전취급, 선로숙지

정답 및 풀이 : 나
철도안전법 시행규칙 [별표10]
기능시험: 준비점검, 제동취급, 제동기 외의 기기 취급, 신호준수, 운전취급, 신호-선로숙지, 비상시 조치 등

14. 철도차량 운전면허시험의 합격기준에 관한 설명으로 옳지 않은 것은?
가. 필기시험 합격기준은 과목당 100점을 만점으로 하여 매 과목 40점 이상, 총점 평균 60점 이상 득점
나. 철도관련 법의 경우 60점 이상
다. 기능시험을 실제차량이나 모의운전연습기를 활용
라. 기능시험의 합격기준은 시험 과목당 40점 이상, 총점 평균 60점 이상 득점

정답 및 풀이 : 라
철도안전법 시행규칙 [별표10] 2-나
기능시험의 합격기준은 시험 과목당 60점 이상, 총점 평균 80점 이상 득점한 사람

15. 운전면허의 갱신에 관한 내용으로 옳지 않은 것은?
가. 운전면허의 유효기간은 10년으로 한다.
나. 운전면허의 효력을 유지하려는 사람은 유효기간 만료 전 운전면허의 갱신을 받아야 한다.
다. 법 제19조 4항에 따라 운전면허의 효력이 정지된 사람이 6개월의 범위에서 새로이 갱신을 받지 아니하면 기간 만료일 당일부터 운전면허의 효력을 잃는다.
라. 법 제19조 제5항에서 "대통령령으로 정하는 기간"이란 6개월을 말한다.

정답 및 풀이 : 다
법 제19조 4항에 따라 기간 만료일 그 다음날부터 운전면허의 효력을 잃는다.

16. 운전면허의 갱신에 필요한 경력에 관한 내용으로 옳지 않은 것은?
가. 국토교통부령으로 정하는 철도차량의 운전업무에 종사한 경력이 6개월 이상인 경우
나. 관제 업무, 운전교육훈련기관에서의 운전 교육훈련 업무, 철도운영자 등에게 소속되어 운전자를 지도-교육-관리하거나 감독하는 업무를 2년 이상 종사한 경력
다. 운전교육훈련기관이나 철도운영자 등이 실시한 철도차량 운전에 필요한 교육훈련을 운전면허 갱신신청일 전까지 20시간 이상 받은 경우
라. 운전면허 갱신에 필요한 세부 사항은 대통령이 정하여 고시한다.

정답 및 풀이 : 라
시행규칙 제32조 제4항에 따라 운전면허 갱신에 필요한 세부 사항은 국토교통부 장관이 정하여 고시한다.

17. 운전면허의 취소, 정지에 관한 내용으로 옳지 않은 것은?
가. 운전면허의 취소 또는 효력 정지 통지를 받으면 14일 이내에 운전면허증을 국토 교통부장관에게 반납하여야 한다.
나. 국토교통부장관은 반납받은 운전면허증을 정지기간이 끝나면 즉시 돌려주어야 한다.
다. 취소 및 효력 정지 처분의 세부 기준 및 절차는 국토교통부령으로 정한다.
라. 국토교통부장관은 운전면허의 발급, 갱신, 취소 등에 관한 자료를 유지-관리하여야 한다.

정답 및 풀이 : 가
법 제20조 제3항에 따라 15일 이내에 운전면허증을 반납하여야 한다.

18. 운전면허의 취소 및 효력정지 처분의 통지에 관한 사항으로 옳지 않은 것은?
가. 국토교통부 장관은 운전면허 취소-효력 정지 처분 통지서를 해당 처분대상자에게 발송하여야 한다.
나. 처분대상자가 철도운영자 등에게 소속되어 있는 경우에는 철도운영자 등에게 그 처분 사실을 통지하여야 한다.
다. 처분대상자의 주소를 확인할 수 없거나 통지서를 송달 할 수 없는 경우에는 한국교통안전공단 게시판 또는 홈페이지에 15일 이상 공고함으로써 통지한다.
라. 취소 또는 효력 정지의 처분의 통지를 받은 사람은 받은 날부터 15일 이내에 운전면허증을 반납하여야 한다.

정답 및 풀이 : 다
시행규칙 제34조 제3항에 따라 14일 이상 공고한다.

19. 운전면허 갱신에 관한 설명 중 옳지 않은 것은?
가. 운전면허의 유효기간은 10년이다
나. 운전면허의 효력이 정지된 사람이 운전면허 갱신을 받은 경우 해당 운전 면허의 유효기간은 갱신 받기 전 운전면허의 유효기간 만료일 다음날부터 기산한다
다. 운전면허의 효력이 정지된 사람이 5개월의 범위에서 대통령령으로 정하는 기간 내에 운전면허의 갱신을 신청하여 운전면허의 갱신을 받지 아니하면 그 기간이 만료되는 날의 다음 날부터 그 운전면허는 효력을 잃는다.
라. 운전면허 취득자가 제2항에 따른 운전면허의 갱신을 받지 아니하면 그 운전면허의 유효기간이 만료되는 날의 다음 날부터 그 운전면허의 효력이 정지된다.

정답 및 풀이 : 다
철도안전법 제19조(운전면허의 갱신)
5. 운전면허의 효력이 정지된 사람이 6개월의 범위에서 대통령령으로 정하는 기간 내에 운전면허의 갱신을 신청하여 운전면허의 갱신을 받지 아니하면 그 기간이 만료되는 날의 다음 날부터 그 운전면허는 효력을 잃는다.

20. 운전면허를 바로 취소하여야 하는 조건이 아닌 경우는?
가. 거짓이나 그 밖의 부정한 방법으로 운전면허를 받았을 때
나. 운전면허의 효력정지기간 중 철도차량을 운전하였을 때
다. 제19조의2를 위반하여 운전면허증을 다른 사람에게 빌려주었을 때
라. 제41조제2항을 위반하여 술을 마시거나 약물을 사용한 상태에서 업무를 하였다고 인정할 만한 상당한 이유가 있음에도 불구하고 국토교통부장관 또는 시 · 도지사의 확인 또는 검사를 거부하였을 때

정답 및 풀이 : 라
철도안전법 제20조(운전면허의 취소·정지 등)
제1호부터 4호까지의 규정에 해당할 때에는 운전면허를 취소하여야 한다.
거짓이나 그 밖의 부정한 방법으로 운전면허를 받았을 때

제11조제2호부터 제4호까지의 규정에 해당하게 되었을 때
3. 운전면허의 효력정지기간 중 철도차량을 운전하였을 때
4. 제19조의2를 위반하여 운전면허증을 다른 사람에게 빌려주었을 때

21. 다음 중 운전면허의 취소 또는 효력정지 처분 기준이 옳은 것은?
가. 운전면허증을 타인에게 대여한 경우(1차 위반) - 효력정지 3개월
나. 철도차량을 운전 중 고의 또는 중과실로 사망자가 발생한 경우 – 효력정지 6개월
다. 철도차량을 운전규칙을 위반하여 운전을 하다가 열차운행에 중대한 차질을 초래한 경우(1차 위반) - 효력정지 1개월
라. 철도차량을 운전 중 고의 또는 중과실로 부상자가 발생한 경우(1차위반) - 면허취소

정답 및 풀이 : 다
철도안전법 시행 규칙 제35조(운전면허의 취소 또는 효력정지 처분의 세부기준) 별표 10의2
가. 운전면허증을 타인에게 대여한 경우 – 면허취소
나. 철도차량을 운전 중 고의 또는 중과실로 사망자가 발생한 경우 – 면허취소
다. 철도차량을 운전 중 고의 또는 주과실로 부상자가 발생한 경우(1차위반) - 효력정지 3개월

22. 운전면허의 취소 및 효력정지, 통지에 관한 내용으로 옳지 않는 것은?
가. 효력정지 통지를 받은 면허 취득자는 통지를 받은 날부터 15일 이내에 반납하여야 한다.
나. 국토교통부장관은 반납 받은 운전면허의 효력정지기간이 끝나면 15일 이내에 돌려주어야 한다.
다. 국토교통부장관은 처분대상자가 철도운영자등에게 소속되어 있는 경우에는 철도운영자 등에게 그 처분 사실을 통지하여야 한다.
라. 처분 통지서를 송달 할 수 없는 경우에는 한국교통안전공단 홈페이지에 14일 이상 공고하는 것으로 대체 할 수 있다.

정답 및 풀이 : 나
철도안전법 제20조(운전면허의 취소, 정지 등)
④ 국토교통부장관은 제3항에 따라 운전면허의 효력이 정지된 사람으로부터 운전면허증을 반납받았을 때에는 보관하였다가 정지기간이 끝나면 즉시 돌려주어야 한다.

23. 운전면허취소, 효력정지 처분의 세부기준으로 옳지 않은 것은? (기준은 1차 위반)
가. 철도차량운전규칙을 위반하여 열차운행에 중대한 차질 발생 - 1개월 효력정지
나. 1천만 원의 물적 피해가 발생한 경우 - 2개월 효력정지
다. 국토교통부령으로 정하는 철도차량운행에 관한 안전 수칙을 준수하지 않은 경우 - 1개월 효력정지
라. 철도사고 발생 시 해당 운전업무종사자, 여객승무원이 현장을 이탈한 경우 - 3개월 효력정지

정답 및 풀이 : 다
철도안전법 규칙 별표 10-2
법 제40조의2제1항을 위반한 경우 1차 위반은 경고처분
법 제40조의2제1항의 내용
1. 철도차량 출발 전 국토교통부령으로 정하는 조치 사항을 이행할 것
2. 국토교통부령으로 정하는 철도차량운행에 관한 안전 수칙을 준수할 것

24. 운전면허취소 및 효력정지에 관련하여 맞지 않은 내용은?
가. 위반행위의 횟수에 따른 행정처분의 기준은 최근 1년간 같은 위반행위로 행정처분을 받은 경우 적용한다.
나. 처분을 늘릴 필요가 있다고 판단되어 효력정지기간을 늘리는 경우, 각 처분기준을 합산한 기간은 1년을 초과할 수 없다.
다. 고의 또는 중과실에 의해 위반행위가 발생한 경우 3분의1의 범위에서 효력정지기간을 늘려 처분할 수 있다.
라. 위반행위가 둘 이상인 경우로서 그에 해당하는 각각의 처분기준이 다른 경우에는 그중 무거운 처분기준에 따른다.

정답 및 풀이 : 다
철도안전법 규칙 별표 10-2 비고
3. 국토교통부장관은 다음 어느 하나에 해당하는 경우에는 위 표 제5호, 제5호의2, 제5호의3 및 제11호에 따른 효력정지기간(위반행위가 둘 이상인 경우
에는 비고 제1호에 따른 효력정지기간을 말한다)을 2분의 1의 범위에서 이를 늘리거나 줄일 수 있다.

25. 운전면허를 1년 이내의 기간을 정하여 정지할 수 있는 조건이 아닌 것은?
가. 혈중 알코올 농도 0.02% ~ 0.1% 상태에서 운전하다가 철도사고를 일으킨 경우
나. 철도차량 출발 전 국토교통부령으로 정하는 조치사항을 이행하지 아니한 경우
다. 철도차량운전규칙을 위반하여 중대한 사고를 초래하였을 경우
라. 혈중 알코올 농도 0.02%~0.1% 상태에서 운전한 경우

정답 및 풀이 : 가
철도안전법 규칙 별표 10-2
6. 법 제41조제1항을 위반하여 술에 만취한 상태(혈중 알코올 농도 0.1% 이상)에서 운전한 경우 = 1차 면허취소

26. 다음 중 운전면허의 갱신에 관한 내용으로 운전면허의 유효기간은 몇 년인가?
가. 5년
나. 10년
다. 15년
라. 20년

정답 및 풀이 : 나
철도안전법 제19조(운전면허의 갱신)
운전면허의 유효기간은 10년으로 한다.

27. 다음 중 운전면허 갱신에 필요한 경력 등에 관한 내용으로 틀린 것은?
가. 국토교통부령으로 정하는 철도차량의 운전업무에 종사한 경력이란 운전면허의 유효기간 내에 6개월 이상 해당 철도차량을 운전한 경력을 말한다.
나. 법 제19조제3항제1호에서 이와 같은 수준 이상의 경력이란 관제업무, 운전교육훈련기관에서의 운전교육훈련업무, 철도시설관리자등에게 소속되어 철도차량 운전자를 지도 · 교육 · 관리하거나 감독하는 업무
다. 법 제19조제3항제2호에서 국토교통부령으로 정하는 교육을 받은 경우
라. 제1항 및 제2항에 따른 경력의 인정, 제3항에 따른 교육훈련의 내용 등 운전면허 갱신에 필요한 세부사항은 국토교통부장관이 정하여 고시한다.

정답 및 풀이 : 나
시행규칙 제32조(운전면허 갱신에 필요한 경력 등)
3. 법 제19조제3항제1호에서 이와 같은 수준 이상의 경력이란 관제업무, 운전교육훈련기관에서의 운전교육훈련업무, 철도운영자등에게 소속되어 철도차량 운전자를 지도 · 교

육 · 관리하거나 감독하는 업무

28. 다음 중 운전면허 갱신 안내 통지에 관한 내용으로 빈칸에 들어갈 알맞은 말은?

> 한국교통안전공단은 법 제19조제4항에 따라 운전면허의 효력이 정지된 사람이 있는 때에는 해당 운전면허의 효력이 정지된 날부터 ( )이내에 해당 운전면허 취득자에게 이를 통지하여야 한다.

가. 10일
나. 20일
다. 30일
라. 40일

정답 및 풀이 : 다
시행규칙 제33조(운전면허 갱신 안내 통지)
한국교통안전공단은 법 제19조제4항에 따라 운전면허의 효력이 정지된 사람이 있는 때에는 해당 운전면허의 효력이 정지된 날부터 30일이내에 해당 운전면허 취득자에게 이를 통지하여야 한다.

29. 다음 중 국토교통부장관이 운전면허 취득자의 운전면허를 취소시키거나 1년 이내의 기간을 정하여 운전면허의 효력을 정지시킬 수 있는 내용으로 틀린 것은?
가. 거짓이나 그 밖의 부정한 방법으로 운전면허를 받았을 때
나. 운전면허의 효력정지기간 중 철도차량을 운전하였을 때
다. 제19조의2를 위반하여 운전면허증을 다른 사람에게 빌려주었을 때
라. 철도차량을 운전 중 과실로 철도사고를 일으켰을 때

정답 및 풀이 : 라
철도안전법 제20조(운전면허의 취소·정지등)
5. 철도차량을 운전 중 고의 또는 중과실로 철도사고를 일으켰을 때

30. 다음 중 운전면허의 취소 및 효력정지 처분의 통지에 관한 내용으로 제1항에 따라 운전면허의 취소 또는 효력정지 처분의 통지를 받은 사람은 통지를 받은 날부터 몇 일 이내에 운전면허증을 한국교통안전공단에 반납하여야 하는가?
가. 7일
나. 10일
다. 15일
라. 20일

정답 및 풀이 : 다
시행규칙 제34조(운전면허의 취소 및 효력정지 처분의 통지 등)
4. 제1항에 따라 운전면허의 취소 또는 효력정지 처분의 통지를 받은 사람은 통지를 받은 날부터 15일 이내에 운전면허증을 한국교통안전공단에 반납하여야 한다.

31. 철도차량 운전면허시험의 합격기준 중 아닌 것은?
가. 필기시험 합격기준은 과목당 100점을 만점으로 하여 매 과목 40점 이상, 총점 평균 60점 이상 득점
나. 철도관련 법의 경우 60점 이상
다. 기능시험을 실제차량이나 모의운전연습기를 활용
라. 기능시험의 합격기준은 시험 과목당 40점 이상, 총점 평균 60점 이상 득점

정답 및 풀이: 라 (60점 ⇒ 80점)

32. 운전면허의 갱신에 대한 설명으로 옳지 않은 것은?
가. 운전면허의 유효기간은 10년으로 한다.
나. 운전면허 취득자가 제2항에 따른 운전면허의 갱신을 받지 아니하면 그 운전면허의 유효기간이 만료되는 날의 다음 날부터 그 운전면허의 효력이 정지된다.
다. 제4항에 따라 운전면허의 효력이 정지된 사람이 6개월의 범위에서 국토교통부령으로 정하는 기간 내에 운전면허의 갱신을 신청하여 운전면허의 갱신을 받지아니하면 그 기간이 만료되는 날의 다음 날부터 그 운전면허는 효력을 잃는다.
라. 국토교통부장관은 운전면허 취득자에게 그 운전면허의 유효기간이 만료되기 전에 국토교통부령으로 정하는 바에 따라 운전면허의 갱신에 관한 내용을 통지하여야 한다.

정답 및 풀이: 다
국토교통부령 ⇒ 대통령령

33. 운전면허의 취소 및 효력정지 처분의 통지에 대한 설명으로 옳지 않은 것은?
가. 국토교통부장관은 제1항에 따른 처분대상자가 철도운영자등에게 소속되어 있는 경우에는 철도운영자들에게 그 처분 사실을 통지하여야 한다.
나. 제1항에 따라 운전면허의 취소 또는 효력정지 처분의 통지를 받은 사람은 통지를 받은 날부터 14일 이내에 운전면허증을 한국교통안전공단에 반납하여야 한다.
다. 처분대상자의 주소등을 통상적인 방법으로 확인할 수 없거나 철도차량 운전면허 취소, 효력정지 처분 통지서를 송달할 수 없는 경우에는 운전면허시험기관인 한국교통안전공단 게시판 또는 인터넷 홈페이지에 14일 이상 공고할 수 있다.
라. 국토교통부장관은 법 제20조제1항에 따라 운전면허의 취소나 효력정지 처분을 한 때에는 별지 제22호 서식의 철도차량 운전면허 취소, 효력정지 처분 통지서를 해당 처분대상자에게 발송하여야 한다.

정답 및 풀이: 나
14 ⇒ 15일

34. 다음 중 운전면허 취소 조건에 해당하지 않는 것은?
가. 거짓이나 그 밖의 부당한 방법으로 운전면허를 받았을 때
나. 운전면허의 효력정지기간 중 철도차량을 운전하였을 때
다. 제19조의2를 위반하여 운전면허증을 다른 사람에게 빌려주었을 때
라. 제41조제1항을 위반하여 술을 마시거나 약물을 사용한 상태에서 철도차량을 운전하였을 때

⇒ 라. 법 제20조, 라의 경우, 혈 중 알코올농도가 0.02% 이상 0.1% 미만일 경우
효력정지 3개월 ⇒ 면허취소 순임.

35. 다음 중 운전면허 취소에 해당하지 않는 것은?
가. 거짓이나 그 밖의 부정한 방법으로 운전면허를 받았을 때
나. 운전면허의 효력정지기간 중 철도차량을 운전하였을 때
다. 제41조제1항을 위반하여 술을 마시거나 약물을 사용한 상태에서 철도차량을 운전하였을 때
라. 19조의2를 위반하여 운전면허증을 다른 사람에게 빌려주었을 때

정답 및 풀이 : 다
법 제20조(운전면허의 취소정지 등) 1. 국토교통부장관은 운전면허 취득자가 다음 각 호의 어느 하나에 해당할 때에는 운전면허를 취소하거나 1년 이내의 기간을 정하여 운전면허의 효력을 정지시킬 수 있다. 다만, 제1호부터 제4호까지의 규정에 해당할 때에는 운전면허를 취소하여야 한다.

1. 거짓이나 그 밖의 부정한 방법으로 운전면허를 받았을 때
2. 제11조제2호부터 제4호까지의 규정에 해당하게 되었을 때
3. 운전면허의 효력정지기간 중 철도차량을 운전하였을 때
4. 제19조의2를 위반하여 운전면허증을 다른 사람에게 빌려주었을 때
다. 제41조제1항을 위반하여 술을 마시거나 약물을 사용한 상태에서 철도차량을 운전하였을 때

36. 다음 중 효력정지에 관한 설명으로 알맞지 않은 것은?

가. 위반행위가 둘 이상인 경우로서 그에 해당하는 각각의 처분기준이 다른 경우에는 그중 무거운 처분기준에 따른다.
나. 위반행위가 둘 이상인 경우로서 그에 해당하는 각각의 처분기준이 같은 경우에는 무거운 처분기준의 2분의 1까지 가중할 수 있되, 각 처분기준을 합산한 기간을 초과할 수 없다.
다. 최근 1년간 같은 위반행위로 행정처분을 받은 경우 행정처분 기준의 적용은 같은 위반행위에 대하여 최초로 행정처분을 한 날과 그 처분 후의 위반행위를 행한 날을 기준으로 한다.
라. 철도안전에 대한 위험을 피하기 위한 부득이한 사유가 있는 경우 효력정지기간을 줄여서 처분할 수 있다.

정답 및 풀이 : 다
위반행위의 횟수에 따른 행정처분의 기준은 최근 1년간 같은 위반행위로 행정처분을 받은 경우에 적용한다. 이 경우 행정처분 기준의 적용은 같은 위반행위에 대하여 최초로 행정처분을 한 날과 그 처분 후의 위반행위가 다시 적발된 날을 기준으로 한다.

37. 운전면허의 취소·정지 등에 관한 사유로 알맞지 않은 것은?

가. 거짓이나 그 밖의 부정한 방법으로 운전면허를 받았을 때
나. 운전면허 효력정지기간 지나고 철도차량을 운전하였을 때
다. 철도차량을 운전 중 고의 또는 중과실로 철도사고를 일으켰을 때
라. 제41조제2항을 술을 마시거나 약물을 사용한 상태에서 철도차량을 운전하였을 때

정답 및 풀이: 나
법 제20조(운전면허의 취소·정지 등)에 관한 내용에서 운전면허 효력정지기간 중 철도차량을 운전하였을 때 취소나 정지 기준이기에 틀린답은 '나'이다.

38. 운전면허 갱신 안내 통지에 설명으로 알맞지 않은 것은?

가. 한국교통안전공단은 법 제19조제4항에 따라 운전면허의 효력이 정지된 사람이 있는 때에는 해당 운전면허의 효력이 정지된 날부터 60일 이내에 해당 운전면허 취득자에게 이를 통지하여야 한다.
나. 한국교통안전공단은 법 제19조제6항에 따라 운전면허의 유효기간 만료일 6개월 전까지 해당 운전면허 취득자에게 운전면허 갱신에 관한 내용을 통지하여야 한다.
다. 제2항에 따른 운전면허 갱신에 관한 통지는 별지 제21호서식의 철도차량 운전면허 갱신통지서에 따른다.
라. 제1항 및 제2항에 따른 통지를 받을 사람의 주소 등을 통상적인 방법으로 확인할 수 없거나 통지서를 송달할 수 없는 경우에는 한국교통안전공단 게시판 또는 인터넷 홈페이지에 14일 이상 공고함으로써 통지에 갈음할 수 있다.

정답 및 풀이: 가
시행규칙 제33조(운전면허 갱신 안내 통지)에서 해당 운전면허의 효력이 정지된 날부터 60일이 아닌 30일 이내에 해당 운전면허 취득자에게 이를 통지하여야 한다. 라고 나와 있다.

39. 운전면허의 취소 및 효력정지 처분의 통지에 관한 내용으로 알맞지 않은 것은?

가. 국토교통부장관은 법 제20조제1항에 따라 운전면허의 취소나 효력정지 처분을 한때에는 철도차량 운전면허 취소 · 효력정지 처분 통지서를 해당 처분대상자에게 발송하여야 한다.

나. 국토교통부장관은 제1항에 따른 처분대상자가 철도운영자등에게 소속되어 있는 경우에는 철도사업자등에게 그 처분 사실을 통지하여야 한다.

다. 제1항에 따른 처분대상자의 주소 등을 통상적인 방법으로 확인할 수 없거나 별지 제22호서식의 철도차량 운전면허 취소·효력정지 처분 통지서를 송달할 수 없는 경우에는 운전면허시험기관인 한국교통안전공단 게시판 또는 인터넷 홈페이지에 14일 이상 공고함으로써 제1항에 따른 통지에 갈음할 수 있다.

라. 제1항에 따라 운전면허의 취소 또는 효력정지 처분의 통지를 받은 사람은 통지를 받은 날부터 15일 이내에 운전면허증을 한국교통안전공단에 반납하여야 한다.

정답 및 풀이 : 나

시행규칙 제34조(운전면허의 취소 및 효력정지처분의 통지 등)에서 국토교통부장관은 제1항에 따른 처분대상자가 철도사업자등이 아닌 철도운영자등에게 소속되어 있는 경우에는 철도운영자등에게 그처분 사실을 통지하여야 한다. 라고 나와 있다.

40. 다음 중 운전면허 효력정지기간을 늘려서 처분할 수 있는 경우가 아닌 것은?

가. 고의 또는 중과실에 의해 위반행위가 발생한 경우

나. 철도안전에 대한 위협을 피하기 위한 부득이한 사유가 있는 경우

다. 다른 열차의 운행안전 및 여객·공중(公衆)에 상당한 영향을 미친 경우

라. 그 밖에 위반행위의 정도, 위반행위의 동기와 그 결과 등을 고려하여 처분을 늘릴 필요가 있다고 인정되는 경우.

정답 및 풀이: 나

별표 10에서 2를 살펴보면 철도안전에 대한 위협을 피하기 위한 부득이한 사유가 있는 경우는 운전면허 효력정지기간을 줄여서 처분할 수 있는 경우에 속하기 때문에 정답이 아니다.

41. 다음 중 운전면허를 취소하여야 하는 경우로 옳지 않은 경우는?

가. 거짓이나 그 밖의 부정한 방법으로 운전면허를 받았을 때

나. 운전면허증을 다른 사람에게 빌려주었을 때

다. 운전면허의 효력정지기간 중 철도차량을 운전하였을 때

라. 철도차량을 운전 중 고의 또는 중과실로 철도사고를 일으켜 부상자가 발생하였을 때

정답 및 풀이 : 라

철도안전법 제 20조(운전면허의 취소·정지 등) ,

철도안전법 시행규칙 [별표 10의 2] 운전면허취소·효력정지 처분의 세부기준

- 5. 철도차량을 운전 중 고의 또는 중과실로 철도 사고를 일으켰을 때

사망자 발생시 면허취소

부상자 발생시 1차 효력정지 3개월 / 2차 면허취소

1천만원 이상 물적 피해 발생시

1차 효력정지 2개월 / 2차 효력정지 3개월 / 3차 면허취소

42. 다음 중 대통령령으로 정하는 운전면허 없이 운전할 수 있는 경우가 아닌 것은?

가. 철도차량 운전에 관한 전문 교육훈련기관에서 실시하는 운전교육훈련을 받기 위해 철도차량을 운전하는 경우

나. 운전면허시험을 치르기 위해 철도차량을 운전하는 경우

다. 철도차량을 점검하기 위한 공장 밖의 선로에서 철도차량을 운전해 이동하는 경우

라. 철도사고등을 복구하기 위하여 열차 운행이 중지된 선로에서 사고복구용특수차량을 운전해 이동하는 경우

정답 및 풀이 : 다
철도안전법 시행령 제10조(운전면허 없이 운전할 수 있는 경우)
철도차량을 제작, 조립, 정비하기 위한 공장 안의 선로에서 철도차량을 운전해 이동하는 경우

43. 운전적성검사에 관한 설명으로 틀린 것은?
가. 운전적성검사에 불합격한 사람은 검사일로부터 1개월 동안 운전적성검사를 받을 수 없다.
나. 운전적성검사에 과정에서 부정행위를한 사람은 검사일로부터 1년 동안 운전적성검사를 받을 수 없다.
다. 운전적성검사의 합격기준, 검사의 방법 및 절차 등에 관한 필요한 사항은 국토교통부령으로 정한다.
라. 국토교통부장관은 운전적성검사에 관한 전문기관을 지정해 운전적성검사를 하게 할 수 있다.

정답 및 풀이 : 가
철도안전법 제15조(운전적성검사)
운전적성검사에 불합격한 사람은 검사일로부터 3개월 동안 운전적성검사를 받을 수 없다.

44. 다음 중 국토교통부장관이 지정을 취소하거나 6개월 이내의 업무의 정지를 명할 수 있는 경우가 아닌 것은?
가. 지정기준에 맞지 아니하게 되었을 때
나. 정당한 사유 없이 운전적성검사 업무를 거부하였을 때
다. 업무정지 명령을 위반해 그 정지 기간 중 운전적성검사 업무를 하였을 때
라. 부정한 방법으로 운전적성검사 판정서를 발급하였을 때

정답 및 풀이 : 라
철도안전법 제15조의2(운전적성검사기관의 지정취소 및 업무정지)

45. 법 제15조의2(운전적성검사기관의 지정취소 및 업무정지) 중 국토교통부장관이 운전적성검사기관의 지정을 취소하여야 하는 것은?
가. 거짓이나 그 밖의 부정한 방법으로 지정을 받았을 때
나. 제15조제5항에 따른 지정기준에 맞지 아니하게 되었을 때
다. 제15조제6항을 위반하여 정당한 사유 없이 운전적성검사 업무를 거부하였을 때
라. 제15조6항을 위반하여 거짓이나 그 밖의 부정한 방법으로 운전적성검사판정서를 발급하였을 때

46. 운전적성검사기관 및 관제적성검사기관의 지정취소 및 업무정지의 기준 중 위반사항으로 정당한 사유 없이 운전적성검사업무 또는 관제적성검사업무를 거부한 경우의 처분기준으로 틀린 것은?
가. 1차 위반 : 경고 또는 보완명령
나. 2차 위반 : 업무정지 1개월
다. 3차 위반 : 업무정지 3개월
라. 4차 위반 : 지정취소

답 및 풀이 가
[별표 6] 정당한 사유 없이 운전적성검사업무 또는 관제적성검사업무를 거부한 경우 1차 위반시 경고

47. 운전적성검사기관의 지정취소를 해야만 하는 경우는?
가. 지정기준에 맞지 아니하게 되었을 때
나. 정당한 사유 없이 운전적성검사 업무를 거부하였을 때
다. 업무정지 명령을 위반하여 그 정지기간중 운전적성검사 업무를 하였을 때
라. 그 밖의 부정한 방법으로 운전적성검사판정서를 발급 하였을 때

정답 및 풀이 : 다
철도안전법 15조의2
1. 다만 제1호 및 제2호에 해당할 때에는 지정을 취소하여야 한다
1. 거짓이나 그 밖의 부정한 방법으로 지정을 받았을 때
2. 업무정지 명령을 위반하여 그 정지기간 중 운전적성검사 업무를 하였을 때

48. 다음 중 틀린 것은?
가. "사망자"란 철도사고가 발생한 날부터 30일 이내에 그 사고로 사망한 경우를 말한다.
나. "재산피해액"이란 시설피해액, 차량피해액, 운임환불 등을 포함한 직접손실액을 말한다.
다. 동력장치가 집중되어 있는 철도차량을 기관차, 동력장치가 분산되어 있는 철도차량을 부수차로 구분한다.
라. 도로 위에 부설한 레일 위를 주행하는 철도차량은 노면전차로 구분한다.

정답 및 풀이 : 다
동력장치가 분산되어 있는 차량을 동차라고 한다.

49. 철도안전법 제11조(운전면허의 결격사유)에 대한 설명으로 알맞지 않은 것은?
가. 19세 미만인 사람
나. 철도차량 운전상의 위험과 장해를 일으킬 수 있는 정신질환자 또는 뇌전증환자로서 국토교통부령으로 정하는 사람
다. 철도차량 운전상의 위험과 장해를 일으킬 수 있는 약물(마약류 관리에 관한 법률 제2조제1호에 따른 마약류 및 화학물질관리법 제22조제1항에 따른 환각물질을 말한다. 이하 같다) 또는 알코올 중독자로서 대통령령으로 정하는 사람
라. 두 귀의 청력 또는 두 눈의 시력을 완전히 상실한 사람

정답 및 풀이 : 나
철도안전법 제11조 2항
철도차량 운전상의 위험과 장해를 일으킬 수 있는 정신질환자 또는 뇌전증환자로서 대통령령으로 정하는 사람

50. 운전면허의 결격사유에 해당하는 사람이 아닌 것은?
가. 19세 미만인 사람
나. 철도차량 운전상의 위험과 장애를 일으킬 수 있는 정신질환자 또는 뇌전증 환자로서 국토교통부령으로 정하는 사람
다. 알코올 중독자
라. 운전면허가 취소된 후 1년 6개월이 지난 사람

정답 및 풀이 : 나
철도안전법 제11조(운전면허의 결격사유)
1. 19세 미만인 사람
2. 철도차량 운전상의 위험과 장해를 일으킬 수 있는 정신질환자 또는 뇌전증환자로서 대통령령으로 정하는 사람
3. 철도차량 운전상의 위험과 장해를 일으킬 수 있는 약물
또는 알코올 중독자로서 대통령령으로 정하는 사람
5. 운전면허가 취소된 날부터 2년이 지나지 아니하였거나 운전면허의 효력정지기간 중인 사람

51. 운전적성검사기관의 지정취소 및 업무정지의 기준에서 옳은 것은?
가. 거짓이나 그 밖의 부정한 방법으로 지정을 받은경우 1차 위반시 지정취소
나. 정당한 사유 없이 운전적성검사업무를 거부한 경우 1차위반 시 보완명령
다. 정당한 사유 없이 운전적성검사업무를 거부한 경우 3차위반 시 지정취소
라. 업무정지 명령을 위반하여 그 정지기간 중 운전적성검사업무를 한 경우 1차위반 시 경고

정답 및 풀이 : 가
별표6 운전적성검사기관 지정취소 및 업무정지의 기준에 따르면 '나'는 경고, '다'는 4차 위반 시 지정취소, '라'는 1차위반시 지정취소이다.

52. 운전면허 없이 운전할 수 있는 경우로 알맞은 것은?
가. 운전교육기관에서 실시하는 운전체험교육을 받기 위한 경우
나. 철도사고 등을 복구하기 위해 사고복구용 특수차량을 운전하는 경우
다. 철도차량을 제작, 조립, 정비 후 바로 일반 철도를 운전하는 경우
라. 철도차량을 제작, 조립, 정비 후 특수 장비로 견인하여 운전하는 경우
마. 운전면허시험을 치르기 위해 혼자 철도차량에 탑승하는 경우

정답 및 풀이: 나
1. 운전교육기관에서 실시하는 운전교육훈련을 받기 위한 경우
3~4. 철도차량을 제작·조립·정비하기 위한 공장 안의 선로에서 철도차량을 운전하여 이동하는 경우
5. 철도차량에 운전교육훈련을 담당하는 사람이나 운전면허시험에 대한 평가를 담당하는 사람을 승차시켜야 함.

53. 운전면허적성검사 항목중 반응형 검사에 포함되지 않는 것은?
가. 지속주의검사
나. 시각변별검사
다. 공간지각검사
라. 작업기억검사

정답 및 풀이 : 라
별표4 적성검사 항목 및 불합격 기준에 따르면 작업기억검사는 철도교통관제사 자격증명 응시자가 치는 시험과목이다.

54. [별표 7] 운전면허 취득을 위한 교육훈련 과정별 교육시간 및 교육훈련과목(제20조 제3항 관련)에 대한 설명으로 알맞지 않은 것은?
가. 일반응시자가 제2종 전기 차량 운전면허를 취득하려면 이론 270시간 기능 410시간을 교육받아야 한다.
나. 일반응시자가 노면전차 운전면허를 취득하려면 이론 200시간 기능 250시간을 교육받아야 한다.
다. 제2종 전기 차량 운전면허 소지자가 디젤차량 운전면허를 취득하려면 이론 60시간 기능 70시간을 교육받아야 한다.
라. 제2종 전기차량 운전면허 소지자가 노면전차 운전면허를 취득하려면 이론 30시간 기능 20시간을 교육받아야 한다.

정답 및 풀이 : 나
일반응시자가 노면전차 운전면허를 취득하려면 이론 200시간 기능 240시간을 교육받아야 한다.

55. [별표 4] 적성검사 항목 및 불합격 기준(제16조제2항 관련)에 대한 설명으로 알맞지 않은 것은?
가. 문답형 검사 항목에는 인성이 있다.
나. 주의력 검사에는 복합기능 선택주의 안전성향이 있다.
다. 인식 및 기억력 검사에는 시각변별, 공간지각이 있다.
라. 판단 및 행동력 검사에는 추론, 민첩성이 있다.

정답 및 풀이 : 나
주의력 검사에는 복합기능 선택주의 지속주의가 있다.

56. 제2종 전기차량 적성검사 항목 중 반응형 검사가 아닌 것은?
가. 안전성향
나. 추론
다. 시각변별
라. 지속주의

정답 및 풀이 : 가
[별표 4] 안전성향은 적성검사 항목 중 문답형 검사에 포함한다.

57. 디젤차량 운전면허를 가진 사람이 운전할 수 없는 차량은?
가. 디젤기관차
나. 증기기관차
다. 사고복구용 기중기
라. 전기기관차

정답 및 풀이 : 라
철도안전법 시행규칙<별표 1의 2>
철도차량 운전면허 종류별 운전이 가능한 철도차량
4. 디젤차량 운전면허
가. 디젤기관차
나. 디젤동차
다. 증기기관차
라. 철도장비 운전면허에 따라 운전할 수 있는 차량
5. 철도장비 운전면허
마.사고 복구용 기중기
2. 제1종 전기차량 운전면허
가. 전기기관차

58. 운전면허 결격사유에 대해 맞는 것은?
가. 20세 미만인 사람
나. 두 귀의 청력 또는 두 눈의 시력을 완전히 상실한 사람
다. 운전면허가 취소된 날부터 1년이 지나지 아니하였거나 운전면허의 효력정지기간 중인 사람
라. 알코올 중독자로서 국토교통부령으로 정하는 사람

정답 및 풀이 : 나
철도안전법 제11조
1. 19세 미만인 사람 3. 알코올 중독자로서 대통령령으로 정하는 사람 5. 운전면허가 취소된 날부터 2년

59. 제2종 전기차량운전면허 일반 응시자 이론교육 교육시간에 대해 틀린 것은?
가. 철도관련법 50시간
나. 도시철도시스템 일반 50시간
다. 전기동차의 구조 및 기능 100시간
라 이론교육 총 270시간

정답 및 풀이 : 다
별표 7
제2종 전기차량운전면허 이론교육 전기동차의 구조 및 기능 시간은 110시간이다.

60. 다음 설명 중 1차 위반에 해당하는 면허취소의 처분대상이 아닌 것은?
가. 거짓이나 그 밖의 부정한 방법으로 운전면허를 받은 경우
나. 운전면허의 효력정지 기간 중 철도차량을 운전한 경우
다. 법 제41조제1항을 위반하여 약물을 사용한 상태에서 운전한 경우
라. 법 제41조제1항을 위반하여 술을 마신 상태 (혈중 알코올 농도 0.02% 이상 0.1% 미만)에서 운전한 경우

정답 및 풀이 : 라
별표 10의 2 (운전면허의 취소 · 효력정지 처분의 세부기준)
라. 법 제41조제1항을 위반하여 술을 마신 상태 (혈중 알코올 농도 0.02% 이상 0.1% 미만)에서 운전한 경우 1차위반시 효력정지 3개월이다.

61. 다음 항목 중 다른 법령에 따라 시행하는 교육을 받은 경우 그 교육시간을 철도안전교육으로 인정해주는 교육내용이 아닌 것은?
가. 철도안전법령 및 안전관련 규정
나. 안전관리의 중요성 등 안전교육
다. 근로자의 건강관리 등 안전 • 보건관리에 관한 사항
라. 위기대응체계 및 위기대응 메뉴얼

정답 및 풀이 : 나
별표 13의 2(철도종사자에 대한 안전교육의 내용)
나. 안전관리의 중요성 등 정신교육

62. 다음 설명 중 철도종사자의 신체정기검사에 해당하는 설명으로 옳은 것은?
가. 해당 업무를 수행하기 전에 실시하는 신체검사
나. 철도종사자가 업무를 적절히 수행하기가 어렵다고 철도운영자 등이 인정하는 경우에 실시하는 신체검사
다. 최초검사를 받은 후 3년마다 실시하는 신체검사
라. 최초검사나 정기검사를 받은 날로부터 2년이 되는 날 3개월이내에 실시하는 신체검사

정답 및 풀이 : 라
제40조(운전업무종사자 등에 대한 신체검사)
가. 최초검사, 나. 특별검사, 다. 최초검사를 받은 후 2년마다 실시하는 신체검사

63. 다음 설명 중 신체검사 등을 받아야 하는 철도종사자로 대통령령으로 지정된 사람이 아닌 것은?
가. 운전업무종사자
나. 관제업무종사자
다. 철도차량 및 철도시설의 점검 · 정비업무에 종사하는 사람
라. 정거장에서 철도 신호기기 · 선로전환기 및 조작판 등을 취급하는 엄무를 수행하는 사람

정답 및 풀이 : 다
영 제21조(신체검사 등을 받아야 하는 철도종사자)
다. 철도차량 및 철도시설의 점검 · 정비업무에 종사하는 사람

64. 다음 설명 중 사업주가 철도안전에 관한 교육을 실시하여야 하는 대상으로 틀린 것은?

가. 철도차량의 운전업무에 종사하는 사람
나. 철도차량의 운행을 집중제어 · 통제 · 감시하는 업무에 종사하는 사람
다. 여객에게 승무서비스를 제공하는 사람
라. 철도시설의 건설 또는 관리와 관련한 작업의 일정을 조정하고 해당 선로를 운행하는 열차의 운행일정을 조정하는 사람

정답 및 풀이 : 라
시행규칙 제41조의2(철도종사자의 안전교육 대상 등)
라. 철도시설의 건설 또는 관리와 관련한 작업의 일정을 조정하고 해당 선로를 운행하는 열차의 운행일정을 조정하는 사람은 해당하지 않는다.

65. 다음 설명 중 운전교육훈련기관의 지정취소 및 업무정지기준에 해당하는 설명이 아닌 것은?

가. 위반행위가 둘 이상인 경우로 처분기준이 같을 경우에 무거운 처분기준의 2분의 1까지 가증할 수 있다.
나. 최근 1년간 같은 위반행위로 행정처분을 받은 경우 기간의 계산은 위반행위에 대하여 같은 위반행위를 하여 적발된 날과 그 후 행정처분을 받은 날을 기준으로 한다.
다. 법 제16조제5항을 위반하여 거짓이나 그 밖의 부정한 방법으로 운전교육훈련 수료증을 발급하여 2차위반한 경우 업무정지 3개월을 처분한다.
라. 가중된 행정처분을 하는 경우 가중처분의 적용 차수는 그 위반행위 전 부과처분 차수의 다음 차수로 한다.

정답 및 풀이 : 나
별표 9(운전교육훈련기관의 지정취소 및 멉무정지기준
나. 위반행위의 횟수에 따른 행정처분의 가중된 부과기준은 최근 1년간 같은 위반행위로 행정처분을 받은 경우에 적용한다. 이 경우 기간의 계산은 위반행위에 대하여 행정처분을 받은 날과 그 처분 후 다시 같은 위반행위를 하여 적발된 날을 기준으로 한다.

66. 다음 설명 중 운전업무종사자등의 적성검사 항목 및 불합격 기준에 관한 설명으로 틀린 것은?

가. 검사항목인 일반성향은 영 제21조제1호의 운전업무종사자의 정기검사항목 중 문답형 검사에 해당한다.
나. 문답형 검사항목 중 안전성향 검사에서 부적합으로 판정된 사람은 불합격 기준에 해당한다.
다. 반응형 검사 항목 중 부적합(E등급)이 2개이상인 사람은 불합격 기준에 해당한다.
라. 특별검사의 복합기능(운전) 및 시각변별(관제/신호) 검사는 시뮬레이터 검사기로 시행한다.

정답 및 풀이 : 가
별표 13(운전업무종사자등의 적성검사 항목 및 불합격기준)
가. 검사항목인 안전전성향은 영 제21조제1호의 운전업무종사자의 정기검사항목 중 문답형 검사에 해당한다.

67. 법 제40조의2(철도종사자의 준수사항)에 관한 설명으로 바르지 않은 것은?
가. 철도차량 출발 전 대통령령으로 정하는 조치사항을 이행할 것
나. 국토교통부령으로 정하는 철도차량 운행에 관한 안전 수칙을 준수할 것
다. 국토교통부령으로 정하는 작업안전에 관한 조치사항을 이행할 것
라. 작업일정 및 열차의 운행일정을 작업수행 전에 조정할 것

정답 및 풀이: 가
철도차량 출발 전 국토교통부령으로 정하는 조치사항을 이행할 것

68. 제2종 전기차량 운전면허 교육과목 및 시간이 틀린 것은?
가. 철도관련법 50시간
나. 도시철도시스템 일반 60시간
다. 운전이론 일반 30시간
라. 비상시조치(인적오류 예방 포함) 등 30시간

정답 및 풀이 : 나
별표7 운전면허 취득을 위한 교육훈련 과정별 교육시간 및 교육훈련과목에 따르면 도시철도시스템 일반은 50시간이다.

69. 운전면허의 결격사유로 맞지 않는 것은?
가. 철도차량 운전상의 위험과 장해를 일으킬 수 있는 정신질환자 또는 뇌전증 환자로서 대통령령으로 정하는 자
나. 19세 미만인 자
다. 두 귀의 청력과 두 눈의 시력을 완전히 상실한 자
라. 운전면허가 취소된 날부터 1년이 지나지 아니하였거나 운전면허의 효력이 정지중인 자
마. 알코올 중독자로서 대통령령으로 정하는 자

정답 및 풀이 : 라
운전면허가 취소된 날부터 2년이 지나지 아니하였거나 운전면허의 효력이 정지중인 자로 고쳐야 함

70. 운전면허 또는 관제자격증명 취득을 위한 신체검사에서 불합격 기준으로 틀린 것은?
가. 다른 사람에게 감염될 위험성이 있는 만성 피부질환자 및 한센병 환자
나. 업무 수행에 지장이 있는 발작성 빈맥(분당 160회 이상)을 가진 사람
다. 수축기 혈압 180mmhg이고, 확장기 혈압 110mmhg 이상인 사람
라. 중증인 당뇨병(식전 혈압 140 이상) 및 중증의 대사질환(통풍 등)을 가진 사람
마. 귀의 청력이 500hz, 1000hz, 2000hz에서 측정하여 측정치의 산술평균이 두 귀 모두 40db인 사람

정답 및 풀이 : 나
업무 수행에 지장이 있는 발작성 빈맥(분당 150회 이상)을 가진 사람

71. 철도안전법 제41조 제1항제1호부터 제3호까지의 철도종사자가 술을 마셨다고 판단하는 혈중 알코올농도 기준으로 옳은 것은?
가. 0.01% 이상
나. 0.02% 이상
다. 0.03% 이상
라. 0.04% 이상

정답 및 풀이: 나
철도안전법 제41조(철도종사자의 음주 제한 등) 제3항 – 제2항에 따른 확인 또는 검사 결과 철도종사자가 술을 마시거나 약물을 사용하였다고 판단하는 기준은 다음 각 호의 구분과 같다. 1. 술 : 혈중 알코올 농도가 0.02% 이상인 경우

72. 다음 중 철도종사자가 술을 마시거나 약물을 사용하였다고 판단하는 기준이 종사자와 혈중 알코올 농도가 일치하지 않은 것을 고르시오.
가. 운전업무종사자 – 0.02% 이상
나. 여객승무원 – 0.02% 이상
다. 철도운행안전관리자 – 0.02% 이상
라. 작업책임자 – 0.03% 이상

정답 및 풀이 : 다
철도안전법 제41조에 따라 술을 마시거나 약물을 사용하였다고 판단하는 기준이 운전업무종사자, 관제업무종사자, 여객승무원은 혈중 알코올농도 0.02% 이상, 작업책임자, 철도운행안전관리자, 정거장에서 철도신호기, 선로전환기 및 조작판 등을 취급하거나 열차의 조성업무를 수행하는 사람은 혈중 알코올농도 0.03% 이상인 경우에 해당한다.

73. 다음 중 시험기관의 지정취소 또는 업무정지 통지를 받은 시험기관은 그 통지를 받은 날부터 며칠 이내에 철도보안검색장비 시험기관 지정서를 국토교통부장관에게 반납해야 하는가?
가. 5일
나. 10일
다. 15일
라. 20일

정답 및 풀이 : 다
시행규칙 제85조의9(시험기관의 지정취소 등)
제2항에 따라 시험기관의 지정취소 또는 업무정지 통지를 받은 시험기관은 그 통지를 받은 날부터 15일 이내에 철도보안검색장비 시험기관 지정서를 국토교통부장관에게 반납해야 한다.

74. 혈중 알코올 농도가 0.02%가 이상이 아닌 철도종사자는?
가. 운전업무종사자
나. 여객승무원
다. 작업책임자
라. 관제업무종사자

정답 및 풀이 : 다
작업책임자는 0.03% 이상

75. 다음 적성검사 항목 중 반응형 검사로 구분되지 않는 것은?
가. 주의력
나. 인식 및 기억력
다. 인성
라. 판단 및 행동력

정답 및 풀이 : 다
철도 종사자
철도안전법 시행규칙 [별표 4]
적성검사 항목 및 불합격 기준(제16조제2항 관련)
인성은 문답형 검사로 구분된다.

76. 운전면허 종류가 아닌 것은?
가. 고속철도차량 운전면허
나. 제2종 디젤차량 운전면허
다. 철도장비 운전면허
라. 노면전차 운전면허

정답 및 풀이 : 나
철도안전법 시행령 제11조(운전면허 종류) 1항의 3호
제2종 전기차량 운전면허이다.

77. 운전업무종사자 등에 대한 신체검사에 대해 틀린 것은?
가. 최초검사는 해당 업무를 수행하기 전에 실시하는 신체검사이다.
나. 정기검사는 최초검사를 받은 후 2년마다 실시하는 신체검사이다.
다. 정기검사는 최초검사나 정기검사를 받은 날부터 2년이 되는 날 전 2개월 이내에 실시한다.
라. 특별검사는 철도종사자가 철도사고등을 일으키거나 질병 등의 사유로 해당업무를 적절히 수행하기가 어렵다고 철도운영자등이 인정하는 경우에 실시한다.

정답 및 풀이 : 다
시행규칙제40조제3항에 따르면 2년이 되는 날 전 3개월 이내에 실시한다고 한다.

78. 운전업무종사자 등에 대한 적성검사에 대해 틀린 것은?
가. 최초검사는 해당 업무를 수행하기 전에 실시하는 적성검사이다.
나. 정기검사는 최초검사를 받은 후 10년(50세 이상인 경우에는 5년)마다 실시한다.
다. 특별검사는 철도종사자가 철도사고등을 일으키거나 질병 등의 사유로 해당업무를 적절히 수행하기 어렵다고 철도운영자등이 인정하는 경우에 실시한다.
라. 정기검사는 최초검사나 정기검사를 받은 날부터 10년(50세 이상인 경우에는 5년)이 되는 날 전 10개월 이전에 실시한다.

정답 및 풀이 : 라
시행규칙제41조제3항에 따르면 10년(50세 이상인 경우에는 5년)이 되는 날 전 12개월 이전에 실시한다고 한다.

79. 다음 설명 중 운전면허에 대한 설명으로 옳지 않은 것은?
가. 운전면허 취득자가 운전면허의 갱신을 받지 아니하면 그 운전면허의 유효기간이 만료되는 날부터 그 운전면허의 효력이 정지된다.
나. 운전면허 취득자로서 유효기간 이후에도 그 운전면허의 효력을 유지하려는 사람은 운전면허의 유효기간 만료 전에 국토교통부령으로 정하는 바에 따라 운전면허의 갱신을 받아야 한다.
다. 운전면허의 유효기간은 10년으로 한다.
라. 국토교통부장관은 운전면허 취득자에게 그 운전면허의 유효기간이 만료되기 전에 국토교통부령으로 정하는 바에 따라 운전면허의 갱신에 관한 내용을 통지하여야 한다.

정답 및 풀이 : 가
철도안전법 제19조(운전면허의 갱신)
④ 운전면허 취득자가 운전면허의 갱신을 받지 아니하면 그 운전면허의 유효기간이 만료되는 날의 다음 날부터 그 운전면허의 효력이 정지된다.

80. 다음 중 국토교통부장관이 운전면허를 취소하여야 하는 경우가 아닌 것은?
가. 철도차량 운전상의 위험과 장해를 일으킬 수 있는 정신질환자 또는 뇌전증환자로서 대통령령으로 정하는 사람
나. 술을 마시거나 약물을 사용한 상태에서 철도차량을 운전하였을 때
다. 운전면허의 효력정지기간 중 철도차량을 운전하였을 때
라. 운전면허증을 다른 사람에게 빌려주었을 때

정답 및 풀이 : 나
철도안전법 제20조(운전면허의 취소·정지 등)
① 국토교통부장관은 운전면허 취득자가 다음 각 호의 어느 하나에 해당할 때에는 운전면허를 취소하거나 1년 이내의 기간을 정하여 운전면허의 효력을 정지시킬 수 있다. 다만, 제1호부터 제4호까지의 규정에 해당할 때에는 운전면허를 취소하여야 한다.
6. 제41조제1항을 위반하여 술을 마시거나 약물을 사용한 상태에서 철도차량을 운전하였을 때

81. 철도안전교육의 대상자에 해당하지 않는 것은?
가. 철도차량의 운전업무에 종사하는 사람
나. 여객에게 승무 서비스를 제공하는 사람
다. 철도차량의 운행을 집중 제어·통제·감시하는 업무에 종사하는 사람
라. 철도차량의 운행선로 또는 그 인근에서 철도시설의 건설 또는 관리와 관련한 작업의 일정을 조정하고 해당 선로를 운행하는 열차의 운행일정을 조정하는 사람

정답 및 풀이 : 라
철도안전법 제41조의2(철도종사자의 안전교육 대상 등)
1. 법 제2조제10호가목부터 라목까지에 해당하는 사람
바. 철도차량의 운행선로 또는 그 인근에서 철도시설의 건설 또는 관리와 관련한 작업의 일정을 조정하고 해당 선로를 운행하는 열차의 운행일정을 조정하는 사람

82. 철도안전교육의 내용이 아닌 것은?
가. 철도사고 및 운행장애 등 비상 시 응급조치 및 수습복구대책
나. 철도사고 사례 및 사고예방대책
다. 직무관련 규정 및 안전관리
라. 위기대응체계 및 위기대응 매뉴얼 등

정답 및 풀이 : 다
철도안전법 제41조의3(철도종사자의 직무교육 등)
별표 13의3
마. 영 제3조제4호에 따른 열차의 조성업무 수행자
1) 직무관련 규정 및 안전관리

83. 다음 중 철도 종사자가 아닌 것은?
가. 철도차량의 운전업무에 종사하는 사람
나. 여객에게 승무 서비스를 제공하는 사람
다. 철도시설의 건설 또는 관리에 관한 업무를 수행하는 사람
라. 철도차량의 운행을 집중 제어·통제·감시하는 업무에 종사하는 사람

정답 및 풀이 : 다
철도시설의 건설 또는 관리에 관한 업무를 수행하는 자는 "철도시설관리자"이다.

84. 제2종 전기차량 적성검사를 할 때 알맞지 않은 것은?
가. 문답형 검사에는 일반성격과 스트레스가 있다.
나. 반응형 검사에는 선택주의, 시각변별, 추론이 포함되어 있다.
다. 반응형 검사 평가점수가 30점 미만인 사람은 불합격이다.
라. 철도장비 운전면허 소지자가 다른 종류의 철도차량 운전면허를 취득하려는 경우에는 적성검사를 받아야 한다.

정답 및 풀이 : 가
문답형 검사에는 일반성격과 안전성향이 있다

85. 철도차량을 운전 중고의 또는 중과실로 철도사고를 일으켰을 때 1천만원 이상 물적 피해가 발생한 경우에 2차 위반일 때 효력정지는 몇 개월인가?
가. 1개월
나. 2개월
다. 3개월
라. 4개월

정답 및 풀이 : 다
(별표 10의 2)

86. 제2종 전기차량 운전업무종사자등의 적성검사 검사항목 중 정기검사의 반응형 검사에 해당되지 않는 것은?
가. 시각변별
나. 복합기능
다. 추론
라. 민첩성

정답 및 풀이 : 다
(별표 13)

87. 철도안전교육을 실시하여야 하는 대상으로 올바르지 않은 것은?
가. 여객에게 승무 서비스를 제공하는 사람
나. 철도시설의 점검, 정비 업무에 종사하는 사람
다. 정거장에서 선로전환기를 취급하는 사람
라. 철도경찰 사무에 종사하는 국가공무원

정답 및 풀이 : 라
철도안전법 시행규칙 제 41조의 2(철도종사자의 안전교육 대상 등)
1. 법 제2조제10호가목부터 라목까지에 해당하는 사람
2. 영 제3조제2호부터 제5호까지 및 같은 조 제7호에 해당하는 사람

88. 다음 중 철도안전교육의 내용이 아닌 것은?
가. 철도사고 사례 및 사고예방대책
나. 안전관리의 중요성 등 정신교육
다. 여객승무 위기대응 및 비상시 응급조치
라. 근로자의 건강관리 등 안전, 보건관리에 관한 사항

정답 및 풀이 : 다
별표 13의 2 철도종사자에 대한 안전교육의 내용

89. 국토교통부장관이 행하는 관제업무의 내용으로 알맞지 않은 것은?
가. 철도차량의 정비에 대한 집중 케어
나. 철도시설의 운용상태 등 철도차량의 운행과 관련된 조언과 정보의 제공 업무
다. 철도보호지구에서 열차운행 통제 업무
라. 철도사고등의 발생 시 사고복구 구호 지시 및 관계 기관에 대한 상황보고

정답 및 풀이 : 가
철도차량의 운행에 대한 집중 제어

90. 제2종 전기차량 운전면허 소지자가 응시하지 않아도 되는 면허는 무엇인가?
가. 디젤차량 운전면허
나. 철도장비 운전면허
다. 제1종전기차량 운전면허
라. 노면전차 운전면허

정답 및 풀이 : 나
제2종 전기차량 운전면허 소지자는 철도장비 운전면허를 따로 응시하지 않아도 된다.

91. 다음 중 1차 위반시 무조건 운전면허가 취소되는 경우는?
가. 고의 또는 중과실로 부상자가 발생 한 경우
나. 철도차량 운전규칙을 위반하여 운전을 하다가 열차운행에 중대한 차질을 초래한 경우
다. 운전면허증을 타인에게 대여한 경우
라. 법 제41조제1항을 위반하여 술을 마신 상태(혈중 알코올 농도 0.02% 이상 0.1% 미만)에서 운전한 경우

정답 및 풀이 : 다
별표 10의2에 따라 운전면허증을 타인에게 대여하는 경우 1차위반에 면허 취소가 된다.

92. 운전면허 갱신 시 국토교통부령으로 정하는 철도차량의 운전업무에 종사한 경력이나 국토교통부령으로 정하는 바에 따라 이와 같은 수준 이상의 경력으로 인정되지 않는 것은?
가. 관제업무에 2년이상 종사한 경력
나. 철도운영자등에게 소속되어 철도차량 운전자를 지도, 교육 등 감독하는 업무에 2년 이상 종사한 경력
다. 운전교육훈련기관에서의 운전 교육훈련업무를 2년 이상 종사한 경력
라. 한국교통안전공단에서 1년 이상 종사한 경력

정답 및 풀이 : 라
한국교통안전공단에서 종사한 경력은 인정되지 않는다.

93. 제2종 전기차량면허 기능교육시간은?
가. 410
나. 170
다. 220
라. 250

정답 및 풀이 : 가

94. 운전교육훈련의 기간 및 방법에서 틀린 것은?
가. 운전면허의 종류별로 실제차량이나 모의운전연습기를 활용하여 실시한다.
나. 운전교육훈련을 받으려는 사람은 운전교육훈련기관에 운전교육훈련을 신청해야 한다.
다. 운전교육훈련기관은 운전교육훈련을 수료한 사람에게 운전교육훈련 수료증을 발급하여야 한다.
라. 운전교육훈련기관은 과정별 교육훈련신청자가 적으면 다른 곳에서 신청자를 추가로 모집가능하다.

정답 및 풀이 : 라
운전교육훈련기관은 과정별 교육훈련신청자가 적으면 운전교육과정을 개설하지 아니하거나 운전교육훈련시기를 변경하여 시행할 수 있다.

95. 제23조 운전업무종사자 등의 관리에서 틀린 것은?
가. 철도차량 운전, 관제업무 등 국토교통부령으로 정하는 업무에 종사하는 철도종사자는 정기적으로 신체검사와 적성검사를 받아야 한다.
나. 신체검사와 적성검사의 시기, 방법 및 합격기준 등에 관하여 필요한 사항은 국토교통부령으로 정한다.
다. 철도종사자가 신체검사, 적성검사에 불합격하였을 때는 그 업무에 종사하게 하여서는 아니 된다.
라. 철도종사자는 적성검사에 불합격할 경우 각 호의 구분에 따른 기간 동안 적성검사를 받을 수 없다.

정답 및 풀이 : 가
철도차량 운전, 관제업무 등 대통령령령으로 정하는 업무에 종사하는 철도종사자는 정기적으로 신체검사와 적성검사를 받아야 한다.

96. 다음 중 철도종사자에 대한 안전 및 직무교육에 대한 설명으로 옳지 않은 것은?
가. 철도운영자 등은 자신이 고용하고 있는 철도종사자에 대하여 정기적으로 철도안전에 관한 교육을 실시하여야 한다.
나. 철도운영자 등은 자신이 고용하고 있는 철도종사자가 적정한 직무수행을 할 수 있도록 정기적으로 직무교육을 실시하여야 한다.
다. 철도운영자 등은 제1항에 따른 사업주의 안전교육 실시 여부를 확인하여야 한다.
라. 철도운영자 등은 제1항에 따른 확인 결과 사업주가 안전교육을 실시하지 아니한 경우 안전교육을 실시하도록 조치할 수 있다.

정답 및 풀이: 라
철도안전법 제24조3(철도종사자에 대한 안전 및 직무교육)
철도운영자등은 제1항에 따른 사업주의 안전교육 실시 여부를 확인하여야 하고, 확인 결과 사업주가 안전교육을 실시하지 아니한 경우 안전교육을 실시하도록 조치하여야 한다.

97. 철도종사자에 대한 안전교육의 내용으로 옳지 않은 것은?
가. 철도안전법령 및 안전관련 규정
나. 철도사고 사례 및 사고예방대책
다. 안전관리평가 결과 관련 교육
라. 근로자의 건강관리 등 안전, 보건관리에 관한 사항

정답 및 풀이: 다
철도안전법 시행규칙 [별표 13의2]
안전관리의 중요성 등 정신교육

98. 운전업무종사자 등에 대한 적성검사로 옳지 않은 것은?
가. 최초검사
나. 수시검사
다. 정기검사
라. 특별검사

정답 및 풀이: 나
철도안전법 시행규칙 제41조(운전업무종사자 등에 대한 적성검사)
최초검사 : 해당 업무를 수행하기 전에 실시하는 적성검사
정기검사 : 최초검사를 받은 후 10년(50세 이상인 경우에는 5년)마다 실시하는 적성검사
특별검사 : 철도종사자가 철도사고등을 일으키거나 질병 등의 사유로 해당 업무를 적절히 수행하기 어렵다고 철도 운영자등이 인정하는 경우에 실시하는 적성검사

99. 50세 이상인 경우 경우 적성검사의 주기로 옳은 것은?
가. 1년
나. 3년
다. 5년
라. 10년

정답 및 풀이: 다
철도안전법 시행규칙 제41조2(운전업무종사자 등에 대한 적성검사)
정기검사 : 최초검사를 받은 후 10년(50세 이상인 경우에는 5년)마다 실시하는 적성검사

100. 운전면허 갱신에 관한 내용으로 맞지 않는 것은?
가. 국토교통부장관은 운전면허의 효력이 정지된 사람에게 효력이 정지된 날부터 30일 이내에 해당 운전면허 취득자에게 이를 통지하여야 한다.
나. 운전면허 유효기간은 10년이다.
다. 운전면허를 갱신 하려는 자는 유효기간 만료일 전 6개월 이내에 갱신신청서에 서류를 첨부하여 한국교통안전공단에 제출하여야 한다.
라. 운전면허 유효기간 이내에 6개월 이상 해당 철도차량을 운전한 경력이 있으면 후에 운전면허를 갱신 받을 수 있다.

정답 및 풀이 : 가
철도안전법 규칙 33조(운전면허 갱신 안내 통지)
① 한국교통안전공단은 법 제19조제4항에 따라 운전면허의 효력이 정지된 사람이 있는 때에는 해당 운전면허의 효력이 정지된 날부터 30일 이내에 해당 운전면허 취득자에게 이를 통지하여야 한다.

101. 다음 중 법 제39조의2제4항에 따라 국토교통부장관이 행하는 관제업무의 내용으로 틀린 것은?
가. 철도차량의 운행에 대한 집중제어·통제 및 감시
나. 철도시설의 운용상태 등 철도차량의 운행과 관련된 조언과 정보의 제공 업무
다. 철도보호지구에서 법 제45조 제1항 각호의 어느 하나에 해당하는 행위를 할 경우 열차 운행 통제 업무
라. 국토교통부장관이 철도차량의 시설 보수 및 정비를 위하여 지시한 사항

정답 및 풀이 : 라
시행규칙 제76조(철도교통관제업무의 대상 및 내용 등)
3. 그 밖에 국토교통부장관이 철도차량의 안전운행 등을 위하여 지시한 사항

102. 운전교육훈련기관의 지정취소 및 업무정지기준에서 1차 위반에 대하여 올바르게 짝지어지지 않은 것은?

가. 거짓이나 그 밖의 부정한 방법으로 지정을 받은 경우는 지정취소다.
나. 업주정지 명령을 위반하여 그 정지기간 중 운전교육훈련업무를 한 경우는 지정취소다.
다. 정당한 사유 없이 운전교육훈련업무를 거부한 경우 업무정지 1개월이다.
라. 법 제16조제5항을 위반하여 거짓이나 그 밖의 부정한 방법으로 운전교육훈련 수료증을 발급한 경우는 업무정지 1개월이다.

정답 및 풀이 : 다
지정취소가 아닌 경고이다.

103. 운전면허시험의 과목 및 합격기준에 대한 설명으로 옳지 않은 것은?

가. 철도차량 운전면허시험은 법 제11조제1항에 따른 운전면허의 종류별로 필기시험과 기능시험으로 구분하여 시행한다.
나. 제1항에 따른 필기시험과 기능시험의 과목 및 합격기준은 별표 10과 같으며, 이 경우 기능시험은 필기시험을 합격한 경우에만 응시할 수 있다.
다. 제1항에 따른 필기시험에 합격한 사람에 대해서는 필기시험에 합격한 날부터 1년이 되는 날이 속하는 해의 12월 31일까지 실시하는 운전면허시험에 잇어 필기시험의 합격을 유효한 것이다.
라. 운전면허시험의 방법, 절차, 기능시험 평가위원의 선전 등에 관하여 필요한 세부사항은 국토교통부장관이 정한다.

정답 및 풀이: 다
1년 ⇒ 2년

104. 다음 중 운전면허 갱신에 대한 설명으로 옳은 것은?

가. 운전면허 취득자가 운전면허 갱신을 받지 아니하면 그 운전면허의 유효기간이 만료되는 날부터 그 효력이 정지된다.
나. 국토교통부장관은 운전면허 취득자에게 그 운전면허의 유효기간이 만료되기 전에 대통령령으로 정하는 바에 따라 운전면허 갱신에 관한 내용을 통지하여야 한다.
다. 운전면허 취득자로서 제1항에 따른 유효기간 이후에도 그 운전면허의 효력을 유지하려는 사람은 운전면허의 유효기간 만료 전에 국토교통부령으로 정하는 바에 따라 갱신을 받아야 한다.
라. 국토교통부 장관은 제5항에 따라 운전면허의 효력이 실효된 사람이 운전면허를 다시 받으려는 경우 그 절차의 일부를 면제할 수 없다.

정답 및 풀이 : 다
제19조
가. 만료 다음 날
나. 국토교통부령
다. 대통령령으로 정하는 바에 따라 그 절차의 일부를 면제할 수 있다.

105. 다음 중 운전면허 갱신에 필요한 경력에 해당하지 않는 걸 고르시오.

가. 운전교육훈련기관에서의 운전교육 훈련 업무
나. 관제업무
다. 철도 운영자 등에게 소속되어 철도차량 운전자를 지도/교육/관리하거나 감독하는 업무
라. 여객 승무 업무

정답 및 풀이 : 라
해석 : 해당하지 않음

106. 다음 중 운전면허 취소에 해당하지 않는 것을 고르시오.
가. 술을 마시거나 약물을 사용한 상태에서 철도차량을 운전하였을 때
나. 거짓이나 그 밖의 부정한 방법으로 운전면허를 받았을 때
다. 운전면허증을 다른 사람에게 빌려주었을 때
라. 운전면허증의 효력 정지 기간 중 철도차량을 운전하였을 때

정답 및 풀이 : 가
취소 사항이 아닌 정지 사항이다.(제20조)

107. 운전면허 취소/효력 정지 처분의 세부 기준에서 2차 위반에 면허취소 되는 것은?
가. 운전면허증을 타인에게 대여한 경우
나. 운전면허의 효력정지 기간 중 철도차량을 운전한 경우
다. 철도차량을 운전 중 고의 또는 중과실로 철도사고를 일으켜 부상자가 발생한 경우
라. 두 귀의 청력을 완전히 상실한 사람, 두 눈의 시력을 완전히 상실한 사람

정답 및 풀이 : 다
나머진 1차에 취소(별표 10의 2)

108. 운전면허의 갱신에 대한 설명으로 틀린 것은?
가. 운전면허의 유효기간은 10년으로 한다.
나. 법 제19조 4항에 따라 운전면허의 효력이 정지된 사람이 6개월 범위에서 대통령령으로 정하는 기간 내에 운전면허의 갱신을 신청하여 운전면허의 갱신을 받지 아니하면 그 기간이 만료되는 날의 다음날부터 그 운전 면허는 효력을 잃는다.
다. 운전면허 취득자가 제 2항에 따른 운전면허의 갱신을 받지 아니하면 그 운전면허의 유효기간이 만료되는 당일 날부터 그 운전면허의 효력이 정지된다.
라. 국토교통부장관은 제 5항에 따라 운전면허의 효력이 실효된 사람이 운전면허를 다시 받으려는 경우 대통령령으로 정하는 바에 따라 그 절차의 일부를 면제할 수 있다.

정답 및 풀이 : 다
제19조 4항을 보면, 운전면허 취득자가 제 2항에 따른 운전면허의 갱신을 받지 아니하면 그 운전면허의 유효기간이 만료되는 날의 다음 날부터 그 운전면허의 효력이 정지된다. 라고 써져 있다.

109. 운전면허 갱신에 필요한 경력에 관한 설명으로 틀린 것은?
가. 법 제19조제3항제1호에서 국토교통부령으로 정하는 철도차량의 운전업무에 종사한 경력 이란 운전면허의 유효기간 내에 6개월 이상 해당 철도차량을 운전한 경력을 말한다.
나. 법 제19조제3항제1호에서 이와 같은 수준 이상의 경력이란 관제업무 2년 이상 종사한 경력을 말한다.
다. 법 제19조제3항제1호에서 이와 같은 수준 이상의 경력이란 운전 훈련기관에서의 운전교육 훈련업무 2년 이상 종사한 경우를 말한다.
라. 법 제19조제3항제1호에서 이와 같은 수준 이상의 경력이란 철도운영자등에게 소속되어 철도차량 운전자를 지도, 교육, 관리하거나 감독하는 업무 3년 이상 종사한 경력을 말한다.

정답 및 풀이 : 라
법 제19조제3항제1호에서 이와 같은 수준 이상의 경력 이란 다음 각 호의 어느 하나에 해당하는 업무에 2년 이상 종사한 경력을 말한다.

110. 철도종사자의 안전교육 대상에 해당하는 사람이 아닌 것은?
가. 철도차량의 운전업무에 종사하는 사람
나. 철도차량의 운행을 집중 제어, 통제, 감시하는 업무
다. 여객에게 승무 서비스를 제공하는 사람
라. 작업책임자

정답 및 풀이 : 라
법 제2조제 10호가목부터 라목까지에 해당하는 사람을 말하는데 작업책임자는 가~라목에 해당하지 않는다.

111. 법 제2조제10호가목에 따른 운전업무종사자의 철도직무교육의 내용 및 시간에 관하여 틀린 것은?
가. 교육 내용에는 철도시스템 일반이 있다.
나. 교육 내용에는 철도차량 기기취급에 관한 사항이 있다.
다. 교육시간은 5년 마다 35시간 이상이다.
라. 교육 내용에는 통신 및 방송설비 사용법이 있다.

정답 및 풀이 : 라
라는 법 제2조제10호 다목에 따른 여객승무원의 교육 내용이다.

112. 다음 중 운전업무종사자 등의 관리에서 틀린 것은?
가. 철도차량 운전, 관제업무 등 대통령령으로 정하는 업무에 종사하는 철도운영자는 정기적으로 신체검사와 적성검사를 받아야 한다.
나. 제1항에 따른 신체검사 적성검사의 시기, 방법 및 합격기준 등에 관하여 필요한 사항은 국토교통부령으로 정한다.
다. 철도운영자등은 제1항에 따른 업무에 종사하는 철도종사자가 같은 항에 따른 신체검사 적성검사에 불합격하였을 때에는 그 업무에 종사하게 하여서는 아니 된다.
라. 제1항에 따른 업무에 종사하는 철도종사자로서 적성검사에 불합격한 사람 또는 적성검사 과정에서 부정행위를 한 사람은 제15조제2항 각 호의 구분에 따른 기간 동안 적성검사를 받을 수 없다.

정답 및 풀이 : 가
철도안전법 제23조
철도차량 운전, 관제업무 등 대통령령으로 정하는 업무에 종사하는 철도운영자가 아닌 철도종사자이다.

113. 다음 설명 중 운전면허에 대한 설명으로 틀린 것은?
가. 운전면허의 유효기간은 10년으로 한다.
나. 운전면허 취득자로서 유효기간 이후에도 그 운전면허의 효력을 유지하려는 사람은 운전면허의 유효기간 만료 전에 국토교통부령으로 정하는 바에 따라 운전면허의 갱신을 받아야 한다.
다. 운전면허의 효력이 정지된 사람이 6개월의 범위에서 대통령령으로 정하는 기간 내에 운전면허의 갱신을 신청하여 운전면허의 갱신을 받지 아니하면 그 기간이 만료되는 날부터 그 운전면허는 효력을 잃는다.
라. 운전면허의 효력이 정지된 사람이 기간 내에 운전면허 갱신을 받은 경우 해당 운전면허의 유효기간은 갱신받기 전 운전면허의 유효기간 만료일 다음 날부터 기산한다.

정답 및 풀이 : 다
철도안전법 제19조(운전면허의 갱신)
- 2. ⑤ 제4항에 따라 운전면허의 효력이 정지된 사람이 6개월의 범위에서 대통령령으로 정하는 기간 내에 운전면허의 갱신을 신청하여 운전면허의 갱신을 받지 아니하면 그 기간이 만료되는 날의 다음 날부터 그 운전면허는 효력을 잃는다.

에듀컨텐츠·휴피아
ECH Educontents Huepia

제4장 철도시설 및 철도차량의 안전관리

제25조의2(승하차용 출입문 설비의 설치)

철도시설관리자는 선로로부터의 수직거리가 국토교통부령으로 정하는 기준 이상인 승강장에 열차의 출입문과 연동되어 열리고 닫히는 승하차용 출입문 설비를 설치하여야 한다. 다만, 여러 종류의 철도차량이 함께 사용하는 승강장 등 *국토교통부령(43조)*으로 정하는 승강장의 경우에는 그러하지 아니하다.

***시행규칙 제43조(승하차용 출입문 설비의 설치)**

① 법 제25조의2 본문에서 "국토교통부령으로 정하는 기준"이란 **1,135밀리미터**를 말한다.

② 법 제25조의2 단서에서 "여러 종류의 철도차량이 함께 사용하는 승강장 등 국토교통부령으로 정하는 승강장"이란 다음 각 호의 어느 하나에 해당하는 승강장으로서 제44조에 따른 철도기술심의위원회에서 승강장에 열차의 출입문과 연동되어 열리고 닫히는 승하차용 출입문 설비(이하 "승강장안전문"이라 한다)를 설치하지 않아도 된다고 심의·의결한 승강장을 말한다.

1. 여러 종류의 철도차량이 함께 사용하는 승강장으로서 열차 출입문의 위치가 서로 달라 승강장안전문을 설치하기 곤란한 경우
2. 열차가 정차하지 않는 선로 쪽 승강장으로서 승객의 선로 추락 방지를 위해 안전난간 등의 안전시설을 설치한 경우
3. 여객의 승하차 인원, 열차의 운행 횟수 등을 고려하였을 때 승강장안전문을 설치할 필요가 없다고 인정되는 경우

***시행규칙 제44조(철도기술심의위원회의 설치)**

국토교통부장관은 다음 각 호의 사항을 심의하게 하기 위하여 철도기술심의위원회(이하 "기술위원회"라 한다)를 설치한다.

1. 법 제7조제5항·제26조제3항·제26조의3제2항·제27조제2항 및 제27조의2제2항에 따른 **기술기준의 제정·개정 또는 폐지**
2. 법 제27조제1항에 따른 **형식승인 대상 철도용품의 선정·변경 및 취소**
3. 법 제34조제1항에 따른 **철도차량·철도용품 표준규격의 제정·개정 또는 폐지**
4. 영 제63조제4항에 따른 **철도안전에 관한 전문기관이나 단체의 지정**
5. **그 밖에 국토교통부장관이 필요로 하는 사항**

제26조(철도차량 형식승인)

① 국내에서 운행하는 철도차량을 제작하거나 수입하려는 자는 *국토교통부령(46조)*으로 정하는 바에 따라 해당 철도차량의 설계에 관하여 국토교통부장관의 형식승인을 받아야 한다.

② 제1항에 따라 형식승인을 받은 자가 승인받은 사항을 변경하려는 경우에는 국토교통부장관의 변경승인을 받아야 한다. 다만, *국토교통부령(47조)*으로 정하는 **경미한 사항을 변경하려는 경우에는 국토교통부장관에게 신고**하여야 한다.

③ 국토교통부장관은 제1항에 따른 형식승인 또는 제2항 본문에 따른 변경승인을 하는 경우에는 해당 철도차량이 국토교통부장관이 정하여 고시하는 철도차량의 기술기준에 적합한지에 대하여 형식승인검사를 하여야 한다.

④ 국토교통부장관은 제3항에도 불구하고 다음 각 호의 어느 하나에 해당하는 경우에는 형식승인검사의 전부 또는 일부를 면제할 수 있다.

1. 시험·연구·개발 목적으로 제작 또는 수입되는 철도차량으로서 *대통령령(22조)*으로 정하는 철도차량에 해당하는 경우
2. 수출 목적으로 제작 또는 수입되는 철도차량으로서 *대통령령(22조)*으로 정하는 철도차량에 해당하는 경우
3. 대한민국이 체결한 협정 또는 대한민국이 가입한 협약에 따라 형식승인검사가 면제되는 철도차량의 경우
4. 그 밖에 철도시설의 유지·보수 또는 철도차량의 사고복구 등 특수한 목적을 위하여 제작 또는 수입되는 철도차량으로서 국토교통부장관이 정하여 고시하는 경우

⑤ 누구든지 제1항에 따른 형식승인을 받지 아니한 철도차량을 운행하여서는 아니 된다.

⑥ 제1항부터 제4항까지의 규정에 따른 승인절차, 승인방법, 신고절차, 검사절차, 검사방법 및 면제절차 등에 관하여 필요한 사항은 *국토교통부령(46조)*으로 정한다.

＊시행규칙 제46조(철도차량 형식승인 신청 절차 등)

① 법 제26조제1항에 따라 철도차량 형식승인을 받으려는 자는 별지 제26호서식의 철도차량 형식승인신청서에 다음 각 호의 서류를 첨부하여 국토교통부장관에게 제출하여야 한다.

1. 법 제26조제3항에 따른 철도차량의 기술기준(이하 "철도차량기술기준"이라 한다)에 대한 적합성 입증계획서 및 입증자료
2. 철도차량의 설계도면, 설계 명세서 및 설명서(적합성 입증을 위하여 필요한 부분에 한정한다)
3. 법 제26조제4항에 따른 형식승인검사의 면제 대상에 해당하는 경우 그 입증서류
4. 제48조제1항제3호에 따른 차량형식 시험 절차서

5. 그 밖에 철도차량기술기준에 적합함을 입증하기 위하여 국토교통부장관이 필요하다고 인정하여 고시하는 서류

② 법 제26조제2항 본문에 따라 철도차량 형식승인을 받은 사항을 변경하려는 경우에는 별지 제26호의2서식의 철도차량 형식변경승인신청서에 다음 각 호의 서류를 첨부하여 국토교통부장관에게 제출하여야 한다.

1. 해당 철도차량의 철도차량 형식승인증명서
2. 제1항 각 호의 서류(변경되는 부분 및 그와 연관되는 부분에 한정한다)
3. 변경 전후의 대비표 및 해설서

③ 국토교통부장관은 제1항 및 제2항에 따라 철도차량 형식승인 또는 변경승인 신청을 받은 경우에 15일 이내에 승인 또는 변경승인에 필요한 검사 등의 계획서를 작성하여 신청인에게 통보하여야 한다.

***시행규칙 제47조(철도차량 형식승인의 경미한 사항 변경)**

① 법 제26조제2항 단서에서 "국토교통부령으로 정하는 경미한 사항을 변경하려는 경우"란 다음 각 호의 어느 하나에 해당하는 변경을 말한다.

1. 철도차량의 구조안전 및 성능에 영향을 미치지 아니하는 차체 형상의 변경
2. 철도차량의 안전에 영향을 미치지 아니하는 설비의 변경
3. 중량분포에 영향을 미치지 아니하는 장치 또는 부품의 배치 변경
4. 동일 성능으로 입증할 수 있는 부품의 규격 변경
5. 그 밖에 철도차량의 안전 및 성능에 영향을 미치지 아니한다고 국토교통부장관이 인정하는 사항의 변경

② 법 제26조제2항 단서에 따라 경미한 사항을 변경하려는 경우에는 별지 제27호서식의 철도차량 형식변경신고서에 다음 각 호의 서류를 첨부하여 국토교통부장관에게 제출하여야 한다.

1. 해당 철도차량의 철도차량 형식승인증명서
2. 제1항 각 호에 해당함을 증명하는 서류
3. 변경 전후의 대비표 및 해설서
4. 변경 후의 주요 제원
5. 철도차량기술기준에 대한 적합성 입증자료(변경되는 부분 및 그와 연관되는 부분에 한정한다)

③ 국토교통부장관은 제2항에 따라 신고를 받은 때에는 제2항 각 호의 첨부서류를 확인한 후 별지 제27호의2서식의 철도차량 형식변경신고확인서를 발급하여야 한다.

***시행령 제22조(형식승인검사를 면제할 수 있는 철도차량 등)**

① 법 제26조제4항제1호에서 "대통령령으로 정하는 철도차량"이란 여객 및 화물 운송에 사용되지 아니하는 철도차량을 말한다.

② 법 제26조제4항제2호에서 "대통령령으로 정하는 철도차량"이란 국내에서 철도운영에 사용되지 아니하는 철도차량을 말한다.

③ 법 제26조제4항에 따라 철도차량별로 형식승인검사를 면제할 수 있는 범위는 다음 각 호의 구분과 같다.

1. 법 제26조제4항제1호 및 제2호에 해당하는 철도차량: 형식승인검사의 전부
2. 법 제26조제4항제3호에 해당하는 철도차량: 대한민국이 체결한 협정 또는 대한민국이 가입한 협약에서 정한 면제의 범위
3. 법 제26조제4항제4호에 해당하는 철도차량: 형식승인검사 중 철도차량의 시운전단계에서 실시하는 검사를 제외한 검사로서 *국토교통부령(49조)*으로 정하는 검사

***시행규칙 제49조(철도차량 형식승인검사의 면제 절차 등)**

① 영 제22조제3항제3호에서 "국토교통부령으로 정하는 검사"란 제48조제1항제1호에 따른 설계적합성 검사, 같은 항 제2호에 따른 합치성 검사 및 같은 항 제3호에 따른 차량형식 시험(시운전단계에서의 시험은 제외한다)을 말한다.

② 국토교통부장관은 제46조제1항제3호에 따른 서류의 검토 결과 해당 철도차량이 형식승인검사의 면제 대상에 해당된다고 인정하는 경우에는 신청인에게 면제사실과 내용을 통보하여야 한다.

제26조의2(형식승인의 취소 등)

① 국토교통부장관은 제26조에 따라 형식승인을 받은 자가 다음 각 호의 어느 하나에 해당하는 경우에는 그 형식승인을 취소할 수 있다. 다만, 제1호에 해당하는 경우에는 그 형식승인을 취소하여야 한다.

1. 거짓이나 그 밖의 부정한 방법으로 형식승인을 받은 경우
2. 제26조제3항에 따른 기술기준에 중대하게 위반되는 경우
3. 제2항에 따른 변경승인명령을 이행하지 아니한 경우

② 국토교통부장관은 제26조제1항에 따른 형식승인이 같은 조 제3항에 따른 기술기준에 위반(이 조 제1항제2호에 해당하는 경우는 제외한다)된다고 인정하는 경우에는 그 형식승인을 받은 자에게 *국토교통부령(50조)*으로 정하는 바에 따라 변경승인을 받을 것을 명하여야 한다.

③ 제1항제1호에 해당되는 사유로 형식승인이 취소된 경우에는 그 취소된 날부터 2년간 동일한 형식의 철도차량에 대하여 새로 형식승인을 받을 수 없다.

＊시행규칙 제50조(철도차량 형식 변경승인의 명령 등)

① 국토교통부장관은 법 제26조의2제2항에 따라 변경승인을 받을 것을 명하려는 경우에는 그 사유를 명시하여 철도차량 형식승인을 받은 자에게 통보하여야 한다.

② 제1항에 따라 변경승인 명령을 받은 자는 명령을 통보받은 날부터 30일 이내에 법 제26조제2항 본문에 따라 철도차량 형식승인의 변경승인을 신청하여야 한다.

제26조의3(철도차량 제작자승인)

① 제26조에 따라 형식승인을 받은 철도차량을 제작(외국에서 대한민국에 수출할 목적으로 제작하는 경우를 포함한다)하려는 자는 *국토교통부령(51조)*으로 정하는 바에 따라 철도차량의 제작을 위한 인력, 설비, 장비, 기술 및 제작검사 등 철도차량의 적합한 제작을 위한 유기적 체계(이하 "철도차량 품질관리체계"라 한다)를 갖추고 있는지에 대하여 국토교통부장관의 제작자승인을 받아야 한다.

② 국토교통부장관은 제1항에 따른 제작자승인을 하는 경우에는 해당 철도차량 품질관리체계가 국토교통부장관이 정하여 고시하는 철도차량의 제작관리 및 품질유지에 필요한 기술기준에 적합한지에 대하여 *국토교통부령(53조)*으로 정하는 바에 따라 제작자승인검사를 하여야 한다.

③ 국토교통부장관은 제1항 및 제2항에도 불구하고 대한민국이 체결한 협정 또는 대한민국이 가입한 협약에 따라 제작자승인이 면제되는 경우 등 *대통령령(23조,28조)*으로 정하는 경우에는 제작자승인 대상에서 제외하거나 제작자승인검사의 전부 또는 일부를 면제할 수 있다.

＊시행규칙 제51조(철도차량 제작자승인의 신청 등)

① 법 제26조의3제1항에 따라 철도차량 제작자승인을 받으려는 자는 별지 제30호서식의 철도차량 제작자승인신청서에 다음 각 호의 서류를 첨부하여 국토교통부장관에게 제출하여야 한다. 다만, 영 제23조제1항제1호에 따라 제작자승인이 면제되는 경우에는 제4호의 서류만 첨부한다.

1. 법 제26조의3제2항에 따른 철도차량의 제작관리 및 품질유지에 필요한 기술기준(이하 "철도차량제작자승인기준"이라 한다)에 대한 적합성 입증계획서 및 입증자료
2. 철도차량 품질관리체계서 및 설명서
3. 철도차량 제작 명세서 및 설명서

4. 법 제26조의3제3항에 따라 제작자승인 또는 제작자승인검사의 면제 대상에 해당하는 경우 그 입증서류
5. 그 밖에 철도차량제작자승인기준에 적합함을 입증하기 위하여 국토교통부장관이 필요하다고 인정하여 고시하는 서류

② 철도차량 제작자승인을 받은 자가 법 제26조의8에서 준용하는 법 제7조제3항 본문에 따라 철도차량 제작자승인 받은 사항을 변경하려는 경우에는 별지 제30호의2서식의 철도차량 제작자변경승인신청서에 다음 각 호의 서류를 첨부하여 국토교통부장관에게 제출하여야 한다.

1. 해당 철도차량의 철도차량 제작자승인증명서
2. 제1항 각 호의 서류(변경되는 부분 및 그와 연관되는 부분에 한정한다)
3. 변경 전후의 대비표 및 해설서

③ 국토교통부장관은 제1항 및 제2항에 따라 철도차량 제작자승인 또는 변경승인 신청을 받은 경우에 15일 이내에 승인 또는 변경승인에 필요한 검사 등의 계획서를 작성하여 신청인에게 통보하여야 한다.

***시행규칙 제52조(철도차량 제작자승인의 경미한 사항 변경)**

① 법 제26조의8에서 준용하는 법 제7조제3항 단서에서 "국토교통부령으로 정하는 경미한 사항을 변경하려는 경우"란 다음 각 호의 어느 하나에 해당하는 변경을 말한다.

1. 철도차량 제작자의 조직변경에 따른 품질관리조직 또는 품질관리책임자에 관한 사항의 변경
2. 법령 또는 행정구역의 변경 등으로 인한 품질관리규정의 세부내용 변경
3. 서류간 불일치 사항 및 품질관리규정의 기본방향에 영향을 미치지 아니하는 사항으로서 그 변경근거가 분명한 사항의 변경

② 법 제26조의8에서 준용하는 법 제7조제3항 단서에 따라 경미한 사항을 변경하려는 경우에는 별지 제31호서식의 철도차량 제작자승인변경신고서에 다음 각 호의 서류를 첨부하여 국토교통부장관에게 제출하여야 한다.

1. 해당 철도차량의 철도차량 제작자승인증명서
2. 제1항 각 호에 해당함을 증명하는 서류
3. 변경 전후의 대비표 및 해설서
4. 변경 후의 철도차량 품질관리체계
5. 철도차량제작자승인기준에 대한 적합성 입증자료(변경되는 부분 및 그와 연관되는 부분에 한정한다)

③ 국토교통부장관은 제2항에 따라 신고를 받은 때에는 제2항 각 호의 첨부서류를 확인한 후 별지 제31호의2서식의 철도차량 제작자승인변경신고확인서를 발급하여야 한다.

＊시행규칙 제53조(철도차량 제작자승인검사의 방법 및 증명서 발급 등)

① 법 제26조의3제2항에 따른 철도차량 제작자승인검사는 다음 각 호의 구분에 따라 실시한다.

1. 품질관리체계 적합성검사: 해당 철도차량의 품질관리체계가 철도차량제작자승인기준에 적합한지 여부에 대한 검사
2. 제작검사: 해당 철도차량에 대한 품질관리체계의 적용 및 유지 여부 등을 확인하는 검사

② 국토교통부장관은 제1항에 따른 검사 결과 철도차량제작자승인기준에 적합하다고 인정하는 경우에는 다음 각 호의 서류를 신청인에게 발급하여야 한다.

1. 별지 제32호서식의 철도차량 제작자승인증명서 또는 별지 제32호의2서식의 철도차량 제작자변경승인증명서
2. 제작할 수 있는 철도차량의 형식에 대한 목록을 적은 제작자승인지정서

③ 제2항제1호에 따른 철도차량 제작자승인증명서 또는 철도차량 제작자변경승인증명서를 발급받은 자가 해당 증명서를 잃어버렸거나 헐어 못쓰게 되어 재발급을 받으려는 경우에는 별지 제29호서식의 철도차량 제작자승인증명서 재발급 신청서에 헐어 못쓰게 된 증명서(헐어 못쓰게 된 경우만 해당한다)를 첨부하여 국토교통부장관에게 제출하여야 한다.

④ 제1항에 따른 철도차량 제작자승인검사에 관한 세부적인 기준·절차 및 방법은 국토교통부장관이 정하여 고시한다.

＊시행규칙 제54조(철도차량 제작자승인 등의 면제 절차)

국토교통부장관은 제51조제1항제4호에 따른 서류의 검토 결과 철도차량이 제작자승인 또는 제작자승인검사의 면제 대상에 해당된다고 인정하는 경우에는 신청인에게 면제사실과 내용을 통보하여야 한다.

＊시행령 제23조(철도차량 제작자승인 등을 면제할 수 있는 경우 등)

① 법 제26조의3제3항에서 "대한민국이 체결한 협정 또는 대한민국이 가입한 협약에 따라 제작자승인이 면제되는 경우 등 대통령령으로 정하는 경우"란 다음 각 호의 어느 하나에 해당하는 경우를 말한다.

1. 대한민국이 체결한 협정 또는 대한민국이 가입한 협약에 따라 제작자승인이 면제되거나 제작자승인검사의 전부 또는 일부가 면제되는 경우
2. 철도시설의 유지·보수 또는 철도차량의 사고복구 등 특수한 목적을 위하여

제작 또는 수입되는 철도차량으로서 국토교통부장관이 정하여 고시하는 철도차량에 해당하는 경우

② 법 제26조의3제3항에 따라 제작자승인 또는 제작자승인검사를 면제할 수 있는 범위는 다음 각 호의 구분과 같다.

1. 제1항제1호에 해당하는 경우: 대한민국이 체결한 협정 또는 대한민국이 가입한 협약에서 정한 제작자승인 또는 제작자승인검사의 면제 범위
2. 제1항제2호에 해당하는 경우: 제작자승인검사의 전부

***시행령 제28조(철도용품 제작자승인 등을 면제할 수 있는 경우 등)**

① 법 제27조의2제4항에서 준용하는 법 제26조의3제3항에서 "대한민국이 체결한 협정 또는 대한민국이 가입한 협약에 따라 제작자승인이 면제되는 경우 등 대통령령으로 정하는 경우"란 대한민국이 체결한 협정 또는 대한민국이 가입한 협약에 따라 제작자승인이 면제되거나 제작자승인검사의 전부 또는 일부가 면제되는 경우를 말한다.

② 제1항에 해당하는 경우에 제작자승인 또는 제작자승인검사를 면제할 수 있는 범위는 대한민국이 체결한 협정 또는 대한민국이 가입한 협약에서 정한 면제의 범위에 따른다.

제26조의4(결격사유)

다음 각 호의 어느 하나에 해당하는 자는 철도차량 제작자승인을 받을 수 없다.

1. 피성년후견인
2. 파산선고를 받고 복권되지 아니한 사람
3. 이 법 또는 *대통령령(24조)*으로 정하는 철도 관계 법령을 위반하여 징역형의 실형을 선고받고 그 집행이 종료(집행이 종료된 것으로 보는 경우를 포함한다)되거나 집행이 면제된 날부터 2년이 지나지 아니한 사람
4. 이 법 또는 *대통령령(24조)*으로 정하는 철도 관계 법령을 위반하여 징역형의 집행유예를 선고받고 그 유예기간 중에 있는 사람
5. 제작자승인이 취소된 후 2년이 지나지 아니한 자
6. 임원 중에 제1호부터 제5호까지의 어느 하나에 해당하는 사람이 있는 법인

***시행령 제24조(철도 관계 법령의 범위)**

법 제26조의4제3호 및 제4호에서 "대통령령으로 정하는 철도 관계 법령"이란 각각 다음 각 호의 어느 하나에 해당하는 법령을 말한다.

1. 「건널목 개량촉진법」
2. 「도시철도법」
3. 「철도의 건설 및 철도시설 유지관리에 관한 법률」
4. 「철도사업법」
5. 「철도산업발전 기본법」
6. 「한국철도공사법」
7. 「국가철도공단법」
8. 「항공·철도 사고조사에 관한 법률」

제26조의5(승계)

① 제26조의3에 따라 철도차량 제작자승인을 받은 자가 그 사업을 양도하거나 사망한 때 또는 법인의 합병이 있는 때에는 양수인, 상속인 또는 합병 후 존속하는 법인이나 합병에 의하여 설립되는 법인은 제작자승인을 받은 자의 지위를 승계한다.

② 제1항에 따라 철도차량 제작자승인의 지위를 승계하는 자는 승계일부터 1개월 이내에 *국토교통부령(55조)*으로 정하는 바에 따라 그 승계사실을 국토교통부장관에게 신고하여야 한다.

③ 제1항에 따라 제작자승인의 지위를 승계하는 자에 대하여는 제26조의4를 준용한다. 다만, 제26조의4 각 호의 어느 하나에 해당하는 상속인이 피상속인이 사망한 날부터 3개월 이내에 그 사업을 다른 사람에게 양도한 경우에는 피상속인의 사망일부터 양도일까지의 기간 동안 피상속인의 제작자승인은 상속인의 제작자승인으로 본다.

***시행규칙 제55조(지위승계의 신고 등)**

① 법 제26조의5제2항에 따라 철도차량 제작자승인의 지위를 승계하는 자는 별지 제33호 서식의 철도차량 제작자승계신고서에 다음 각 호의 서류를 첨부하여 국토교통부장관에게 제출하여야 한다.

1. 철도차량 제작자승인증명서
2. 사업 양도의 경우: 양도·양수계약서 사본 등 양도 사실을 입증할 수 있는 서류
3. 사업 상속의 경우: 사업을 상속받은 사실을 확인할 수 있는 서류
4. 사업 합병의 경우: 합병계약서 및 합병 후 존속하거나 합병에 따라 신설된 법인의 등기사항증명서

② 국토교통부장관은 제1항에 따라 신고를 받은 경우에 지위승계 사실을 확인한 후 철도차량 제작자승인증명서를 지위승계자에게 발급하여야 한다.

第26조의6(철도차량 완성검사)

① 제26조의3에 따라 철도차량 제작자승인을 받은 자는 제작한 철도차량을 판매하기 전에 해당 철도차량이 제26조에 따른 형식승인을 받은대로 제작되었는지를 확인하기 위하여 국토교통부장관이 시행하는 완성검사를 받아야 한다.

② 국토교통부장관은 철도차량이 제1항에 따른 완성검사에 합격한 경우에는 철도차량제작자에게 *국토교통부령(57조)*으로 정하는 완성검사증명서를 발급하여야 한다.

③ 제1항에 따른 철도차량 완성검사의 절차 및 방법 등에 관하여 필요한 사항은 국토교통부령으로 정한다.

*시행규칙 제56조(철도차량 완성검사의 신청 등)

① 법 제26조의6제1항에 따라 철도차량 완성검사를 받으려는 자는 별지 제34호서식의 철도차량 완성검사신청서에 다음 각 호의 서류를 첨부하여 국토교통부장관에게 제출하여야 한다.

1. 철도차량 형식승인증명서
2. 철도차량 제작자승인증명서
3. 형식승인된 설계와의 형식동일성 입증계획서 및 입증서류
4. 제57조제1항제2호에 따른 주행시험 절차서
   * **주행시험: 철도차량이 형식승인 받은대로 성능과 안전성을 확보하였는지 운행선로 시운전 등을 통하여 최종 확인하는 검사**
5. 그 밖에 형식동일성 입증을 위하여 국토교통부장관이 필요하다고 인정하여 고시하는 서류

② 국토교통부장관은 제1항에 따라 완성검사 신청을 받은 경우에 15일 이내에 완성검사의 계획서를 작성하여 신청인에게 통보하여야 한다.

*시행규칙 제57조(철도차량 완성검사의 방법 및 검사증명서 발급 등)

① 법 제26조의6제1항에 따른 철도차량 완성검사는 다음 각 호의 구분에 따라 실시한다.

1. **완성차량검사**: 안전과 직결된 주요 부품의 안전성 확보 등 철도차량이 철도차량 기술기준에 적합하고 형식승인 받은 설계대로 제작되었는지를 확인하는 검사
2. **주행시험**: 철도차량이 형식승인 받은대로 성능과 안전성을 확보하였는지 운행선로 시운전 등을 통하여 최종 확인하는 검사

② 국토교통부장관은 제1항에 따른 검사 결과 철도차량이 철도차량기술기준에 적합하고

형식승인 받은 설계대로 제작되었다고 인정하는 경우에는 별지 제35호서식의 철도차량 완성검사증명서를 신청인에게 발급하여야 한다.
③ 제1항에 따른 완성검사에 필요한 세부적인 기준·절차 및 방법은 국토교통부장관이 정하여 고시한다.

第26조의7(철도차량 제작자승인의 취소 등)

① 국토교통부장관은 제26조의3에 따라 철도차량 제작자승인을 받은 자가 다음 각 호의 어느 하나에 해당하는 경우에는 그 **승인을 취소하거나 6개월 이내의 기간을 정하여 업무의 제한이나 정지**를 명할 수 있다. 다만, 제1호 또는 제5호에 해당하는 경우에는 제작자승인을 취소하여야 한다.

1. 거짓이나 그 밖의 부정한 방법으로 제작자승인을 받은 경우
2. 제26조의8에서 준용하는 제7조제3항을 위반하여 변경승인을 받지 아니하거나 변경신고를 하지 아니하고 철도차량을 제작한 경우
3. 제26조의8에서 준용하는 제8조제3항에 따른 시정조치명령을 정당한 사유 없이 이행하지 아니한 경우
4. 제32조제1항에 따른 명령을 이행하지 아니하는 경우

* 국토교통부장관은 제26조 또는 제27조에 따라 형식승인을 받은 철도차량 또는 철도용품이 다음 각 호의 어느 하나에 해당하는 경우에는 그 철도차량 또는 철도용품의 제작·수입·판매 또는 사용의 중지를 명할 수 있다. 다만, 제1호에 해당하는 경우에는 제작·수입·판매 또는 사용의 중지를 명하여야 한다.

1. 제26조의2제1항(제27조제4항에서 준용하는 경우를 포함한다)에 따라 형식승인이 취소된 경우
2. 제26조의2제2항(제27조제4항에서 준용하는 경우를 포함한다)에 따라 변경승인 이행명령을 받은 경우
3. 제26조의6에 따른 완성검사를 받지 아니한 철도차량을 판매한 경우(판매 또는 사용의 중지명령만 해당한다)
4. 형식승인을 받은 내용과 다르게 철도차량 또는 철도용품을 제작·수입·판매한 경우

5. 업무정지 기간 중에 철도차량을 제작한 경우

② 제1항에 따른 철도차량 제작자승인의 취소, 업무의 제한 또는 정지의 기준 및 절차 등에 관하여 필요한 사항은 *국토교통부령(58조)*으로 정한다.

***시행규칙 제58조(철도차량 제작자승인의 취소 등 처분기준)**

법 제26조의7에 따른 철도차량 제작자승인의 취소 또는 업무의 제한·정지 등의 처분기준은 *별표 14*와 같다.

■ 철도안전법 시행규칙 [별표 14]

철도차량 제작자승인 관련 처분기준(제58조제1항 관련)

1. 일반기준

가. 위반행위가 둘 이상인 경우로서 그에 해당하는 각각의 처분기준이 다른 경우에는 그 중 무거운 처분기준(무거운 처분기준이 같을 때에는 그 중 하나의 처분기준을 말한다)에 따르며, 둘 이상의 처분기준이 같은 업무제한·정지인 경우에는 무거운 처분기준의 2분의 1의 범위에서 가중할 수 있되, 각 처분기준을 합산한 기간을 초과할 수 없다.

나. 위반행위의 횟수에 따른 행정처분 기준은 최근 2년간 같은 위반행위로 업무정지 처분을 받은 경우에 적용한다. 이 경우 위반횟수는 같은 위반행위에 대하여 최초로 처분을 한 날과 다시 같은 위반행위를 적발한 날을 기준으로 한다.

다. 처분권자는 다음 각 목의 어느 하나에 해당하는 경우에는 업무제한·정지 처분의 2분의 1의 범위에서 감경할 수 있다. 이 경우 그 처분이 업무제한·정지인 경우에는 그 처분기준의 2분의 1의 범위에서 감경할 수 있고, 승인취소인 경우(법 제26조의7제1항제1호 또는 제5호에 해당하는 경우는 제외한다)에는 6개월의 업무정지 처분으로 감경할 수 있다.

1) 위반행위가 고의나 중대한 과실이 아닌 사소한 부주의나 오류로 인한 것으로 인정되는 경우

2) 위반상태를 시정하거나 해소하기 위해 노력한 것이 인정되는 경우

3) 그 밖에 위반행위의 정도, 위반행위의 동기와 그 결과 등을 고려하여 업무제한·정지 기간을 줄일 필요가 있다고 인정되는 경우

라. 처분권자는 다음 각 목의 어느 하나에 해당하는 경우에는 업무제한·정지 처분의 2분의 1의 범위에서 가중할 수 있다. 다만, 각 업무정지를 합산한 기간이 법 제9조제1항에서 정한 기간을 초과할 수 없다.

1) 위반의 내용·정도가 중대하여 공중에게 미치는 피해가 크다고 인정되는 경우

2) 그 밖에 위반행위의 정도, 위반행위의 동기와 그 결과 등을 고려하여 가중할 필요가 있다고 인정되는 경우

2. 개별기준

위 반 사 항	근 거 법 조 문	처 분 기 준			
		1차 위반	2차 위반	3차 위반	4차 이상 위반
가. 거짓이나 그 밖의 부정한 방법으로 제작자승인을 받은 경우	법 제26조의7제1항제1호	승인 취소			
나. 법 제26조의8에서 준용하는 법	법 제26조의7제	업무	업무	승인	

제7조제3항을 위반하여 변경승인을 받지 않고 철도차량을 제작한 경우	1항제2호	정지(업무제한) 3개월	정지(업무제한) 6개월	취소	
다. 법 제26조의8에서 준용하는 법 제7조제3항을 위반하여 변경신고를 하지 않고 철도차량을 제작한 경우		경고	업무정지(업무제한) 3개월	업무정지(업무제한) 6개월	승인취소
라. 법 제26조의8에서 준용하는 법 제8조제3항에 따른 시정조치명령을 정당한 사유 없이 이행하지 않은 경우	법 제26조의7제1항제3호	경고	업무정지(업무제한) 3개월	업무정지(업무제한) 6개월	승인취소
마. 법 제32조제1항에 따른 명령을 이행하지 않은 경우	법 제26조의7제1항제4호	업무정지(업무제한) 3개월	업무정지(업무제한) 6개월	승인취소	
바. 업무정지 기간 중에 철도차량을 제작한 경우	법 제26조의7제1항제5호	승인취소			

제26조의8(준용규정)

철도차량 제작자승인의 변경, 철도차량 품질관리체계의 유지·검사 및 시정조치, 과징금의 부과·징수 등에 관하여는 제7조제3항, 제8조, 제9조 및 제9조의2를 준용한다. 이 경우 "안전관리체계"는 "철도차량 품질관리체계"로 본다.

＊시행규칙 제59조(철도차량 품질관리체계의 유지 등)

① 국토교통부장관은 법 제26조의8에서 준용하는 법 제8조제2항에 따라 철도차량 품질관리체계에 대하여 1년마다 1회의 정기검사를 실시하고, 철도차량의 안전 및 품질 확보 등을 위하여 필요하다고 인정하는 경우에는 수시로 검사할 수 있다.

② 국토교통부장관은 제1항에 따라 정기검사 또는 수시검사를 시행하려는 경우에는 검사 시행일 15일 전까지 다음 각 호의 내용이 포함된 검사계획을 철도차량 제작자승인을 받은 자에게 통보하여야 한다.

1. 검사반의 구성
2. 검사 일정 및 장소
3. 검사 수행 분야 및 검사 항목
4. 중점 검사 사항
5. 그 밖에 검사에 필요한 사항

③ 국토교통부장관은 정기검사 또는 수시검사를 마친 경우에는 다음 각 호의 사항이 포함된 검사 결과보고서를 작성하여야 한다.

1. 철도차량 품질관리체계의 검사 개요 및 현황
2. 철도차량 품질관리체계의 검사 과정 및 내용
3. 법 제26조의8에서 준용하는 제8조제3항에 따른 시정조치 사항

④ 국토교통부장관은 법 제26조의8에서 준용하는 법 제8조제3항에 따라 철도차량 제작자승인을 받은 자에게 시정조치를 명하는 경우에는 시정에 필요한 적정한 기간을 주어야 한다.

⑤ 법 제26조의8에서 준용하는 제8조제3항에 따라 시정조치명령을 받은 철도차량 제작자승인을 받은 자는 시정조치를 완료한 경우에는 지체 없이 그 시정내용을 국토교통부장관에게 통보하여야 한다.

⑥ 제1항부터 제5항까지의 규정에서 정한 사항 외에 정기검사 또는 수시검사에 관한 세부적인 기준·방법 및 절차는 국토교통부장관이 정하여 고시한다.

제27조(철도용품 형식승인)

① 국토교통부장관이 정하여 고시하는 철도용품을 제작하거나 수입하려는 자는 *국토교통부령(60조)*으로 정하는 바에 따라 해당 철도용품의 설계에 대하여 국토교통부장관의 형식승인을 받아야 한다.

② 국토교통부장관은 제1항에 따른 형식승인을 하는 경우에는 해당 철도용품이 국토교통부장관이 정하여 고시하는 철도용품의 기술기준에 적합한지에 대하여 *국토교통부령(66조)*으로 정하는 바에 따라 형식승인검사를 하여야 한다.

③ 누구든지 제1항에 따른 형식승인을 받지 아니한 철도용품(국토교통부장관이 정하여 고시하는 철도용품만 해당한다)을 철도시설 또는 철도차량 등에 사용하여서는 아니 된다.

④ 철도용품 **형식승인의 변경, 형식승인검사의 면제, 형식승인의 취소, 변경승인명령 및 형식승인의 금지기간** 등에 관하여는 제26조제2항·제4항·제6항 및 제26조의2를 준용한다. 이 경우 "철도차량"은 "철도용품"으로 본다.

***시행규칙 제60조(철도용품 형식승인 신청 절차 등)**

① 법 제27조제1항에 따라 철도용품 형식승인을 받으려는 자는 별지 제36호서식의 철도용품 형식승인신청서에 다음 각 호의 서류를 첨부하여 국토교통부장관에게 제출하여야 한다.

1. 법 제27조제2항에 따른 철도용품의 기술기준(이하 "철도용품기술기준"이라 한다)에 대한 적합성 입증계획서 및 입증자료

2. 철도용품의 설계도면, 설계 명세서 및 설명서
3. 법 제27조제4항에서 준용하는 법 제26조제4항에 따른 형식승인검사의 면제 대상에 해당하는 경우 그 입증서류
4. 제61조제1항제3호에 따른 용품형식 시험 절차서
5. 그 밖에 철도용품기술기준에 적합함을 입증하기 위하여 국토교통부장관이 필요하다고 인정하여 고시하는 서류

② 법 제27조제4항에서 준용하는 법 제26조제2항 본문에 따라 철도용품 형식승인 받은 사항을 변경하려는 경우에는 별지 제36호의2서식의 철도용품 형식변경승인신청서에 다음 각 호의 서류를 첨부하여 국토교통부장관에게 제출하여야 한다.

1. 해당 철도용품의 철도용품 형식승인증명서
2. 제1항 각 호의 서류(변경되는 부분 및 그와 연관되는 부분에 한정한다)
3. 변경 전후의 대비표 및 해설서

③ 국토교통부장관은 제1항 및 제2항에 따라 철도용품 형식승인 또는 변경승인 신청을 받은 경우에 15일 이내에 승인 또는 변경승인에 필요한 검사 등의 계획서를 작성하여 신청인에게 통보하여야 한다.

***시행규칙 제61조(철도용품 형식승인의 경미한 사항 변경)**

① 법 제27조제4항에서 준용하는 법 제26조제2항 단서에서 "국토교통부령으로 정하는 경미한 사항을 변경하려는 경우"란 다음 각 호의 어느 하나에 해당하는 변경을 말한다.

1. 철도용품의 안전 및 성능에 영향을 미치지 아니하는 형상 변경
2. 철도용품의 안전에 영향을 미치지 아니하는 설비의 변경
3. 중량분포 및 크기에 영향을 미치지 아니하는 장치 또는 부품의 배치 변경
4. 동일 성능으로 입증할 수 있는 부품의 규격 변경
5. 그 밖에 철도용품의 안전 및 성능에 영향을 미치지 아니한다고 국토교통부장관이 인정하는 사항의 변경

② 법 제27조제4항에서 준용하는 법 제26조제2항 단서에 따라 경미한 사항을 변경하려는 경우에는 별지 제37호서식의 철도용품 형식변경신고서에 다음 각 호의 서류를 첨부하여 국토교통부장관에게 제출하여야 한다.

1. 해당 철도용품의 철도용품 형식승인증명서
2. 제1항 각 호에 해당함을 증명하는 서류
3. 변경 전후의 대비표 및 해설서

4. 변경 후의 주요 제원
5. 철도용품기술기준에 대한 적합성 입증자료(변경되는 부분 및 그와 연관되는 부분에 한정한다)

③ 국토교통부장관은 제2항에 따라 신고를 받은 때에는 제2항 각 호의 첨부서류를 확인한 후 별지 제37호의2서식의 철도용품 형식변경신고확인서를 발급하여야 한다.

*시행규칙 제62조(철도용품 형식승인검사의 방법 및 증명서 발급 등)

① 법 제27조제2항에 따른 철도용품 형식승인검사는 다음 각 호의 구분에 따라 실시한다.

1. 설계적합성 검사: 철도용품의 설계가 철도용품기술기준에 적합한지 여부에 대한 검사
2. 합치성 검사: 철도용품이 부품단계, 구성품단계, 완성품단계에서 제1호에 따른 설계와 합치하게 제작되었는지 여부에 대한 검사
3. 용품형식 시험: 철도용품이 부품단계, 구성품단계, 완성품단계, 시운전단계에서 철도용품기술기준에 적합한지 여부에 대한 시험

② 국토교통부장관은 제1항에 따른 검사 결과 철도용품기술기준에 적합하다고 인정하는 경우에는 별지 제38호서식의 철도용품 형식승인증명서 또는 별지 제38호의2서식의 철도용품 형식변경승인증명서에 형식승인자료집을 첨부하여 신청인에게 발급하여야 한다.

③ 국토교통부장관은 제2항에 따른 철도용품 형식승인증명서 또는 철도용품 형식변경승인증명서를 발급할 때에는 해당 철도용품이 장착될 철도차량 또는 철도시설을 지정할 수 있다.

④ 제2항에 따라 철도용품 형식승인증명서 또는 철도용품 형식변경승인증명서를 발급받은 자가 해당 증명서를 잃어버렸거나 헐어 못쓰게 되어 재발급 받으려는 경우에는 별지 제29호서식의 철도용품 형식승인증명서 재발급 신청서에 헐어 못쓰게 된 증명서(헐어 못쓰게 된 경우만 해당한다)를 첨부하여 국토교통부장관에게 제출하여야 한다.

⑤ 제1항에 따른 철도용품 형식승인검사에 관한 세부적인 기준・절차 및 방법은 국토교통부장관이 정하여 고시한다.

*시행규칙 제63조(철도용품 형식승인검사의 면제 절차)

국토교통부장관은 제60조제1항제3호에 따른 서류의 검토 결과 해당 철도용품이 형식승인검사의 면제 대상에 해당된다고 인정하는 경우에는 신청인에게 면제사실과 내용을 통보하여야 한다.

제27조의2(철도용품 제작자승인)

① 제27조에 따라 형식승인을 받은 철도용품을 제작(외국에서 대한민국에 수출할 목적으로 제작하는 경우를 포함한다)하려는 자는 *국토교통부령(64조)*으로 정하는 바에 따라 철도용품의 제작을 위한 인력, 설비, 장비, 기술 및 제작검사 등 철도용품의 적합한 제작을 위한 유기적 체계(이하 "철도용품 품질관리체계"라 한다)를 갖추고 있는지에 대하여 국토교통부장관으로부터 제작자승인을 받아야 한다.

② 국토교통부장관은 제1항에 따른 제작자승인을 하는 경우에는 해당 철도용품 품질관리체계가 국토교통부장관이 정하여 고시하는 철도용품의 제작관리 및 품질유지에 필요한 기술기준에 적합한지에 대하여 *국토교통부령(66조)*으로 정하는 바에 따라 철도용품 제작자승인검사를 하여야 한다.

③ 제1항에 따라 제작자승인을 받은 자는 해당 철도용품에 대하여 *국토교통부령(68조)*으로 정하는 바에 따라 형식승인을 받은 철도용품임을 나타내는 형식승인표시를 하여야 한다.

④ 제1항에 따른 철도용품 제작자승인의 변경, 철도용품 품질관리체계의 유지·검사 및 시정조치, 과징금의 부과·징수, 제작자승인 등의 면제, 제작자승인의 결격사유 및 지위승계, 제작자승인의 취소, 업무의 제한·정지 등에 관하여는 제7조제3항, 제8조, 제9조, 제9조의2, 제26조의3제3항, 제26조의4, 제26조의5 및 제26조의7을 준용한다. 이 경우 "안전관리체계"는 "철도용품 품질관리체계"로, "철도차량"은 "철도용품"으로 본다.

***시행규칙 제64조(철도용품 제작자승인의 신청 등)**

① 법 제27조의2제1항에 따라 철도용품 제작자승인을 받으려는 자는 별지 제39호서식의 철도용품 제작자승인신청서에 다음 각 호의 서류를 첨부하여 국토교통부장관에게 제출하여야 한다. 다만, 영 제28조제1항에 따라 제작자승인이 면제되는 경우에는 제4호의 서류만 첨부한다.

1. 법 제27조의2제2항에 따른 철도용품의 제작관리 및 품질유지에 필요한 기술기준(이하 "철도용품제작자승인기준"이라 한다)에 대한 적합성 입증계획서 및 입증자료
2. 철도용품 품질관리체계서 및 설명서
3. 철도용품 제작 명세서 및 설명서
4. 법 제27조의2제4항에서 준용하는 법 제26조의3제3항에 따라 제작자승인 또는 제작자승인검사의 면제 대상에 해당하는 경우 그 입증서류
5. 그 밖에 철도용품제작자승인기준에 적합함을 입증하기 위하여 국토교통부장관이 필요하다고 인정하여 고시하는 서류

② 철도용품 제작자승인을 받은 자가 법 제27조의2제4항에서 준용하는 법 제7조제3항 본문에 따라 철도용품 제작자승인 받은 사항을 변경하려는 경우에는 별지 제39호의2서식의 철도용품 제작자변경승인신청서에 다음 각 호의 서류를 첨부하여 국토교통부장관에게 제출하여야 한다.

1. 해당 철도용품의 철도용품 제작자승인증명서
2. 제1항 각 호의 서류(변경되는 부분 및 그와 연관되는 부분에 한정한다)
3. 변경 전후의 대비표 및 해설서

③ 국토교통부장관은 제1항 및 제2항에 따라 철도용품 제작자승인 또는 변경승인 신청을 받은 경우에 15일 이내에 승인 또는 변경승인에 필요한 검사 등의 계획서를 작성하여 신청인에게 통보하여야 한다.

＊시행규칙 제65조(철도용품 제작자승인의 경미한 사항 변경)

① 법 제27조의2제4항에서 준용하는 법 제7조제3항의 단서에서 "국토교통부령으로 정하는 경미한 사항을 변경하는 경우"란 다음 각 호의 어느 하나에 해당하는 경우를 말한다.

1. 철도용품 제작자의 조직변경에 따른 품질관리조직 또는 품질관리책임자에 관한 사항의 변경
2. 법령 또는 행정구역의 변경 등으로 인한 품질관리규정의 세부내용의 변경
3. 서류간 불일치 사항 및 품질관리규정의 기본방향에 영향을 미치지 아니하는 사항으로써 그 변경근거가 분명한 사항의 변경

② 법 제27조의2제4항에서 준용하는 법 제7조제3항 단서에 따라 경미한 사항을 변경하려는 경우에는 별지 제40호서식의 철도용품 제작자변경신고서에 다음 각 호의 서류를 첨부하여 국토교통부장관에게 제출하여야 한다.

1. 해당 철도용품의 철도용품 제작자승인증명서
2. 제1항 각 호에 해당함을 증명하는 서류
3. 변경 전후의 대비표 및 해설서
4. 변경 후의 철도용품 품질관리체계
5. 철도용품제작자승인기준에 대한 적합성 입증자료(변경되는 부분 및 그와 연관되는 부분에 한정한다)

③ 국토교통부장관은 제2항에 따라 신고를 받은 때에는 제2항 각 호의 첨부서류를 확인한 후 별지 제40호의2서식의 철도용품 제작자승인변경신고확인서를 발급하여야 한다.

＊시행규칙 제66조(철도용품 제작자승인검사의 방법 및 증명서 발급 등)

① 법 제27조의2제2항에 따른 철도용품 제작자승인검사는 다음 각 호의 구분에 따라 실시한다.

1. 품질관리체계의 적합성검사: 해당 철도용품의 품질관리체계가 철도용품제작자승인기준에 적합한지 여부에 대한 검사
2. 제작검사: 해당 철도용품에 대한 품질관리체계 적용 및 유지 여부 등을 확인하는 검사

② 국토교통부장관은 제1항에 따른 검사 결과 철도용품제작자승인기준에 적합하다고 인정하는 경우에는 다음 각 호의 서류를 신청인에게 발급하여야 한다.

1. 별지 제41호서식의 철도용품 제작자승인증명서 또는 별지 제41호의2서식의 철도용품 제작자변경승인증명서
2. 제작할 수 있는 철도용품의 형식에 대한 목록을 적은 제작자승인지정서

③ 제2항제1호에 따른 철도용품 제작자승인증명서 또는 철도용품 제작자변경승인증명서를 발급받은 자가 해당 증명서를 잃어버렸거나 헐어 못쓰게 되어 재발급 받으려는 경우에는 별지 제29호서식의 철도용품 제작자승인증명서 재발급 신청서에 헐어 못쓰게 된 증명서(헐어 못쓰게 된 경우만 해당한다)를 첨부하여 국토교통부장관에게 제출하여야 한다.

④ 제1항에 따른 철도용품 제작자승인검사에 관한 세부적인 기준·절차 및 방법은 국토교통부장관이 정하여 고시한다.

＊시행규칙 제67조(철도용품 제작자승인 등의 면제 절차)

국토교통부장관은 제64조제1항제4호에 따른 서류의 검토 결과 철도용품이 제작자승인 또는 제작자승인검사의 면제 대상에 해당된다고 인정하는 경우에는 신청인에게 면제 사실과 내용을 통보하여야 한다.

＊시행규칙 제68조(형식승인을 받은 철도용품의 표시)

① 법 제27조의2제3항에 따라 철도용품 제작자승인을 받은 자는 해당 철도용품에 다음 각 호의 사항을 포함하여 형식승인을 받은 철도용품(이하 "형식승인품"이라 한다)임을 나타내는 표시를 하여야 한다.

1. 형식승인품명 및 형식승인번호
2. 형식승인품명의 제조일
3. 형식승인품의 제조자명(제조자임을 나타내는 마크 또는 약호를 포함한다)
4. 형식승인기관의 명칭

② 제1항에 따른 형식승인품의 표시는 국토교통부장관이 정하여 고시하는 표준도안에 따른다.

＊시행규칙 제69조(지위승계의 신고 등)

① 법 제27조의2제4항에서 준용하는 법 제26조의5제2항에 따라 철도용품 제작자승인의 지위를 승계하는 자는 별지 제42호서식의 철도용품 제작자승계신고서에 다음 각 호의 서류를 첨부하여 국토교통부장관에게 제출하여야 한다.

1. 철도용품 제작자승인증명서
2. 사업 양도의 경우: 양도·양수계약서 사본 등 양도 사실을 입증할 수 있는 서류
3. 사업 상속의 경우: 사업을 상속받은 사실을 확인할 수 있는 서류
4. 사업 합병의 경우: 합병계약서 및 합병 후 존속하거나 합병에 따라 신설된 법인의 등기사항증명서

② 국토교통부장관은 제1항에 따라 신고를 받은 경우에 지위승계 사실을 확인한 후 철도용품 제작자승인증명서를 지위승계자에게 발급하여야 한다.

＊시행규칙 제70조(철도용품 제작자승인의 취소 등 처분기준)

법 제27조의2제4항에서 준용하는 법 제26조의7에 따른 철도용품 제작자승인의 취소 또는 업무의 제한·정지 등의 처분기준은 *별표 15*와 같다.

■ 철도안전법 시행규칙 [별표 15]

철도용품 제작자승인 관련 처분기준(제70조 관련)

1. 일반기준

가. 위반행위가 둘 이상인 경우로서 그에 해당하는 각각의 처분기준이 다른 경우에는 그 중 무거운 처분기준(무거운 처분기준이 같을 때에는 그 중 하나의 처분기준을 말한다)에 따르며, 둘 이상의 처분기준이 같은 업무제한·정지인 경우에는 무거운 처분기준의 2분의 1의 범위에서 가중할 수 있되, 각 처분기준을 합산한 기간을 초과할 수 없다.

나. 위반행위의 횟수에 따른 행정처분 기준은 최근 2년간 같은 위반행위로 업무제한·정지 처분을 받은 경우에 적용한다. 이 경우 위반횟수는 같은 위반행위에 대하여 최초로 처분을 한 날과 다시 같은 위반행위를 적발한 날을 기준으로 한다.

다. 처분권자는 다음 각 목의 어느 하나에 해당하는 경우에는 업무제한·정지 처분의 2분의 1의 범위에서 감경할 수 있다. 이 경우 그 처분이 업무제한·정지인 경우에는 그 처분기준의 2분의 1의 범위에서 감경할 수 있고, 승인취소인 경우(법 제27조의2제4항에 따라 준용되는 법 제26조의7제1항제1호 또는 제5호에 해당하는 경우는 제외한다)에는 6개월의 업무정지 처분으로 감경할 수 있다.

1) 위반행위가 고의나 중대한 과실이 아닌 사소한 부주의나 오류로 인한 것으로 인정되는

경우

2) 위반상태를 시정하거나 해소하기 위해 노력한 것이 인정되는 경우

3) 그 밖에 위반행위의 정도, 위반행위의 동기와 그 결과 등을 고려하여 업무제한·정지 기간을 줄일 필요가 있다고 인정되는 경우

라. 처분권자는 다음 각 목의 어느 하나에 해당하는 경우에는 업무제한·정지 처분의 2분의 1의 범위에서 가중할 수 있다. 다만, 각 업무정지를 합산한 기간이 법 제9조제1항에서 정한 기간을 초과할 수 없다.

1) 위반의 내용·정도가 중대하여 공중에게 미치는 피해가 크다고 인정되는 경우

2) 그 밖에 위반행위의 정도, 위반행위의 동기와 그 결과 등을 고려하여 가중할 필요가 있다고 인정되는 경우

2. 개별기준

위 반 사 항	근 거 법 조 문	처 분 기 준			
		1차 위반	2차 위반	3차 위반	4차 이상 위반
가. 거짓이나 그 밖의 부정한 방법으로 제작자승인을 받은 경우	법 제27조의2제4항	승인취소			
나. 법 제27조의2에서 준용하는 법 제7조제3항을 위반하여 변경승인을 받지 않고 철도차량을 제작한 경우	법 제27조의2제4항	업무정지(업무제한) 3개월	업무정지(업무제한) 6개월	승인취소	
다. 법 제27조의2에서 준용하는 법 제7조제3항을 위반하여 변경신고를 하지 않고 철도차량을 제작한 경우	법 제27조의2제4항	경고	업무정지(업무제한) 3개월	업무정지(업무제한) 6개월	승인취소
라. 법 제27조의2제4항에서 준용하는 법 제8조제3항에 따른 시정조치명령을 정당한 사유 없이 이행하지 않은 경우	법 제27조의2제4항	경고	업무정지(업무제한) 3개월	업무정지(업무제한) 6개월	승인취소
마. 법 제32조제1항에 따른 명령을 이행하지 않은 경우	법 제27조의2제4항	업무정지(업무제한) 3개월	업무정지(업무제한) 6개월	승인취소	
바. 업무정지 기간 중에 철도용품을 제작한 경우	법 제27조의2제4항	승인취소			

※시행규칙 제71조(철도용품 품질관리체계의 유지 등)

① 국토교통부장관은 법 제27조의2제4항에서 준용하는 법 제8조제2항에 따라 철도용품 품질관리체계에 대하여 1년마다 1회의 정기검사를 실시하고, 철도용품의 안전 및 품질 확보 등을 위하여 필요하다고 인정하는 경우에는 수시로 검사할 수 있다.

② 국토교통부장관은 제1항에 따라 정기검사 또는 수시검사를 시행하려는 경우에는 검사 시행일 15일 전까지 다음 각 호의 내용이 포함된 검사계획을 철도용품 제작자승인을 받은 자에게 통보하여야 한다.

1. 검사반의 구성
2. 검사 일정 및 장소
3. 검사 수행 분야 및 검사 항목
4. 중점 검사 사항
5. 그 밖에 검사에 필요한 사항

③ 국토교통부장관은 정기검사 또는 수시검사를 마친 경우에는 다음 각 호의 사항이 포함된 검사 결과보고서를 작성하여야 한다.

1. 철도용품 품질관리체계의 검사 개요 및 현황
2. 철도용품 품질관리체계의 검사 과정 및 내용
3. 법 제27조의2제4항에서 준용하는 제8조제3항에 따른 시정조치 사항

④ 국토교통부장관은 법제27조의2제4항에서 준용하는 법 제8조제3항에 따라 철도용품 제작자승인을 받은 자에게 시정조치를 명하는 경우에는 시정에 필요한 적정한 기간을 주어야 한다.

⑤ 법 제27조의2제4항에서 준용하는 제8조제3항에 따라 시정조치명령을 받은 철도용품 제작자승인을 받은 자는 시정조치를 완료한 경우에는 지체 없이 그 시정내용을 국토교통부장관에게 통보하여야 한다.

⑥ 제1항부터 제5항까지의 규정에서 정한 사항 외에 정기검사 또는 수시검사에 관한 세부적인 기준·방법 및 절차는 국토교통부장관이 정하여 고시한다.

제27조의3(검사 업무의 위탁)

국토교통부장관은 다음 각 호의 업무를 *대통령령(28조의2)*으로 정하는 바에 따라 관련 기관 또는 단체에 위탁할 수 있다.

1. 제26조제3항에 따른 철도차량 형식승인검사
2. 제26조의3제2항에 따른 철도차량 제작자승인검사
3. 제26조의6제1항에 따른 철도차량 완성검사
4. 제27조제2항에 따른 철도용품 형식승인검사
5. 제27조의2제2항에 따른 철도용품 제작자승인검사

*시행령 제28조의2(검사 업무의 위탁)

① 국토교통부장관은 법 제27조의3에 따라 다음 각 호의 업무를 「과학기술분야 정부출연연구기관 등의 설립·운영 및 육성에 관한 법률」 제8조에 따라 설립된 한국철도기술연구원(이하 "한국철도기술연구원"이라 한다) 및 「한국교통안전공단법」에 따른 한국교통안전공단(이하 "한국교통안전공단"이라 한다)에 위탁한다.

1. 법 제26조제3항에 따른 **철도차량 형식승인검사**
2. 법 제26조의3제2항에 따른 철도차량 **제작자승인검사**
3. 법 제26조의6제1항에 따른 **철도차량 완성검사**(제2항에 따라 국토교통부령으로 정하는 업무는 제외한다)
4. 법 제27조제2항에 따른 **철도용품 형식승인검사**
5. 법 제27조의2제2항에 따른 **철도용품 제작자승인검사**

② 국토교통부장관은 법 제27조의3에 따라 법 제26조의6제1항에 따른 철도차량 완성검사 업무 중 *국토교통부령(71조의2)*으로 정하는 업무(**완성차량검사**)를 국토교통부장관이 지정하여 고시하는 철도안전에 관한 전문기관 또는 단체에 위탁한다.

*시행규칙 제71조의2(검사 업무의 위탁)

영 제28조의2제2항에서 "국토교통부령으로 정하는 업무"란 제57조제1항제1호에 따른 **완성차량검사**를 말한다.

제31조(형식승인 등의 사후관리)

① 국토교통부장관은 제26조 또는 제27조에 따라 형식승인을 받은 철도차량 또는 철도용품의 안전 및 품질의 확인·점검을 위하여 필요하다고 인정하는 경우에는 소속 공무원으로 하여금 다음 각 호의 조치를 하게 할 수 있다.

1. 철도차량 또는 철도용품이 제26조제3항 또는 제27조제2항에 따른 기술기준에 적합한지에 대한 조사
2. 철도차량 또는 철도용품 형식승인 및 제작자승인을 받은 자의 관계 장부 또는 서류의 열람·제출
3. 철도차량 또는 철도용품에 대한 수거·검사
4. 철도차량 또는 철도용품의 안전 및 품질에 대한 전문연구기관에의 시험·분석 의뢰
5. 그 밖에 철도차량 또는 철도용품의 안전 및 품질에 대한 긴급한 조사를 위하여 *국토교통부령(72조)*으로 정하는 사항

② 철도차량 또는 철도용품 형식승인 및 제작자승인을 받은 자와 철도차량 또는 철도용품의 소유자·점유자·관리인 등은 정당한 사유 없이 제1항에 따른 조사·열람·수거 등을 거부·방해·기피하여서는 아니 된다.

③ 제1항에 따라 조사·열람 또는 검사 등을 하는 공무원은 그 권한을 표시하는 증표를 지니고 이를 관계인에게 내보여야 한다. 이 경우 그 증표에 관하여 필요한 사항은 *국토교통부령*으로 정한다.

④ 제26조의6제1항에 따라 철도차량 완성검사를 받은 자가 해당 철도차량을 판매하는 경우 다음 각 호의 조치를 하여야 한다.

1. 철도차량정비에 필요한 부품을 공급할 것
2. 철도차량을 구매한 자에게 철도차량정비에 필요한 기술지도·교육과 정비매뉴얼 등 정비 관련 자료를 제공할 것

⑤ 제4항 각 호에 따른 정비에 필요한 부품의 종류 및 공급하여야 하는 기간, 기술지도·교육 대상과 방법, 철도차량정비 관련 자료의 종류 및 제공 방법 등에 필요한 사항은 국토교통부령으로 정한다.

⑥ 국토교통부장관은 제26조의6제1항에 따라 철도차량 완성검사를 받아 해당 철도차량을 판매한 자가 제4항에 따른 조치를 이행하지 아니한 경우에는 그 이행을 명할 수 있다.

＊시행규칙 제72조(형식승인 등의 사후관리 대상 등)

① 법 제31조제1항제5호에서 "국토교통부령으로 정하는 사항"이란 다음 각 호의 어느 하나에 해당하는 사항을 말한다.

1. 사고가 발생한 철도차량 또는 철도용품에 대한 철도운영 적합성 조사
2. 장기 운행한 철도차량 또는 철도용품에 대한 철도운영 적합성 조사
3. 철도차량 또는 철도용품에 결함이 있는지의 여부에 대한 조사
4. 그 밖에 철도차량 또는 철도용품의 안전 및 품질에 관하여 국토교통부장관이 필요하다고 인정하여 고시하는 사항

② 법 제31조제3항에 따른 공무원의 권한을 표시하는 *증표는 별지 제43호서식*에 따른다.

■ 철도안전법 시행규칙 [별지 제43호서식]

(앞쪽)

증명서번호: 제 호

철도형식승인 사후관리 조사 공무원증

사 진
(3.5cm×4.5cm)

(모자 벗은 상반신으로 뒤 그림 없이 6개월 이내에 촬영한 것)

성 명

국토교통부장관

55㎜×85㎜[인쇄용지(1종) 120g/㎡]

(색상: 연하늘색)

(뒤쪽)

철도형식승인 사후관리 조사 공무원증

성명:

생년월일:

위의 사람은 「철도안전법」 제31조제3항 및 같은 법 시행규칙 제72조제2항에 따라 철도형식승인 사후관리 조사 공무원임을 증명합니다.

년 월 일

국토교통부장관 직인

1. 이 사람은 「철도안전법」 제31조에 따라 철도형식승인 사후관리를 할 수 있는 권한이 있습니다.
2. 이 증은 다른 사람에게 대여하거나 양도할 수 없습니다.
3. 이 증을 습득한 경우에는 가까운 우체통에 넣어 주십시오.

제32조(제작 또는 판매 중지 등)

① 국토교통부장관은 제26조 또는 제27조에 따라 형식승인을 받은 철도차량 또는 철도용품이 다음 각 호의 어느 하나에 해당하는 경우에는 그 철도차량 또는 철도용품의 제작·수입·판매 또는 사용의 중지를 명할 수 있다. 다만, 제1호에 해당하는 경우에는 제작·수입·판매 또는 사용의 중지를 명하여야 한다.

1. 제26조의2제1항(제27조제4항에서 준용하는 경우를 포함한다)에 따라 형식승인이 취소된 경우
2. 제26조의2제2항(제27조제4항에서 준용하는 경우를 포함한다)에 따라 변경승인 이행명령을 받은 경우
3. 제26조의6에 따른 완성검사를 받지 아니한 철도차량을 판매한 경우(판매 또는 사용의 중지명령만 해당한다)
4. 형식승인을 받은 내용과 다르게 철도차량 또는 철도용품을 제작·수입·판매한 경우

② 제1항에 따른 중지명령을 받은 철도차량 또는 철도용품의 제작자는 *국토교통부령(73조)*으로 정하는 바에 따라 해당 철도차량 또는 철도용품의 회수 및 환불 등에 관한 시정조치계획을 작성하여 국토교통부장관에게 제출하고 이 계획에 따른 시정조치를 하여야 한다. 다만, 제1항제2호 및 제3호에 해당하는 경우로서 그 위반경위, 위반정도 및 위반효과 등이 *국토교통부령(73조)*으로 정하는 경미한 경우에는 그러하지 아니하다.

③ 제2항 단서에 따라 시정조치의 면제를 받으려는 제작자는 *대통령령(29조)*으로 정하는 바에 따라 국토교통부장관에게 그 시정조치의 면제를 신청하여야 한다.

④ 철도차량 또는 철도용품의 제작자는 제2항 본문에 따라 시정조치를 하는 경우에는 *국토교통부령(73조)*으로 정하는 바에 따라 해당 시정조치의 진행 상황을 국토교통부장관에게 보고하여야 한다.

***시행규칙 제73조(시정조치계획의 제출 및 보고 등)**

① 법 제32조제2항 본문에 따라 중지명령을 받은 철도차량 또는 철도용품의 제작자는 다음 각 호의 사항이 포함된 시정조치계획서를 국토교통부장관에게 제출하여야 한다.

1. 해당 철도차량 또는 철도용품의 명칭, 형식승인번호 및 제작연월일
2. 해당 철도차량 또는 철도용품의 위반경위, 위반정도 및 위반결과
3. 해당 철도차량 또는 철도용품의 제작 수 및 판매 수
4. 해당 철도차량 또는 철도용품의 회수, 환불, 교체, 보수 및 개선 등 시정계획
5. 해당 철도차량 또는 철도용품의 소유자·점유자·관리자 등에 대한 통지문 또는 공고문

② 법 제32조제2항 단서에서 "국토교통부령으로 정하는 경미한 경우"란 다음 각 호의

어느 하나에 해당하는 경우를 말한다.

1. 구조안전 및 성능에 영향을 미치지 아니하는 형상의 변경 위반
2. 안전에 영향을 미치지 아니하는 설비의 변경 위반
3. 중량분포에 영향을 미치지 아니하는 장치 또는 부품의 배치 변경 위반
4. 동일 성능으로 입증할 수 있는 부품의 규격 변경 위반
5. 안전, 성능 및 품질에 영향을 미치지 아니하는 제작과정의 변경 위반
6. 그 밖에 철도차량 또는 철도용품의 안전 및 성능에 영향을 미치지 아니한다고 국토교통부장관이 인정하여 고시하는 경우

③ 철도차량 또는 철도용품 제작자가 시정조치를 하는 경우에는 법 제32조제4항에 따라 시정조치가 완료될 때까지 매 분기마다 분기 종료 후 20일 이내에 국토교통부장관에게 시정조치의 진행상황을 보고하여야 하고, 시정조치를 완료한 경우에는 완료 후 20일 이내에 그 시정내용을 국토교통부장관에게 보고하여야 한다.

***시행령 제29조(시정조치의 면제 신청 등)**

① 법 제32조제3항에 따라 시정조치의 면제를 받으려는 제작자는 법 제32조제1항에 따른 중지명령을 받은 날부터 15일 이내에 법 제32조제2항 단서에 따른 경미한 경우에 해당함을 증명하는 서류를 국토교통부장관에게 제출하여야 한다.

② 국토교통부장관은 제1항에 따른 서류를 제출받은 경우에 시정조치의 면제 여부를 결정하고 결정이유, 결정기준과 결과를 신청자에게 통지하여야 한다.

제34조(표준화)

① 국토교통부장관은 철도의 안전과 호환성의 확보 등을 위하여 철도차량 및 철도용품의 표준규격을 정하여 철도운영자등 또는 철도차량을 제작·조립 또는 수입하려는 자 등(이하 "차량제작자등"이라 한다)에게 권고할 수 있다. 다만, 「산업표준화법」에 따른 한국산업표준이 제정되어 있는 사항에 대하여는 그 표준에 따른다.

② 제1항에 따른 표준규격의 제정·개정 등에 필요한 사항은 *국토교통부령(74조)*으로 정한다.

***시행규칙 제74조(철도표준규격의 제정 등)**

① 국토교통부장관은 법 제34조에 따른 철도차량이나 철도용품의 표준규격(이하 "철도표준규격"이라 한다)을 제정·개정하거나 폐지하려는 경우에는 기술위원회의 심의를 거쳐야 한다.

② 국토교통부장관은 철도표준규격을 제정·개정하거나 폐지하는 경우에 필요한 경우에는 공청회 등을 개최하여 이해관계인의 의견을 들을 수 있다.

③ 국토교통부장관은 철도표준규격을 제정한 경우에는 해당 철도표준규격의 명칭·번호 및 제정 연월일 등을 관보에 고시하여야 한다. 고시한 철도표준규격을 개정하거나 폐지한 경우에도 또한 같다.

④ 국토교통부장관은 제3항에 따라 철도표준규격을 고시한 날부터 3년마다 타당성을 확인하여 필요한 경우에는 철도표준규격을 개정하거나 폐지할 수 있다. 다만, 철도기술의 향상 등으로 인하여 철도표준규격을 개정하거나 폐지할 필요가 있다고 인정하는 때에는 3년 이내에도 철도표준규격을 개정하거나 폐지할 수 있다.

⑤ 철도표준규격의 제정·개정 또는 폐지에 관하여 이해관계가 있는 자는 별지 제44호서식의 철도표준규격 제정·개정·폐지 의견서에 다음 각 호의 서류를 첨부하여 「과학기술분야 정부출연연구기관 등의 설립·운영 및 육성에 관한 법률」에 따른 한국철도기술연구원(이하 "한국철도기술연구원"이라 한다)에 제출할 수 있다.

1. 철도표준규격의 제정·개정 또는 폐지안
2. 철도표준규격의 제정·개정 또는 폐지안에 대한 의견서

⑥ 제5항에 따른 의견서를 받은 한국철도기술연구원은 이를 검토한 후 그 검토 결과를 해당 이해관계인에게 통보하여야 한다.

⑦ 철도표준규격의 관리 등에 필요한 세부사항은 국토교통부장관이 정하여 고시한다.

제38조(종합시험운행)

① 철도운영자등은 철도노선을 새로 건설하거나 기존노선을 개량하여 운영하려는 경우에는 정상운행을 하기 전에 종합시험운행을 실시한 후 그 결과를 국토교통부장관에게 보고하여야 한다.

② 국토교통부장관은 제1항에 따른 보고를 받은 경우에는 「철도의 건설 및 철도시설 유지관리에 관한 법률」 제19조제1항에 따른 기술기준에의 적합 여부, 철도시설 및 열차운행체계의 안전성 여부, 정상운행 준비의 적절성 여부 등을 검토하여 필요하다고 인정하는 경우에는 개선·시정할 것을 명할 수 있다.

③ 제1항 및 제2항에 따른 종합시험운행의 실시 시기·방법·기준과 개선·시정 명령 등에 필요한 사항은 *국토교통부령(75조)*으로 정한다.

＊시행규칙 제75조(종합시험운행의 시기·절차 등)

① 철도운영자등이 법 제38조제1항에 따라 실시하는 종합시험운행(이하 "종합시험운행"이라 한다)은 해당 철도노선의 영업을 개시하기 전에 실시한다.

② 종합시험운행은 철도운영자와 합동으로 실시한다. 이 경우 철도운영자는 종합시험운행의 원활한 실시를 위하여 철도시설관리자로부터 철도차량, 소요인력 등의 지원 요청이 있는 경우 특별한 사유가 없는 한 이에 응하여야 한다.

③ 철도시설관리자는 종합시험운행을 실시하기 전에 철도운영자와 협의하여 다음 각 호의 사항이 포함된 종합시험운행계획을 수립하여야 한다.

1. 종합시험운행의 방법 및 절차
2. 평가항목 및 평가기준 등
3. 종합시험운행의 일정
4. 종합시험운행의 실시 조직 및 소요인원
5. 종합시험운행에 사용되는 시험기기 및 장비
6. 종합시험운행을 실시하는 사람에 대한 교육훈련계획
7. 안전관리조직 및 안전관리계획
8. 비상대응계획
9. 그 밖에 종합시험운행의 효율적인 실시와 안전 확보를 위하여 필요한 사항

④ 철도시설관리자는 종합시험운행을 실시하기 전에 철도운영자와 합동으로 해당 철도노선에 설치된 철도시설물에 대한 기능 및 성능 점검결과를 설명한 서류에 대한 검토 등 사전검토를 하여야 한다.

⑤ 종합시험운행은 다음 각 호의 절차로 구분하여 순서대로 실시한다.

1. 시설물검증시험: 해당 철도노선에서 허용되는 최고속도까지 단계적으로 철도차량의 속도를 증가시키면서 철도시설의 안전상태, 철도차량의 운행적합성이나 철도시설물과의 연계성(Interface), 철도시설물의 정상 작동 여부 등을 확인·점검하는 시험
2. 영 업 시 운 전: 시설물검증시험이 끝난 후 영업 개시에 대비하기 위하여 열차운행계획에 따른 실제 영업상태를 가정하고 열차운행체계 및 철도종사자의 업무숙달 등을 점검하는 시험

⑥ 철도시설관리자는 기존 노선을 개량한 철도노선에 대한 종합시험운행을 실시하는 경우에는 철도운영자와 협의하여 제2항에 따른 종합시험운행 일정을 조정하거나 그 절차의 일부를 생략할 수 있다.

⑦ 철도시설관리자는 제5항 및 제6항에 따라 종합시험운행을 실시하는 경우에는 철도운영자와 합동으로 종합시험운행의 실시내용·실시결과 및 조치내용 등을 확인하고 이를 기록·관리하여야 하며, 그 결과를 국토교통부장관에게 보고하여야 한다.

⑧ 철도운영자등은 제75조의2제2항에 따라 철도시설의 개선·시정명령을 받은 경우나 열차운행체계 또는 운행준비에 대한 개선·시정명령을 받은 경우에는 이를 개선·시정하여야 하고, 개선·시정을 완료한 후에는 종합시험운행을 다시 실시하여 국토교통부장관에게 그 결과를 보고하여야 한다. 이 경우 제5항 각 호의 종합시험운행절차 중 일부를 생략할 수 있다.

⑨ 철도운영자등이 종합시험운행을 실시하는 때에는 안전관리책임자를 지정하여 다음 각 호의 업무를 수행하도록 하여야 한다.

1. 「산업안전보건법」 등 관련 법령에서 정한 안전조치사항의 점검·확인
2. 종합시험운행을 실시하기 전의 안전점검 및 종합시험운행 중 안전관리 감독
3. 종합시험운행에 사용되는 철도차량에 대한 안전 통제
4. 종합시험운행에 사용되는 안전장비의 점검·확인
5. 종합시험운행 참여자에 대한 안전교육

⑩ 그 밖에 종합시험운행의 세부적인 절차·방법 등에 관하여 필요한 사항은 국토교통부장관이 정하여 고시한다.

***시행규칙 제75조의2(종합시험운행 결과의 검토 및 개선명령 등)**

① 법 제38조제2항에 따라 실시되는 종합시험운행의 결과에 대한 검토는 다음 각 호의 절차로 구분하여 순서대로 실시한다.

1. 「철도의 건설 및 철도시설 유지관리에 관한 법률」 제19조제1항 및 제2항에 따른 기술기준에의 적합여부 검토
2. 철도시설 및 열차운행체계의 안전성 여부 검토
3. 정상운행 준비의 적절성 여부 검토

② 국토교통부장관은 「도시철도법」 제3조제2호에 따른 도시철도 또는 같은 법 제24조 또는 제42조에 따라 도시철도건설사업 또는 도시철도운송사업을 위탁받은 법인이 건설·운영하는 도시철도에 대하여 제1항에 따른 검토를 하는 경우에는 해당 도시철도의 관할 시·도지사와 협의할 수 있다. 이 경우 **협의 요청을 받은 시·도지사는 협의를 요청받은 날부터 7일 이내에 의견을 제출**하여야 하며, 그 기간 내에 의견을 제출하지 아니하면 의견이 없는 것으로 본다.

③ 국토교통부장관은 제1항에 따른 검토 결과 해당 철도시설의 개선·보완이 필요하거나 열차운행체계 또는 운행준비에 대한 개선·보완이 필요한 경우에는 법 제38조제2항에 따라 철도운영자등에게 이를 개선·시정할 것을 명할 수 있다.

④ 제1항에 따른 종합시험운행의 결과 검토에 대한 세부적인 기준·절차 및 방법에 관하여 필요한 사항은 국토교통부장관이 정하여 고시한다.

제38조의2(철도차량의 개조 등)

① 철도차량을 소유하거나 운영하는 자(이하 "소유자등"이라 한다)는 철도차량 최초 제작 당시와 다르게 구조, 부품, 장치 또는 차량성능 등에 대한 개량 및 변경 등(이하 "개조"라 한다)을 임의로 하고 운행하여서는 아니 된다.

② 소유자등이 철도차량을 개조하여 운행하려면 제26조제3항에 따른 철도차량의 기술기준에 적합한지에 대하여 *국토교통부령(75조의3)*으로 정하는 바에 따라 국토교통부장관의 승인(이하 "개조승인"이라 한다)을 받아야 한다. 다만, *국토교통부령(75조의4)*으로 정하는 경미한 사항을 개조하는 경우에는 국토교통부장관에게 신고(이하 "개조신고"라 한다)하여야 한다.

③ 소유자등이 철도차량을 개조하여 개조승인을 받으려는 경우에는 *국토교통부령(75조의5)*으로 정하는 바에 따라 적정 개조능력이 있다고 인정되는 자가 개조 작업을 수행하도록 하여야 한다.

④ 국토교통부장관은 개조승인을 하려는 경우에는 해당 철도차량이 제26조제3항에 따라 고시하는 철도차량의 기술기준에 적합한지에 대하여 개조승인검사를 하여야 한다.

⑤ 제2항 및 제4항에 따른 개조승인절차, 개조신고절차, 승인방법, 검사기준, 검사방법 등에 대하여 필요한 사항은 *국토교통부령(75조의6)*으로 정한다.

＊시행규칙 제75조의3(철도차량 개조승인의 신청 등)

① 법 제38조의2제2항 본문에 따라 철도차량을 소유하거나 운영하는 자(이하 "소유자등"이라 한다)는 철도차량 개조승인을 받으려면 별지 제45호서식에 따른 철도차량 개조승인신청서에 다음 각 호의 서류를 첨부하여 국토교통부장관에게 제출하여야 한다.

1. 개조 대상 철도차량 및 수량에 관한 서류
2. 개조의 범위, 사유 및 작업 일정에 관한 서류
3. 개조 전·후 사양 대비표
4. 개조에 필요한 인력, 장비, 시설 및 부품 또는 장치에 관한 서류
5. 개조작업수행 예정자의 조직·인력 및 장비 등에 관한 현황과 개조작업수행에 필요한 부품, 구성품 및 용역의 내용에 관한 서류. 다만, 개조작업수행 예정자를 선정하기 전인 경우에는 개조작업수행 예정자 선정기준에 관한 서류
6. 개조 작업지시서
7. 개조하고자 하는 사항이 철도차량기술기준에 적합함을 입증하는 기술문서

② 국토교통부장관은 제1항에 따라 철도차량 개조승인 신청을 받은 경우에는 그 신청서를 받은 날부터 15일 이내에 개조승인에 필요한 검사내용, 시기, 방법 및 절차 등을 적은 개조검사 계획서를 신청인에게 통지하여야 한다.

※시행규칙 제75조의4(철도차량의 경미한 개조)

① 법 제38조의2제2항 단서에서 "국토교통부령으로 정하는 경미한 사항을 개조하는 경우"란 다음 각 호의 어느 하나에 해당하는 경우를 말한다. <개정 2020. 8. 4.>

1. 차체구조 등 철도차량 구조체의 개조로 인하여 해당 철도차량의 허용 적재하중 등 철도차량의 강도가 100분의 5 미만으로 변동되는 경우
2. 설비의 변경 또는 교체에 따라 해당 철도차량의 중량 및 중량분포가 다음 각 목에 따른 기준 이하로 변동되는 경우
   가. 고속철도차량 및 일반철도차량의 동력차(기관차): 100분의 2
   나. 고속철도차량 및 일반철도차량의 객차ㆍ화차ㆍ전기동차ㆍ디젤동차: 100분의 4
   다. 도시철도차량: 100분의 5
3. 다음 각 목의 어느 하나에 해당하지 아니하는 장치 또는 부품의 개조 또는 변경
   가. 주행장치 중 주행장치틀, 차륜 및 차축
   나. 제동장치 중 제동제어장치 및 제어기
   다. 추진장치 중 인버터 및 컨버터
   라. 보조전원장치
   마. 차상신호장치(지상에 설치된 신호장치로부터 열차의 운행조건 등에 관한 정보를 수신하여 철도차량의 운전실에 속도감속 또는 정지 등 철도차량의 운전에 필요한 정보를 제공하기 위하여 철도차량에 설치된 장치를 말한다)
   바. 차상통신장치
   사. 종합제어장치
   아. 철도차량기술기준에 따른 화재시험 대상인 부품 또는 장치. 다만, 「화재예방, 소방시설 설치ㆍ유지 및 안전관리에 관한 법률」 제9조제1항에 따른 화재안전기준을 충족하는 부품 또는 장치는 제외한다.
4. 법 제27조에 따라 국토교통부장관으로부터 철도용품 형식승인을 받은 용품으로 변경하는 경우(제1호 및 제2호에 따른 요건을 모두 충족하는 경우로서 소유자등이 지상에 설치되어 있는 설비와 철도차량의 부품ㆍ구성품 등이 상호 접속되어 원활하게 그 기능이 확보되는지에 대하여 확인한 경우에 한한다)
5. 철도차량 제작자와의 계약에 따른 성능개선을 위한 장치 또는 부품의 변경
6. 철도차량 개조의 타당성 및 적합성 등에 관한 검토ㆍ시험을 위한 대표편성 철도차량의 개조에 대하여 「과학기술분야 정부출연연구기관 등의 설립ㆍ운영 및 육성에 관한 법률」에 따른 한국철도기술연구원의 승인을 받은 경우
7. 철도차량의 장치 또는 부품을 개조한 이후 개조 전의 장치 또는 부품과 비교하여 철도차량의 고장 또는 운행장애가 증가하여 개조 전의 장치 또는 부품으로 긴급히 교체하는 경우

8. 그 밖에 철도차량의 안전, 성능 등에 미치는 영향이 미미하다고 국토교통부장관으로부터 인정을 받은 경우

② 제1항을 적용할 때 다음 각 호의 어느 하나에 해당하는 경우에는 철도차량의 개조로 보지 아니한다.

1. 철도차량의 유지보수(점검 또는 정비 등) 계획에 따라 일상적・반복적으로 시행하는 부품이나 구성품의 교체・교환

1의2. 철도차량 제작자와의 하자보증계약에 따른 장치 또는 부품의 변경

2. 차량 내・외부 도색 등 미관이나 내구성 향상을 위하여 시행하는 경우

3. 승객의 편의성 및 쾌적성 제고와 청결・위생・방역을 위한 차량 유지관리

4. 다음 각 목의 장치와 관련되지 아니한 소프트웨어의 수정

가. 견인장치

나. 제동장치

다. 차량의 안전운행 또는 승객의 안전과 관련된 제어장치

라. 신호 및 통신 장치

5. 차체 형상의 개선 및 차내 설비의 개선

6. 철도차량 장치나 부품의 배치위치 변경

7. 기존 부품과 동등 수준 이상의 성능임을 제시하거나 입증할 수 있는 부품의 규격 수정

8. 소유자등이 철도차량 개조의 타당성 등에 관한 사전 검토를 위하여 여객 또는 화물 운송을 목적으로 하지 아니하고 철도차량의 시험운행을 위한 전용선로 또는 영업 중인 선로에서 영업운행 종료 이후 30분이 경과된 시점부터 다음 영업운행 개시 30분 전까지 해당 철도차량을 운행하는 경우(소유자등이 안전운행 확보방안을 수립하여 시행하는 경우에 한한다)

9. 「철도사업법」에 따른 전용철도 노선에서만 운행하는 철도차량에 대한 개조

10. 그 밖에 제1호부터 제7호까지에 준하는 사항으로 국토교통부장관으로부터 인정을 받은 경우

③ 소유자등이 제1항에 따른 경미한 사항의 철도차량 개조신고를 하려면 해당 철도차량에 대한 개조작업 시작예정일 10일 전까지 별지 제45호의2서식에 따른 철도차량 개조신고서에 다음 각 호의 서류를 첨부하여 국토교통부장관에게 제출하여야 한다.

1. 제1항 각 호의 어느 하나에 해당함을 증명하는 서류

2. 제1호와 관련된 제75조의3제1항제1호부터 제6호까지의 서류

④ 국토교통부장관은 제3항에 따라 소유자등이 제출한 철도차량 개조신고서를 검토한 후 적합하다고 판단하는 경우에는 별지 제45호의3서식에 따른 철도차량 개조신고확인서를 발급하여야 한다.

※시행규칙 제75조의6(개조승인 검사 등)

① 법 제38조의2제4항에 따른 개조승인 검사는 다음 각 호의 구분에 따라 실시한다.

1. **개조적합성 검사:** 철도차량의 개조가 철도차량기술기준에 적합한지 여부에 대한 기술문서 검사
2. **개조합치성 검사:** 해당 철도차량의 대표편성에 대한 개조작업이 제1호에 따른 기술문서와 합치하게 시행되었는지 여부에 대한 검사
3. **개조형식시험:** 철도차량의 개조가 부품단계, 구성품단계, 완성차단계, 시운전단계에서 철도차량기술기준에 적합한지 여부에 대한 시험

② 국토교통부장관은 제1항에 따른 개조승인 검사 결과 철도차량기술기준에 적합하다고 인정하는 경우에는 별지 제45호의4서식에 따른 철도차량 개조승인증명서에 철도차량 개조승인 자료집을 첨부하여 신청인에게 발급하여야 한다.

③ 제1항 및 제2항에서 정한 사항 외에 개조승인의 절차 및 방법 등에 관한 세부사항은 국토교통부장관이 정하여 고시한다.

제38조의3(철도차량의 운행제한)

① 국토교통부장관은 다음 각 호의 어느 하나에 해당하는 사유가 있다고 인정되면 **소유자등에게 철도차량의 운행제한을 명할 수 있다.**

1. 소유자등이 개조승인을 받지 아니하고 임의로 철도차량을 개조하여 운행하는 경우
2. 철도차량이 제26조제3항에 따른 철도차량의 기술기준에 적합하지 아니한 경우

② 국토교통부장관은 제1항에 따라 운행제한을 명하는 경우 사전에 그 목적, 기간, 지역, 제한내용 및 대상 철도차량의 종류와 그 밖에 필요한 사항을 해당 소유자등에게 통보하여야 한다.

※시행규칙 제75조의7(철도차량의 운행제한 처분기준)

법 제38조의3제1항에 따른 소유자등에 대한 철도차량의 운행제한 처분기준은 *별표 16과* 같다.

■ 철도안전법 시행규칙 [별표 16]

철도차량의 운행제한 관련 처분기준(제75조의7 관련)

1. 일반기준

가. 위반행위의 횟수에 따른 행정처분의 가중된 부과기준은 최근 2년 동안 같은 위반행위로 행정처분을 받은 경우에 적용한다. 이 경우 기간의 계산은 위반행위에 대하여 행정처분을 받은 날과 그 처분 후 다시 같은 위반행위를 하여 적발된 날을 기준으로

한다.

나. 가목에 따라 가중된 부과처분을 하는 경우 가중처분의 적용 차수는 그 위반행위 전 부과처분 차수(가목에 따른 기간 내에 행정처분이 둘 이상 있었던 경우에는 높은 차수를 말한다)의 다음 차수로 한다.

다. 위반행위가 둘 이상인 경우로서 각 처분내용이 모두 운행제한·정지인 경우에는 그 중 무거운 처분기준에 해당하는 운행제한·정지 기간의 2분의 1의 범위에서 가중할 수 있다. 다만, 가중하는 경우에도 각 처분기준에 따른 운행제한·정지 기간을 합산한 기간 및 6개월을 넘을 수 없다.

라. 국토교통부장관은 다음의 어느 하나에 해당하는 경우에는 제2호의 개별기준에 따른 운행제한·정지 기간의 2분의 1 범위에서 그 기간을 줄일 수 있다.

1) 위반행위가 사소한 부주의나 오류로 인한 것으로 인정되는 경우
2) 위반행위자가 법 위반상태를 시정하거나 해소하기 위한 노력이 인정되는 경우
3) 그 밖에 위반행위의 정도, 위반행위의 동기와 그 결과 등을 고려하여 운행제한·정지 기간을 줄일 필요가 있다고 인정되는 경우

마. 국토교통부장관은 다음의 어느 하나에 해당하는 경우에는 제2호의 개별기준에 따른 운행제한·정지 기간의 2분의 1 범위에서 그 기간을 늘릴 수 있다. 다만, 늘리는 경우에도 6개월을 넘을 수 없다.

1) 위반의 내용 및 정도가 중대하여 공중에게 미치는 피해가 크다고 인정되는 경우
2) 법 위반상태의 기간이 6개월 이상인 경우
3) 그 밖에 위반행위의 정도, 위반행위의 동기와 그 결과 등을 고려하여 운행제한·정지 기간을 늘릴 필요가 있다고 인정되는 경우

2. 개별기준

위반 행위	근거 법조문	처 분 기 준			
		1차 위반	2차 위반	3차 위반	4차 위반
가. 철도차량이 법 제26조제3항에 따른 철도차량의 기술기준에 적합하지 않은 경우	법 제38조의3제1항 제2호	시정명령	해당 철도차량 운행정지 1개월	해당 철도차량 운행정지 2개월	해당 철도차량 운행정지 4개월
나. 소유자등이 법 제38조의2제2항 본문을 위반하여 개조승인을 받지 않고 임의로 철도차량을 개조하여 운행하는 경우	법 제38조의3제1항 제1호	해당 철도차량 운행정지 1개월	해당 철도차량 운행정지 2개월	해당 철도차량 운행정지 4개월	해당 철도차량 운행정지 6개월

제38조의4(준용규정)

철도차량 운행제한에 대한 과징금의 부과·징수에 관하여는 **제9조의2를 준용**한다. 이 경우 "철도운영자등"은 "소유자등"으로, "업무의 제한이나 정지"는 "철도차량의 운행제한"으로 본다.

제38조의5(철도차량의 이력관리)

① 소유자등은 보유 또는 운영하고 있는 철도차량과 관련한 제작, 운용, 철도차량정비 및 폐차 등 이력을 관리하여야 한다.

② 제1항에 따라 이력을 관리하여야 할 철도차량, 이력관리 항목, 전산망 등 관리체계, 방법 및 절차 등에 필요한 사항은 국토교통부장관이 정하여 고시한다.

③ 누구든지 제1항에 따라 관리하여야 할 철도차량의 이력에 대하여 다음 각 호의 행위를 하여서는 아니 된다.

1. 이력사항을 고의 또는 과실로 입력하지 아니하는 행위
2. 이력사항을 위조·변조하거나 고의로 훼손하는 행위
3. 이력사항을 무단으로 외부에 제공하는 행위

④ 소유자등은 제1항의 이력을 국토교통부장관에게 정기적으로 보고하여야 한다.

⑤ 국토교통부장관은 제4항에 따라 보고된 철도차량과 관련한 제작, 운용, 철도차량정비 및 폐차 등 이력을 체계적으로 관리하여야 한다.

제38조의6(철도차량정비 등)

① 철도운영자등은 운행하려는 철도차량의 부품, 장치 및 차량성능 등이 안전한 상태로 유지될 수 있도록 철도차량정비가 된 철도차량을 운행하여야 한다.

② 국토교통부장관은 제1항에 따른 철도차량을 운행하기 위하여 철도차량을 정비하는 때에 준수하여야 할 항목, 주기, 방법 및 절차 등에 관한 기술기준(이하 "철도차량정비기술기준"이라 한다)을 정하여 고시하여야 한다.

③ 국토교통부장관은 철도차량이 다음 각 호의 어느 하나에 해당하는 경우에 철도운영자등에게 해당 철도차량에 대하여 *국토교통부령(75조의8)*으로 정하는 바에 따라 **철도차량정비 또는 원상복구**를 명할 수 있다. 다만, 제2호 또는 제3호에 해당하는 경우에는 국토교통부장관은 철도운영자등에게 철도차량정비 또는 원상복구를 명하여야 한다.

1. 철도차량기술기준에 적합하지 아니하거나 안전운행에 지장이 있다고 인정되는 경우
2. 소유자등이 개조승인을 받지 아니하고 철도차량을 개조한 경우
3. *국토교통부령(75조의8)*으로 정하는 철도사고 또는 운행장애 등이 발생한 경우

＊시행규칙 제75조의8(철도차량정비 또는 원상복구 명령 등)

① 국토교통부장관은 법 제38조의6제3항에 따라 철도운영자등에게 철도차량정비 또는 원상복구를 명하는 경우에는 그 시정에 필요한 기간을 주어야 한다.

② 국토교통부장관은 제1항에 따라 철도운영자등에게 철도차량정비 또는 원상복구를 명하는 경우 대상 철도차량 및 사유 등을 명시하여 서면(전자문서를 포함한다. 이하 이 조에서 같다)으로 통지해야 한다.

③ 철도운영자등은 법 제38조의6제3항에 따라 국토교통부장관으로부터 철도차량정비 또는 원상복구 명령을 받은 경우에는 그 명령을 받은 날부터 14일 이내에 시정조치계획서를 작성하여 서면으로 국토교통부장관에게 제출해야 하고, 시정조치를 완료한 경우에는 지체 없이 그 시정내용을 국토교통부장관에게 서면으로 통지해야 한다.

④ 법 제38조의6제3항제3호에서 "국토교통부령으로 정하는 철도사고 또는 운행장애 등"이란 다음 각 호의 경우를 말한다.

1. 철도차량의 고장 등 철도차량 결함으로 인해 법 제61조 및 이 규칙 제86조제3항에 따른 보고대상이 되는 열차사고 또는 위험사고가 발생한 경우
2. 철도차량의 고장 등 철도차량 결함에 따른 철도사고로 사망자가 발생한 경우
3. 동일한 부품·구성품 또는 장치 등의 고장으로 인해 법 제61조 및 이 규칙 제86조제3항에 따른 보고대상이 되는 지연운행이 1년에 3회 이상 발생한 경우
4. 그 밖에 철도 운행안전 확보 등을 위해 국토교통부장관이 정하여 고시하는 경우

제38조의7(철도차량 정비조직인증)

① 철도차량정비를 하려는 자는 철도차량정비에 필요한 인력, 설비 및 검사체계 등에 관한 기준(이하 **"정비조직인증기준"**이라 한다)을 갖추어 국토교통부장관으로부터 인증을 받아야 한다. 다만, *국토교통부령(75조의11)*으로 정하는 경미한 사항의 경우에는 그러하지 아니하다.

② 제1항에 따라 정비조직의 인증을 받은 자(이하 "인증정비조직"이라 한다)가 인증받은 사항을 변경하려는 경우에는 국토교통부장관의 변경인증을 받아야 한다. 다만, *국토교통부령(75조의11)*으로 정하는 경미한 사항을 변경하는 경우에는 국토교통부장관에게 신고하여야 한다.

③ 국토교통부장관은 정비조직을 인증하려는 경우에는 국토교통부령으로 정하는 바에 따라 철도차량정비의 종류·범위·방법 및 품질관리절차 등을 정한 세부 운영기준(이하 "정비조직운영기준"이라 한다)을 해당 정비조직에 발급하여야 한다.

④ 제1항부터 제3항까지에 따른 정비조직인증기준, 인증절차, 변경인증절차 및 정비조직운영기준 등에 필요한 사항은 *국토교통부령(75조의9, 75조의10)*으로 정한다.

***시행규칙 제75조의9(정비조직인증의 신청 등)**

① 법 제38조의7제1항에 따른 정비조직인증기준(이하 "정비조직인증기준"이라 한다)은 다음 각 호와 같다.

1. 정비조직의 업무를 적절하게 수행할 수 있는 인력을 갖출 것
2. 정비조직의 업무범위에 적합한 시설·장비 등 설비를 갖출 것
3. 정비조직의 업무범위에 적합한 철도차량 정비매뉴얼, 검사체계 및 품질관리 체계 등을 갖출 것

② 법 제38조의7제1항에 따라 철도차량 정비조직의 인증을 받으려는 자는 철도차량 정비업무 개시예정일 60일 전까지 별지 제45호의5서식의 철도차량 정비조직인증 신청서에 정비조직인증기준을 갖추었음을 증명하는 자료를 첨부하여 국토교통부장관에게 제출해야 한다.

③ 법 제38조의7제1항 따라 철도차량 정비조직의 인증을 받은 자(이하 "인증정비조직"이라 한다)가 같은 조 제2항 따라 인증정비조직의 변경인증을 받으려면 변경내용의 적용 예정일 30일 전까지 별지 제45호의6서식의 인증정비조직 변경인증 신청서에 다음 각 호의 서류를 첨부하여 국토교통부장관에게 제출해야 한다.

1. 변경하고자 하는 내용과 증명서류
2. 변경 전후의 대비표 및 설명서

④ 제1항 및 제2항에서 정한 사항 외에 정비조직인증에 관한 세부적인 기준·방법 및 절차 등은 국토교통부장관이 정하여 고시한다.

***시행규칙 제75조의10(정비조직인증서의 발급 등)**

① 국토교통부장관은 제75조의9제2항 및 제3항에 따른 철도차량 정비조직인증 또는 변경인증의 신청을 받으면 제75조의9제1항에 따른 정비조직인증기준에 적합한지 여부를 확인해야 한다.

② 국토교통부장관은 제1항에 따른 확인 결과 정비조직인증기준에 적합하다고 인정하는 경우에는 별지 제45호의7서식의 철도차량 정비조직인증서에 철도차량정비의 종류·범위·방법 및 품질관리절차 등을 정한 운영기준(이하 "정비조직운영기준"이라 한다)을 첨부하여 신청인에게 발급해야 한다.

③ 인증정비조직은 정비조직운영기준에 따라 정비조직을 운영해야 한다.

④ 제1항에 따른 세부적인 기준, 절차 및 방법과 제2항에 따른 정비조직운영기준 등에 관한 세부 사항은 국토교통부장관이 정하여 고시한다.

⑤ 국토교통부장관은 제2항에 따라 철도차량 정비조직인증서를 발급한 때에는 그 사실을 관보에 고시해야 한다.

＊시행규칙 제75조의11(정비조직인증기준의 경미한 변경 등)

① 법 제38조의7제1항 단서에서 "국토교통부령으로 정하는 경미한 사항"이란 다음 각 호의 어느 하나에 해당하는 정비조직을 말한다.

1. 철도차량 정비업무에 상시 종사하는 사람이 50명 미만의 조직
2. 「중소기업기본법 시행령」 제8조에 따른 소기업 중 해당 기업의 주된 업종이 운수 및 창고업에 해당하는 기업(「통계법」 제22조에 따라 통계청장이 고시하는 한국표준산업분류의 대분류에 따른 운수 및 창고업을 말한다)
3. 「철도사업법」에 따른 전용철도 노선에서만 운행하는 철도차량을 정비하는 조직

② 법 제38조의7제2항 단서에서 **"국토교통부령으로 정하는 경미한 사항의 변경"**이란 다음 각 호의 어느 하나에 해당하는 사항의 변경을 말한다.

1. 철도차량 정비를 위한 사업장을 기준으로 철도차량 정비와 관련된 업무를 수행하는 인력의 100분의 10 이하 범위에서의 변경
2. 철도차량 정비를 위한 사업장을 기준으로 철도차량 정비에 직접 사용되는 토지 면적의 1만제곱미터 이하 범위에서의 변경
3. 그 밖에 철도차량 정비의 안전 및 품질 등에 중대한 영향을 초래하지 않는 설비 또는 장비 등의 변경

③ 제2항에도 불구하고 인증정비조직은 다음 각 호의 어느 하나에 해당하는 경우 정비조직인증의 변경에 관한 신고(이하 이 조에서 "인증변경신고"라 한다)를 하지 않을 수 있다.

1. 철도차량 정비를 위한 사업장을 기준으로 철도차량 정비와 관련된 업무를 수행하는 인력이 100분의 5 이하 범위에서 변경되는 경우
2. 철도차량 정비를 위한 사업장을 기준으로 철도차량 정비에 직접 사용되는 면적이 3천제곱미터 이하 범위에서 변경되는 경우
3. 철도차량 정비를 위한 설비 또는 장비 등의 교체 또는 개량
4. 그 밖에 철도차량 정비의 안전 및 품질 등에 영향을 초래하지 않는 사항의 변경

④ 인증정비조직은 법 제38조의7제2항 단서에 따라 인증정비조직의 경미한 사항의 변경에 관한 신고를 하려면 별지 제45호의8서식의 인증정비조직 변경신고서에 다음 각 호의 서류를 첨부하여 국토교통부장관에게 제출해야 한다.

1. 변경 예정인 내용과 증명서류
2. 변경 전후의 대비표 및 설명서

⑤ 국토교통부장관은 제4항에 따른 인증정비조직 변경신고서를 받은 때에는 정비조직인증기준에 적합한지 여부를 확인한 후 별지 제45호의9서식의 인증정비조직 변경신고 확인서를 발급해야 한다.

⑥ 제2항부터 제5항까지의 규정에서 정한 사항 외에 인증변경신고에 관한 세부적인 방법 및 절차 등은 국토교통부장관이 정하여 고시한다.

제38조의8(결격사유)

다음 각 호의 어느 하나에 해당하는 자는 정비조직의 인증을 받을 수 없다. 법인인 경우에는 임원 중 다음 각 호의 어느 하나에 해당하는 사람이 있는 경우에도 또한 같다.

1. 피성년후견인 및 피한정후견인
2. 파산선고를 받은 자로서 복권되지 아니한 자
3. 제38조의10에 따라 정비조직의 인증이 취소(제38조의10제1항제4호에 따라 제1호 및 제2호에 해당되어 인증이 취소된 경우는 제외한다)된 후 2년이 지나지 아니한 자
4. 이 법을 위반하여 징역 이상의 실형을 선고받고 그 집행이 끝나거나 그 집행이 면제된 날부터 2년이 지나지 아니한 사람
5. 이 법을 위반하여 징역 이상의 형의 집행유예를 선고받고 그 유예기간 중에 있는 사람

제38조의9(인증정비조직의 준수사항)

인증정비조직은 다음 각 호의 사항을 준수하여야 한다.

1. 철도차량정비기술기준을 준수할 것
2. 정비조직인증기준에 적합하도록 유지할 것
3. 정비조직운영기준을 지속적으로 유지할 것
4. 중고 부품을 사용하여 철도차량정비를 할 경우 그 적정성 및 이상 여부를 확인할 것
5. 철도차량정비가 완료되지 않은 철도차량은 운행할 수 없도록 관리할 것

제38조의10(인증정비조직의 인증 취소 등)

① 국토교통부장관은 인증정비조직이 다음 각 호의 어느 하나에 해당하면 인증을 취소하거나 6개월 이내의 기간을 정하여 업무의 제한이나 정지를 명할 수 있다. 다만, 제1호, 제2호(고의에 의한 경우로 한정한다) 및 제4호에 해당하는 경우에는 그 인증을 취소하여야 한다.

1. 거짓이나 그 밖의 부정한 방법으로 인증을 받은 경우
2. 고의 또는 중대한 과실로 *국토교통부령(75조의12)*으로 정하는 철도사고 및 중대한 운행장애를 발생시킨 경우
3. 제38조의7제2항을 위반하여 변경인증을 받지 아니하거나 변경신고를 하지 아니하고 인증받은 사항을 변경한 경우
4. 제38조의8제1호 및 제2호에 따른 결격사유에 해당하게 된 경우
5. 제38조의9에 따른 준수사항을 위반한 경우

② 제1항에 따른 정비조직인증의 취소, 업무의 제한 또는 정지의 기준 및 절차 등에 필요한 사항은 국토교통부령으로 정한다.

＊시행규칙 제75조의12(인증정비조직의 인증 취소 등)

① 법 제38조의10제1항제2호에서 "국토교통부령으로 정하는 철도사고 및 중대한 운행장애"란 다음 각 호의 어느 하나에 해당하는 경우를 말한다.

1. 철도사고로 사망자가 발생한 경우
2. 철도사고 또는 운행장애로 5억원 이상의 재산피해가 발생한 경우

② 법 제38조의10제2항에 따른 정비조직인증의 취소, 업무의 제한 또는 정지 등 처분기준은 *별표 17*과 같다.

③ 국토교통부장관은 제2항에 따른 처분을 한 경우에는 지체 없이 그 인증정비조직에 별지 제11호의3서식의 지정기관 행정처분서를 통지하고 그 사실을 관보에 고시해야 한다.

■ 철도안전법 시행규칙 [별표 17]

인증정비조직 관련 처분기준(제75조의12제2항 관련)

1. 일반기준

가. 위반행위의 횟수에 따른 행정처분의 가중된 부과기준은 최근 2년간 같은 위반행위로 행정처분을 받은 경우에 적용한다. 이 경우 기간의 계산은 위반행위에 대하여 행정처분을 받은 날과 그 처분 후 다시 같은 위반행위를 하여 적발된 날을 기준으로 한다.

나. 가목에 따라 가중된 부과처분을 하는 경우 가중처분의 적용 차수는 그 위반행위 전 부과처분 차수(가목에 따른 기간 내에 행정처분이 둘 이상 있었던 경우에는 높은 차수를 말한다)의 다음 차수로 한다.

다. 위반행위가 둘 이상인 경우로서 그에 해당하는 각각의 처분기준이 다른 경우에는 그 중 무거운 처분기준(무거운 처분기준이 같을 때에는 그 중 하나의 처분기준을 말한다)에 따르며, 둘 이상의 처분기준이 같은 업무제한ㆍ정지인 경우에는 무거운 처분기준의 2분의 1의 범위에서 가중할 수 있되, 각 처분기준을 합산한 기간을 초과할 수 없다.

라. 국토교통부장관은 다음의 어느 하나에 해당하는 경우에는 제2호의 개별기준에 따른 업무제한ㆍ정지 기간의 2분의 1의 범위에서 그 기간을 줄일 수 있다.

1) 위반행위가 사소한 부주의나 오류로 인한 것으로 인정되는 경우
2) 위반행위자가 법 위반상태를 시정하거나 해소하기 위한 노력이 인정되는 경우
3) 그 밖에 위반행위의 정도, 위반행위의 동기와 그 결과 등을 고려하여 업무제한ㆍ정지 기간을 줄일 필요가 있다고 인정되는 경우

마. 국토교통부장관은 다음의 어느 하나에 해당하는 경우에는 제2호의 개별기준에 따른 업무제한ㆍ정지 기간의 2분의 1의 범위에서 그 기간을 늘릴 수 있다. 다만, 법 제38조10제1항에 따른 업무제한ㆍ정지 기간의 상한을 넘을 수 없다.

1) 위반의 내용 및 정도가 중대하여 공중에게 미치는 피해가 크다고 인정되는 경우
2) 법 위반상태의 기간이 6개월 이상인 경우
3) 그 밖에 위반행위의 정도, 위반행위의 동기와 그 결과 등을 고려하여 업무제한·정지 기간을 늘릴 필요가 있다고 인정되는 경우

2. 개별기준

가. 법 제38조의10제1항제1호, 제3호, 제4호 및 제5호 관련

위반행위	근거 법조문	처분기준			
		1차 위반	2차 위반	3차 위반	4차 이상 위반
1) 거짓이나 그 밖의 부정한 방법으로 인증을 받은 경우	법 제38조의10제1항제1호	인증 취소	-	-	-
2) 법 제38조의7제2항을 위반하여 변경인증을 받지 않거나 변경신고를 하지 않고 인증받은 사항을 변경한 경우	법 제38조의10제1항제3호	업무정지(업무제한) 1개월	업무정지(업무제한) 2개월	업무정지(업무제한) 4개월	업무정지(업무제한) 6개월
3) 법 제38조의8제1호 및 제2호에 따른 결격사유에 해당하게 된 경우	법 제38조의10제1항제4호	인증 취소	-	-	-
4) 법 제38조의9에 따른 준수사항을 위반한 경우	법 제38조의10제1항제5호	업무정지(업무제한) 1개월	업무정지(업무제한) 2개월	업무정지(업무제한) 4개월	업무정지(업무제한) 6개월

나. 법 제38조의10제1항제2호 관련

위 반 행 위	근 거 법 조 문	처 분 기 준
1) 인증정비조직의 고의에 따른 철도사고로 사망자가 발생하거나 운행장애로 5억원 이상의 재산피해가 발생한 경우	법 제38조의10제1항제2호	인증 취소
2) 인증정비조직의 중대한 과실로 철도사고 및 운행장애를 발생시킨 경우 가) 철도사고로 인한 사망자 수 (1) 1명 이상 3명 미만 (2) 3명 이상 5명 미만	법 제38조의10제1항제2호	 업무정지(업무제한) 1개월 업무정지(업무제한) 2개월

(3) 5명 이상 10명 미만		업무정지(업무제한) 4개월
(4) 10명 이상		업무정지(업무제한) 6개월
나) 철도사고 또는 운행장애로 인한 재산 피해액		
(1) 5억원 이상 10억원 미만		업무정지(업무제한) 15일
(2) 10억원 이상 20억원 미만		업무정지(업무제한) 1개월
(3) 20억원 이상		업무정지(업무제한) 2개월

제38조의11(준용규정)

인증정비조직에 대한 과징금의 부과·징수에 관하여는 **제9조의2를 준용**한다. 이 경우 "제9조제1항"은 "제38조의10제1항"으로, "철도운영자등"은 "인증정비조직"으로 본다.

[참고] : 제9조의2(과징금)

① 국토교통부장관은 제9조제1항에 따라 철도운영자등에 대하여 업무의 제한이나 정지를 명하여야 하는 경우로서 그 업무의 제한이나 정지가 철도 이용자 등에게 심한 불편을 주거나 그 밖에 공익을 해할 우려가 있는 경우에는 업무의 제한이나 정지를 갈음하여 30억원 이하의 과징금을 부과할 수 있다.

② 제1항에 따라 과징금을 부과하는 위반행위의 종류, 과징금의 부과기준 및 징수방법, 그 밖에 필요한 사항은 대통령령으로 정한다.

③ 국토교통부장관은 제1항에 따른 과징금을 내야 할 자가 납부기한까지 과징금을 내지 아니하는 경우에는 국세 체납처분의 예에 따라 징수한다.

제38조의12(철도차량 정밀안전진단)

① 소유자등은 철도차량이 제작된 시점(제26조의6제2항에 따라 완성검사증명서를 발급받은 날부터 기산한다)부터 *국토교통부령(75조의13,14)*으로 정하는 일정기간 또는 일정주행거리가 지나 노후된 철도차량을 운행하려는 경우 일정기간마다 물리적 사용가능 여부 및 안전성능 등에 대한 진단(이하 "정밀안전진단"이라 한다)을 받아야 한다.

② 국토교통부장관은 철도사고 및 중대한 운행장애 등이 발생된 철도차량에 대하여는 소유자등에게 정밀안전진단을 받을 것을 명할 수 있다. 이 경우 소유자등은 특별한 사유가 없으면 이에 따라야 한다.

③ 국토교통부장관은 제1항 및 제2항에 따른 정밀안전진단 대상이 특정 시기에 집중되는 경우나 그 밖의 부득이한 사유로 소유자등이 정밀안전진단을 받을 수 없다고 인정될 때에는 그 기간을 **연장하거나 유예(猶豫)***(국토교통부령75조의15)*할 수 있다.

④ 소유자등은 정밀안전진단 대상이 제1항 및 제2항에 따른 정밀안전진단을 받지 아니하거나

정밀안전진단 결과 또는 제38조의14제1항에 따른 정밀안전진단 결과에 대한 평가 결과 계속 사용이 적합하지 아니하다고 인정되는 경우에는 해당 철도차량을 운행해서는 아니 된다.

⑤ 소유자등은 제38조의13제1항에 따른 정밀안전진단기관으로부터 정밀안전진단을 받아야 한다.

⑥ 제1항부터 제3항까지의 정밀안전진단 등의 **기준·방법·절차** 등에 필요한 사항은 *국토교통부령(75조의14, 16)*으로 정한다.

＊시행규칙 제75조의13(정밀안전진단의 시행시기)

① 법 제38조의12제1항에 따라 소유자등은 다음 각 호의 구분에 따른 기간이 경과하기 전에 해당 철도차량의 물리적 사용가능 여부 및 안전성능 등에 대한 정밀안전진단(이하 "최초 정밀안전진단"이라 한다)을 받아야 한다. 다만, 잦은 고장·화재·충돌 등으로 다음 각 호 구분에 따른 기간이 도래하기 이전에 정밀안전진단을 받은 경우에는 그 정밀안전진단을 최초 정밀안전진단으로 본다.

1. 2014년 3월 19일 이후 구매계약을 체결한 철도차량: 법 제26조의6제2항에 따른 철도차량 완성검사증명서를 발급받은 날부터 20년
2. 2014년 3월 18일까지 구매계약을 체결한 철도차량: 제75조제5항제2호에 따른 영업시운전을 시작한 날부터 20년

② 제1항에도 불구하고 국토교통부장관은 철도차량의 정비주기·방법 등 철도차량 정비의 특수성을 고려하여 최초 정밀안전진단 시기 및 방법 등을 따로 정할 수 있고, 사고복구용·작업용·시험용 철도차량 등 법 제26조제4항제4호에 따른 철도차량과 「철도사업법」에 따른 전용철도 노선에서만 운행하는 철도차량은 해당 철도차량의 제작설명서 또는 구매계약서에 명시된 기대수명 전까지 최초 정밀안전진단을 받을 수 있다.

③ 소유자등은 제1항 및 제2항에 따른 정밀안전진단 결과 계속 사용할 수 있다고 인정을 받은 철도차량에 대하여 제1항 각 호에 따른 기간을 기준으로 5년 마다 해당 철도차량의 물리적 사용가능 여부 및 안전성능 등에 대하여 다시 정밀안전진단(이하 "정기 정밀안전진단"라 한다)을 받아야 하며, 정기 정밀안전진단 결과 계속 사용할 수 있다고 인정을 받은 경우에도 또한 같다. 다만, 국토교통부장관은 철도차량의 정비주기·방법 등 철도차량 정비의 특수성을 고려하여 정기 정밀안전진단 시기 및 방법 등을 따로 정할 수 있다.

④ 제3항에도 불구하고 최초 정밀안전진단 또는 정기 정밀안전진단 후 운행 중 충돌·추돌·탈선·화재 등 중대한 사고가 발생되어 철도차량의 안전성 또는 성능 등에 대한 정밀안전진단이 필요한 철도차량에 대하여는 해당 철도차량을 운행하기 전에 정밀안전진단을 받아야 한다. 이 경우 정기 정밀안전진단 시기는 직전의 정기 정밀안전진단 결과 계속 사용이 적합하다고 인정을 받은 날을 기준으로 산정한다.

⑤ 제3항에도 불구하고 최초 정밀안전진단 또는 정기 정밀안전진단 후 전기·전자장치 또는 그 부품의 전기특성·기계적 특성에 따른 반복적 고장이 3회 이상 발생(실제 운행편성 단위를 기준으로 한다)한 철도차량은 반복적 고장이 3회 발생한 날부터 1년 이내에 해당 철도차량의 고장특성에 따른 상태 평가 및 안전성 평가를 시행해야 한다.

＊시행규칙 제75조의14(정밀안전진단의 신청 등)

① 소유자등은 정밀안전진단 대상 철도차량의 정밀안전진단 완료 시기가 도래하기 60일 전까지 별지 제45호의10서식의 철도차량 정밀안전진단 신청서에 다음 각 호의 사항을 증명하거나 참고할 수 있는 서류를 첨부하여 법 제38조의13제1항에 따라 국토교통부장관이 지정한 정밀안전진단기관(이하 "정밀안전진단기관"이라 한다)에 제출해야 한다.

1. 정밀안전진단 계획서
2. 정밀안전진단 판정을 위한 제작사양, 도면 및 검사성적서, 허용오차 등의 기술자료
3. 철도차량의 중대한 사고 내역(해당되는 경우에 한정한다)
4. 철도차량의 주요 부품의 교체 내역(해당되는 경우에 한정한다)
5. 정밀안전진단 대상 항목의 개조 및 수리 내역(해당되는 경우에 한정한다)
6. 전기특성검사 및 전선열화검사(電線劣化檢査: 전선을 대상으로 외부적·내부적 영향에 따른 화학적·물리적 변화를 측정하는 검사) 시험성적서(해당되는 경우에 한정한다)

② 제1항제1호에 따른 정밀안전진단 계획서에는 다음 각 호의 사항을 포함해야 한다.

1. 정밀안전진단 대상 차량 및 수량
2. 정밀안전진단 대상 차종별 대상항목
3. 정밀안전진단 일정·장소
4. 안전관리계획
5. 정밀안전진단에 사용될 장비 등의 사용에 관한 사항
6. 그 밖에 정밀안전진단에 필요한 참고자료

③ 정밀안전진단기관은 제1항에 따라 소유자등으로부터 제출 받은 정밀안전진단 신청서의 보완을 요청할 수 있다.

④ 정밀안전진단기관은 제1항에 따른 철도차량 정밀안전진단의 신청을 받은 때에는 제출된 서류를 검토한 후 신청인과 협의하여 정밀안전진단 계획서를 확정하고 신청인 및 한국교통안전공단에 이를 통보해야 한다.

⑤ 정밀안전진단 신청인은 제4항에 따른 정밀안전진단 계획서의 변경이 필요한 경우 정밀안전진단기관에게 다음 각 호의 서류를 제출하여 변경을 요청할 수 있다. 이 경우 요청을 받은 정밀안전진단기관은 변경되는 사항의 안전상의 영향 등을 검토하여 적합하다고 인정되는 경우에는 정밀안전진단 계획서를 변경할 수 있다.

1. 변경하고자 하는 내용
2. 변경하고자 하는 사유 및 설명자료

***시행규칙 제75조의15(철도차량 정밀안전진단의 연장 또는 유예)**

① 법 제38조의12제3항에 따라 소유자등은 정밀안전진단 대상 철도차량이 특정 시기에 집중되거나 그 밖의 부득이한 사유로 국토교통부장관으로부터 철도차량 정밀안전진단 기간의 연장 또는 유예를 받고자 하는 경우 정밀안전진단 시기가 도래하기 5년 전까지 정밀안전진단 기간의 연장 또는 유예를 받고자 하는 철도차량의 종류, 수량, 연장 또는 유예하고자 하는 기간 및 그 사유를 명시하여 국토교통부장관에게 신청해야 한다. 다만, 긴급한 사유 등이 있는 경우 정밀안전진단 기간이 도래하기 1년 이전에 신청할 수 있다.

② 국토교통부장관은 제1항에 따라 소유자등으로부터 정밀안전진단 기간의 연장 또는 유예의 신청을 받은 경우 열차운행계획, 정밀안전진단과 유사한 성격의 점검 또는 정비 시행여부, 정밀안전진단 시행 여건 및 철도차량의 안전성 등에 관한 타당성을 검토하여 해당 철도차량에 대한 정밀안전진단 기간의 연장 또는 유예를 할 수 있다.

***시행규칙 제75조의16(철도차량 정밀안전진단의 방법 등)**

① 법 제38조의12제1항에 따른 정밀안전진단은 다음 각 호의 구분에 따라 시행한다.

1. **상태 평가: 철도차량의 치수 및 외관검사**
2. **안전성 평가: 결함검사, 전기특성검사 및 전선열화검사**
3. **성능 평가: 역행시험, 제동시험, 진동시험 및 승차감시험**

② 제75조의14 및 제1항에서 정한 사항 외에 정밀안전진단의 시기, 기준, 방법 및 절차 등에 관하여 필요한 사항은 국토교통부장관이 정하여 고시한다.

第38조의13(정밀안전진단기관의 지정 등)

① 국토교통부장관은 원활한 정밀안전진단 업무 수행을 위하여 철도차량 정밀안전진단기관(이하 "정밀안전진단기관"이라 한다)을 지정하여야 한다.

② 정밀안전진단기관의 지정기준, 지정절차 등에 필요한 사항은 *국토교통부령(75조의17)*으로 정한다.

③ 국토교통부장관은 정밀안전진단기관이 다음 각 호의 어느 하나에 해당하는 경우에 그 지정을 취소하거나 6개월 이내의 기간을 정하여 그 업무의 전부 또는 일부의 정지를 명할 수 있다. 다만, 제1호부터 제3호까지의 어느 하나에 해당하는 경우에는 그 지정을 취소하여야 한다.

1. 거짓이나 그 밖의 부정한 방법으로 지정을 받은 경우
2. 이 조에 따른 업무정지명령을 위반하여 업무정지 기간 중에 정밀안전진단 업무를 한 경우
3. 정밀안전진단 업무와 관련하여 부정한 금품을 수수(收受)하거나 그 밖의 부정한 행위를 한 경우
4. 정밀안전진단 결과를 조작한 경우
5. 정밀안전진단 결과를 거짓으로 기록하거나 고의로 결과를 기록하지 아니한 경우
6. 성능검사 등을 받지 아니한 검사용 기계·기구를 사용하여 정밀안전진단을 한 경우
7. 제38조의14제1항에 따라 정밀안전진단 결과를 평가한 결과 고의 또는 중대한 과실로 사실과 다르게 진단하는 등 정밀안전진단 업무를 부실하게 수행한 것으로 평가된 경우

④ 제3항에 따른 처분의 세부기준과 그 밖에 필요한 사항은 *국토교통부령(75조의19)*으로 정한다.

*시행규칙 제75조의17(정밀안전진단기관의 지정기준 및 절차 등)

① 법 제38조의13제1항에 따라 정밀안전진단기관으로 지정을 받으려는 자는 별지 제45호의11서식의 철도차량 정밀안전진단기관 지정신청서에 다음 각 호의 서류를 첨부하여 국토교통부장관에게 제출해야 한다.

1. 운영계획서
2. 정관이나 이에 준하는 약정(법인이나 단체의 경우만 해당한다)
3. 정밀안전진단을 담당하는 전문 인력의 보유 현황 및 기술 인력의 자격·학력·경력 등을 증명할 수 있는 서류
4. 정밀안전진단업무규정
5. 정밀안전진단에 필요한 시설 및 장비 내역서
6. 정밀안전진단기관에서 사용하는 직인의 인영

② 법 제38조의13제1항에 따른 정밀안전진단기관의 지정기준은 다음 각 호와 같다.

1. 정밀안전진단업무를 수행할 수 있는 상설 전담조직을 갖출 것
2. 정밀안전진단업무를 수행할 수 있는 기술 인력을 확보할 것
3. 정밀안전진단업무를 수행하기 위한 설비와 장비를 갖출 것

4. 정밀안전진단기관의 운영 등에 관한 업무규정을 갖출 것
5. 지정 신청일 1년 이내에 법 제38조의13제3항에 따른 정밀안전진단기관 지정 취소 또는 업무정지를 받은 사실이 없을 것
6. 정밀안전진단 외의 업무를 수행하고 있는 경우 그 업무를 수행함으로 인하여 정밀안전진단업무가 불공정하게 수행될 우려가 없을 것
7. 철도차량을 제조 또는 판매하는 자가 아닐 것
8. 그 밖에 국토교통부장관이 정하여 고시하는 정밀안전진단기관의 지정 세부기준에 맞을 것

③ 제1항에 따른 정밀안전진단기관의 지정 신청을 받은 국토교통부장관은 제2항 각 호의 지정기준에 따라 지정 여부를 심사한 후 적합하다고 인정되는 경우에는 별지 제45호의12서식의 철도차량 정밀안전진단기관 지정서를 그 신청인에게 발급해야 한다.

④ 국토교통부장관은 정밀안전진단기관이 제2항에 따른 지정기준에 적합한 지의 여부를 매년 심사해야 한다.

⑤ 제3항에 따라 국토교통부장관으로부터 정밀안전진단기관으로 지정 받은 자가 그 명칭·대표자·소재지나 그 밖에 정밀안전진단 업무의 수행에 중대한 영향을 미치는 사항의 변경이 있는 경우에는 그 사유가 발생한 날부터 15일 이내에 국토교통부장관에게 그 사실을 통보해야 한다.

⑥ 국토교통부장관은 제3항에 따라 정밀안전진단기관을 지정하거나 제5항에 따른 통보를 받은 경우에는 지체 없이 관보에 고시해야 한다. 다만, 국토교통부장관이 정하여 고시하는 경미한 사항은 제외한다.

⑦ 그 밖에 정밀안전진단기관의 지정기준 및 지정절차 등에 관하여 필요한 사항은 국토교통부장관이 정하여 고시한다.

＊시행규칙 제75조의18(정밀안전진단기관의 업무)

정밀안전진단기관의 업무 범위는 다음 각 호와 같다.

1. 해당 업무분야의 철도차량에 대한 정밀안전진단 시행
2. 정밀안전진단의 항목 및 기준에 대한 조사·검토
3. 정밀안전진단의 항목 및 기준에 대한 제정·개정 요청
4. 정밀안전진단의 기록 보존 및 보호에 관한 업무
5. 그 밖에 국토교통부장관이 필요하다고 인정하는 업무

※시행규칙 제75조의19(정밀안전진단기관의 지정취소 등)

① 법 제38조의13제3항에 따른 정밀안전진단기관의 지정취소 및 업무정지의 기준은 *별표 18*과 같다.

② 국토교통부장관은 법 제38조의13제3항에 따라 정밀안전진단기관의 지정을 취소하거나 업무정지의 처분을 한 경우에는 지체 없이 그 정밀안전진단기관에 별지 제11호의3 서식의 정밀안전진단기관 행정처분서를 통지하고 그 사실을 관보에 고시해야 한다.

■ 철도안전법 시행규칙 [별표 18]

정밀안전진단기관의 지정취소 및 업무정지의 기준(제75조의19제1항 관련)

1. 일반기준

가. 위반행위의 횟수에 따른 행정처분의 가중된 부과기준은 최근 2년간 같은 위반행위로 행정처분을 받은 경우에 적용한다. 이 경우 기간의 계산은 위반행위에 대하여 행정처분을 받은 날과 그 처분 후 다시 같은 위반행위를 하여 적발된 날을 기준으로 한다.

나. 가목에 따라 가중된 부과처분을 하는 경우 가중처분의 적용 차수는 그 위반행위 전 부과처분 차수(가목에 따른 기간 내에 행정처분이 둘 이상 있었던 경우에는 높은 차수를 말한다)의 다음 차수로 한다.

다. 위반행위가 둘 이상인 경우로서 그에 해당하는 각각의 처분기준이 다른 경우에는 그 중 무거운 처분기준(무거운 처분기준이 같을 때에는 그 중 하나의 처분기준을 말한다)에 따르며, 위반행위가 둘 이상인 경우로서 그에 해당하는 각각의 처분기준이 업무정지인 경우에는 처분기준의 2분의 1까지 가중할 수 있되, 각 처분기준을 합산한 기간을 초과할 수 없다.

라. 국토교통부장관은 위반행위의 동기·내용 및 위반의 정도 등 다음의 어느 하나에 해당하는 사유를 고려하여 그 처분을 감경할 수 있다. 이 경우 그 처분이 업무정지인 경우에는 그 처분기준의 2분의 1의 범위에서 감경할 수 있고, 지정취소인 경우(법 제38조의13제3항제1호부터 제3호까지에 해당하는 경우는 제외한다)에는 6개월의 업무정지 처분으로 감경할 수 있다.

1) 위반행위가 고의나 중대한 과실이 아닌 사소한 부주의나 오류로 인한 것으로 인정되는 경우.

2) 위반의 내용·정도가 경미하여 이해관계인에게 미치는 피해가 적다고 인정되는 경우

2. 개별기준

위반사항	근거 법조문	처분기준			
		1차 위반	2차 위반	3차 위반	4차 이상 위반
가. 거짓이나 그 밖의 부정한 방법으로 지정을 받은 경우	법 제38조의13 제3항제1호	지정 취소			
나. 업무정지명령을 위반하여 업무정지 기간 중에 정밀안전진단 업무를 한 경우	법 제38조의13 제3항제2호	지정 취소			
다. 정밀안전진단 업무와 관련하여 부정한 금품을 수수하거나 그 밖의 부정한 행위를 한 경우	법 제38조의13 제3항제3호	지정 취소			
라. 정밀안전진단 결과를 조작한 경우	법 제38조의13 제3항제4호	업무 정지 2개월	업무 정지 6개월	지정 취소	
마. 정밀안전진단 결과를 거짓으로 기록하거나 고의로 결과를 기록하지 않은 경우	법 제38조의13 제3항제5호	업무 정지 2개월	업무 정지 6개월	지정 취소	
바. 성능검사 등을 받지 않은 검사용 기계・기구를 사용하여 정밀안전진단을 한 경우	법 제38조의13 제3항제6호	업무 정지 1개월	업무 정지 2개월	업무 정지 4개월	업무 정지 6개월
사. 법 제38조의14제1항에 따라 정밀안전진단 결과를 평가한 결과 고의 또는 중대한 과실로 사실과 다르게 진단하는 등 정밀안전진단 업무를 부실하게 수행한 것으로 평가된 경우	법 제38조의13 제3항제7호	업무 정지 2개월	업무 정지 6개월	지정 취소	

제38조의14(정밀안전진단 결과의 평가)

① 국토교통부장관은 정밀안전진단기관의 부실 진단을 방지하기 위하여 제38조의12제1항 및 제2항에 따라 소유자등이 정밀안전진단을 받은 경우 정밀안전진단기관이 수행한 해당 정밀안전진단의 결과를 평가할 수 있다.

② 국토교통부장관은 정밀안전진단기관 또는 소유자등에게 제1항에 따른 평가에 필요한 자료를 제출하도록 요구할 수 있다. 이 경우 자료의 제출을 요구받은 자는 특별한 사유가 없으면 이에 따라야 한다.

③ 제1항에 따른 평가의 대상, 방법, 절차 등에 필요한 사항은 *국토교통부령(75조의20)*으로 정한다.

＊시행규칙 제75조의20(정밀안전진단 결과의 평가)

① 한국교통안전공단은 다음 각 호의 어느 하나에 해당하는 경우 법 제38조의14제1항에 따라 정밀안전진단기관이 수행한 해당 정밀안전진단의 결과(이하 "정밀안전진단결과"라 한다)를 평가한다.

1. 정밀안전진단 실시 후 5년 이내에 차량바퀴가 장착된 틀이나 차체에 균열이 발생하는 등 철도운행안전에 중대한 위험을 발생시킬 우려가 있는 결함이 발견된 경우로서 소유자등이 의뢰하는 경우
2. 정밀안전진단기관이 법 또는 법에 따른 명령을 위반하여 정밀안전진단을 실시함으로써 부실 진단의 우려가 있다고 인정되는 경우
3. 그 밖에 정밀안전진단의 부실을 방지하기 위하여 국토교통부장관이 정하여 고시하는 경우

② 한국교통안전공단이 정밀안전진단결과 평가를 하는 경우에는 다음 각 호의 사항을 포함하여 평가해야 한다.

1. 제75조의16제1항 각 호에 따른 평가의 방법 및 그 결과의 적정성
2. 정밀안전진단결과 보고서의 종합 검토
3. 그 밖에 철도차량의 운행안전을 위하여 국토교통부장관이 정하여 고시하는 사항

③ 정밀안전진단결과 평가는 다음 각 호의 구분에 따른 방법으로 실시한다. 다만, 서류평가만으로 부실 진단 여부를 판단할 수 있다고 인정되는 경우에는 현장평가를 생략할 수 있다.

1. **서류평가**: 제75조의16제2항에 따른 시행지침에 따라 정밀안전진단을 적합하게 수행하였는지를 판단하기 위하여 정밀안전진단기관이 제출한 정밀안전진단 계획서 및 정밀안전진단결과 보고서를 대상으로 실시하는 평가
2. **현장평가**: 사실관계를 확인하기 위하여 현장에서 실시하는 평가

④ 한국교통안전공단은 정밀안전진단결과를 평가한 때에는 평가 종료 후 그 결과를 다음 각 호의 자 또는 기관에 통보해야 한다. 다만, 정밀안전진단결과 평가가 종료되기 전에 정밀안전진단기관의 부실진단이 확인된 경우에는 즉시 그 사실을 국토교통부장관에게 보고해야 한다.

1. 법 제38조의12제1항 및 제2항에 따른 정밀안전진단을 요청한 소유자등
2. 법 제38조의12제5항에 따른 철도차량 정밀안전진단 업무를 수행한 정밀안전진단기관
3. 국토교통부장관

⑤ 제1항부터 제4항까지에서 규정한 사항 외에 정밀안전진단결과 평가의 기준, 결과 통보 및 후속조치 등에 관하여 필요한 세부 사항은 국토교통부장관이 정하여 고시한다.

제38조의15(준용규정)

정밀안전진단기관에 대한 과징금의 부과·징수에 관하여는 제9조의2를 준용한다. 이 경우 "제9조제1항"은 "제38조의13제3항"으로, "철도운영자등"은 "정밀안전진단기관"으로 본다.

【제4장 예상 및 기출문제】

1. 다음 중 열차운행체계에 관한 서류로 알맞지 않은 것은?
가. 비상대응
나. 철도운영 개요
다. 열차 운영계획
라. 열차운영 기록관리

정답 및 풀이 : 가
철도안전법 시행규칙 제2조(안전관리체계 승인 신청 절차 등)
3호 아. 비상대응

2. 시행규칙 제2조(안전관리체계 승인 신청 절차 등)에 대해 틀리게 설명하고 있는 것은?
가. 철도운영자등이 법 제7조제1항에 따른 안전관리체계를 승인 받는 경우에는 철도운용 또는 철도시설관리 개시 예정일 80일 전까지 별지 제1호서식의 철도안전관리체계 승인신청서에 서류를 첨부하여 국토교통부장관에게 제출하여야 한다
나. 철도운영자등이 법 제7조제3항 본문에 따라 승인받은 안전관리체계를 변경하려는 경우에는 변경된 철도운용 또는 철도시설 관리 개시 예정일 30일전 까지 별지 제1호의2서식의 철도안전관리체계 변경승인신청서에 서류를 첨부하여 국토교통부장관에게 제출하여야 한다.
다. 제1항 및 제2항에도 불구하고 철도운영자등이 안전관리체계의 승인 또는 변경승인을 신청하는 경우 제1항5호 다목 및 같은 항 제6호에 따른 서류는 철도운용 또는 철도시설 관리 개시 예정일 14일 전까지 제출할 수 있다.
라. 국토교통부장관은 제1항 및 제2항에 따라 안전관리체계의 승인 또는 변경승인 신청을 받은 경우에는 15일 이내에 승인 또는 변경승인에 필요한 검사 등의 계획서를 작성하여 신청인에게 통보하여야 한다.

정답 및 풀이 : 가
시행규칙 제2조
철도운영자등이 법 제7조제1항에 따른 안전관리체계를 승인 받는 경우에는 철도운용 또는 철도시설관리 개시 예정일 90일 전까지 별지 제1호서식의 철도안전관리체계 승인신청서에 서류를 첨부하여 국토교통부장관에게 제출하여야 한다.

3. 시행규칙 제6조(안전관리체계의 유지·검사 등) 중 검사계획을 틀리게 설명하는 것은?
가. 검사 수행 분야 및 검사 항목
나. 안전관리체계의 검사 개요 및 현황
다. 검사반의 구성
라. 중점 검사 사항

정답 및 풀이 : 나
시행 규칙 제6조(안전관리체계의 유지·검사 등)
④ 국토교통부장관은 정기검사 또는 수시검사를 마친 경우에는 다음 각 호의 사항이 포함된 검사 결과보고서를 작성하여야 한다.
안전관리체계의 검사 개요 및 현황

4. 안전관리체계 관련 과징금의 부과기준 중 국토교통부장관이 개별기준에 따른 과징금 금액의 2분의 1 범위에서 그 금액을 줄일 수 없는 것은?
가. 위반행위가 사소한 부주의나 오류로 인한 것으로 인정되는 경우
나. 위반행위자가 법 위반상태를 시정하거나 해소하기 위한 노력이 인정되는 경우
다. 과징금을 체납하고 있는 위반행위자
라. 그 밖에 사업 규모, 사업 지역의 특수성, 위반행위의 정도, 위반행위의 동기와 그 결과 및 위반 횟수 등을 고려하여 과징금 금액을 줄일 필요가 있다고 인정되는 경우

정답 및 풀이 : 다
철도안전법 시행령 [별표 1] 안전관리체계 관련 과징금의 부과기준
라. 국토교통부장관은 다음의 어느 하나에 해당하는 경우에는 제2호의 개별기준에 따른 과징금 금액의 2분의 1 범위에서 그 금액을 줄일 수 있다. 다만, 과징금을 체납하고 있는 위반행위자의 경우에는 그렇지 않다

5. 철도사고로 인한 사망자 수로 인한 과징금의 부과금액이 다르게 짝지어진 것은?
가. 1명 이상 3명 미만 - 360
나. 3명 이상 5명 미만 - 720
다. 5명 이상 10명 미만 - 1440
라. 10명 이상 - 2880

정답 및 풀이 : 라
철도안전법 시행령 <별표 1>
안전관리체계 관련 과징금의 부과기준(제6조 관련)
다. 법 제8조제1항을 위반하여 안전관리체계를 지속적으로 유지하지 않아 철도운영이나 철도시설의 관리에 중대한 지장을 초래한 경우
1) 철도사고로 인한 사망자 수
가) 1명 이상 3명 미만 – 360
나) 3명 이상 5명 미만 – 720
다) 5명 이상 10명 미만 – 1440
라) 10명 이상 – 2160

6. 다음 설명 중 국토교통부장관이 개별기준에 따른 과증금 금액의 2분의 1범위에서 금액을 줄일 수 없는 경우는?
가. 위반행위가 사소한 부주의나 오류로 인한 것으로 인정되는 경우
나. 위반행위자가 법 위반상태를 시정하거나 해소하기 위한 노력이 인정되는 경우
다. 사업 규모, 사업 지역의 특수성, 위반행위의 정도, 위반행위의 동기와 그 결과 및 위반 횟수 등을 고려하여 과징금 금액을 줄일 필요가 있다고 인정되는 경우
라. 과징금을 체납하고 있는 위반행위자의 경우

정답 및 풀이 : 라
별표 1(안전관리체계 관련 과징금의 부과기준)
라. 과징금을 체납하고 있는 위반행위자의 경우에는 그렇지 않다.

7. 다음 중 철도사고에 해당하는 것은?
가. 철도차량이 동물과 충돌한 경우
나. 철도역사에 화재가 발생한 경우
다. 철도 차량이 궤도를 이탈하는 사고
라. 운행허가를 받지 않은 구간으로 열차가 주행하는 경우

정답 및 해설 : 다
철도안전법 시행규칙 제1조의2(철도사고의 범위)
[철도안전법](이하 "법"이라 한다) 제2조제11호에서 "국토교통부령으로 정하는 것"이란 다음 각 호의 어느 하나에 해당하는 것을 말한다.
1. 철도교통사고: 철도차량의 운행과 관련된 사고로서 다음 각 목의 어느 하나에 해당하는 사고
가. 충돌사고: 철도차량이 다른 철도차량 또는 장애물(동물 및 조류는 제외한다)과 충돌하거나 접촉한 사고
나. 탈선사고: 철도차량이 궤도를 이탈하는 사고
다. 열차화재사고: 철도차량에서 화재가 발생하는 사고
라. 기타철도교통사고: 가목부터 다목까지의 사고에 해당하지 않는 사고로서 철도차량의

운행과 관련된 사고

8. 국토교통부장관은 안전관리체계 변경승인 신청을 받은 경우 몇 일 이내 변경승인에 필요한 검사 등의 계획서를 작성하여 신청인에게 통보를 해야 하는가?
가. 3일
나. 7일
다. 14일
라. 15일

정답 및 해설 : 라
철도안전법 시행규칙 제2조(안전관리체계 승인 신청 절차 등)
③ 국토교통부장관은 제1항 및 제2항에 따라 안전관리체계의 승인 또는 변경승인 신청을 받은 경우에는 15일 이내에 승인 또는 변경승인에 필요한 검사 등의 계획서를 작성하여 신청인에게 통보하여야 한다.

9. 철도운영자등의 업무의 제한이나 정지가 철도이용자에게 불편을 끼치고 공익을 해하면 그 처분을 갈음하여 부과되는 과징금은 얼마인가?
가. 15억
나. 30억
다. 50억
라. 65억

정답 및 해설 : 나
철도안전법 제9조2(과징금)
① 국토교통부장관은 제9조제1항에 따라 철도운영자등에 대하여 업무의 제한이나 정지를 명하여야 하는 경우로서 그 업무의 제한이나 정지가 철도 이용자 등에게 심한 불편을 주거나 그 밖에 공익을 해알 우려가 있는 경우에는 업무의 제한이나 정지를 갈음하여 30억 이하의 과징금 부과할 수 있다.

10. 철도사고로 인한 중상과 사망자수와 업무제한일수로 맞는 것을 찾으시오. (4)
가. 사망자 1명 이상 4명 미만 - 업무제한 30일
나. 중상자 1명 이상 3명 미만 - 업무제한 30일
다. 사망자 3명 이상 10명 미만 - 업무제한 60일
라. 중상자 30명 이상 50명 미만 - 업무제한 60일
마. 사망자 100명 이상 - 업무제한 180일

정답 및 풀이 : 라
1. 사망자 1명 이상 3 명 미만 - 업무제한 30일
2. 중상자 1 0 명 이상 3 0 명 미만 - 업무제한 30일
3. 사망자 3명 이상 5 명 미만 - 업무제한 60일
5. 중상자 100명 이상 - 업무제한 180일

11. 다음 중 제작검사를 면제할 수 있는 철도차량이 아닌 것은?
가. 부품을 수입하여 제작.조립한 철도차량
나. 시험목적으로 제작.조립된 철도차량
다. 수출을 목적으로 제작.조립된 철도차량
라. 연구목적으로 제작.조립된 철도차량

정답 및 해설 : 가
제26조(철도차량 형식승인) ④ 국토교통부장관은 제3항에도 불구하고 다음 각 호의 어느 하나에 해당하는 경우에는 형식승인검사의 전부 또는 일부를 면제할 수 있다. <개정 2013. 3. 23.>

1. 시험 · 연구 · 개발 목적으로 제작 또는 수입되는 철도차량으로서 대통령령으로 정하는 철도차량에 해당하는 경우
2. 수출 목적으로 제작 또는 수입되는 철도차량으로서 대통령령으로 정하는 철도차량에 해당하는 경우
3. 대한민국이 체결한 협정 또는 대한민국이 가입한 협약에 따라 형식승인검사가 면제되는 철도차량의 경우
4. 그 밖에 철도시설의 유지·보수 또는 철도차량의 사고복구 등 특수한 목적을 위하여 제작 또는 수입되는 철도차량으로서 국토교통부장관이 정하여 고시하는 경우

12. 국토교통부장관이 행하는 관제업무의 내용에 틀린 것은?
가. 관제업무 수행에 필요한 기기 취급방법 및 비상시 조치방법 등에 대한 관제업무 실무수습
나. 철도차량의 운행에 대한 집중 제어·통제 및 감시
다. 철도시설의 운용상태 등 철도차량의 운행과 관련된 조언과 정보의 제공 업무
라. 철도사고등의 발생 시 사고복구, 긴급구조 · 구호 지시 및 관계 기관에 대한 상황 보고 · 전파 업무

정답 및 풀이 : 가
가는 시행규칙제39조인 관제업무 실무수습에 관한 내용이다.

13. 안전관리체계의 승인 방법 및 증명서 발급 중 알맞은 것이 아닌 것은?
가. 제2조제1항 및 제2항에 따라 철도운영자등이 제출한 서류가 안전관리기준에 적합한지 검사한다.
나. 안전관리체계의 이행가능성 및 실효성을 현장에서 확인하기 위해 검사한다.
다. 검사에 관한 세부적인 기준, 절차 및 방법 등은 국토교통부장관이 정하여 고시한다.
라. 안전관리기준에 적합 여부를 판단할 수 있는 경우에도 현장검사를 생략해서는 안된다.

정답 및 풀이 : 라
안전관리기준에 적합 여부를 판단할 수 있는 경우는 현장검사를 생략 할 수 있다.

14. 안전관리체계 처분기준으로 맞는 것은?

> 법 제8조제1항을 위반하여 안전관리체계를 지속적으로 유지하지 않아 철도운영이나 철도시설의 관리에 중대한 지장을 초래한 경우 철도사고로 인한 사망자 수 3명 이상 5명 미만

가. 업무정지(업무제한) 60일
나. 업무정지(업무제한) 90일
다. 업무정지(업무제한) 30일
라. 업무정지(업무제한) 120일

정답 : 가

15. 제7조 과징금의 부과 및 납부에서 틀린 것은?
가. 통지를 받은 자는 통지를 받은 날부터 20일 이내에 국토교통부장관이 정하는 수납기관에 과징금을 납부해야 한다.
나. 부득이한 사유로 기간에 과징금을 낼 수 없는 경우는 그 사유가 없어진 날부터 7일 이내 내야 한다.
다. 과징금을 받은 수납기관은 그 과징금을 낸 자에게 과징금에 관한 서류를 내주어야 한다.
라. 과징금의 수납기관은 과징금을 받으면 지체없이 국토교통부장관에게 통보하여야 한다.

정답 및 풀이 : 다
과징금을 받은 수납기관은 그 과징금을 낸 자에게 영수증을 내 주어야 한다.

16. 안전관리체계의 경미한 사항 변경으로 대한 설명으로 옳지 않은 것은?
가. 열차운행 또는 유지관리 인력의 감소
나. 철도차량 또는 다음 각 목의 어느 하나에 대항하는 철도시설의 증가
다. 철도노선의 신설 또는 개량
라. 유지관리 항목의 증가 또는 유지관리 주기의 축소

정답 및 풀이: 라
유지관리 항목의 축소 또는 유지관리 주기의 증가

17. 안전관리체계의 유지, 검사 등에 대한 설명으로 옳지 않은 것은?
가. 국토교통부장관은 법 제8조제2항제1호에 따른 정기검사를 1년마다 1회 실시해야 한다.
나. 국토교통부장관은 법 제8조제2항에 따른 정기검사 또는 수시검사를 시행하려는 경우에는 검사 시행일 14일전까지 다음 각 호의 내용이 포함된 검사계획을 검사 대상 철도운영자등에게 통보해야한다.
다. 국토교통부장관은 다음 각 호의 사유로 철도운영자등이 안전관리체계 정기검사의 유예를 요청한 경우에 검사시기를 유예하거나 변경할 수 있다.
라. 국토교통부장관은 법 제8조제3항에 따라 철도운영자등에게 시정조치를 명하는 경우에는 시정에 필요한 적정한 기간을 주어야 한다.

정답 및 풀이 : 나
14일이 아닌 7일이다.

18. 국토교통부장관이 행하는 관제업무의 내용으로 틀린 것은?
가. 정상운행을 하기 전에 신설선 또는 개량선에서 철도차량을 운행하는 경우
나. 철도차량의 운행에 대한 집중 제어, 통제 및 감시
다. 철도시설의 운용상태 등 철도차량의 운행과 관련된 조언과 정보의 제공 업무
라. 철도보호지구에서 법 제 45조제 1항각호의 어느 하나에 해당하는 행위를 할 경우 열차운행 통제 업무

정답 및 풀이 : 가
가는 법 제39조의2에 따라 국토교통부장관이 행한 철도교통관제업무의 대상에서 제외한다.

19. 철도종사자에 대한 안전교육의 내용으로 틀린 것은?
가. 철도안전법령 및 안전관련 규정
나. 철도사고 및 운행장애 등 비상 시 응급조치 및 수습복구대책
다. 안전관리의 중요성 등 정신
라. 교육방법은 강의만 한다.

정답 및 풀이 : 라
별표 13의 2의 철도종사자에 대한 안전교육의 내용 중 교육방법으로는 강의 및 실습이 있다.

에듀컨텐츠·휴피아
ECH Educontents Huepia

제5장 철도차량 운행안전 및 철도 보호

제39조(철도차량의 운행)

열차의 편성, 철도차량 운전 및 신호방식 등 철도차량의 안전운행에 필요한 사항은 *국토교통부령(철도차량운전규칙)*으로 정한다.

제39조의2(철도교통관제)

① 철도차량을 운행하는 자는 국토교통부장관이 지시하는 이동·출발·정지 등의 명령과 운행 기준·방법·절차 및 순서 등에 따라야 한다.

② 국토교통부장관은 철도차량의 안전하고 효율적인 운행을 위하여 철도시설의 운용상태 등 철도차량의 운행과 관련된 조언과 정보를 철도종사자 또는 철도운영자등에게 제공할 수 있다.

③ 국토교통부장관은 철도차량의 안전한 운행을 위하여 철도시설 내에서 사람, 자동차 및 철도차량의 운행제한 등 필요한 안전조치를 취할 수 있다.

④ 제1항부터 제3항까지의 규정에 따라 국토교통부장관이 행하는 업무의 대상, 내용 및 절차 등에 관하여 필요한 사항은 *국토교통부령(76조)*으로 정한다.

＊시행규칙 제76조(철도교통관제업무의 대상 및 내용 등)

① 다음 각 호의 어느 하나에 해당하는 경우에는 법 제39조의2에 따라 국토교통부장관이 행하는 철도교통관제업무(이하 "관제업무"라 한다)의 대상에서 제외한다.

1. 정상운행을 하기 전의 신설선 또는 개량선에서 철도차량을 운행하는 경우
2. 「철도산업발전기본법」 제3조제2호나목에 따른 철도차량을 보수·정비하기 위한 차량정비기지 및 차량유치시설에서 철도차량을 운행하는 경우

② 법 제39조의2제4항에 따라 국토교통부장관이 행하는 관제업무의 내용은 다음 각 호와 같다.

1. 철도차량의 운행에 대한 집중 제어·통제 및 감시
2. 철도시설의 운용상태 등 철도차량의 운행과 관련된 조언과 정보의 제공 업무
3. 철도보호지구에서 법 제45조제1항 각 호의 어느 하나에 해당하는 행위를 할 경우 열차운행 통제 업무
4. 철도사고등의 발생 시 사고복구, 긴급구조·구호 지시 및 관계 기관에 대한 상황 보고·전파 업무
5. 그 밖에 국토교통부장관이 철도차량의 안전운행 등을 위하여 지시한 사항

③ 철도운영자등은 철도사고등이 발생하거나 철도시설 또는 철도차량 등이 정상적인 상태에 있지 아니하다고 의심되는 경우에는 이를 신속히 국토교통부장관에 통보하여야 한다.

④ 관제업무에 관한 세부적인 기준·절차 및 방법은 국토교통부장관이 정하여 고시한다.

第39조의3(영상기록장치의 설치·운영 등)

① 철도운영자등은 철도차량의 운행상황 기록, 교통사고 상황 파악, 안전사고 방지, 범죄 예방 등을 위하여 다음 각 호의 철도차량 또는 철도시설에 영상기록장치를 설치·운영하여야 한다. 이 경우 영상기록장치의 설치 기준, 방법 등은 *대통령령*으로 정한다.

1. **철도차량 중** *대통령령(30조)*으로 정하는 **동력차 및 객차**
2. **승강장 등** *대통령령(30조)*으로 정하는 **안전사고의 우려가 있는 역 구내**
3. *대통령령(30조)*으로 정하는 **차량정비기지**
4. **변전소 등** *대통령령(30조)*으로 정하는 **안전확보가 필요한 철도시설**
5. 건널목 개량촉진법」 제2조제3호에 따른 건널목으로서 대통령령으로 정하는 안전확보가 필요한 건널목(2024.8.17.시행)

② 철도운영자등은 제1항에 따라 영상기록장치를 설치하는 경우 운전업무종사자, 여객 등이 쉽게 인식할 수 있도록 *대통령령(31조)*으로 정하는 바에 따라 안내판 설치 등 필요한 조치를 하여야 한다.

③ 철도운영자등은 설치 목적과 다른 목적으로 영상기록장치를 임의로 조작하거나 다른 곳을 비추어서는 아니 되며, 운행기간 외에는 영상기록(음성기록을 포함한다. 이하 같다)을 하여서는 아니 된다.

④ 철도운영자등은 다음 각 호의 어느 하나에 해당하는 경우 외에는 영상기록을 이용하거나 다른 자에게 제공하여서는 아니 된다.

1. 교통사고 상황 파악을 위하여 필요한 경우
2. 범죄의 수사와 공소의 제기 및 유지에 필요한 경우
3. 법원의 재판업무수행을 위하여 필요한 경우

⑤ 철도운영자등은 영상기록장치에 기록된 영상이 분실·도난·유출·변조 또는 훼손되지 아니하도록 *대통령령(32조)*으로 정하는 바에 따라 영상기록장치의 운영·관리 지침을 마련하여야 한다.

⑥ 영상기록장치의 설치·관리 및 영상기록의 이용·제공 등은 「개인정보 보호법」에 따라야 한다.

⑦ 제4항에 따른 영상기록의 제공과 그 밖에 영상기록의 보관 기준 및 보관 기간 등에 필요한 사항은 *국토교통부령(76조의3)*으로 정한다.

＊시행령 제30조(영상기록장치 설치대상)

① 법 제39조의3제1항제1호에서 "대통령령으로 정하는 동력차 및 객차"란 다음 각 호의 동력차 및 객차를 말한다.

1. 열차의 맨 앞에 위치한 동력차로서 운전실 또는 운전설비가 있는 동력차
2. 승객 설비를 갖추고 여객을 수송하는 객차

② 법 제39조의3제1항제2호에서 "승강장 등 대통령령으로 정하는 안전사고의 우려가 있는 역 구내"란 승강장, 대합실 및 승강설비를 말한다.

③ 법 제39조의3제1항제3호에서 "대통령령으로 정하는 차량정비기지"란 다음 각 호의 차량정비기지를 말한다.

1. 「철도사업법」 제4조의2제1호에 따른 고속철도차량을 정비하는 차량정비기지
2. 철도차량을 중정비(철도차량을 완전히 분해하여 검수·교환하거나 탈선·화재 등으로 중대하게 훼손된 철도차량을 정비하는 것을 말한다)하는 차량정비기지
3. 대지면적이 3천제곱미터 이상인 차량정비기지

④ 법 제39조의3제1항제4호에서 "변전소 등 대통령령으로 정하는 안전확보가 필요한 철도시설"이란 다음 각 호의 철도시설을 말한다.

1. 변전소(구분소를 포함한다), 무인기능실(전철전력설비, 정보통신설비, 신호 또는 열차 제어설비 운영과 관련된 경우만 해당한다)
2. 노선이 분기되는 구간에 설치된 분기기(선로전환기를 포함한다), 역과 역 사이에 설치된 건넘선
3. 「통합방위법」 제21조제4항에 따라 국가중요시설로 지정된 교량 및 터널
4. 「철도의 건설 및 철도시설 유지관리에 관한 법률」 제2조제2호에 따른 고속철도에 설치된 길이 1킬로미터 이상의 터널

＊시행령 제30조의2(영상기록장치의 설치 기준 및 방법)

법 제39조의3제1항에 따른 영상기록장치의 설치 기준 및 방법은 *별표 4의4*와 같다.

■ 철도안전법 시행령 [별표 4의4]

영상기록장치의 설치 기준 및 방법(제30조의2 관련)

1. 법 제39조의3제1항제1호에 따른 **동력차**에는 다음 각 목의 기준에 따라 영상기록장치를

설치해야 한다.

가. 다음의 상황을 촬영할 수 있는 영상기록장치를 각각 설치할 것

1) 선로변을 포함한 철도차량 전방의 운행 상황

2) 운전실의 운전조작 상황

나. 가목에도 불구하고 다음의 어느 하나에 해당하는 철도차량의 경우에는 같은 목 2)의 상황을 촬영할 수 있는 영상기록장치는 설치하지 않을 수 있다.

1) 운행정보의 기록장치 등을 통해 철도차량의 운전조작 상황을 파악할 수 있는 철도차량

2) 무인운전 철도차량

3) 전용철도의 철도차량

2. 법 제39조의3제1항제1호에 따른 **객차**에는 다음 각 목의 기준에 따라 영상기록장치를 설치해야 한다.

가. 영상기록장치의 해상도는 범죄 예방 및 범죄 상황 파악 등에 지장이 없는 정도일 것

나. 객차 내에 사각지대가 없도록 설치할 것

다. 여객 등이 영상기록장치를 쉽게 인식할 수 있는 위치에 설치할 것

3. 법 제39조의3제1항제2호부터 제4호까지의 규정에 따른 **시설**에는 다음 각 목의 기준에 따라 영상기록장치를 설치해야 한다.

가. 다음의 상황을 촬영할 수 있는 영상기록장치를 모두 설치할 것

1) 여객의 대기·승하차 및 이동 상황

2) 철도차량의 진출입 및 운행 상황

3) 철도시설의 운영 및 현장 상황

나. 철도차량 또는 철도시설이 충격을 받거나 화재가 발생한 경우 등 정상적이지 않은 환경에서도 영상기록장치가 최대한 보호될 수 있을 것

*시행령 제31조(영상기록장치 설치 안내)

철도운영자등은 법 제39조의3제2항에 따라 운전업무종사자 및 여객 등 「개인정보 보호법」 제2조제3호에 따른 정보주체가 쉽게 인식할 수 있는 운전실 및 객차 출입문 등에 다음 각 호의 사항이 표시된 안내판을 설치해야 한다.

1. 영상기록장치의 설치 목적

2. 영상기록장치의 설치 위치, 촬영 범위 및 촬영 시간

3. 영상기록장치 관리 책임 부서, 관리책임자의 성명 및 연락처

4. 그 밖에 철도운영자등이 필요하다고 인정하는 사항

***시행령 제32조(영상기록장치의 운영·관리 지침)**

철도운영자등은 법 제39조의3제5항에 따라 영상기록장치에 기록된 영상이 분실·도난·유출·변조 또는 훼손되지 않도록 다음 각 호의 사항이 포함된 영상기록장치 운영·관리 지침을 마련해야 한다.

1. 영상기록장치의 설치 근거 및 설치 목적
2. 영상기록장치의 설치 대수, 설치 위치 및 촬영 범위
3. 관리책임자, 담당 부서 및 영상기록에 대한 접근 권한이 있는 사람
4. 영상기록의 촬영 시간, 보관기간, 보관장소 및 처리방법
5. 철도운영자등의 영상기록 확인 방법 및 장소
6. 정보주체의 영상기록 열람 등 요구에 대한 조치
7. 영상기록에 대한 접근 통제 및 접근 권한의 제한 조치
8. 영상기록을 안전하게 저장·전송할 수 있는 암호화 기술의 적용 또는 이에 상응하는 조치
9. 영상기록 침해사고 발생에 대응하기 위한 접속기록의 보관 및 위조·변조 방지를 위한 조치
10. 영상기록에 대한 보안프로그램의 설치 및 갱신
11. 영상기록의 안전한 보관을 위한 보관시설의 마련 또는 잠금장치의 설치 등 물리적 조치
12. 그 밖에 영상기록장치의 설치·운영 및 관리에 필요한 사항

***시행규칙 제76조의3(영상기록의 보관기준 및 보관기간)**

① 철도운영자등은 영상기록장치에 기록된 영상기록을 영 제32조에 따른 영상기록장치 운영·관리 지침에서 정하는 보관기간(이하 "보관기간"이라 한다) 동안 보관하여야 한다. 이 경우 **보관기간은 3일 이상의 기간**이어야 한다. <개정 2020. 5. 27.>

② 철도운영자등은 보관기간이 지난 영상기록을 삭제하여야 한다. 다만, 보관기간 내에 법 제39조의3제4항 각 호의 어느 하나에 해당하여 영상기록에 대한 제공을 요청 받은 경우에는 해당 영상기록을 제공하기 전까지는 영상기록을 삭제해서는 아니 된다.

제40조(열차운행의 일시 중지)

① 철도운영자는 다음 각 호의 어느 하나에 해당하는 경우로서 열차의 안전운행에 지장이 있다고 인정하는 경우에는 열차운행을 일시 중지할 수 있다.

1. 지진, 태풍, 폭우, 폭설 등 천재지변 또는 악천후로 인하여 재해가 발생하였거나 재해가 발생할 것으로 예상되는 경우
2. 그 밖에 열차운행에 중대한 장애가 발생하였거나 발생할 것으로 예상되는 경우

② 철도종사자는 철도사고 및 운행장애의 징후가 발견되거나 발생 위험이 높다고 판단되는 경우에는 관제업무종사자에게 열차운행을 일시 중지할 것을 요청할 수 있다. 이 경우 요청을 받은 관제업무종사자는 특별한 사유가 없으면 즉시 열차운행을 중지하여야 한다.

③ 철도종사자는 제2항에 따른 열차운행의 중지 요청과 관련하여 고의 또는 중대한 과실이 없는 경우에는 민사상 책임을 지지 아니한다.

④ 누구든지 제2항에 따라 열차운행의 중지를 요청한 철도종사자에게 이를 이유로 불이익한 조치를 하여서는 아니 된다.

제40조의2(철도종사자의 준수사항)

① **운전업무종사자**는 철도차량의 운전업무 수행 중 다음 각 호의 사항을 준수하여야 한다.

1. 철도차량 출발 전 *국토교통부령(76조의4)*으로 정하는 조치 사항을 이행할 것
2. *국토교통부령(76조의4)*으로 정하는 철도차량 운행에 관한 안전 수칙을 준수할 것

＊시행규칙 제76조의4(운전업무종사자의 준수사항)

① 법 제40조의2제1항제1호에서 **"철도차량 출발 전 국토교통부령으로 정하는 조치사항"** 이란 다음 각 호를 말한다.

1. 철도차량이 「철도산업발전기본법」 제3조제2호나목에 따른 차량정비기지에서 출발하는 경우 다음 각 목의 기능에 대하여 이상 여부를 확인할 것
   가. 운전제어와 관련된 장치의 기능
   나. 제동장치 기능
   다. 그 밖에 운전 시 사용하는 각종 계기판의 기능
2. 철도차량이 역시설에서 출발하는 경우 여객의 승하차 여부를 확인할 것. 다만, 여객승무원이 대신하여 확인하는 경우에는 그러하지 아니하다.

② 법 제40조의2제1항제2호에서 **"국토교통부령으로 정하는 철도차량 운행에 관한 안전 수칙"** 이란 다음 각 호를 말한다.

1. 철도신호에 따라 철도차량을 운행할 것
2. 철도차량의 운행 중에 휴대전화 등 전자기기를 사용하지 아니할 것. 다만, 다음 각 목의 어느 하나에 해당하는 경우로서 철도운영자가 운행의 안전을 저해하지 아니하는 범위에서 사전에 사용을 허용한 경우에는 그러하지 아니하다.

가. 철도사고등 또는 철도차량의 기능장애가 발생하는 등 비상상황이 발생한 경우
나. 철도차량의 안전운행을 위하여 전자기기의 사용이 필요한 경우
다. 그 밖에 철도운영자가 철도차량의 안전운행에 지장을 주지 아니한다고 판단하는 경우

3. 철도운영자가 정하는 구간별 제한속도에 따라 운행할 것
4. 열차를 후진하지 아니할 것. 다만, 비상상황 발생 등의 사유로 관제업무종사자의 지시를 받는 경우에는 그러하지 아니하다.
5. 정거장 외에는 정차를 하지 아니할 것. 다만, 정지신호의 준수 등 철도차량의 안전운행을 위하여 정차를 하여야 하는 경우에는 그러하지 아니하다.
6. 운행구간의 이상이 발견된 경우 관제업무종사자에게 즉시 보고할 것
7. 관제업무종사자의 지시를 따를 것

② **관제업무종사자**는 관제업무 수행 중 다음 각 호의 사항을 준수하여야 한다.

1. *국토교통부령(76조의5)*으로 정하는 바에 따라 운전업무종사자 등에게 열차 운행에 관한 정보를 제공할 것
2. 철도사고, 철도준사고 및 운행장애(이하 "철도사고등"이라 한다) 발생 시 *국토교통부령(76조의5)*으로 정하는 조치 사항을 이행할 것

＊시행규칙 제76조의5(관제업무종사자의 준수사항)

① 법 제40조의2제2항제1호에 따라 관제업무종사자는 다음 각 호의 **정보를 운전업무종사자, 여객승무원 또는 영 제3조제4호에 따른 사람에게 제공**하여야 한다.

[영3조제4호 ; 정거장에서 철도신호기·선로전환기 또는 조작판 등을 취급하거나 열차의 조성업무를 수행하는 사람)

1. 열차의 출발, 정차 및 노선변경 등 열차 운행의 변경에 관한 정보
2. 열차 운행에 영향을 줄 수 있는 다음 각 목의 정보
   가. 철도차량이 운행하는 선로 주변의 공사·작업의 변경 정보
   나. 철도사고등에 관련된 정보
   다. 재난 관련 정보
   라. 테러 발생 등 그 밖의 비상상황에 관한 정보

② 법 제40조의2제2항제2호에서 **"국토교통부령으로 정하는 조치사항"**이란 다음 각 호를 말한다.

1. 철도사고등이 발생하는 경우 여객 대피 및 철도차량 보호 조치 여부 등 사고현장 현황을 파악할 것
2. 철도사고등의 수습을 위하여 필요한 경우 다음 각 목의 조치를 할 것
   가. 사고현장의 열차운행 통제

나. 의료기관 및 소방서 등 관계기관에 지원 요청
다. 사고 수습을 위한 철도종사자의 파견 요청
라. 2차 사고 예방을 위하여 철도차량이 구르지 아니하도록 하는 조치 지시
마. 안내방송 등 여객 대피를 위한 필요한 조치 지시
바. 전차선(電車線, 선로를 통하여 철도차량에 전기를 공급하는 장치를 말한다)의 전기공급 차단 조치
사. 구원(救援)열차 또는 임시열차의 운행 지시
아. 열차의 운행간격 조정

3. 철도사고등의 발생사유, 지연시간 등을 사실대로 기록하여 관리할 것

③ **작업책임자**는 철도차량의 운행선로 또는 그 인근에서 철도시설의 건설 또는 관리와 관련된 작업 수행 중 다음 각 호의 사항을 준수하여야 한다.

1. *국토교통부령(76조의6)*으로 정하는 바에 따라 작업 수행 전에 작업원을 대상으로 안전교육을 실시할 것
2. *국토교통부령(76조의6)*으로 정하는 작업안전에 관한 조치 사항을 이행할 것

***시행규칙 제76조의6(작업책임자의 준수사항)**

① 법 제2조제10호마목에 따른 작업책임자(이하 "작업책임자"라 한다)는 법 제40조의2제3항제1호에 따라 작업 수행 전에 작업원을 대상으로 다음 각 호의 사항이 포함된 **안전교육을 실시**해야 한다.

1. 해당 작업일의 작업계획(작업량, 작업일정, 작업순서, 작업방법, 작업원별 임무 및 작업장 이동방법 등을 포함한다)
2. 안전장비 착용 등 작업원 보호에 관한 사항
3. 작업특성 및 현장여건에 따른 위험요인에 대한 안전조치 방법
4. 작업책임자와 작업원의 의사소통 방법, 작업통제 방법 및 그 준수에 관한 사항
5. 건설기계 등 장비를 사용하는 작업의 경우에는 철도사고 예방에 관한 사항
6. 그 밖에 안전사고 예방을 위해 필요한 사항으로서 국토교통부장관이 정해 고시하는 사항

② 법 제40조의2제3항제2호에서 **"국토교통부령으로 정하는 작업안전에 관한 조치 사항"**이란 다음 각 호를 말한다.

1. 법 제40조의2제4항제1호 및 제2호에 따른 조정 내용에 따라 작업계획 등의 조정·보완
2. 작업 수행 전 다음 각 목의 조치
   가. 작업원의 안전장비 착용상태 점검
   나. 작업에 필요한 안전장비·안전시설의 점검

다. 그 밖에 작업 수행 전에 필요한 조치로서 국토교통부장관이 정해 고시하는 조치
3. 작업시간 내 작업현장 이탈 금지
4. 작업 중 비상상황 발생 시 열차방호 등의 조치
5. 해당 작업으로 인해 열차운행에 지장이 있는지 여부 확인
6. 작업완료 시 상급자에게 보고
7. 그 밖에 작업안전에 필요한 사항으로서 국토교통부장관이 정해 고시하는 사항

④ **철도운행안전관리자**는 철도차량의 운행선로 또는 그 인근에서 철도시설의 건설 또는 관리와 관련된 작업 수행 중 다음 각 호의 사항을 준수하여야 한다.

1. 작업일정 및 열차의 운행일정을 작업수행 전에 조정할 것
2. 제1호의 작업일정 및 열차의 운행일정을 작업과 관련하여 관할 역의 관리책임자(정거장에서 철도신호기·선로전환기 또는 조작판 등을 취급하는 사람을 포함한다) 및 관제업무종사자와 협의하여 조정할 것
3. *국토교통부령(76조의7)*으로 정하는 열차운행 및 작업안전에 관한 조치 사항을 이행할 것

＊시행규칙 제76조의7(철도운행안전관리자의 준수사항)

법 제40조의2제4항제3호에서 **"국토교통부령으로 정하는 열차운행 및 작업안전에 관한 조치 사항"** 이란 다음 각 호를 말한다.

1. 법 제40조의2제4항제1호 및 제2호에 따른 조정 내용을 작업책임자에게 통지
2. 영 제59조제2항제1호에 따른 업무
3. 작업 수행 전 다음 각 목의 조치
   가. 「산업안전보건기준에 관한 규칙」 제407조제1항에 따라 배치한 열차운행감시인의 안전장비 착용상태 및 휴대물품 현황 점검
   나. 그 밖에 작업 수행 전에 필요한 조치로서 국토교통부장관이 정해 고시하는 조치
4. 관할 역의 관리책임자(정거장에서 철도신호기·선로전환기 또는 조작판 등을 취급하는 사람을 포함한다) 및 작업책임자와의 연락체계 구축
5. 작업시간 내 작업현장 이탈 금지
6. 작업이 지연되거나 작업 중 비상상황 발생 시 작업일정 및 열차의 운행일정 재조정 등에 관한 조치
7. 그 밖에 열차운행 및 작업안전에 필요한 사항으로서 국토교통부장관이 정해 고시하는 사항

⑤ 철도사고등이 발생하는 경우 해당 철도차량의 운전업무종사자와 여객승무원은 철도사고등의 현장을 이탈하여서는 아니 되며, 철도차량 내 안전 및 질서유지를 위하여 승객 구호조치 등 *국토교통부령(76조의8)*으로 정하는 후속조치를 이행하여야 한다. 다만, 의료기관으로의 이송이 필요한 경우 등 *국토교통부령(76조의8)*으로 정하는 경우에는 그러하지 아니하다.

＊시행규칙 제76조의8(철도사고등의 발생 시 후속조치 등)

① 법 제40조의2제5항 본문에 따라 **운전업무종사자와 여객승무원은 다음 각 호의 후속조치**를 이행하여야 한다. 이 경우 운전업무종사자와 여객승무원은 후속조치에 대하여 각각의 역할을 분담하여 이행할 수 있다.

1. 관제업무종사자 또는 인접한 역시설의 철도종사자에게 철도사고등의 상황을 전파할 것
2. 철도차량 내 안내방송을 실시할 것. 다만, 방송장치로 안내방송이 불가능한 경우에는 확성기 등을 사용하여 안내하여야 한다.
3. 여객의 안전을 확보하기 위하여 필요한 경우 철도차량 내 여객을 대피시킬 것
4. 2차 사고 예방을 위하여 철도차량이 구르지 아니하도록 하는 조치를 할 것
5. 여객의 안전을 확보하기 위하여 필요한 경우 철도차량의 비상문을 개방할 것
6. 사상자 발생 시 응급환자를 응급처치하거나 의료기관에 긴급히 이송되도록 지원할 것

② 법 제40조의2제5항 단서에서 **"의료기관으로의 이송이 필요한 경우 등 국토교통부령으로 정하는 경우"** 란 다음 각 호의 어느 하나에 해당하는 경우를 말한다.

1. 운전업무종사자 또는 여객승무원이 중대한 부상 등으로 인하여 의료기관으로의 이송이 필요한 경우
2. 관제업무종사자 또는 철도사고등의 관리책임자로부터 철도사고등의 현장 이탈이 가능하다고 통보받은 경우
3. 여객을 안전하게 대피시킨 후 운전업무종사자와 여객승무원의 안전을 위하여 현장을 이탈하여야 하는 경우

⑥ 철도운행안전관리자와 관할 역의 관리책임자 및 관제업무종사자는 제4항제2호에 따른 협의를 거친 경우에는 그 협의 내용을 국토교통부령으로 정하는 바에 따라 작성·보관하여야 한다.(2024.4.10.일 시행)

제40조의3(철도종사자의 흡연 금지)

철도종사자(제21조에 따른 운전업무 실무수습을 하는 사람을 포함한다)는 업무에 종사하는 동안에는 열차 내에서 흡연을 하여서는 아니 된다.(2024.4.19.일 시행)

제41조(철도종사자의 음주 제한 등)

① 다음 각 호의 어느 하나에 해당하는 철도종사자(실무수습 중인 사람을 포함한다)는 술(「주세법」 제3조제1호에 따른 주류를 말한다. 이하 같다)을 마시거나 약물을 사용한

상태에서 업무를 하여서는 아니 된다.

1. 운전업무종사자
2. 관제업무종사자
3. 여객승무원
4. 작업책임자
5. 철도운행안전관리자
6. 정거장에서 철도신호기·선로전환기 및 조작판 등을 취급하거나 열차의 조성(組成: 철도차량을 연결하거나 분리하는 작업을 말한다)업무를 수행하는 사람
7. 철도차량 및 철도시설의 점검·정비 업무에 종사하는 사람

② 국토교통부장관 또는 시·도지사(「도시철도법」 제3조제2호에 따른 도시철도 및 같은 법 제24조에 따라 지방자치단체로부터 도시철도의 건설과 운영의 위탁을 받은 법인이 건설·운영하는 도시철도만 해당한다. 이하 이 조, 제42조, 제45조, 제46조 및 제82조제6항에서 같다)는 철도안전과 위험방지를 위하여 필요하다고 인정하거나 제1항에 따른 철도종사자가 술을 마시거나 약물을 사용한 상태에서 업무를 하였다고 인정할 만한 상당한 이유가 있을 때에는 철도종사자에 대하여 술을 마셨거나 약물을 사용하였는지 확인 또는 검사할 수 있다. 이 경우 그 철도종사자는 국토교통부장관 또는 시·도지사의 확인 또는 검사를 거부하여서는 아니 된다.

③ 제2항에 따른 확인 또는 검사 결과 철도종사자가 술을 마시거나 약물을 사용하였다고 판단하는 기준은 다음 각 호의 구분과 같다.

1. 술: 혈중 알코올농도가 **0.02퍼센트**(제1항제4호부터 제6호까지의 철도종사자는 **0.03퍼센트**) 이상인 경우
2. 약물: 양성으로 판정된 경우

④ 제2항에 따른 확인 또는 검사의 방법·절차 등에 관하여 필요한 사항은 *대통령령(43조의 2)*으로 정한다.

＊시행령 제43조의2(철도종사자의 음주 등에 대한 확인 또는 검사)

① 삭제

② 법 제41조제2항에 따른 술을 마셨는지에 대한 확인 또는 검사는 호흡측정기 검사의 방법으로 실시하고, 검사 결과에 불복하는 사람에 대해서는 그 철도종사자의 동의를 받아 혈액 채취 등의 방법으로 다시 측정할 수 있다.

③ 법 제41조제2항에 따른 약물을 사용하였는지에 대한 확인 또는 검사는 소변 검사 또는 모발 채취 등의 방법으로 실시한다.

④ 제2항 및 제3항에 따른 확인 또는 검사의 세부절차와 방법 등 필요한 사항은 국토교통부장관이 정한다.

第42조(위해물품의 휴대 금지)

① 누구든지 무기, 화약류, 유해화학물질 또는 인화성이 높은 물질 등 공중(公衆)이나 여객에게 위해를 끼치거나 끼칠 우려가 있는 물건 또는 물질(이하 "위해물품"이라 한다)을 열차에서 휴대하거나 적재(積載)할 수 없다. 다만, 국토교통부장관 또는 시·도지사의 허가를 받은 경우 또는 *국토교통부령(77조)*으로 정하는 특정한 직무를 수행하기 위한 경우에는 그러하지 아니하다.

***시행규칙 第77조(위해물품 휴대금지 예외)**

법 제42조제1항 단서에서 "국토교통부령으로 정하는 특정한 직무를 수행하기 위한 경우"란 다음 각 호의 사람이 직무를 수행하기 위하여 위해물품을 휴대·적재하는 경우를 말한다.

1. 「사법경찰관리의 직무를 수행할 자와 그 직무범위에 관한 법률」 제5조제11호에 따른 **철도공안 사무에 종사하는 국가공무원**
2. 「경찰관 직무집행법」 제2조의 **경찰관 직무를 수행하는 사람**
3. 「경비업법」 제2조에 따른 **경비원**
4. 위험물품을 운송하는 **군용열차를 호송하는 군인**

② 위해물품의 종류, 휴대 또는 적재 허가를 받은 경우의 안전조치 등에 관하여 필요한 세부사항은 *국토교통부령(78조)*으로 정한다.

***시행규칙 第78조(위해물품의 종류 등)**

① 법 제42조제2항에 따른 위해물품의 종류는 다음 각 호와 같다. <개정 2016. 8. 10.>

1. **화약류**: 「총포·도검·화약류 등의 안전관리에 관한 법률」에 따른 화약·폭약·화공품과 그 밖에 폭발성이 있는 물질
2. **고압가스**
   가. 섭씨 50도 미만의 임계온도를 가진 물질,
   나. 섭씨 50도에서 300킬로파스칼을 초과하는 절대압력(진공을 0으로 하는 압력을 말한다. 이하 같다)을 가진 물질,
   다. 섭씨 21.1도에서 280킬로파스칼을 초과하거나 섭씨 54.4도에서 730킬로파스칼을 초과하는 절대압력을 가진 물질이나,
   라. 섭씨 37.8도에서 280킬로파스칼을 초과하는 절대가스압력(진공을 0으로 하는 가스압력을 말한다)을 가진 액체상태의 인화성 물질
3. **인화성 액체**
   가. 밀폐식 인화점 측정법에 따른 인화점이 섭씨 60.5도 이하인 액체나

나. 개방식 인화점 측정법에 따른 인화점이 섭씨 65.6도 이하인 액체

4. **가연성 물질류**: 다음 각 목에서 정하는 물질

가. **가연성고체**: 화기 등에 의하여 용이하게 점화되며 화재를 조장할 수 있는 가연성 고체

나. **자연발화성 물질**: 통상적인 운송상태에서 마찰·습기흡수·화학변화 등으로 인하여 자연발열하거나 자연발화하기 쉬운 물질

다. **그 밖의 가연성물질**: 물과 작용하여 인화성 가스를 발생하는 물질

5. **산화성 물질류**: 다음 각 목에서 정하는 물질

가. **산화성 물질**: 다른 물질을 산화시키는 성질을 가진 물질로서 유기과산화물 외의 것

나. **유기과산화물**: 다른 물질을 산화시키는 성질을 가진 유기물질

6. **독물류**: 다음 각 목에서 정하는 물질

가. **독물**: 사람이 흡입·접촉하거나 체내에 섭취한 경우에 강력한 독작용이나 자극을 일으키는 물질

나. **병독을 옮기기 쉬운 물질**: 살아 있는 병원체 및 살아 있는 병원체를 함유하거나 병원체가 부착되어 있다고 인정되는 물질

7. **방사성 물질**: 「원자력안전법」 제2조에 따른 핵물질 및 방사성물질이나 이로 인하여 오염된 물질로서 방사능의 농도가 킬로그램당 74킬로베크렐(그램당 0.002마이크로큐리) 이상인 것

8. **부식성 물질**: 생물체의 조직에 접촉한 경우 화학반응에 의하여 조직에 심한 위해를 주는 물질이나 열차의 차체·적하물 등에 접촉한 경우 물질적 손상을 주는 물질

9. **마취성 물질**: 객실승무원이 정상근무를 할 수 없도록 극도의 고통이나 불편함을 발생시키는 마취성이 있는 물질이나 그와 유사한 성질을 가진 물질

10. **총포·도검류 등**: 「총포·도검·화약류 등의 안전관리에 관한 법률」에 따른 총포·도검 및 이에 준하는 흉기류

11. **그 밖의 유해물질**: 제1호부터 제10호까지 외의 것으로서 화학변화 등에 의하여 사람에게 위해를 주거나 열차 안에 적재된 물건에 물질적인 손상을 줄 수 있는 물질

② 철도운영자등은 제1항에 따른 위해물품에 대하여 휴대나 적재의 적정성, 포장 및 안전조치의 적정성 등을 검토하여 휴대나 적재를 허가할 수 있다. 이 경우 해당 위해물품이 위해물품임을 나타낼 수 있는 표지를 포장 바깥면 등 잘 보이는 곳에 붙여야 한다.

第43条(위험물의 운송위탁 및 운송 금지)

누구든지 점화류(點火類) 또는 점폭약류(點爆藥類)를 붙인 폭약, 니트로글리세린, 건조한 기폭약(起爆藥), 뇌홍질화연(雷汞窒化鉛)에 속하는 것 등 *대통령령(영44조)*으로 정하는 위험물의 운송을 위탁할 수 없으며, 철도운영자는 이를 철도로 운송할 수 없다.

＊시행령 제44조(운송위탁 및 운송 금지 위험물 등)

법 제43조에서 **"점화류(點火類) 또는 점폭약류(點爆藥類)를 붙인 폭약, 니트로글리세린, 건조한 기폭약(起爆藥), 뇌홍질화연(雷汞窒化鉛)에 속하는 것 등 대통령령으로 정하는 위험물"** 이란 다음 각 호의 위험물을 말한다.

1. 점화 또는 점폭약류를 붙인 폭약
2. 니트로글리세린
3. 건조한 기폭약
4. 뇌홍질화연에 속하는 것
5. 그 밖에 사람에게 위해를 주거나 물건에 손상을 줄 수 있는 물질로서 국토교통부장관이 정하여 고시하는 위험물

第44条(위험물의 운송)

① *대통령령(45조)*으로 정하는 위험물을 철도로 운송하려는 철도운영자는 *국토교통부령(위험물철도운송규칙)*으로 정하는 바에 따라 운송 중의 위험 방지 및 인명(人命) 보호를 위하여 안전하게 포장·적재하고 운송하여야 한다.

① 대통령령(45조으로 정하는 위험물(이하 "위험물"이라 한다)의 운송을 위탁하여 철도로 운송하려는 자와 이를 운송하는 철도운영자(이하 "위험물취급자"라 한다)는 국토교통부령(위험물철도운전규칙)으로 정하는 바에 따라 철도운행상의 위험 방지 및 인명(人命) 보호를 위하여 위험물을 안전하게 포장·적재·관리·운송(이하 "위험물취급"이라 한다)하여야 한다. (2024.4.19.시행)

② 위험물의 운송을 위탁하여 철도로 운송하려는 자는 위험물을 안전하게 운송하기 위하여 철도운영자의 안전조치 등에 따라야 한다.

＊시행령 제45조(운송취급주의 위험물)

법 제44조제1항에서 **"대통령령으로 정하는 위험물"** 이란 다음 각 호의 어느 하나에 해

당하는 것으로서 국토교통부령으로 정하는 것을 말한다.

1. 철도운송 중 폭발할 우려가 있는 것
2. 마찰・충격・흡습(吸濕) 등 주위의 상황으로 인하여 발화할 우려가 있는 것
3. 인화성・산화성 등이 강하여 그 물질 자체의 성질에 따라 발화할 우려가 있는 것
4. 용기가 파손될 경우 내용물이 누출되어 철도차량・레일・기구 또는 다른 화물 등을 부식시키거나 침해할 우려가 있는 것
5. 유독성 가스를 발생시킬 우려가 있는 것
6. 그 밖에 화물의 성질상 철도시설・철도차량・철도종사자・여객 등에 위해나 손상을 끼칠 우려가 있는 것

제44조의2(위험물 포장 및 용기의 검사 등) (2024.4.19.시행)

① 위험물을 철도로 운송하는 데 사용되는 포장 및 용기(부속품을 포함한다. 이하 이 조에서 같다)를 제조・수입하여 판매하려는 자 또는 이를 소유하거나 임차하여 사용하는 자는 국토교통부장관이 실시하는 포장 및 용기의 안전성에 관한 검사에 합격하여야 한다.

② 제1항에 따른 위험물 포장 및 용기의 검사의 합격기준・방법 및 절차 등에 필요한 사항은 국토교통부령으로 정한다.

③ 국토교통부장관은 제1항에도 불구하고 다음 각 호의 어느 하나에 해당하는 경우에는 국토교통부령으로 정하는 바에 따라 위험물 포장 및 용기의 안전성에 관한 검사의 전부 또는 일부를 면제할 수 있다.

1. 「고압가스 안전관리법」 제17조에 따른 검사에 합격하거나 검사가 생략된 경우
2. 「선박안전법」 제41조제2항에 따른 검사에 합격한 경우
3. 「항공안전법」 제71조제1항에 따른 검사에 합격한 경우
4. 대한민국이 체결한 협정 또는 대한민국이 가입한 협약에 따라 검사하여 외국 정부 등이 발행한 증명서가 있는 경우
5. 그 밖에 국토교통부령으로 정하는 경우

④ 국토교통부장관은 위험물 포장 및 용기에 관한 전문검사기관(이하 "위험물 포장・용기검사기관"이라 한다)을 지정하여 제1항에 따른 검사를 하게 할 수 있다.

⑤ 위험물 포장・용기검사기관의 지정 기준・절차 등에 필요한 사항은 국토교통부령으로 정한다.

⑥ 국토교통부장관은 위험물 포장・용기검사기관이 다음 각 호의 어느 하나에 해당하는 경우에는 그 지정을 취소하거나 6개월 이내의 기간을 정하여 그 업무의 전부 또는 일부의

정지를 명할 수 있다. 다만, 제1호 또는 제2호에 해당하는 경우에는 그 지정을 취소하여야 한다.

1. 거짓이나 그 밖의 부정한 방법으로 위험물 포장·용기검사기관으로 지정받은 경우
2. 업무정지 기간 중에 제1항에 따른 검사 업무를 수행한 경우
3. 제2항에 따른 포장 및 용기의 검사방법·합격기준 등을 위반하여 제1항에 따른 검사를 한 경우
4. 제5항에 따른 지정기준에 맞지 아니하게 된 경우

⑦ 제6항에 따른 처분의 세부기준 등에 필요한 사항은 국토교통부령으로 정한다.

제44조의3(위험물취급에 관한 교육 등) (2024.4.19.시행)

① 위험물취급자는 자신이 고용하고 있는 종사자(철도로 운송하는 위험물을 취급하는 종사자에 한정한다)가 위험물취급에 관하여 국토교통부장관이 실시하는 교육(이하 "위험물취급안전교육"이라 한다)을 받도록 하여야 한다. 다만, 종사자가 다음 각 호의 어느 하나에 해당하는 경우에는 위험물취급안전교육의 전부 또는 일부를 면제할 수 있다.

1. 제24조제1항에 따른 철도안전에 관한 교육을 통하여 위험물취급에 관한 교육을 이수한 철도종사자
2. 「화학물질관리법」 제33조에 따른 유해화학물질 안전교육을 이수한 유해화학물질 취급 담당자
3. 「위험물안전관리법」 제28조에 따른 안전교육을 이수한 위험물의 안전관리와 관련된 업무를 수행하는 자
4. 「고압가스 안전관리법」 제23조에 따른 안전교육을 이수한 운반책임자
5. 그 밖에 국토교통부령으로 정하는 경우

② 제1항에 따른 교육의 대상·내용·방법·시기 등 위험물취급안전교육에 필요한 사항은 국토교통부령으로 정한다.

③ 국토교통부장관은 제1항에 따른 교육을 효율적으로 하기 위하여 위험물취급안전교육을 수행하는 전문교육기관(이하 "위험물취급전문교육기관"이라 한다)을 지정하여 위험물취급안전교육을 실시하게 할 수 있다.

④ 교육시설·장비 및 인력 등 위험물취급전문교육기관의 지정기준 및 운영 등에 필요한 사항은 국토교통부령으로 정한다.

⑤ 국토교통부장관은 위험물취급전문교육기관이 다음 각 호의 어느 하나에 해당하는 경우에는 그 지정을 취소하거나 6개월 이내의 기간을 정하여 그 업무의 전부 또는 일부의 정지를 명할 수 있다. 다만, 제1호 또는 제2호에 해당하는 경우에는 그 지정을 취소하여야 한다.

1. 거짓이나 그 밖의 부정한 방법으로 위험물취급전문교육기관으로 지정받은 경우

2. 업무정지 기간 중에 위험물취급안전교육을 수행한 경우

3. 제4항에 따른 지정기준에 맞지 아니하게 된 경우

⑥ 제5항에 따른 처분의 세부기준 및 절차 등에 필요한 사항은 국토교통부령으로 정한다.

제45조(철도보호지구에서의 행위제한 등)

① 철도경계선(가장 바깥쪽 궤도의 끝선을 말한다)으로부터 **30미터 이내**[「도시철도법」 제2조 제2호에 따른 도시철도 중 노면전차(이하 "노면전차"라 한다)의 경우에는 **10미터 이내**]의 지역(이하 "철도보호지구"라 한다)에서 다음 각 호의 어느 하나에 해당하는 행위를 하려는 자는 *대통령령(46조)*으로 정하는 바에 따라 국토교통부장관 또는 시·도지사에게 신고하여야 한다.

1. 토지의 형질변경 및 굴착(掘鑿)
2. 토석, 자갈 및 모래의 채취
3. 건축물의 신축·개축(改築)·증축 또는 인공구조물의 설치
4. 나무의 식재(*대통령령(47조)*으로 정하는 경우만 해당한다)
5. 그 밖에 철도시설을 파손하거나 철도차량의 안전운행을 방해할 우려가 있는 행위로서 *대통령령(48조)*으로 정하는 행위

② 노면전차 철도보호지구의 바깥쪽 경계선으로부터 20미터 이내의 지역에서 굴착, 인공구조물의 설치 등 철도시설을 파손하거나 철도차량의 안전운행을 방해할 우려가 있는 행위로서 *대통령령(48의2조)*으로 정하는 행위를 하려는 자는 *대통령령*으로 정하는 바에 따라 국토교통부장관 또는 시·도지사에게 신고하여야 한다.

③ 국토교통부장관 또는 시·도지사는 철도차량의 안전운행 및 철도 보호를 위하여 필요하다고 인정할 때에는 제1항 또는 제2항의 행위를 하는 자에게 그 행위의 금지 또는 제한을 명령하거나 *대통령령(49조)*으로 정하는 필요한 조치를 하도록 명령할 수 있다.

④ 국토교통부장관 또는 시·도지사는 철도차량의 안전운행 및 철도 보호를 위하여 필요하다고 인정할 때에는 토지, 나무, 시설, 건축물, 그 밖의 공작물(이하 "시설등"이라 한다)의 소유자나 점유자에게 다음 각 호의 조치를 하도록 명령할 수 있다.

1. 시설등이 시야에 장애를 주면 그 장애물을 제거할 것
2. 시설등이 붕괴하여 철도에 위해(危害)를 끼치거나 끼칠 우려가 있으면 그 위해를 제거하고 필요하면 방지시설을 할 것
3. 철도에 토사 등이 쌓이거나 쌓일 우려가 있으면 그 토사 등을 제거하거나 방지시설을 할 것

⑤ 철도운영자등은 철도차량의 안전운행 및 철도 보호를 위하여 필요한 경우 국토교통부장관 또는 시·도지사에게 제3항 또는 제4항에 따른 해당 행위 금지·제한 또는 조치 명령을 할 것을 요청할 수 있다.

***시행령 제46조(철도보호지구에서의 행위 신고절차)**

① 법 제45조제1항에 따라 신고하려는 자는 해당 행위의 목적, 공사기간 등이 기재된 신고서에 설계도서(필요한 경우에 한정한다) 등을 첨부하여 국토교통부장관 또는 시·도지사에게 제출하여야 한다. 신고한 사항을 변경하는 경우에도 또한 같다.

② 국토교통부장관 또는 시·도지사는 제1항에 따라 신고나 변경신고를 받은 경우에는 신고인에게 법 제45조제3항에 따른 행위의 금지 또는 제한을 명령하거나 제49조에 따른 안전조치(이하 "안전조치등"이라 한다)를 명령할 필요성이 있는지를 검토하여야 한다.

③ 국토교통부장관 또는 시·도지사는 제2항에 따른 검토 결과 안전조치등을 명령할 필요가 있는 경우에는 제1항에 따른 신고를 받은 날부터 30일 이내에 신고인에게 그 이유를 분명히 밝히고 안전조치등을 명하여야 한다.

④ 제1항부터 제3항까지에서 규정한 사항 외에 철도보호지구에서의 행위에 대한 신고와 안전조치등에 관하여 필요한 세부적인 사항은 국토교통부장관이 정하여 고시한다.

***시행령 제47조(철도보호지구에서의 나무 식재)**

법 제45조제1항제4호에서 "대통령령으로 정하는 경우"란 다음 각 호의 어느 하나에 해당하는 경우를 말한다.

1. 철도차량 운전자의 전방 시야 확보에 지장을 주는 경우
2. 나뭇가지가 전차선이나 신호기 등을 침범하거나 침범할 우려가 있는 경우
3. 호우나 태풍 등으로 나무가 쓰러져 철도시설물을 훼손시키거나 열차의 운행에 지장을 줄 우려가 있는 경우

***시행령 제48조(철도보호지구에서의 안전운행 저해행위 등)**

법 제45조제1항제5호에서 "대통령령으로 정하는 행위"란 다음 각 호의 어느 하나에 해당하는 행위를 말한다. <개정 2013. 3. 23.>

1. 폭발물이나 인화물질 등 위험물을 제조·저장하거나 전시하는 행위
2. 철도차량 운전자 등이 선로나 신호기를 확인하는 데 지장을 주거나 줄 우려가 있는 시설이나 설비를 설치하는 행위
3. 철도신호등(鐵道信號燈)으로 오인할 우려가 있는 시설물이나 조명 설비를 설치하는 행위

4. 전차선로에 의하여 감전될 우려가 있는 시설이나 설비를 설치하는 행위

5. 시설 또는 설비가 선로의 위나 밑으로 횡단하거나 선로와 나란히 되도록 설치하는 행위

6. 그 밖에 열차의 안전운행과 철도 보호를 위하여 필요하다고 인정하여 국토교통부장관이 정하여 고시하는 행위

***시행령 제48조의2(노면전차의 안전운행 저해행위 등)**

① 법 제45조제2항에서 "대통령령으로 정하는 행위"란 다음 각 호의 어느 하나에 해당하는 행위를 말한다.

1. 깊이 10미터 이상의 굴착

2. 다음 각 목의 어느 하나에 해당하는 것을 설치하는 행위

가. 「건설기계관리법」 제2조제1항제1호에 따른 건설기계 중 최대높이가 10미터 이상인 건설기계

나. 높이가 10미터 이상인 인공구조물

3. 「위험물안전관리법」 제2조제1항제1호에 따른 위험물을 같은 항 제2호에 따른 지정수량 이상 제조·저장하거나 전시하는 행위

② 법 제45조제2항에 따른 신고절차에 관하여는 제46조제1항부터 제4항까지의 규정을 준용한다. 이 경우 "법 제45조제1항"은 "법 제45조제2항"으로, "철도보호지구"는 "노면전차 철도보호지구의 바깥쪽 경계선으로부터 20미터 이내의 지역"으로 본다.

***시행령 제49조(철도 보호를 위한 안전조치)**

법 제45조제3항에서 **"대통령령으로 정하는 필요한 조치"**란 다음 각 호의 어느 하나에 해당하는 조치를 말한다.

1. 공사로 인하여 약해질 우려가 있는 지반에 대한 보강대책 수립·시행

2. 선로 옆의 제방 등에 대한 흙막이공사 시행

3. 굴착공사에 사용되는 장비나 공법 등의 변경

4. 지하수나 지표수 처리대책의 수립·시행

5. 시설물의 구조 검토·보강

6. 먼지나 티끌 등이 발생하는 시설·설비나 장비를 운용하는 경우 방진막, 물을 뿌리는 설비 등 분진방지시설 설치
7. 신호기를 가리거나 신호기를 보는데 지장을 주는 시설이나 설비 등의 철거
8. 안전울타리나 안전통로 등 안전시설의 설치
9. 그 밖에 철도시설의 보호 또는 철도차량의 안전운행을 위하여 필요한 안전조치

第46조(손실보상)

① 국토교통부장관, 시·도지사 또는 철도운영자등은 제45조제3항 또는 제4항에 따른 행위의 금지·제한 또는 조치 명령으로 인하여 손실을 입은 자가 있을 때에는 그 손실을 보상하여야 한다.

② 제1항에 따른 손실의 보상에 관하여는 국토교통부장관, 시·도지사 또는 철도운영자등이 그 손실을 입은 자와 협의하여야 한다.

③ 제2항에 따른 협의가 성립되지 아니하거나 협의를 할 수 없을 때에는 *대통령령(50조)*으로 정하는 바에 따라 「공익사업을 위한 토지 등의 취득 및 보상에 관한 법률」에 따른 관할 토지수용위원회에 재결(裁決)을 신청할 수 있다.

④ 제3항의 재결에 대한 이의신청에 관하여는 「공익사업을 위한 토지 등의 취득 및 보상에 관한 법률」 제83조부터 제86조까지의 규정을 준용한다.

*시행령 제50조(손실보상)

① 법 제46조에 따른 행위의 금지 또는 제한으로 인하여 손실을 받은 자에 대한 손실보상 기준 등에 관하여는 「공익사업을 위한 토지 등의 취득 및 보상에 관한 법률」 제68조, 제70조제2항·제5항, 제71조, 제75조, 제75조의2, 제76조, 제77조 및 제78조제6항부터 제8항까지의 규정을 준용한다.

② 법 제46조제3항에 따른 재결신청에 대해서는 「공익사업을 위한 토지 등의 취득 및 보상에 관한 법률」 제80조제2항을 준용한다.

第47조(여객열차에서의 금지행위)

① 여객은 여객열차에서 다음 각 호의 어느 하나에 해당하는 행위를 하여서는 아니 된다.

1. 정당한 사유 없이 *국토교통부령(79조)*으로 정하는 여객출입 금지장소에 출입하는 행위

> **＊시행규칙 제79조(여객출입 금지장소)**
>
> 법 제47조제1항제1호에서 "국토교통부령으로 정하는 여객출입 금지장소"란 다음 각 호의 장소를 말한다.
>
> 1. 운전실
> 2. 기관실
> 3. 발전실
> 4. 방송실

2. 정당한 사유 없이 운행 중에 비상정지버튼을 누르거나 철도차량의 옆면에 있는 승강용 출입문을 여는 등 철도차량의 장치 또는 기구 등을 조작하는 행위
3. 여객열차 밖에 있는 사람을 위험하게 할 우려가 있는 물건을 여객열차 밖으로 던지는 행위
4. 흡연하는 행위
5. 철도종사자와 여객 등에게 성적(性的) 수치심을 일으키는 행위
6. 술을 마시거나 약물을 복용하고 다른 사람에게 위해를 주는 행위
7. 그 밖에 공중이나 여객에게 위해를 끼치는 행위로서 *국토교통부령(80조)*으로 정하는 행위

> **＊시행규칙 제80조(여객열차에서의 금지행위)**
>
> 법 제47조제1항제7호에서 "국토교통부령으로 정하는 행위"란 다음 각 호의 행위를 말한다.
>
> 1. 여객에게 위해를 끼칠 우려가 있는 동식물을 안전조치 없이 여객열차에 동승하거나 휴대하는 행위
> 2. 타인에게 전염의 우려가 있는 법정 감염병자가 철도종사자의 허락 없이 여객열차에 타는 행위
> 3. 철도종사자의 허락 없이 여객에게 기부를 부탁하거나 물품을 판매·배부하거나 연설·권유 등을 하여 여객에게 불편을 끼치는 행위

② 운전업무종사자, 여객승무원 또는 여객역무원은 제1항의 금지행위를 한 사람에 대하여 필요한 경우 다음 각 호의 조치를 할 수 있다.

1. 금지행위의 제지
2. 금지행위의 녹음·녹화 또는 촬영

③ 철도운영자는 *국토교통부령 (80조의2)*으로 정하는 바에 따라 제1항 각 호에 따른 여객열차에서의 금지행위에 관한 사항을 여객에게 안내하여야 한다.

***시행규칙 제80조의2(여객열차에서의 금지행위 안내방법)**

철도운영자는 법 제47조제3항에 따른 여객열차에서의 금지행위를 안내하는 경우 여객열차 및 승강장 등 철도시설에서 다음 각 호의 어느 하나에 해당하는 방법으로 안내해야 한다.

1. 여객열차에서의 금지행위에 관한 게시물 또는 안내판 설치
2. 영상 또는 음성으로 안내

제48조(철도 보호 및 질서유지를 위한 금지행위)

누구든지 정당한 사유 없이 철도 보호 및 질서유지를 해치는 다음 각 호의 어느 하나에 해당하는 행위를 하여서는 아니 된다.

1. 철도시설 또는 철도차량을 파손하여 철도차량 운행에 위험을 발생하게 하는 행위
2. 철도차량을 향하여 돌이나 그 밖의 위험한 물건을 던져 철도차량 운행에 위험을 발생하게 하는 행위
3. 궤도의 중심으로부터 양측으로 폭 3미터 이내의 장소에 철도차량의 안전 운행에 지장을 주는 물건을 방치하는 행위
4. 철도교량 등 *국토교통부령(81조)*으로 정하는 시설 또는 구역에 *국토교통부령(82조)*으로 정하는 폭발물 또는 인화성이 높은 물건 등을 쌓아 놓는 행위

***시행규칙 제81조(폭발물 등 적치금지 구역)**

법 제48조제4호에서 "국토교통부령으로 정하는 구역 또는 시설"이란 다음 각 호의 구역 또는 시설을 말한다.

1. 정거장 및 선로(정거장 또는 선로를 지지하는 구조물 및 그 주변지역을 포함한다)
2. 철도 역사
3. 철도 교량
4. 철도 터널

***시행규칙 제82조(적치금지 폭발물 등)**

법 제48조제4호에서 "국토교통부령으로 정하는 폭발물 또는 인화성이 높은 물건"이란 *영 제44조* 및 *영 제45조*에 따른 위험물로서 주변의 물건을 손괴할 수 있는 폭발력을 지니거나 화재를 유발하거나 유해한 연기를 발생하여 여객이나 일반대중에게 위해를 끼칠 우려가 있는 물건이나 물질을 말한다.

5. 선로(철도와 교차된 도로는 제외한다) 또는 *국토교통부령(83조)*으로 정하는 철도시설에 철도운영자등의 승낙 없이 출입하거나 통행하는 행위

＊시행규칙 제83조(출입금지 철도시설)

법 제48조제5호에서 "국토교통부령으로 정하는 철도시설"이란 다음 각 호의 철도시설을 말한다.

1. 위험물을 적하하거나 보관하는 장소
2. 신호·통신기기 설치장소 및 전력기기·관제설비 설치장소
3. 철도운전용 급유시설물이 있는 장소
4. 철도차량 정비시설

6. 역시설 등 공중이 이용하는 철도시설 또는 철도차량에서 폭언 또는 고성방가 등 소란을 피우는 행위
7. 철도시설에 *국토교통부령(84조)*으로 정하는 유해물 또는 열차운행에 지장을 줄 수 있는 오물을 버리는 행위

＊시행규칙 제84조(열차운행에 지장을 줄 수 있는 유해물)

법 제48조제7호에서 "국토교통부령으로 정하는 유해물"이란 철도시설이나 철도차량을 훼손하거나 정상적인 기능·작동을 방해하여 열차운행에 지장을 줄 수 있는 **산업폐기물·생활폐기물**을 말한다.

8. 역시설 또는 철도차량에서 노숙(露宿)하는 행위
9. 열차운행 중에 타고 내리거나 정당한 사유 없이 승강용 출입문의 개폐를 방해하여 열차운행에 지장을 주는 행위
10. 정당한 사유 없이 열차 승강장의 비상정지버튼을 작동시켜 열차운행에 지장을 주는 행위
11. 그 밖에 철도시설 또는 철도차량에서 공중의 안전을 위하여 질서유지가 필요하다고 인정되어 *국토교통부령(85조)*으로 정하는 금지행위

＊시행규칙 제85조(질서유지를 위한 금지행위)

법 제48조제11호에서 "국토교통부령으로 정하는 금지행위"란 다음 각 호의 행위를 말한다.

1. 흡연이 금지된 철도시설이나 철도차량 안에서 흡연하는 행위
2. 철도종사자의 허락 없이 철도시설이나 철도차량에서 광고물을 붙이거나 배포하는 행위
3. 역시설에서 철도종사자의 허락 없이 기부를 부탁하거나 물품을 판매·배부하거나 연설·권유를 하는 행위
4. 철도종사자의 허락 없이 선로변에서 총포를 이용하여 수렵하는 행위

제48조의2(여객 등의 안전 및 보안)

① 국토교통부장관은 철도차량의 안전운행 및 철도시설의 보호를 위하여 필요한 경우에는 「사법경찰관리의 직무를 수행할 자와 그 직무범위에 관한 법률」 제5조제11호에 규정된 사람(이하 **"철도특별사법경찰관리"**라 한다)으로 하여금 여객열차에 승차하는 사람의 신체·휴대물품 및 수하물에 대한 보안검색을 실시하게 할 수 있다.

② 국토교통부장관은 제1항의 보안검색 정보 및 그 밖의 철도보안·치안 관리에 필요한 정보를 효율적으로 활용하기 위하여 **철도보안정보체계를 구축·운영**하여야 한다.

③ 국토교통부장관은 철도보안·치안을 위하여 필요하다고 인정하는 경우에는 차량 운행정보 등을 철도운영자에게 요구할 수 있고, 철도운영자는 정당한 사유 없이 그 요구를 거절할 수 없다.

④ 국토교통부장관은 철도보안정보체계를 운영하기 위하여 철도차량의 안전운행 및 철도시설의 보호에 필요한 최소한의 정보만 수집·관리하여야 한다.

⑤ 제1항에 따른 보안검색의 실시방법과 절차 및 보안검색장비 종류 등에 필요한 사항과 제2항에 따른 철도보안정보체계 및 제3항에 따른 정보 확인 등에 필요한 사항은 *국토교통부령(85조의2,3,4)*으로 정한다.

＊시행규칙 제85조의2(보안검색의 실시 방법 및 절차 등)

① 법 제48조의2제1항에 따라 실시하는 보안검색(이하 "보안검색"이라 한다)의 실시범위는 다음 각 호의 구분에 따른다.

1. 전부검색: 국가의 중요 행사 기간이거나 국가 정보기관으로부터 테러 위험 등의 정보를 통보받은 경우 등 국토교통부장관이 보안검색을 강화하여야 할 필요가 있다고 판단하는 경우에 국토교통부장관이 지정한 보안검색 대상 역에서 보안검색 대상 전부에 대하여 실시
2. 일부검색: 법 제42조에 따른 휴대·적재 금지 위해물품(이하 "위해물품"이라 한다)을 휴대·적재하였다고 판단되는 사람과 물건에 대하여 실시하거나 제1호에 따른 전부검색으로 시행하는 것이 부적합하다고 판단되는 경우에 실시

② 위해물품을 탐지하기 위한 보안검색은 법 제48조의2제1항에 따른 보안검색장비(이하 "보안검색장비"라 한다)를 사용하여 검색한다. 다만, 다음 각 호의 어느 하나에 해당하는 경우에는 여객의 동의를 받아 직접 신체나 물건을 검색하거나 특정 장소로 이동하여 검색을 할 수 있다.

1. 보안검색장비의 경보음이 울리는 경우
2. 위해물품을 휴대하거나 숨기고 있다고 의심되는 경우
3. 보안검색장비를 통한 검색 결과 그 내용물을 판독할 수 없는 경우
4. 보안검색장비의 오류 등으로 제대로 작동하지 아니하는 경우

5. 보안의 위협과 관련한 정보의 입수에 따라 필요하다고 인정되는 경우

③ 국토교통부장관은 법 제48조의2제1항에 따라 보안검색을 실시하게 하려는 경우에 사전에 철도운영자등에게 보안검색 실시계획을 통보하여야 한다. 다만, 범죄가 이미 발생하였거나 발생할 우려가 있는 경우 등 긴급한 보안검색이 필요한 경우에는 사전 통보를 하지 아니할 수 있다.

④ 제3항 본문에 따라 보안검색 실시계획을 통보받은 철도운영자등은 여객이 해당 실시계획을 알 수 있도록 보안검색 일정·장소·대상 및 방법 등을 안내문에 게시하여야 한다.

⑤ 법 제48조의2에 따라 철도특별사법경찰관리가 보안검색을 실시하는 경우에는 검색대상자에게 자신의 신분증을 제시하면서 소속과 성명을 밝히고 그 목적과 이유를 설명하여야 한다. 다만, 다음 각 호의 어느 하나에 해당하는 경우에는 사전 설명 없이 검색할 수 있다.

1. 보안검색 장소의 안내문 등을 통하여 사전에 보안검색 실시계획을 안내한 경우
2. 의심물체 또는 장시간 방치된 수하물로 신고된 물건에 대하여 검색하는 경우

***시행규칙 제85조의3(보안검색장비의 종류)**

① 법 제48조의2제1항에 따른 보안검색장비의 종류는 다음 각 호의 구분에 따른다.

1. 위해물품을 검색·탐지·분석하기 위한 장비: 엑스선 검색장비, 금속탐지장비(문형 금속탐지장비와 휴대용 금속탐지장비를 포함한다), 폭발물 탐지장비, 폭발물흔적탐지장비, 액체폭발물탐지장비 등
2. 보안검색 시 안전을 위하여 착용·휴대하는 장비: 방검복, 방탄복, 방폭 담요 등

***시행규칙 제85조의4(철도보안정보체계의 구축·운영 등)**

① 국토교통부장관은 법 제48조의2제2항에 따른 철도보안정보체계(이하 "철도보안정보체계"라 한다)를 구축·운영하기 위한 철도보안정보시스템을 구축·운영해야 한다.

② 국토교통부장관이 법 제48조의2제3항에 따라 철도운영자에게 요구할 수 있는 정보는 다음 각 호와 같다.

1. 법 제48조의2제1항에 따른 보안검색 관련 통계(보안검색 횟수 및 보안검색 장비 사용 내역 등을 포함한다)
2. 법 제48조의2제1항에 따른 보안검색을 실시하는 직원에 대한 교육 등에 관한 정보
3. 철도차량 운행에 관한 정보
4. 그 밖에 철도보안·치안을 위해 필요한 정보로서 국토교통부장관이 정해 고시하는 정보

③ 국토교통부장관은 철도보안정보체계를 구축·운영하기 위해 관계 기관과 필요한 정보를 공유하거나 관련 시스템을 연계할 수 있다.

第48조의3(보안검색장비의 성능인증 등)

① 제48조의2제1항에 따른 보안검색을 하는 경우에는 국토교통부장관으로부터 성능인증을 받은 보안검색장비를 사용하여야 한다.

② 제1항에 따른 성능인증을 위한 기준·방법·절차 등 운영에 필요한 사항은 *국토교통부령(85조5,6)*으로 정한다.

＊시행규칙 第85조의5(보안검색장비의 성능인증 기준)

법 제48조의3제1항에 따른 보안검색장비의 성능인증 기준은 다음 각 호와 같다.

1. 국제표준화기구(ISO)에서 정한 품질경영시스템을 갖출 것
2. 그 밖에 국토교통부장관이 정하여 고시하는 성능, 기능 및 안전성 등을 갖출 것

＊시행규칙 第85조의6(보안검색장비의 성능인증 신청 등)

① 법 제48조의3제1항에 따른 보안검색장비의 성능인증을 받으려는 자는 별지 제45호의13서식의 철도보안검색장비 성능인증 신청서에 다음 각 호의 서류를 첨부하여 「과학기술분야 정부출연연구기관 등의 설립·운영 및 육성에 관한 법률」 제8조에 따라 설립된 한국철도기술연구원(이하 "한국철도기술연구원"이라 한다)에 제출해야 한다. 이 경우 한국철도기술연구원은 「전자정부법」 제36조제1항에 따른 행정정보의 공동이용을 통해서 법인 등기사항증명서(신청인이 법인인 경우만 해당한다)를 확인해야 한다.

1. 사업자등록증 사본
2. 대리인임을 증명하는 서류(대리인이 신청하는 경우에 한정한다)
3. 보안검색장비의 성능 제원표 및 시험용 물품(테스트 키트)에 관한 서류
4. 보안검색장비의 구조·외관도
5. 보안검색장비의 사용·운영방법·유지관리 등에 대한 설명서
6. 제85조의5에 따른 기준을 갖추었음을 증명하는 서류

② 한국철도기술연구원은 제1항에 따른 신청을 받으면 법 제48조의4제1항에 따른 시험기관(이하 "시험기관"이라 한다)에 보안검색장비의 성능을 평가하는 시험(이하 "성능시험"이라 한다)을 요청해야 한다. 다만, 제1항제6호에 따른 서류로 성능인증 기준을 충족하였다고 인정하는 경우에는 해당 부분에 대한 성능시험을 요청하지 않을 수 있다.

③ 시험기관은 성능시험 계획서를 작성하여 성능시험을 실시하고, 별지 제45호의14서식의 철도보안검색장비 성능시험 결과서를 한국철도기술연구원에 제출해야 한다.

④ 한국철도기술연구원은 제3항에 따른 성능시험 결과가 제85조의5에 따른 성능인증 기준 등에 적합하다고 인정하는 경우에는 별지 제45호의15서식의 철도보안검색장비

성능인증서를 신청인에게 발급해야 하며, 적합하지 않은 경우에는 그 결과를 신청인에게 통지해야 한다.

⑤ 한국철도기술연구원은 제85조의5에 따른 성능인증 기준에 적합여부 등을 심의하기 위하여 성능인증심사위원회를 구성·운영할 수 있다.

⑥ 제2항에 따른 성능시험 요청 및 제5항에 따른 성능인증심사위원회의 구성·운영 등에 필요한 세부사항은 국토교통부장관이 정하여 고시한다.

③ 국토교통부장관은 제1항에 따른 성능인증을 받은 보안검색장비의 운영, 유지관리 등에 관한 기준을 정하여 고시하여야 한다.

④ 국토교통부장관은 제1항에 따라 성능인증을 받은 보안검색장비가 운영 중에 계속하여 성능을 유지하고 있는지를 확인하기 위하여 *국토교통부령(85조의7)*으로 정하는 바에 따라 정기적으로 또는 수시로 점검을 실시하여야 한다.

＊시행규칙 제85조의7(보안검색장비의 성능점검)

한국철도기술연구원은 법 제48조의3제4항에 따라 보안검색장비가 운영 중에 계속하여 성능을 유지하고 있는지를 확인하기 위해 다음 각 호의 구분에 따른 점검을 실시해야 한다.

1. 정기점검: 매년 1회
2. 수시점검: 보안검색장비의 성능유지 등을 위하여 필요하다고 인정하는 때

⑤ 국토교통부장관은 제1항에 따른 성능인증을 받은 보안검색장비가 다음 각 호의 어느 하나에 해당하는 경우에는 그 인증을 취소할 수 있다. 다만, 제1호에 해당하는 때에는 그 인증을 취소하여야 한다.

1. 거짓이나 그 밖의 부정한 방법으로 인증을 받은 경우
2. 보안검색장비가 제2항에 따른 성능인증 기준에 적합하지 아니하게 된 경우

제48조의4(시험기관의 지정 등)

① 국토교통부장관은 제48조의3에 따른 성능인증을 위하여 보안검색장비의 성능을 평가하는 시험(이하 "성능시험"이라 한다)을 실시하는 기관(이하 "시험기관"이라 한다)을 지정할 수 있다.

② 제1항에 따라 시험기관의 지정을 받으려는 법인이나 단체는 *국토교통부령(85조의8)*으로 정하는 지정기준을 갖추어 국토교통부장관에게 지정신청을 하여야 한다.

③ 국토교통부장관은 제1항에 따라 시험기관으로 지정받은 법인이나 단체가 다음 각 호의 어느 하나에 해당하는 경우에는 그 지정을 취소하거나 1년 이내의 기간을 정하여 그 업무의 전부 또는 일부의 정지를 명할 수 있다. 다만, 제1호 또는 제2호에 해당하는 때에는

그 지정을 취소하여야 한다.

1. 거짓이나 그 밖의 부정한 방법을 사용하여 시험기관으로 지정을 받은 경우
2. 업무정지 명령을 받은 후 그 업무정지 기간에 성능시험을 실시한 경우
3. 정당한 사유 없이 성능시험을 실시하지 아니한 경우
4. 제48조의3제2항에 따른 기준·방법·절차 등을 위반하여 성능시험을 실시한 경우
5. 제48조의4제2항에 따른 시험기관 지정기준을 충족하지 못하게 된 경우
6. 성능시험 결과를 거짓으로 조작하여 수행한 경우

④ 국토교통부장관은 인증업무의 전문성과 신뢰성을 확보하기 위하여 제48조의3에 따른 보안검색장비의 성능 인증 및 점검 업무를 *대통령령(50조의2)*으로 정하는 기관(이하 "인증기관"이라 한다)에 위탁할 수 있다.

***시행규칙 제85조의8(시험기관의 지정 등)**

① 법 제48조의4제2항에서 "국토교통부령으로 정하는 지정기준"이란 별표 19에 따른 기준을 말한다.

② 법 제48조의4제2항에 따라 시험기관으로 지정을 받으려는 자는 별지 제45호의16서식의 철도보안검색장비 시험기관 지정 신청서에 다음 각 호의 서류를 첨부하여 국토교통부장관에게 제출해야 한다. 이 경우 국토교통부장관은 「전자정부법」 제36조제1항에 따른 행정정보의 공동이용을 통해서 법인 등기사항증명서(신청인이 법인인 경우만 해당한다)를 확인해야 한다.

1. 사업자등록증 및 인감증명서(법인인 경우에 한정한다)
2. 법인의 정관 또는 단체의 규약
3. 성능시험을 수행하기 위한 조직·인력, 시험설비 등을 적은 사업계획서
4. 국제표준화기구(ISO) 또는 국제전기기술위원회(IEC)에서 정한 국제기준에 적합한 품질관리규정
5. 제1항에 따른 시험기관 지정기준을 갖추었음을 증명하는 서류

③ 국토교통부장관은 제2항에 따라 시험기관 지정신청을 받은 때에는 현장평가 등이 포함된 심사계획서를 작성하여 신청인에게 통지하고 그 심사계획에 따라 심사해야 한다.

④ 국토교통부장관은 제3항에 따른 심사 결과 제1항에 따른 지정기준을 갖추었다고 인정하는 때에는 별지 제45호의17서식의 철도보안검색장비 시험기관 지정서를 발급하고 다음 각 호의 사항을 관보에 고시해야 한다.

1. 시험기관의 명칭
2. 시험기관의 소재지
3. 시험기관 지정일자 및 지정번호
4. 시험기관의 업무수행 범위

⑤ 제4항에 따라 시험기관으로 지정된 기관은 다음 각 호의 사항이 포함된 시험기관

운영규정을 국토교통부장관에게 제출해야 한다.

1. 시험기관의 조직·인력 및 시험설비
2. 시험접수·수행 절차 및 방법
3. 시험원의 임무 및 교육훈련
4. 시험원 및 시험과정 등의 보안관리

⑥ 국토교통부장관은 제3항에 따른 심사를 위해 필요한 경우 시험기관지정심사위원회를 구성·운영할 수 있다.

＊시행령 제50조의2(인증업무의 위탁)

국토교통부장관은 법 제48조의4제4항에 따라 법 제48조의3에 따른 보안검색장비의 성능 인증 및 점검 업무를 **한국철도기술연구원에 위탁**한다.

제48조의5(직무장비의 휴대 및 사용 등)

① 철도특별사법경찰관리는 이 법 및 「사법경찰관리의 직무를 수행할 자와 그 직무범위에 관한 법률」 제6조제9호에 따른 직무를 수행하기 위하여 필요하다고 인정되는 상당한 이유가 있을 때에는 합리적으로 판단하여 필요한 한도에서 직무장비를 사용할 수 있다.

② 제1항에서의 "직무장비"란 철도특별사법경찰관리가 휴대하여 범인검거와 피의자 호송 등의 직무수행에 사용하는 수갑, 포승, 가스분사기, 전자충격기, 경비봉을 말한다.

③ 철도특별사법경찰관리가 제1항에 따라 직무수행 중 직무장비를 사용할 때 사람의 생명이나 신체에 위해를 끼칠 수 있는 직무장비(전자충격기 및 가스분사기를 말한다)를 사용하는 경우에는 사전에 필요한 안전교육과 안전검사를 받은 후 사용하여야 한다.

제49조(철도종사자의 직무상 지시 준수)

① 열차 또는 철도시설을 이용하는 사람은 이 법에 따라 철도의 안전·보호와 질서유지를 위하여 하는 철도종사자의 직무상 지시에 따라야 한다.

② 누구든지 폭행·협박으로 철도종사자의 직무집행을 방해하여서는 아니 된다.

＊시행령 제51조(철도종사자의 권한표시)

① 법 제49조에 따른 철도종사자는 복장·모자·완장·증표 등으로 그가 직무상 지시를 할 수 있는 사람임을 표시하여야 한다.

② 철도운영자등은 철도종사자가 제1항에 따른 표시를 할 수 있도록 복장·모자·완장·

증표 등의 지급 등 필요한 조치를 하여야 한다.

제50조(사람 또는 물건에 대한 퇴거 조치 등)

철도종사자는 다음 각 호의 어느 하나에 해당하는 사람 또는 물건을 열차 밖이나 *대통령령(52조)*으로 정하는 지역 밖으로 퇴거시키거나 철거할 수 있다.

1. 제42조를 위반하여 여객열차에서 위해물품을 휴대한 사람 및 그 위해물품
2. 제43조를 위반하여 운송 금지 위험물을 운송위탁하거나 운송하는 자 및 그 위험물
3. 제45조제3항 또는 제4항에 따른 행위 금지·제한 또는 조치 명령에 따르지 아니하는 사람 및 그 물건
4. 제47조제1항을 위반하여 금지행위를 한 사람 및 그 물건
5. 제48조를 위반하여 금지행위를 한 사람 및 그 물건
6. 제48조의2에 따른 보안검색에 따르지 아니한 사람
7. 제49조를 위반하여 철도종사자의 직무상 지시를 따르지 아니하거나 직무집행을 방해하는 사람

*시행령 제52조(퇴거지역의 범위)

법 제50조 각 호 외의 부분에서 "대통령령으로 정하는 지역"이란 다음 각 호의 어느 하나에 해당하는 지역을 말한다.

1. 정거장
2. 철도신호기·철도차량정비소·통신기기·전력설비 등의 설비가 설치되어 있는 장소의 담장이나 경계선 안의 지역
3. 화물을 적하하는 장소의 담장이나 경계선 안의 지역

【제5장 예상 및 기출문제】

1. 다음 설명 중 작업책임자가 작업 수행 전에 작업원을 대상으로 하는 안전 교육으로 틀린 것은?
가. 해당 작업일의 작업계획
나. 작업특성 및 현장여건에 따른 위험요인
다. 안전장비 착용 등 작업원 보호에 관한 사항
라. 작업책임자와 작업원의 의사소통 방법, 작업통제 방법 및 그 준수에 관한 사항

정답 및 풀이 : 나
철도안전법(시행규칙) 제76조의6(작업책임자의 준수사항)
3. 작업특성 및 현장여건에 따른 위험요인에 대한 안전조치 방법

2. 작업책임자가 실시하는 안전교육에 포함되지 않는 것은?
가. 해당 작업일의 작업계획
나. 작업책임자와 작업원의 의사소통 방법, 작업통제 방법 및 그 준수에 관한 사항.
다. 작업에 필요한 안전장비, 안전시설의 점검
라. 작업특성 및 현장여건에 따른 위험요인에 대한 안전조치 방법

정답 및 풀이 : 다
'다'는 시행규칙 제76조의6 제2항 제2호 나목인 작업수행 전 조치해야 하는 점검이다.

3. 제2종전기차량운전면허를 가진 사람이 노면 전차 운전면허를 취득을 위해 하여야 할 이론교육으로 틀린 것은?
가. 노면전차 시스템 일반
나. 노면전차의 구조 및 기능
다. 비상시 조치(인적오류 예방 포함) 등
라. 철도관련법

정답 및 풀이 : 라
[별표 7] 제2종전기차량운전면허를 가진 후 다른 운전면허를 취득하기 위해 철도관련법 이론교육은 필요하지 않다.

4. 다음 설명 중 국토교통부장관이 행하는 관제업무의 내용이 아닌 것은?
가. 철도차량의 운행에 대한 집중 제어 · 통제 및 감찰찰
나. 철도시설의 운용상태 등 철도차량의 운행과 관련된 조언과 정보의 제공 업무
다. 철도보호지구에서 법 제45조제1항각호의 어느 하나에 해당하는 행위를 할 경우 열차운행 통제 업무
라. 철도사고등의 발생시 사고복고, 긴급구조 · 구호지시 및 관계 기관에 대한 상황보고 · 전파 업무

정답 및 풀이 : 가
시행규칙 제76조(철도교통관제업무의 대상 및 내용 등)
가. 철도차량의 운행에 대한 집중 제어 · 통제 및 감시

5. 다음 중 철도교통관제에 관한 내용이 아닌 것은?
가. 철도차량을 운행하는 자는 국토부장관이 지시하는 이동, 출발, 정지 등의 기준, 방법, 절차 및 순서 등에 따라야 한다.
나. 국토부장관은 철도차량의 안전하고 효율적인 운행을 위하여 철도차량의 운행과 관련된 정보를 철도종사자와 철도운영자등에게 제공하여야 한다.
다. 국토부장관은 철도차량의 안전한 운행을 위하여 철도시설 내에서 사람, 자동차 및 철도차량의 운행제한 등 필요한 안전조치를 취할 수 있다.
라. 국토부장관이 행하는 업무의 대상, 내용 및 절차 등에 관하여 필요한 사항을 국토교통부령으로 정한다.

정답 및 풀이 : 나
안전법 제39조의2(철도교통관제)
국토부장관은 철도차량의 운행과 관련된 조언과 정보를 철도종사자 또는 철도운영자등에게 제공할 수 있다.

6. 철도교통관제업무의 대상이 아닌 것은?
가. 철도차량의 운행에 대한 집중 제어,통제 및 감시
나. 철도사고등의 발생 시 사고복구, 긴급구조, 구호지시 및 관계기관에 대한 상황 보고, 전파 업무
다. 철도차량을 보수, 정비하기 위해 차량정비기지 및 차량유치시설에서 철도차량을 운행에 대한 통제 및 감시
라. 철도시설의 운용상태 등 철도차량의 운행과 관련된 조언과 정보의 제공 업무

정답 및 풀이 : 다
시행규칙 제76조 1항
다음 각 호의 경우에는 관제업무 대상에서 제외한다.
2. 철도산업발전 기본법 제3조제2호나목에 따른 철도차량을 보수, 정비하기 위한 차량정비기지 및 차량유치시설에서 철도차량을 운행하는 경우

7. 영상기록장치를 설치하여야 하는 장소 중 대통령령으로 정한 장소가 아닌 것은?
가. 대지면적이 3천제곱미터 이상인 차량정비기지
나. 변전소(구분소는 제외한다.)
다. 역과 역 사이에 설치된 건넘선
라. 고속도로에 설치된 길이 1킬로미터 이상의 터널

정답 및 풀이 : 나
시행령 30조 4항 "안전확보가 필요한 철도시설"
변전소(구분소를 포함한다.)

8. 다음 중 영상기록을 이용하거나 다른 자에게 제공할 수 없는 경우는?
가. 교통사고 상황 파악을 위하여 필요한 경우
나. 철도차량에서 대통령령으로 정한 운송 금지 위험물이 발견된 경우
다. 범죄의 수사와 공소의 제기 및 유지에 필요한 경우
라. 법원의 재판업무수행을 위하여 필요한 경우

정답 및 풀이 : 나
법 제39조의3(영상기록장치의 설치 운영 등) 4항
1.교통사고 상황 파악을 위하여 필요한 경우
2.범죄의 수사와 공소의 제기 및 유지에 필요한 경우
3.법원의 재판업무수행을 위하여 필요한 경우

9. 철도차량이 차량정비기지에서 출발하는 경우 확인해야 하는 기능이 아닌 것은?
가. 운전제어와 관련된 장치의 기능
나. 제동장치 기능
다. 전기동차의 구조 및 기능
라. 운전 시 사용하는 계기판의 기능

정답 및 풀이 : 다
시행규칙 제76의4(운전업무종사자의 준수사항)
1항(차량정비기지에서 출발하는 경우 각 목의 이상 여부 확인)

10. 국토교통부령으로 정하는 여객출입 금지장소가 아닌 것은?
가. 운전실
나. 방송실
다. 발전실
라. 기계실

정답 및 풀이 : 라
시행규칙 제79조 (여객출입 금지장소)
운전실 기관실 발전실 방송실

11. 다음 중 관보에 고시하여야 하는 철도보안검색장비 시험기관 지정서의 사항이 아닌 것은?
가. 시험기관의 명칭
나. 시험기관 지정일자 및 지정번호
다. 시험기관의 업무수행 범위
라. 시험기관의 조직, 인력 및 시험설비

정답 및 풀이 : 라
시행규칙 제85조의8 (시험기관의 지정 등)4항
1. 시험기관의 명칭
2. 시험가관의 소재지
3. 시험기관 지정일자 및 지정번호
4. 시험기관의 업무수행 범위

12. 다음 중 국토교통부장관이 행하는 관제업무의 내용으로 옳지 않은 것은?
가. 철도차량의 운행에 대한 집중 제어, 통제 및 감시
나. 철도시설의 운용상태 등 철도차량의 운행과 관련된 조언과 정보의 제공 업무
다. 철도보호지구에서 법 제45조제1항 각호의 어느 하나에 해당하는 행위를 할 경우 열차운행 통제 업무
라. 철도사고등의 발생 시 사고복구, 긴급구조, 구호 지시 및 관계 기관에 대한 상황보고 업무

정답 및 풀이 : 라
규칙 제76조(철도교통관제업무의 대상 및 내용 등) 2항
철도사고등의 발생 시 사고복구, 긴급구조, 구호 지시 및 관계 기관에 대한 상황보고, 전파 업무

13. 다음 중 변전소 등 대통령령으로 정하는 안전확보가 필요한 철도시설이 아닌 것은?
가. 변전소(구분소를 포함한다), 무인기능실(전철전력설비, 정보통신설비, 신호 또는 열차 제어설비 운영과 관련된 경우만 해당한다.)
나. 노선이 분기되는 구간에 설치된 분기기(선로전환기를 포함한다), 역과 역사이에 설치된 건넘선
다. 통합방위법 제21조제4항에 따라 국가중요시설로 지정된 교량 및 터널
라. 철도의 건설 및 철도시설 유지관리에 관한 법률 제2조제2호에 따른 고속철도에 설치된 길이가 1킬로미터 이하의 터널

정답 및 풀이 : 라
영 제30조(영상기록장치 설치대상) 4항
철도의 건설 및 철도시설 유지관리에 관한 법률 제2조제2호에 따른 고속철도에 설치된 길이가 1킬로미터 이상의 터널

14. 다음 중 영상기록장치 설치 안내 표시로 옳지 않은 것은?
가. 영상기록장치의 설치 목적
나. 영상기록장치의 설치 위치, 촬영 범위 및 촬영시간
다. 영상기록장치의 설치, 운영 및 관리에 필요한 사항
라. 영상기록장치 관리 책임 부서, 관리 책임자의 성명 및 연락처

정답 및 풀이 : 다
영 제31조(영상기록장치 설치 안내)
다. 영상기록장치의 설치, 운영 및 관리에 필요한 사항 - 영 제32조(영상기록장치의 운영, 관리 지침)

15. 다음 중 열차운행의 일시 중지에 관한 설명으로 옳지 않은 것은?
가. 지진, 태풍, 폭우, 폭설 등 천재지변 또는 악천후로 인하여 재해가 발생하였거나 재해가 발생할 것으로 예상되는 경우 열차운행을 일시 중지할 수 있다.
나. 그 밖에 열차운행에 중대한 장애가 발생하였거나 발생할 것으로 예상되는 경우 열차운행을 일시 중지할 수 있다.
다. 철도종사자는 철도사고 및 운행 장애의 징후가 발견되거나 발생 위험이 높다고 판단되는 경우에는 관제업무종사자에게 열차운행을 일시 중지할 것을 요청하여야 한다.
라. 누구든지 제2항에 따라 열차운행의 중지를 요청한 철도종사자에게 이를 이유로 불이익한 조치를 하여서는 아니한다.

정답 및 풀이 : 다
법 제40조(열차운행의 일시 중지)
다. 철도종사자는 철도사고 및 운행 장애의 징후가 발견되거나 발생 위험이 높다고 판단되는 경우에는 관제업무종사자에게 열차운행을 일시 중지할 것을 요청할 수 있다.

16. 다음 중 철도사고등의 발생 시 후속조치 이행으로 옳지 않은 것은?
가. 운전업무종사자 또는 인접한 역시설의 철도종사자에게 철도사고등의 상황을 전파할 것
나. 여객의 안전을 확보하기 위하여 필요한 경우 철도차량 내 여객을 대피시킬 것
다. 여객의 안전을 확보하기 위하여 필요한 경우 철도차량의 비상문을 개방할 것
라. 사상자 발생 시 응급환자를 응급처치하거나 의료기관에 긴급히 이송되도록 지원할 것

정답 및 풀이 : 가
규칙 제76조의8(철도사고등의 발생 시 후속조치 등)
가. 관제업무종사자 또는 인접한 역시설의 철도종사자에게 철도사고등의 상황을 전파할 것

17. 다음 중 위해물품의 종류 중 고압가스에 대한 설명으로 옳지 않은 것은?
가. 섭씨 50도에서 300킬로 파스칼을 초과하는 절대압력을 가진 물질
나. 섭씨 21.1도에서 300킬로 파스칼을 초과하는 절대압력을 가진 물질
다. 섭씨 54.4도에서 730킬로 파스칼을 초과하는 절대압력을 가진 물질
라. 섭씨 37.8고에서 280킬로 파스칼을 초과하는 절대압력등 가진 물질

정답 및 풀이 : 나
규칙 제78조(위해물품의 종류 등) 2호
나. 섭씨 21.1도에서 280킬로 파스칼을 초과하는 절대압력을 가진 물질

18. 다음 중 여객열차에서의 금지행위로 국토교통부령으로 정하는 행위로 옳지 않은 것은?
가. 여객에게 위해를 끼칠 우려가 있는 동식물을 안전조치 없이 여객열차에 동승하거나 휴대하는 행위
나. 타인에게 전염의 우려가 있는 법정감염병자가 철도종사자의 허락 없이 여객열차에

타는 행위
다. 여객열차 밖에 있는 사람을 위험하게 할 우려가 있는 물건을 여객열차 밖으로 던지는 행위
라. 철도종사자의 허락 없이 여객에게 기부를 부탁하거나 물품을 판매, 배부하거나 연설, 권유 등을 하여 여객에게 불편을 끼치는 행위

정답 및 풀이 : 다
규칙 제80조(여객열차에서의 금치행위)
다. 여객열차 밖에 있는 사람을 위험하게 할 우려가 있는 물건을 여객열차 밖으로 던지는 행위 - 법 제47조(여객열차에서의 금지행위)

19. 다음 중 철도운영자등이 영상기록을 이용하거나 다른 자에게 제공하여야하는 상황으로 옳지 않은 것은?
가. 교통사고 상황 파악을 위하여 필요한 경우
나. 범죄의 수사와 공소의 제기 및 유지에 필요한 경우
다. 법원의 재판업무수행을 위하여 필요한 경우
라. 철도운영자등이 필요하다고 인정되는 경우

정답 및 풀이 : 라
법 제39조의3(영상기록장치의 설치, 운영등) 4항
라. 철도운영자등이 필요하다고 인정되는 경우 ×

20. 다음 중 철도운영자등이 영상기록장치를 설치·운영하는 장소로 옳지 않은 것은?
가. 철도차량 중 대통령령으로 정하는 동력차 및 객차
나. 국토교통부령으로 정하는 차량정비기지
다. 변전소 등 대통령령으로 정하는 안전확보가 필요한 철도시설
라. 승강장 등 대통령령으로 정하는 안전사고의 우려가 있는 역 구내

정답 및 풀이 : 나
법 제39조의3제1항제3호에 따르면 대통령령으로 정하는 차량정비기지이다.

21. 철도종사자의 음주, 약물 등에 대한 확인 또는 검사 중 틀린 것은?
가. 술을 마셨는지에 대한 확인 또는 검사는 호흡측정기 검사로 한다.
나. 약물을 사용하였는지에 대한 확인 또는 검사는 소변 검사 또는 모발채취 등의 방법으로 실시한다.
다. 검사의 세부절차와 방법 등 필요한 사항은 국토교통부장관이 정한다.
라. 음주 검사결과에 불복하는 사람에 대해서는 그 철도종사자의 동의를 받아 소변검사 등의 방법으로 다시 측정할 수 있다.

정답 및 풀이 : 라
시행령 제42조의2제2항에 따르면 소변검사가 아닌 혈액 채취 등의 방법으로 다시 측정할 수 있다.

22. 위해물품의 종류에서 틀린 것은?
가. 섭씨 50도 이하의 임계온도를 가진 물질
나. 독물
다. 방사능의 농도가 킬로그램당 74킬로베크렐 이상인 오염된 물질
라. 마취성 물질

정답 및 풀이: 가
시행규칙 제78조제1항제2호에 따르면 섭씨 50도 미만의 임계온도를 가진 물질이다.

23. 다음 중 철도보호지구에서 국토교통부장관 또는 시·도지사에게 신고하여야 하는 행위가 아닌 것은?
가. 토지의 형질변경 및 굴착
나. 건축물의 철거
다. 나무의 식재(대통령령으로 정하는 경우만 해당한다.)
라. 토석, 자갈 및 모래의 채취

정답 및 풀이: 나
법 제45조제1항제3호에 따르면 건축물의 신축·개축·증축 또는 인공구조물의 설치라고 나와있다.

24. 여객이 여객열차에서 하면 안되는 행위 중 틀린 것은?
가. 여객열차 밖에 있는 사람을 위험하게 할 우려가 있는 물건을 여객열차 밖으로 던지는 행위
나. 흡연하는 행위
다. 술을 마시거나 약물을 복용하고 다른 사람에게 위해를 주는 행위
라. 정당한 사유 없이 대통령령으로 정하는 여객출입 금지장소에 출입하는 행위

정답 및 풀이 : 라
법 제47조제1항제1호에 따르면 대통령령이 아닌 국토교통부령이다.

25. 보안검색방비의 종류에서 틀린 것은?
가. 적외선 검색장비
나. 방폭 담요
다. 폭발물흔적탐지장비
라. 금속탐지장비

정답 및 풀이: 가
시행규칙 제85조의3제1항제1호에 따르면 적외선 검색장비가 아닌 엑스선 검색장비이다.

26. 보안검색장비의 성능인증 신청을 위해 한국철도기술연구원에 제출해야하는 서류 중 틀린 것은?
가. 사업자등록증
나. 대리인임을 증명하는 서류
다. 보안검색장비의 구조·외관도
라. 보안검색장비의 성능 제원표 및 시험용 물품에 관한 서류

정답 및 풀이 : 가
시행규칙 제85조의6제1항제1호에 따르면 사업자등록증 사본을 제출해야 한다.

27. 철도운영자 등이 영상기록장치에 기록된 영상기록을 보관해야 하는 기간으로 옳은 것은?
가. 15일 이상
나. 14일 이상
다. 5일 이상
라. 3일 이상

정답 및 풀이 : 라
시행규칙 제76조의3(영상기록의 보관기준 및 보관기간)
① 철도운영자 등은 영상기록장치에 기록된 영상기록을 영 제32조에 따른 영상기록장치 운영ㆍ관리 지침에서 정하는 보관기간(이하 "보관기간"이라 한다) 동안 보관하여야 한다. 이 경우 보관기간은 3일 이상의 기간이어야 한다.

28. 다음 중 "국토교통부령으로 정하는 구역 또는 시설" 로 폭발물 등 적치금지 구역이 아닌 것은?
가. 철도 역사
나. 철도 터널
다. 철도차량 정비시설
라. 정거장 및 선로(정거장 또는 선로를 지지하는 구조물 및 그 주변지역을 포함한다)

정답 및 풀이 : 다
시행규칙 제81조(폭발물 등 적치금지 구역)
법 제48조 제4호에서 "국토교통부령으로 정하는 구역 또는 시설"이란 다음 각호의 구역 또는 시설을 말한다.
1. 정거장 및 선로(정거장 또는 선로를 지지하는 구조물 및 그 주변지역을 포함한다)
2. 철도 역사
3. 철도 교량
4. 철도 터널

29. 다음 중 위해물품이 아닌 것은?
가. 인화성 액체
나. 가연성 물질류
다. 방사성 물질
라. 수용성 물질

정답 및 풀이 : 라
시행규칙 제78조(위해물품의 종류 등)

30. 위해물품에 해당하는 고압가스에 대한 설명으로 옳지 않은 것은?
가. 섭씨 50도 미만의 임계온도를 가진 물질
나. 섭씨 50도에서 300킬로파스칼을 초과하는 절대압력을 가진 물질
다. 섭씨 21.1도에서 280킬로파스칼을 초과하는 절대압력을 가진 물질
라. 섭씨 54.4도에서 710킬로파스칼을 초과하는 절대압력을 가진 물질

정답 및 풀이 : 라
시행규칙 제78조(위해물품의 종류 등)
2. 고압가스: 섭씨 50도 미만의 임계온도를 가진 물질, 섭씨 50도에서 300킬로파스칼을 초과하는 절대압력(진공을 0으로 하는 압력을 말한다. 이하 같다)을 가진 물질, 섭씨 21.1도에서 280킬로파스칼을 초과하거나 섭씨 54.4도에서 730킬로파스칼을 초과하는 절대압력을 가진 물질이나, 섭씨 37.8도에서 280킬로파스칼을 초과하는 절대가스압력(진공을 0으로 하는 가스압력을 말한다)을 가진 액체상태의 인화성 물질

31. 철도보호지구에서의 행위제한에 관한 내용으로 옳지 않은 것은?
가. 토지의 형질변경 및 굴착 시 대통령령으로 정하는 바에 따라 국토교통부장관 또는 시·도지사에게 신고하여야 한다.
나. 철도경계선으로부터 30미터 이내의 지역을 "철도보호지구"라 한다.
다. 국토교통부장관 또는 시·도지사는 철도차량의 안전운행 및 철도 보호를 위하여 필요하다고 인정할 때에는 제1항 또는 제2항의 행위를 하는 자에게 그 행위의 금지 또는 제한을 명령하거나 국토교통부령으로 정하는 필요한 조치를 하도록 명령할 수 있다.
라. 노면전차 철도보호지구의 바깥쪽 경계선으로부터 20미터 이내의 지역에서 굴착, 인공구조물의 설치 등 철도시설을 파손하거나 철도차량의 안전운행을 방해할 우려가 있는 행위로서 대통령령으로 정하는 행위를 하려는 자는 대통령령으로 정하는 바에 따라 국토교통부장관 또는 시·도지사에게 신고하여야 한다.

정답 및 풀이 : 다
제45조(철도보호지구에서의 행위제한 등)
③ 국토교통부장관 또는 시·도지사는 철도차량의 안전운행 및 철도 보호를 위하여 필요하다고 인정할 때에는 제1항 또는 제2항의 행위를 하는 자에게 그 행위의 금지 또는 제한을 명령하거나 대통령령으로 정하는 필요한 조치를 하도록 명령할 수 있다.

32. 다음 중 철도보호지구에서의 행위제한에 관련하여 대통령령으로 정하는 바에 따라 국토교통부장관 또는 시·도지사에게 신고하여야 하는 행위가 아닌 것은?
가. 토지의 형질변경 및 굴착
나. 건축물의 신축·개축(改築)·증축 또는 인공구조물의 설치
다. 토석, 자갈 및 모래의 채취
라. 시설등 제거

정답 및 풀이 : 라
제45조(철도보호지구에서의 행위제한 등)

33. 여객열차에서의 금지행위에 관한 설명으로 옳지 않은 것은?
가. 정당한 사유 없이 국토교통부령으로 정하는 여객출입 금지장소에 출입하는 행위
나. 흡연하는 행위
다. 철도승무원과 여객 등에게 성적 수치심을 일으키는 행위
라. 여객열차 밖에 있는 사람을 위험하게 할 우려가 있는 물건을 여객열차 밖으로 던지는 행위

정답 및 풀이 : 라
제47조(여객열차에서의 금지행위)
① 여객은 여객열차에서 다음 각 호의 어느 하나에 해당하는 행위를 하여서
는 아니 된다.
5. 철도종사자와 여객 등에게 성적 수치심을 일으키는 행위

34. 시행령 제44조(운송위탁 및 운송 금지 위험물 등)에 관한 설명으로 바르지 않은 것은?
(가) 점화 또는 점폭약류를 붙인 폭약
(나) 니트로글리세린
(다) 건조한 기폭약
(라) 사람에게 위해를 주거나 물건에 손상을 줄 수 있는 물질로서 국토교통부령으로 정하여 고시하는 위험물

정답 및 풀이: 라
사람에게 위해를 주거나 물건에 손상을 줄 수 있는 물질로서 국토교통부장관이 정하여 고시하는 위험물

35. 시행규칙 제83조(출입금지 철도시설)에 관한 설명으로 바르지 않은 것은?
가. 위험물을 적하하거나 보관하는 장소
나. 신호, 통신기기 설치장소 및 전력기, 관제설비 설치장소
다. 철도운전용 급유시설물이 있는 장소
라. 철도시설 정비시설

정답 및 풀이: 라
철도차량 정비시설

36. 시행규칙 제85조의4(철도보안정보체계의 구축, 운영 등)제2항에 따른 국토교통부 장관이 철도운영자에게 요구할 수 있는 정보에 관한 설명으로 바르지 않은 것은?

가. 법 제48조의2제1항에 따른 보안검색 관련 통계(보안검색 횟수 및 보안검색 장비 사용 내역 등을 포함한다.)
나. 법 제48조의2제1항에 따른 보안검색을 실시하는 직원에 대한 교육 등에 관한 정보
다. 철도차량 운행에 관한 정보
라. 그 밖에 철도보안, 치안을 위해 필요한 정보로서 국토교통부령으로 정하여 고시하는 정보

정답 및 풀이: 라
그 밖에 철도보안, 치안을 위해 필요한 정보로서 국토교통부장관이 정하여 고시하는 정보

37. 영상기록장치 운영·관리 지침으로 알맞지 않은 것은?

가. 영상기록에 대한 보안프로그램의 설치 및 갱신
나. 영상기록장치의 설치 대수, 설치 위치 및 촬영범위
다. 철도운영자의 영상기록 확인 방법 및 장소
라. 영상기록에 대한 접근 통제 및 접근 권한의 제한 조치

정답 및 풀이 : 다
철도운영자등의 영상기록 확인 방법 및 장소

38. 철도 보호 및 질서유지를 위한 금지행위로 틀린 것은?

가. 역시설 또는 철도차량에서 노숙하는 행위
나. 선로(철도와 교차된 도로는 제외한다) 또는 대통령령으로 정하는 철도시설에 철도운영자등의 승낙 없이 출입하거나 통행하는 행위
다. 철도시설 또는 철도차량을 파손하여 철도차량 운행에 위험을 발생하게 하는 행위
라. 정당한 사유 없이 열차 승강장의 비상정지버튼을 작동시켜 열차운행에 지장을 주는 행위.

정답 및 풀이 : 나, 선로(철도와 교차된 도로는 제외한다) 또는 국토교통부령으로 정하는 철도시설에 철도운영자등의 승낙 없이 출입하거나 통행하는 행위

39. 시험기관으로 지정을 받기위해 제출해야하는 서류가 아닌 것은?

가. 사업자등록증 사본 및 인감증명서(법인인 경우에 한정한다).
나. 법인의 정관 또는 단체의 규약
다. 성능시험을 수행하기 위한 조직·인력, 시험설비 등을 적은 사업계획서.
라. 국제표준화기구(ISO) 또는 국제전기기술위원회(IEC)에서 정한 국제기준에 적합한 품질관리규정

정답 및 풀이 : 가
사업자등록증 및 인감증명서(법인인 경우에 한정한다)

40. 손실보상에 관한 내용으로 다음 중 옳지 않은 것은?

가. 국토교통부장관, 시도지사, 또는 철도운영자등은 행위의 금지, 제한 또는 조치 명령으로 인해 손실을 입은 자가 있을 때 그 손실을 보상하여야 한다.
나. 손실의 보상에 관해 국토교통부장관, 시도지사 또는 철도운영자등이 그 손실을 입은 자와 협의하여야 한다.
다. 협의가 성립되지 아니하거나 할 수 없을 때에는 국토교통부령으로 정하는 바에 따라 공익사업을 위한 토지 등의 취득 및 보상에 관한 법률에 따른 관할 토지수용위원회에 재결을 신청하여야 한다.
라. 재결에 대한 이의신청에 관하여는 공익사업을 위한 토지 등의 취득 및 보상에 관한 법률을 준용한다.

정답: 다(법 제46조 3항- 협의가 성립되지 아니하거나 할 수 없을 때에는 국토교통부령을 정하는 바에 따라 공익사업을 위한 토지 등의 취득 및 보상에 관한 법률에 따른 관할 토지수용위원회에 재결을 신청할 수 있다.)

41. 철도 보호 및 질서유지를 위한 금지행위에 관한 내용으로 옳지 않은 것은?

가. 철도차량을 향하여 돌이나 그 밖에 위험한 물건을 던져 철도차량 운행에 위험을 발생하게 하는 행위

나. 궤도 중심으로부터 양측으로 폭 3미터 이내의 장소에 철도차량의 안전운행에 지장을 주는 물건을 방치하는 행위

다. 역시설 등 공중이 이용하는 철도시설 또는 철도차량에서 폭언 또는 고성방가 등 소란을 피우는 행위

라. 철도시설 또는 철도차량에서 노숙 하는 행위

정답 및 풀이 : 라
법 48조-역시설 또는 철도차량에서 노숙하는 행위

42. 시험기관으로 지정을 받으려는 자가 보안검색장비 시험기관 지정 신청서에 첨부해야 할 서류가 아닌 것은?

가. 사업자등록증

나. 국제표준화기구 또는 국제전기기술위원회에서 정한 국제기준에 적합한 품질관리 규정

다. 법인의 정관 또는 단체의 규약

라. 성능시험을 수행하기 위한 조직, 인력, 시험설비 등을 적은 사업계획서

정답 및 풀이 : 가
시행규칙 제85조의 8 - 사업자등록증 및 인감증명서

43. 시험기관으로 지정된 기관이 시험기관 운영규정을 국토교통부장관에게 제출해야 할 사항으로 아닌 것은?

가. 시험접수, 수행절차 및 방법

나. 시험원의 임무 및 교육훈련

다. 시험기관의 조직, 인력

라. 시험원 및 시험과정 등의 보안관리

정답 및 풀이 : 다
시행규칙 제85조의 8 - 시험기관의 조직, 인력 및 시험설비

44. 시험기관의 지정취소에 관한 내용으로 틀린 것은?

가. 국토교통부장관은 시험기관의 지정을 취소하거나 업무의 정지를 명한 경우에는 그 사실을 지체 없이 관보에 고시해야 한다.

나. 직무장비란 철도특별사법경찰관리가 휴대하는 것으로 수갑, 가스분사기, 전자충격기, 경비봉을 말한다.

다. 시험기관의 지정취소 또는 업무정지 통지를 받은 시험기관은 그 통지를 받은 날부터 15일 이내에 철도보안검색장비 시험기관 지정서를 국토교통부장관에게 반납해야 한다.

라. 전자충격기 및 가스분사기를 사용하는 경우에는 사전에 필요한 안전교육과 안전검사를 받은 후 사용해야 한다.

정답 및 풀이 : 나
시행규칙 제85조의 10 - 직무장비란 철도특별사법경찰관리가 휴대하여 범인검거와 피의자 호송 등의 직무수행에 사용하는 수갑, 포승, 가스분사기, 전자충격기, 경비봉을 말한다.

45. 영상기록장치 설치대상으로 틀린 것은?
가. 철도차량을 중정비(철도차량을 완전히 분해하여 검수, 교환하거나 탈선, 화재 등으로 중대하게 훼손된 철도차량을 정비하는 것을 말한다)하는 열차정비기지
나. 열차의 맨 앞에 위치한 동력차로서 운전실 또는 운전설비가 있는 동력차
다. 변전소(구분소를 포함한다), 무인기능실(전철전력설비, 정보통신설비, 신호 또는 열차 제어설비 운영과 관련된 경우만 해당한다)
라. 통합방위법 제21조4항에 따라 국가중요시설로 지정된 교량 및 터널

정답 및 해설 : 가
철도안전법 시행령 제30조(영상기록장치 설치대상)
③ 법 제39조의3제1항제3호에서 "대통령령으로 정하는 차량정비기지"란 다음 각 호의 차량정비기지를 말한다.
2. 철도차량을 중정비(철도차량을 완전히 분해하여 검수·교환하거나 탈선·화재 등으로 중대하게 훼손된 철도차량을 정비하는 것을 말한다)하는 차량정비기지

46. 영상기록장치의 운영, 관리 지침 마련에 필요한 사항이 아닌 것은?
가, 관리책임자, 담당 부서 및 영상기록에 대한 접근 권한이 있는 사람
나. 철도운영자등의 영상기록 확인 방법 및 장소
다. 영상기록을 안전하게 저장, 전송할 수 있는 보안기술의 적용 또는 이에 상응하는 조치
라. 영상기록 침해사고 발생에 대응하기 위한 접속기록의 보관 및 위조, 변조 방지를 위한 조치

정답 및 해설 : 다
철도안전법 시행령 제32조(영상기록장치의 운영·관리 지침)
철도운영자등은 법 제39조의3제5항에 따라 영상기록장치에 기록된 영상이 분실·도난·유출·변조 또는 훼손되지 않도록 다음 각 호의 사항이 포함된 영상기록장치 운영·관리 지침을 마련해야 한다.
8. 영상기록을 안전하게 저장·전송할 수 있는 암호화 기술의 적용 또는 이에 상응하는 조치

47. 철도종사자의 준수사항으로서 틀린 것은?
가. 운전업무종사자는 철도차량 출발 전 제동장치 기능 여부를 확인할 것
나. 관제업무종사자는 철도사고 발생 시 국토교통부령으로 정하는 조치 사항을 이행할 것
다. 작업자는 작업완료 시 상급자에게 보할 것
라. 철도운행안전관리자는 작업일정 및 열차의 운행일정을 작업과 관련하여 관할 역의 관리책임자(정거장에서 열차조성업무를 하는 사람을 포함한다) 및 관제업무종사자와 협의하여 조정할 것

정답 및 해설 : 라
철도안전법 제40조의2(철도종사자의 준수사항)
④ 철도운행안전관리자는 철도차량의 운행선로 또는 그 인근에서 철도시설의 건설 또는 관리와 관련된 작업 수행 중 다음 각 호의 사항을 준수하여야 한다.
2. 제1호의 작업일정 및 열차의 운행일정을 작업과 관련하여 관할 역의 관리책임자(정거장에서 철도신호기·선로전환기 또는 조작판 등을 취급하는 사람을 포함한다) 및 관제업무종사자와 협의하여 조정할 것

48. 철도차량 운행 중에 휴대전화 등의 전자기기를 사용할 수 있는 상황으로 맞는 것은?
가. 철도차량의 기능 장애 등이 발생한 경우
나. 철도운영자 등이 철도차량의 안전운행에 지장을 주지 아니한다고 판단한 경우
다. 철도차량의 원활한 운행을 위하여 전자기기의 사용이 필요한 경우

라. 운전업무종사자가 철도차량 간 안전거리 확보 등 철도차량의 안전확보가 필요하다고 판단한 경우

정답 및 해설 : 가
철도안전법 시행규칙 제76조의4(운전업무종사자의 준수사항)
② 법 제40조의2제1항제2호에서 "국토교통부령으로 정하는 철도차량 운행에 관한 안전수칙"이란 다음 각 호를 말한다.
2. 철도차량의 운행 중에 휴대전화 등 전자기기를 사용하지 아니할 것. 다만, 다음 각 목의 어느 하나에 해당하는 경우로서 철도운영자가 운행의 안전을 저해하지 아니하는 범위에서 사전에 사용을 허용한 경우에는 그러하지 아니하다
가. 철도사고등 또는 철도차량의 기능장애가 발생하는 등 비상상황이 발생한 경우
나. 철도차량의 안전운행을 위하여 전자기기의 사용이 필요한 경우
다. 그 밖에 철도운영자가 철도차량의 안전운행에 지장을 주지 아니한다고 판단하는 경우

49. 운전업무종사자의 준수사항으로 틀린 것은?
가. 차장이 탑승하지 않은 철도차량이 역시설에서 출발하는 경우 여객의 승하차여부를 확인할 것
나. 차량정비기지에서 출발하는 경우 운전제어와 관련된 장치의 기능을 확인할 것
다. 차량정비기지에서 출발하는 경우 제동장치 기능을 확인할 것
라. 차량 정비기지에서 출발하는 경우 운전 시 사용하는 각종 기기의 기능을 확인할 것

정답 및 해설 : 가
철도안전법 시행규칙 제76조의4(운전업무종사자의 준수사항)
① 법 제40조의2제1항제1호에서 "철도차량 출발 전 국토교통부령으로 정하는 조치사항"이란 다음 각 호를 말한다.
1. 철도차량이 「철도산업발전기본법」 제3조제2호나목에 따른 차량정비기지에서 출발하는 경우 다음 각 목의 기능에 대하여 이상 여부를 확인할 것
다. 그 밖에 운전 시 사용하는 각종 계기판의 기능

50. 철도보호지구에서의 행위제한에 대한 설명으로 틀린 것은?
가. 철도보호지구 내에서 대통령령에 제외하는 나무의 식재는 제한대상이 아니다.
나. 노면전차 철도보호지구의 바깥쪽에서 깊이10미터 이상 굴착은 제한대상이 아니다.
다. 철도보호지구 내 행위제한 행위를 하려는 자는 국토교통부장관 또는 시도지사에게 신고하여야 한다.
라. 노면전차 철도보호지구의 경우 가장 바깥쪽 궤도의 끝선에서 10미터 이내이다.

정답 및 해설 : 나
철도안전법 제45조(철도보호지구에서의 행위제한 등)
② 노면전차 철도보호지구의 바깥쪽 경계선으로부터 20미터 이내의 지역에서 굴착, 인공구조물의 설치 등 철도시설을 파손하거나 철도차량의 안전운행을 방해할 우려가 있는 행위로서 대통령령으로 정하는 행위를 하려는 자는 대통령령으로 정하는 바에 따라 국토교통부장관 또는 시·도지사에게 신고하여야 한다.

51. 보안검색장비의 성능인증 신청 시 제출해야 하는 서류로서 틀린 것은?
가. 사업자등록증 사본
나. 보안검색장비의 성능 제원표 및 시험용 물품(테스트키트)에 관한 서류
다. 보안검색장비의 구조, 외관도
라. 보안검색장비의 사용, 유지방법, 유지관리 등에 대한 설명서

정답 및 해설 : 라
철도안전법 시행규칙 제85조의6(보안검색장비의 성능인증 신청 등) ① 법 제48조의3제1항에 따른 보안검색장비의 성능인증을 받으려는 자는 별지 제45호의13서식의 철도보안

검색장비 성능인증 신청서에 다음 각 호의 서류를 첨부하여「과학기술분야 정부출연연구기관 등의 설립·운영 및 육성에 관한 법률」제8조에 따라 설립된 한국철도기술연구원(이하 "한국철도기술연구원"이라 한다)에 제출해야 한다. 이 경우 한국철도기술연구원은「전자정부법」제36조제1항에 따른 행정정보의 공동이용을 통해서 법인 등기사항증명서(신청인이 법인인 경우만 해당한다)를 확인해야 한다.
5. 보안검색장비의 사용·운영방법·유지관리 등에 대한 설명서

52. 시험기관의 지정취소 및 업무정지 처분기준이다. 옳지 않은 것을 고르시오.
가. 정당한 사유 없이 성능시험을 실시하지 않은 경우 2차위반 – 업무정지 60일
나. 법 제48조의3제2항에 따른 기준, 방법, 절차 등을 위반하여 성능시험을 실시한 경우 1차 위반 – 업무정지 60일
다. 성능시험 결과를 거짓으로 조작해서 수행한 경우 1차위반 – 지정취소
라. 법 제48조의2제2항에 따른 시험기관 지정기준을 충족하지 못하게 된 경우 1차위반 – 경고

정답 및 풀이 : 다
철도안전법 시행규칙 별표 20 시험기관의 지정취소 및 업무정지의 기준(제85조의9제1항 관련) 제2호의 개별기준 1차위반 – 업무정지 90일

53. 영상기록장치 설치 대상 중 법 제39조의3제1항제2호에서 "승강장 등 대통령령으로 정하는 안전사고의 우려가 있는 역 구내"에 해당하지 않는 것을 고르시오.
가. 승강장 계단
나. 승강장
다. 승강설비
라. 대합실

정답 및 풀이 : 가
철도안전법 시행령 제30조(영상기록장치 설치대상) 제2항

54. 법 제40조의2 제5항 단서에서 "의료기관으로의 이송이 필요한 경우 등 국토교통부령으로 정하는 경우"가 아닌 것은?
가. 관제업무종사자 또는 철도사고 등의 관리책임자로부터 철도사고 등의 현장 이탈이 가능하다고 통보받은 경우
나. 여객을 안전하게 대피시킨 후 운전 업무종사자와 여객승무원의 안전을 위하여 현장을 이탈하여야 하는 경우
다. 운전업무종사자 또는 여객승무원이 중대한 부상 등으로 인하여 의료기관으로의 이송이 필요한 경우
라. 자연재해로 인해 운전업무종사자가 승객의 구호조치를 취할 수 없을 경우

정답 및 풀이 : 라
철도안전법 시행규칙 제76조의8(철도사고 등의 발생 시 후속조치 등) 제2항

55. 다음 중 법 제44조 제1항에서 대통령령으로 정하는 운송취급주의 위험물을 고르시오.
가. 점화 또는 점폭약류를 붙인 폭약류
나. 유독성 가스를 발생시킬 우려가 있는 것
다. 그 밖에 사람에게 위해를 주거나 물건에 손상을 줄 수 있는 물질로서 국토교통부장관이 정하여 고시하는 위험물
라. 마찰, 충격으로 인하여 발화할 우려가 있는 것

정답 및 풀이 : 나
철도안전법 시행령 제45조(운송취급주의 위험물)

56. 다음 중 철도교통관제업무의 대상이 아닌 것은?
가. 열차를 조성하기 위하여 정거장 내에서 철도차량을 운행하는 경우
나. 운행을 마친 열차가 회차시설 내에서 운행하는 경우
다. 철도차량을 보수·정비하기 위한 차량정비기지 및 차량유치시설에서 철도차량을 운행하는 경우
라. 천재지변 등에 의하여 관제와의 통신이 불가능한 상태에서 운행하는 경우

정답 및 풀이 : 다
철도안전법 시행규칙 제76조(철도교통관제업무의 대상 및 내용 등)
① 다음 각 호의 어느 하나에 해당하는 경우에는 법 제39조의2에 따라 국토교통부장관이 행하는 철도교통관제업무(이하 "관제업무"라 한다)의 대상에서 제외한다.
1. 정상운행을 하기 전의 신설선 또는 개량선에서 철도차량을 운행하는 경우
2. 「철도산업발전 기본법」 제2조제2호나목에 따른 철도차량을 보수·정비하기 위한 차량정비기지 및 차량유치시설에서 철도차량을 운행하는 경우

57. 다음 중 영상기록장치의 설치 기준으로 옳은 것은?
가. 법 제39조의3제1항제2호부터 제4호까지의 규정에 따른 시설에서 철도차량 또는 철도시설이 충격을 받거나 화개자 발생한 경우 등에서도 영상기록장치가 정상적으로 작동하여야 한다.
나. 법 제39조의3제1항제1호에 따른 동력차에는 운전실의 운전조작 상황을 촬영할 수 있는 영상기록장치를 설치하여야 한다.
다. 법 제39조의3제1항제1호에 따른 동력차 중 전용철도의 철도차량은 철도차량 전방의 운행 상황을 촬영할 수 있는 영상기록장치는 설치하지 않을 수 있다.
라. 법 제 39조의3제1항제2호부터 제4호까지의 규정에 따른 시설에서 여객 등이 영상기록장치를 쉽게 인식할 수 있는 위치에 설치하여야 한다.

정답 및 풀이 : 나
철도안전법 시행령 [별표 4의4](영상기록장치의 설치 기준 및 방법)
1. 법 제39조의3제1항제1조에 따른 동력차에는 다음 각 목의 기준에 따라 영상기록장치를 설치해야 한다.
가. 다음의 상황을 촬영할 수 있는 영상기록장치를 각각 설치할 것.
1) 선로변을 포함한 철도차량 전방의 운행 상황
2) 운전실의 운전조작 상황

58. 다음 중 영상기록의 이용·제공 등에 관하여 옳지 않은 것은?
가. 영상기록장치의 이용·제공 등은 국토교통부령으로 정하는 지침에 따라야 한다.
나. 법원의 재판업무수행을 위하여 필요한 경우 영상기록을 제공할 수 있다.
다. 교통사고 상황 파악을 위하여 영상기록을 이용할 수 있다.
라. 여객이 영상기록의 열람을 요구할 경우 이에 응하여서는 아니 된다.

정답 및 풀이 : 가
철도안전법 제39조의3(영상기록장치의 설치·운영 등)
⑥ 영상기록장치의 설치·관리 및 영상기록의 이용·제공 등은 「개인정보 보호법」에 따라야 한다.

59. 다음 중 철도종사자의 음주 등에 대한 확인 또는 검사 방법으로 옳은 것은?
가. 술을 마셨는지에 대한 확인 또는 검사는 호흡측정기 검사의 방법으로 실시한다.
나. 약물을 사용하였는지에 대한 확인 또는 검사는 혈액 검사 또는 모발 채취 등의 방법으로 실시한다.
다. 호흡측정기 검사 결과에 불복하는 사람에 대해서는 해당 철도종사자가 속한 철도운영자등의 동의를 받아 혈액 채취 등의 방법으로 다시 측정할 수 있다.
라. 확인 또는 검사의 세부절차와 방법 등 필요한 사항은 대통령령으로 정한다.

정답 및 풀이 : 가
철도안전법 시행령 제43조의2(철도종사자의 음주 등에 대한 확인 또는 검사)
② 법 제41조제2항에 따른 술을 마셨는지에 대한 확인 또는 검사는 호흡측정기 검사의 방법으로 실시하고, 검사 결과에 불복하는 사람에 대해서는 그 철도종사자의 동의를 받아 혈액 채취 등의 방법으로 다시 측정할 수 있다.

60. 다음 중 위해물품의 종류에 대한 설명으로 틀린 것은?
가. 섭씨 21.1도에서 280킬로파스칼을 초과하는 절대압력을 가진 물질
나. 섭씨 37.8도에서 280킬로파스칼을 초과하는 절대가스압력을 가진 액체 상태의 인화성 물질
다. 개방식 인화점 측정법에 따른 인화점이 섭씨 65.6도 이하인 액체
라. 핵물질 및 방사성물질이나 이로 인하여 오염된 물질로서 방사능의 농도가 킬로그램당 0.002마이크로큐리 이상인 것

정답 및 풀이 : 라
철도안전법 시행규칙 제78조(위해물품의 종류 등)
7. 방사성 물질: 「원자력안전법」 제2조에 따른 핵물질 및 방사성물질이나 이로 인하여 오염된 물질로서 방사능의 농도가 킬로그램 당 74킬로베크렐(그램 당 0.002마이크로큐리) 이상인 것

61. 다음 중 철도보호지구에서의 안전운행 저해행위가 아닌 것은?
가. 토지의 형질변경 및 굴착
나. 폭발물이나 인화물질 등 위험물을 제조·저장하거나 전시하는 행위
다. 전차선로에 의하여 감전될 우려가 있는 시설이나 설비를 설치하는 행위
라. 시설 또는 설비가 선로의 위나 밑으로 횡단하거나 선로와 나란히 되도록 설치하는 행위

정답 및 풀이 : 가
철도안전법 시행령 제48조(철도보호지구에서의 안전운행 저해행위 등)
1. 폭발물이나 인화물질 등 위험물을 제조·저장하거나 전시하는 행위
2. 철도차량 운전자 등이 선로나 신호기를 확인하는 데 지장을 주거나 줄 우려가 있는 시설이나 설비를 설치하는 행위
3. 철도신호등으로 오인할 우려가 있는 시설물이나 조명 설비를 설치하는 행위
4. 전차선로에 의하여 감전될 우려가 있는 시설이나 설비를 설치하는 행위
5. 시설 또는 설비가 선로의 위나 밑으로 횡단하거나 선로와 나란히 되도록 설치하는 행위
6. 그 밖에 열차의 안전운행과 철도 보호를 위하여 필요하다고 인정하여 국토교통부 장관이 정하여 고시하는 행위

62. 운전업무종사자의 준수사항으로 옳은 것은?
가. 철도차량이 역시설에서 출발하는 경우 여객의 승하차 여부는 무조건 운전업무종사자가 확인하여야 한다.
나. 국토교통부장관이 정하는 구간별 제한속도에 따라 운행하여야 한다.
다. 관제업무종사자의 지시를 따라야 한다.
라. 운행구간의 이상이 발견된 경우 철도운영자등에게 즉시 보고하여야 한다.

정답 및 풀이 : 다
철도안전법 시행규칙 제76조의4(운전업무종사자의 준수사항)
① 법 제40조의2제1항제1호에서 "철도차량 출발 전 국토교통부령으로 정하는 조치사항"이란 다음 각 호를 말한다.
2. 철도차량이 역시설에서 출발하는 경우 여객의 승하차 여부를 확인할 것. 다만, 여객승무원이 대신하여 확인하는 경우에는 그러하지 아니하다.

② 법 제40조의2제1항제2호에서 "국토교통부령으로 정하는 철도차량 운행에 관한 안전수칙"이란 다음 각 호를 말한다.
3. 철도운영자가 정하는 구간별 제한속도에 따라 운행할 것
6. 운행구간의 이상이 발견된 경우 관제업무종사자에게 즉시 보고할 것

63. 철도로 운송할 수 없는 위험물로 옳지 않은 것은?
가. 점화 또는 점폭약류를 붙인 폭약
나. 가연성고체
다. 건조한 기폭약
라. 뇌홍질화연에 속하는 것

정답 및 풀이 : 나
철도안전법 시행령 제44조(운송위탁 및 운송 금지 위험물 등)
법 제43조에서 "점화류(點火類) 또는 점폭약류(點爆藥類)를 붙인 폭약, 니트로글리세린, 건조한 기폭약(起爆藥), 뇌홍질화연(雷汞窒化鉛)에 속하는 것 등 대통령령으로 정하는 위험물"이란 다음 각 호의 위험물을 말한다.
1. 점화 또는 점폭약류를 붙인 폭약
2. 니트로글리세린
3. 건조한 기폭약
4. 뇌홍질화연에 속하는 것

64. 출입금지 철도시설로 옳은 것은?
가. 철도차량용 급유시설물이 있는 장소
나. 화물을 적하하거나 보관하는 장소
다. 철도 교량 및 철도 터널
라. 신호·통신기기 설치장소

정답 및 풀이 : 라
철도안전법 시행규칙 제83조(출입금지 철도시설)
법 제48조제5호에서 "국토교통부령으로 정하는 철도시설"이란 다음 각 호의 철도시설을 말한다
위험물을 적하하거나 보관하는 장소
신호·통신기기 설치장소 및 전력기기·관제설비 설치장소
철도운전용 급유시설물이 있는 장소
철도차량 정비시설

65. 보안검색장비의 성능인증에 대하여 옳지 않은 것은?
가. 보안검색을 하는 경우에는 국토교통부장관으로부터 성능인증을 받은 보안검색장비를 사용하여야 한다
나. 성능인증을 위한 기준·방법·절차 등 운영에 필요한 사항은 국토교통부령으로 정한다
다. 성능인증을 받은 보안검색장비가 성능인증 기준에 적합하지 아니하게 된 경우 그 인증을 취소하여야 한다
라. 성능인증을 받은 보안검색장비는 국토교통부령으로 정하는 바에 따라 정기적으로 또는 수시로 점검을 실시하여야 한다

정답 및 풀이 : 다
철도안전법 제48조의3(보안검색장비의 성능인증 등)
⑤ 국토교통부장관은 제1항에 따른 성능인증을 받은 보안검색장비가 다음 각 호의 어느 하나에 해당하는 경우에는 그 인증을 취소할 수 있다. 다만, 제1호에 해당하는 때에는 그 인증을 취소하여야 한다.
1. 거짓이나 그 밖의 부정한 방법으로 인증을 받은 경우
2. 보안검색장비가 제2항에 따른 성능인증 기준에 적합하지 아니하게 된 경우

66. 다음 중 작업책임자가 실시하는 안전교육 중 작업계획에 해당하지 않는 것은?
가. 작업량
나. 임금
다. 작업순서
라. 작업장 이동방법

정답 및 풀이 : 나
철도안전법 시행규칙 제76조의6(작업책임자의 준수사항)
① 법 제2조제10호마목에 따른 작업책임자(이하 "작업책임자"라 한다)는 법 제40조의2 제3항제1호에 따라 작업 수행 전에 작업원을 대상으로 다음 각 호의 사항이 포함된 안전교육을 실시해야 한다.
1. 해당 작업일의 작업계획(작업량, 작업일정, 작업순서, 작업방법, 작업원별 임무 및 작업장 이동방법 등을 포함한다)

67. 열차의 편성,철도차량 운전 및 신호방식 등 철도차량의 안전운행에 필요한 사항은 누구의 명령으로 정하는 것인가?
가. 대통령
나. 국토교통부
다. 국토교통부장관
라. 국무총리

정답 및 풀이 : 나
법39조

68. 제41조에 음주제한에 해당하는 직업이 아닌 것은?
가. 여객승무원
나. 작업책임자
다. 운전업무종사자
라. 여객역무원

정답 및 해설 : 라
법41조

69. 위해물품 종류가 아닌 것은?
가. 고압가스
나. 방사성물질
다. 유기과산화물
라. 생화학무기

정답 및 해설 : 라
시행규칙 78조

70. 철도보호지구에서 행위제한은 철도 경계선으로 몇 미터 이내인가?
가. 30미터
나. 35미터
다. 40미터
라. 45미터

정답 및 해설 : 가
법 45조1항

71. 보안검색장비의 성능점검 중 정기점검은 언제 하는가?
가. 매년1회
나. 매년2회
다. 매년3회
라. 매년4회

정답 및 해설 : 가
시행규칙 85조의7

72. 인증업무의 위탁은 어디서 하는가?
가. 한국교통대학교
나. 한국철도기술연구원
다. 한국인재개발원
라. 한국철도시설관리공단

정답 및 해설 : 나
시행령 50조의2

73. 성능시험기관의 지정기준으로 맞지 않은 것은?
가. 성능시험에 필요한 시험시설 및 장비를 구비할 것
나.지정신청일 전 2년 이내에 성능시험기관의 지정취소를 받은 사실이 없을 것
다. 성능시험임무를 수행할 수 있는 상성을 전담조직을 갖출 것
라. 성능시험기관의 운영등에 관한 업무규정을 갖출 것

정답 및 해설 : 나
제48조의4(시험기관의 지정 등)
국토교통부장관은 제1항에 따라 시험기관으로 지정받은 법인이나 단체가 다음 각 호의 어느 하나에 해당하는 경우에는 그 지정을 취소하거나 1년 이내의 기간을 정하여 그 업무의 전부 또는 일부의 정지를 명할 수 있다. 다만, 제1호 또는 제2호에 해당하는 때에는 그 지정을 취소하여야 한다.
1. 거짓이나 그 밖의 부정한 방법을 사용하여 시험기관으로 지정을 받은 경우
2. 업무정지 명령을 받은 후 그 업무정지 기간에 성능시험을 실시한 경우
3. 정당한 사유 없이 성능시험을 실시하지 아니한 경우
4. 제48조의3제2항에 따른 기준·방법·절차 등을 위반하여 성능시험을 실시한 경우
5. 제48조의4제2항에 따른 시험기관 지정기준을 충족하지 못하게 된 경우
6. 성능시험 결과를 거짓으로 조작하여 수행한 경우

74. 철도보호지구 내에서 나무를 심는 경우 국토교통부 장관에게 신고해야 하는 경우가 아닌 것은?
가.철도차량운전자의 전방 시야 확보에 지장을 주는 경우
나. 나뭇가지가 전차선 또는 신호기 등을 침범하거나 침범할 우려가 있는 경우
다. 호우나 태풍등으로 나무가 쓰러져 철도시설물을 훼손시킬 우려가 있는 경우
라. 조경을 의한 운전취급에 지장 없는 관상수를 심는 경우

정답 및 해설 : 라
제47조(철도보호지구에서의 나무 식재)
법 제45조제1항제4호에서 "대통령령으로 정하는 경우"란 다음 각 호의 어느 하나에 해당하는 경우를 말한다.
1. 철도차량 운전자의 전방 시야 확보에 지장을 주는 경우
2. 나뭇가지가 전차선이나 신호기 등을 침범하거나 침범할 우려가 있는 경우
3. 호우나 태풍 등으로 나무가 쓰러져 철도시설물을 훼손시키거나 열차의 운행에 지장을 줄 우려가 있는 경우

75. 다음 중 총포.도검.화학류 등 단속법에 의한 화학류의 분류에 속하지 않는 것은?
가. 화약
나. 화공품
다. 폭약
라. 발화성물질

정답 및 해설 : 라
第78조(위해물품의 종류 등) ① 법 제42조제2항에 따른 위해물품의 종류는 다음 각 호와 같다. <개정 2016. 8. 10.>
1. 화약류: 「총포·도검·화약류 등의 안전관리에 관한 법률」에 따른 화약·폭약·화공품과 그 밖에 폭발성이 있는 물질

76. 다음 중 보안 검색 시 안전을 위해 착용·휴대하는 장비가 아닌 것은?
가. 방검복
나. 방탄복
다. 금속탐지 장비
라. 방폭담요

정답 및 해설 : 다
제85조의3(보안검색장비의 종류) ① 법 제48조의2제1항에 따른 보안검색장비의 종류는 다음 각 호의 구분에 따른다.<개정 2019. 1. 4., 2019. 10. 23.>
1. 위해물품을 검색·탐지·분석하기 위한 장비: 엑스선 검색장비, 금속탐지장비(문형 금속탐지장비와 휴대용 금속탐지장비를 포함한다), 폭발물 탐지장비, 폭발물흔적탐지장비, 액체폭발물탐지장비 등
2. 보안검색 시 안전을 위하여 착용·휴대하는 장비: 방검복, 방탄복, 방폭 담요

77. 제50조 (손실보상)과 관련된 법은 어떤 것인지 고르십시오.
가. 공익사업을 위한 토지 등의 취득 및 보상에 관한 법률
나. 철도사업을 위한 토지 등의 취득 및 보상에 관한 법률
다. 손실보상의 직무를 수행할 자와 그 직무범위에 관한 법률
라. 공익사업을 위한 철도부지 등의 취득 및 보상에 관한 법률

정답 및 해설 : 가
ㄴ은 철도사업이 아닌 공익사업을 위한으로 고쳐야 함
ㄷ은 전혀 관련 없음, ㄹ 은 철도부지가 아닌 토지로 고쳐야 함

78. 제85조의8 (시험기관의 지정 등)에서 시험기관으로 지정된 기관은 시험기관 운영규정을 국토교통부장관에게 제출해야 한다. 운영규정으로 틀린 것을 찾으십시오.
가. 시험기관의 조직, 인력 및 시험설비
나. 시험접수와 수행절차
다. 시험원의 임무 및 교육훈련
라. 시험원 및 시험과정 등의 보안관리

정답 및 해설 : 나
(ㄴ) 시험접수와 수행절차 및 방법이 들어가야 맞는 답이다.

79. 제52조 (퇴거지역의 범위)에서 틀린 것을 찾으십시오.
가. 법 제 50조에서 대통령령으로 정하는 지역을 말한다.
나. 화물을 적재하는 장소의 담장이나 경계선 안의 지역
다. 정거장
라. 철도신호기, 철도차량정비소, 통신기기 등의 설비가 설치되어있는 장소의 담장이나 경계선 안의 지역

정답 및 해설 : 라
철도신호기, 철도차량정비소, 통신기기, 전력설비 등의 설비가 설치되어 있는 장소의 담장이나 경계선 안의 지역

80. 제48조의4 (시험기관의 지정 등)에서 틀린 것을 찾으십시오.
가. 국토교통부장관은 제1항에 따라 시험기관으로 지정받은 법인이나 단체가 다음 각 호의 어느 하나에 해당하는 경우에는 그 지정을 취소하거나 2년 이내의 기간을 정하여 그 업무의 전부 또는 일부의 정지를 명할 수 있다. 다만, 제1호 또는 제2호에 해당하는 때에는 그 지정을 취소하여야 한다.
나. 제48조의4제2항에 따른 시험기관지정기준을 충족하지 못하게 된 경우
다. 성능시험 결과를 거짓으로 조작하여 수행한 경우
라. 국토교통부장관은 인증업무의 전문성과 신뢰성을 확보하기 위하여 제48조의3에 따른 보안검색장비의 성능 인증 및 점검 업무를 대통령령으로 정하는 기관(이하 "인증기관"이라 한다)에 위탁할 수 있다

정답 및 해설 : 가
국토교통부장관은 제1항에 따라 시험기관으로 지정받은 법인이나 단체가 다음 각 호의 어느 하나에 해당하는 경우에는 그 지정을 취소하거나 1년 이내의 기간을 정하여 그 업무의 전부 또는 일부의 정지를 명할 수 있다. 다만, 제1호 또는 제2호에 해당하는 때에는 그 지정을 취소하여야 한다.

81. 다음 중 열차의 편성, 철도차량 운전 및 신호방식 등 철도차량의 안전운행에 필요한 사항을 정하는 것은?
가. 대통령령
나. 국토교통부령
다. 철도시행령
라. 철도시행규칙

정답 및 풀이 : 나
철도안전법 제39조(철도차량의 운행) – 열차의 편성, 철도차량 운전 및 신호방식 등 철도차량의 안전운행에 필요한 사항은 국토교통부령으로 정한다.

82. 다음 중 국토교통부령으로 정하는 철도차량 운행에 관한 안전 수칙으로 틀린 것은?
가. 철도신호에 따라 철도차량을 운행할 것
나. 철도운영자가 정하는 제한속도에 따라 운행할 것
다. 관제업무종사자의 지시를 따를 것
라. 운행구간의 이상이 발견된 경우 즉시 국토교통부장관에게 보고할 것

정답 및 풀이 : 라
철도시행규칙 제76조의4의2(운전업무종사자의 준수사항) – 6. 운행구간의 이상이 발견된 경우 관제업무종사자에게 즉시 보고할 것

83. 다음 중 철도차량의 운행 중에 휴대전화 등 전자기기를 사용을 허용한 경우로 옳지 않은 것은?
가. 철도사고가 발생한 경우
나. 철도차량의 안전운행을 위하여 전자기기의 사용이 필요한 경우
다. 철도차량의 기능 장애가 발생한 경우
라. 그 밖에 국토교통부장관이 철도차량의 안전운행에 지장을 주지 아니한다고 판단하는 경우

정답 및 풀이: 라
철도시행규칙 제76조의4(운전업무종사자의 준수사항) (2-2) - 다. 그 밖에 철도운영자가 철도차량의 안전운행에 지장을 주지 아니한다고 판단하는 경우

84. 다음 중 위해물품의 종류의 설명으로 옳지 않은 것은?
가. 화약류 : 화약, 화공품, 폭약과 그 밖에 폭발성이 있는 물질
나. 인화성 액체 : 밀폐식 인화점 측정법에 따른 인화점이 섭씨 60.5도 이하인 액체
다. 고압가스 : 섭씨 50도 이하의 임계온도를 가진 물질
라. 인화성 액체 : 개방식 인화점 측정법에 따른 인화점이 섭씨65.6도 이하인 액체

정답 및 풀이 : 다
철도시행규칙 제78조(위해물품의 종류 등)

85. 다음 중 제 43조의 설명으로 옳은 것은?
가. 누구든지 점화류 또는 점폭약류를 붙인 폭약, 니트로글리세린, 건조한 기폭약, 뇌홍질화연에 속하는 것 등 대통령령으로 정하는 위험물의 운송을 위탁할 수 없으며, 철도운영자는 이를 철도로 운송할 수 없다.
나. 누구든지 점화류 또는 점폭약류를 붙인 폭약, 니트로글리세린, 건조한 기폭약, 뇌홍질화연에 속하는 것 등 국토교통부령으로 정하는 위험물의 운송을 위탁할 수 없으며, 철도운영자는 이를 철도로 운송할 수 없다.
다. 누구든지 점화류 또는 점폭약류를 붙인 폭약, 니트로글리세린, 건조한 기폭약, 뇌홍질화연에 속하는 것 등 대통령령으로 정하는 위험물의 운송을 위탁할 수 없으며, 철도종사자는 이를 철도로 운송할 수 없다.
라. 누구든지 점화류 또는 점폭약류를 붙인 폭약, 니트로글리세린, 건조한 기폭약, 뇌홍질화연에 속하는 것 등 국토교통부령으로 정하는 위험물의 운송을 위탁할 수 없으며, 철도종사자는 이를 철도로 운송할 수 없다.

정답 및 풀이 : 가
철도안전법 제43조(위험물의 운송위탁 및 운송 금지) - 누구든지 점화류 또는 점폭약류를 붙인 폭약, 니트로글리세린, 건조한 기폭약, 뇌홍질화연에 속하는 것 등 대통령령으로 정하는 위험물의 운송을 위탁할 수 없으며, 철도운영자는 이를 철도로 운송할 수 없다.

86. 다음 중 관제 업무의 대상에서 제외 하는 것은?
가. 정상운행 하기 전의 신설선 또는 개량선에서 철도 차량을 운행하는 경우
나. 철도차량의 운행에 대한 집중 제어,통제 및 감시
다. 철도 차량의 운행과 관련된 조언과 정보의 제공 업무
라. 사고복구,긴급구조 구호 지시 및 관계기관에 대한 상황보고 전파 업무

정답 및 풀이: 가
법 제 76조(철도교통관제업무의 대상 및 내용 등)다음 각 호의 어느 하나에 해당하는 경우에는 법 제39조의2에 따라 국토교통부장관이 행하는 철도교통관제업무(이하 "관제업무"라 한다)의 대상에서 제외한다.
1. 정상운행을 하기 전의 신설선 또는 개량선에서 철도차량을 운행하는 경우

87. 다음 중 철도 차량 운행에 관한 안전 수칙 중 옳지 않은 것은?
가. 철도 신호에 따라 철도 차량을 운행할 것
나. 철도차량의 운행 중에 휴대전화 등 전자기기를 사용하지 아니할 것.
다. 철도운영자가 정하는 구간별 제한속도에 따라 운행할 것
라. 운행구간의 이상이 발견된 경우 철도운영자에게 즉시 보고할 것

정답 및 풀이 : 라
第76조의4(운전업무종사자의 준수사항) ① 법 제40조의2제1항제1호에서 "철도차량 출발전 국토교통부령으로 정하는 조치사항"이란 다음 각 호를 말한다.
6. 운행구간의 이상이 발견된 경우 관제업무종사자에게 즉시 보고할 것

88. 다음 중 고압가스 내용 중 옳은 것은?
가. 임계온도 50도 이상
나. 50도에서 300킬로파스칼을 초과하는 절대가스압력
다. 21.1도에서 280킬로파스칼을 초과하는 절대 압력
라. 37.8도에서 280킬로파스칼을 초과하는 절대 압력

정답 및 풀이 : 다
第78조(위해물품의 종류 등) ① 법 제42조제2항에 따른 위해물품의 종류는 다음 각 호와 같다.
2. 고압가스: 섭씨 50도 미만의 임계온도를 가진 물질, 섭씨 50도에서 300킬로파스칼을 초과하는 절대압력(진공을 0으로 하는 압력을 말한다. 이하 같다)을 가진 물질, 섭씨 21.1도에서 280킬로파스칼을 초과하거나 섭씨 54.4도에서 730킬로파스칼을 초과하는 절대압력을 가진 물질이나, 섭씨 37.8도에서 280킬로파스칼을 초과하는 절대가스압력(진공을 0으로 하는 가스압력을 말한다)을 가진 액체상태의 인화성 물질

89. 다음 중 철도 보호지구 내용 중 옳지 않은 것은?
가. 철도경계선(가장 바깥쪽 궤도의 끝선을 말한다)으로부터 30미터 이내
나. 노면전차의 경우에는 10미터 이내의 지역을 말한다.
다. 철도 보호지구에서 행위를 할 경우 국토교통부령으로 정하는 바에 따라 국토교통부장관 또는 시 도지사에게 신고하여야 한다.
라. 제1항에 따른 신고를 받은 날부터 30일 이내에 신고인에게 그 이유를 분명히 밝히고 안전조치등을 명하여야 한다.

정답 및 풀이 : 다
第45조(철도보호지구에서의 행위제한 등)
어느 하나에 해당하는 행위를 하려는 자는 대통령령으로 정하는 바에 따라 국토교통부장관 또는 시·도지사에게 신고하여야 한다.

90. 보안검색의 실시 방법 및 절차 등에 해당하지 않는 것은?
가. 국토교통부장관은 보안검색을 실시하려는 경우 사전에 철도운영자등에게 실시계획을 통보해야 한다.
나. 실시계획을 통보받은 철도운영자등은 보안검색의 일정, 장소, 대상 및 범위가 적힌 안내문을 게시해야 한다.
다. 국토교통부장관은 철도특별사법경찰관리로 하여금 여객열차에 승차하는 사람의 신체, 휴대물품 및 수하물에 대한 보안검색을 실시하게 할 수 있다.
라. 보안검색장비가 오류로 작동하지 않는 경우, 특정 장소로 이동하여 보안검색을 할 수 있다.

정답 및 풀이 : 나
철도안전법 제85조의2(보안검색의 실시 방법 및 절차 등)
제3항 본문에 따라 보안검색 실시계획을 통보받은 철도운영자등은 여객이 해당 실시계획을 알 수 있도록 보안검색 일정·장소·대상 및 방법 등을안내문에 게시하여야 한다.

91. 다음 중 철도안전법 제 39조의 3을 위반하는 경우는?
가. 승객 설비를 갖추고 여객을 수송하는 객차에 영상기록장치를 설치 및 운영한 경우
나. 운행기간아 아닌 기간에 음성기록을 한 경우
다. 승강장, 대합실, 승강설비에 영상기록장치를 설비 및 운영한 경우

라. 교통사고 상황 파악을 위해서 영상기록을 이용한 경우

정답 및 풀이 : 나
법 제 39조의 3, 3항
철도운영자등은 설치 목적과 다른 목적으로
영상기록장치를 임의로 조작하거나 다른 곳을 비추어서는 아니 되며, 운행기간 외에는 영상기록(음성기록을 포함한다. 이하 같다)을 하여서는 아니 된다.

92. 다음 중 운전실의 운전조작 상황을 기록하는 영상기록장치를 설치하여야 하는 것은?
가. 운행정보의 기록장치 등을 통해 철도차량의 운전조작 상황을 파악할 수 있는 철도차량
나. 개인이나 회사가 임대한 철도차량
다. 무인운전 철도차량
라. 전용철도의 철도차

정답 및 풀이 : 나
별표 4의 4 1항 나목
나. 가목에도 불구하고 다음의 어느 하나에 해당하는 철도차량의 경우에는 같은 목 2)의 상황을 촬영할 수 있는 영상기록장치는 설치하지 않을 수 있다.
1) 운행정보의 기록장치 등을 통해 철도차량의 운전조작 상황을 파악할 수 있는 철도차량
2) 무인운전 철도차량
3) 전용철도의 철도차량

93. 다음 중 직무장비가 아닌 것은?
가. 수갑
나. 포승
다. 가스분사기
라. 삼단봉

정답 및 풀이 : 라
철도안전법 제48조의 5 제2항
제1항에서의 "직무장비"란 철도특별사법경찰관리가 휴대하여 범인검거와 피의자 호송 등의 직무수행에 사용하는 수갑, 포승, 가스분사기, 전자충격기, 경비봉을 말한다.

94. 다음 중 시험기관에 대해 업무정지를 내릴 수 없는 경우는?
가. 정당한 이유 없이 성능실험을 실시하지 않은 경우
나. 제 48조의3제2항에 따른 기준·방법·절차 등을 위반하여 성능시험을 실시한 경우
다. 제 48조의4제2항에 따른 시험기관 지정기준을 충족하지 못하게 된 경우
라. 업무정지 명령을 받은 후 그 업무정지 기간에 성능시험을 실시한 경우

정답 및 풀이 : 라
철도안전법 제 48조의4 3항
국토교통부장관은 제1항에 따라 시 험기관으로 지정받은 법인이나 단체가 다음 각 호의 어느 하나에 해당하는 경우에는 그 지정을 취소하거나 1년 이내의 기간을 정하여 그 업무의 전부 또는 일부의 정지를 명할 수 있다. 다만, 제1호 또는 제2호에 해당하는 때에는 그 지정을 취소하여야 한다.
1. 거짓이나 그 밖의 부정한 방법을 사용하여 시험기관으로 지정을 받은 경우
2. 업무정지 명령을 받은 후 그 업무정지 기간에 성능시험을 실시한 경우

95. 보안검색장비의 성능인증 기준이 맞는 것은?
가. 한국교통대 철도대학의 인증을 받은 경우
나. 한국철도기술연구원의 인증을 받은 경우

다. 철도시설공단의 인증을 받은 경우
라 국제표준화기구(ISO)에서 정한 품질경영시스템을 갖출 것

정답 및 풀이 : 라
철도안전법 시행규칙 제 85조의 5
법 제48조의3제1항에 따른 보안 검색장비의 성능인증 기준은 다음 각 호와 같다.
1. 국제표준화기구(ISO)에서 정한 품질 경영시스템을 갖출 것
2. 그 밖에 국토교통부장관이 정하여 고시하는 성능, 기능 및 안전성 등을 갖출 것

96. 다음 보기 중 철도운영자가 안전운행에 지장이 있다고 인정하고 열차운행을 일시 중지할 수 있는 보기가 아닌 것을 고르시오.
가. 지진으로 인하여 재해가 발생하였거나 재해가 발생할 것으로 예상되는 경우
나. 강풍으로 인하여 재해가 발생하였거나 재해가 발생할 것으로 예상되는 경우
다. 폭우로 인하여 재해가 발생하였거나 재해가 발생할 것으로 예상되는 경우
라. 폭설로 인하여 재해가 발생하였거나 재해가 발생할 것으로 예상되는 경우

정답 및 풀이 : 나
안전법 제40조에 따라 지진, 태풍, 폭우, 폭설 등으로 인하여 재해가 발생하였거나 재해가 발생할 것으로 예상되는 경우에 열차운행을 일시중지 할 수 있다.

97. 법 제42조 제2항에 따른 위해물품의 종류 중 옳지 않은 것을 고르시오.
가. 고압가스 : 섭씨 40도 미만의 임계온도를 가진 물질
나. 인화성 액체 : 밀폐식 인화점 측정법에 따른 임화점이 섭씨 60.5도 이하인 액체
다. 유기과산화물 : 다른 물질을 산화시키는 성질을 가진 유기물질
라. 방사성물질 : 원자력안전법 제2조에 따른 핵물질 및 방사성물질이나 이로 인하여 오염된 물질로서 방사능의 농도가 kg당 74킬로베크렐 이상인 것

정답 및 풀이 : 가
시행규칙 제78조에 따라 섭씨온도 40도 미만의 임계온도를 가진 물질이 아닌 50도 미만의 임계온도를 가진 물질로 정한다.

98. 안전법 제44조(위험물의 운송)에 나온 대통령령으로 정하는 위험물로 시행령 45조(운송취급주의 위험물)에서 해당하는 것이 아닌 것을 고르시오.
가. 철도운송 중 화재가 발생할 우려가 있는 것
나. 마찰, 충격, 흡습 등 주위의 상황으로 인하여 발화할 우려가 있는 것
다. 유독성 가스를 발생시킬 우려가 있는 것
라. 인화성, 산화성 등이 강하여 그 물질 자체의 성질에 따라 발화할 우려가 있는 것

정답 및 풀이 : 가
시행령 제45조 1호 철도운송 중 폭발할 우려가 있는 것으로 '가' 항의 화재가 발생할 우려가 아닌 폭발할 우려가 맞다.

99. 시행령 제49조(철도 보호를 위한 안전조치)에서 대통령령으로 정하는 필요한 조치에 해당하지 않은 것을 고르시오.
가. 공사로 인하여 약해질 우려가 있는 지반에 대한 보강대책 수립, 시행
나. 선로 옆의 제방 등에 대한 시멘트공사 시행
다. 굴착공사에 사용되는 장비나 공법 등의 변경
라. 시설물의 구조 검토, 보강

정답 및 풀이 : 나
시행령 제49조 2호에 따라 선로 옆의 제방 등에 대한 시멘트공사가 아닌 흙막이공사 시행이 옳다.

100. 시행규칙 제85조의2(보안검색의 실시 방법 및 절차 등)에서 검색장비를 사용하여 검색하는 중 여객의 동의를 받아 직접 신체나 물건을 검색하거나 특정 장소로 이동하여 검색을 할 수 있는데 다음 중 이에 해당하는 경우가 아닌 것을 고르시오.

가. 위해물품을 휴대하고 있는 경우
나. 보안검색장비의 오류 등으로 제대로 작동하지 아니하는 경우
다. 보안검색장비를 통한 검색 결과 그 내용물을 판독할 수 없는 경우
라. 보안의 위협과 관련한 정보의 입수에 따라 필요하다고 인정되는 경우

정답 및 풀이 : 가
시행규칙 제85조의2 2항 2호에 따라 위해물품을 휴대하고 있는 경우가 아닌 휴대하거나 숨기고 있다고 의심되는 경우이다.

101. 시행령 제 52조(퇴거지역의 범위)에서 법 제50조에 나오는 대통령령으로 정하는 지역에 해당하지 않은 것을 고르시오.

가. 정류장
나. 철도신호기의 설비가 설치되어 있는 장소의 담장이나 경계선 안의 지역
다. 통신기기의 설비가 설치되어 있는 장소의 담장이나 경계선 안의 지역
라. 화물을 적하하는 장소의 담장이나 경계선 안의 지역

정답 및 풀이 : 가
정거장이 맞다. 정류장과 정거장은 비슷한 말이지만 엄연히 다른 뜻을 가진다.

102. 안전법 제50조(사람 또는 물건에 대한 퇴거 조치 등)에서 대통령령으로 정하는 지역 밖으로 퇴거시키거나 철거할 수 있는 항목으로 옳지 않은 것을 고르시오.

가. 제42조를 위반하여 운송금지 위험물을 운송위탁하거나 운송하는 자 및 그 위험물
나. 제42조를 위반하여 정거장에서 위해물품을 휴대한 사람 및 그 위해물품
다. 제49조를 위반하여 철도종사자의 직무상 지시를 따르지 아니하거나 직무집행을 방해하는 사람
라. 제48조의 2에 따른 보안검색에 따르지 아니한 사람

정답 및 풀이 : 나
정거장에서가 아닌 여객열차에서 위해물품을 휴대한 사람 및 그 위해물품이 옳다.

103. 다음 중 노면전차의 안전운행 저해행위 등에 관한 내용으로 빈칸에 들어갈 말로 알맞은 것은?

- 깊이 (   )이상의 굴착
- 제2조제1항제1호에 따른 건설기계 중 최대높이가 (   )이상인 건설기계
- 높이가 (   )이상인 인공구조물

가. 5미터
나. 10미터
다. 15미터
라. 20미터

정답 및 풀이 : 나
시행령 제48조의2(노면전차의 안전운행 저해행위 등)
1. 깊이 10미터 이상인 굴착
2. 제2조제1항제1호에 따른 건설기계 중 최대높이가 10미터이상인 건설기계
3. 높이가 10미터 이상인 인공구조물

104. 다음 중 한국철도기술연구원은 법 제48조의3제4항에 따라 보안검색장비가 운영 중에 계속하여 성능을 유지하고 있는지를 확인하기 위한 점검에서 정기점검의 횟수에 대해 알맞은 것은?
가. 매 6개월에 1회
나. 매년 1회
다. 매 2년에 1회
라. 매 3년에 1회

정답 및 풀이 : 나
시행규칙 제85조의7(보안검색장비의 성능점검)
1. 정기점검: 매년 1회

105. 사람의 생명이나 신체에 위해를 끼칠 수 있는 직무장비로 옳은 것은?
가. 경비봉
나. 가스분사기
다. 포승
라. 수갑

정답 및 풀이 : 나
사람의 생명이나 신체에 위해를 끼칠 수 있는 직무장비는 전자충격기 및 가스분사기를 말한다.

106. 다음 중 가연성 물질류로 옳지 않은 것을 고르시오.
가. 화기 등에 의하여 용이하게 점화되며 화재를 조장할 수 있는 가연성 고체
나. 통상적인 운송상태에서 마찰·습기흡수·화학변화 등으로 인하여 자연발열하거나 자연발화하기 쉬운물질
다. 물과 작용하여 인화성 가스를 발생하는 물질
라. 개방식 인화점 측정법에 따른 인화점이 섭씨 65.6도 이하인 액체

정답 및 풀이 : 라
라. 는 인화성 액체에 속한다.

107. 음주를 하거나 약물을 한 상태에서 업무를 해서는 안 되는 인물로 옳지 않은 것은?
가: 운전업무종사자
나: 관제업무종사자
다: 여객승무원
라: 탑승자

정답 및 풀이 : 라

108. 다음 중 손실보상에 대한 내용으로 옳지 않은 것은?
가. 제45조제3항 또는 제4항에 따른 행위의 금지·제한 또는 조치 명령으로 인하여 손실을 입은 자가 있을 때에는 그 손실을 보상하여야 한다.
나. 제1항에 따른 손실의 보상에 관하여는 국토교통부장관, 시·도지사 또는 철도운영자 등이 그 손실을 입은 자와 협의하여야 한다.
다. 제2항에 따른 협의가 성립되지 아니하거나 협의를 할 수 없을 때에는 국토교통부령으로 정하는 바에 따라 재결을 신청할 수 있다.
라: 제3항의 재결에 대한 이의신청에 관하여는 「공익사업을 위한 토지 등의 취득 및 보상에 관한 법률」 제83조부터 제86조까지의 규정을 준용한다.

정답 및 풀이: 다
대통령령으로 정하는 바에 따라 재결을 신청할 수 있다.

109. 철도종사자는 다음 각 호의 어느 하나에 해당되는 사람 또는 물건을 열차 밖이나 대통령 령으로 정하는 지역 밖으로 퇴거시킬 수 있다. 다음 각호의 내용으로 옳지 않은 것은?

가. 법 제42조를 위반하여 여객열차에서 위해물품을 휴대한 사람 및 그 위해물품
나. 제43조를 위반하여 운송 금지 위험물을 운송위탁하거나 운송하는 자 및 그 위험물
다: 제47조제4항을 위반하여 금지행위를 한 사람 및 그 물건
라: 제48조의2에 따른 보안검색에 따르지 아니한 사람

정답 및 풀이: 다
법 제50조 4항: 제47조제1항을 위반하여 금지행위를 한 사람 및 그 물건

110. 국토교통부장관은 제3항에 따른 심사 결과 제1항에 따른 지정기준을 갖추었다고 인정하는 때에는 별지 제45호의17서식의 철도보안검색장비 시험기관 지정서를 발급하고 다음 각 호의 사항을 관보에 고시해야 한다. 다음 중 각호의 사항으로 옳지 않은 것은?

가: 시험기관의 명칭
나: 시험기관의 운영 시간
다: 시험기관 지정일자 및 지정번호
라: 시험기관의 업무수행 범위

정답 및 풀이: 다

111. 철도운영자등은 철도차량의 운행상황 기록, 교통사고 상황파악, 안전사고방지, 범죄 예방 등을 위하여 철도차량 또는 철도시설에 영상기록장치를 설치, 운영해야 하는 것으로 맞는 것은?

가. 철도차량 중 대통령령으로 정하는 운전실
나. 승강장 등 대통령령으로 정하는 안전사고의 우려가 있는 역 구내
다. 대통령령으로 정하는 차량정비기지
라. 변전소 등 대통령령으로 정하는 안전확보가 필요한 철도시설

정답 및 풀이 : 가
제39조의31호
1. 철도차량 중 대통령령으로 정하는 동력차 및 객차

112. 열차운행 일시정지 중 아닌 것은?

가. 철도운영자는 다음 각 호의 어느 하나에 해당하는 경우로서 열차의 안전운행에 지장이 있다고 인정하는 경우에는 열차운행을 일시 중지해야 한다.
나. 철도종사자는 철도사고 및 운행장애의 징후가 발견되거나 발생 위험이 높다고 판단되는 경우에는 관제업무종사자에게 열차운행을 일시 중지할 것을 요청할 수 있다. 이 경우 요청을 받은 관제업무종사자는 특별한 사유가 없으면 즉시 열차운행을 중지하여야 한다.
다. 철도종사자는 제2항에 따른 열차운행의 중지 요청과 관련하여 고의 또는 중대한 과실이 없는 경우에는 민사상 책임을 지지 아니한다.
라. 누구든지 제2항에 따라 열차운행의 중지를 요청한 철도종사자에게 이를 이유로 불이익한 조치를 하여서는 아니 된다.

정답 및 풀이 : 가
해야 한다 ⇒ 할 수 있다

113. 영상기록장치 설치대상에 대한 설명으로 아닌 것은?

가. 법 제 39조의3제1항제2호에서 "승강장 등 국토교통부령으로 정하는 안전사고의 우려가 있는 역 구내"란 승강장, 대합실 및 승강설비를 말한다.
나. 열차의 맨 앞에 위치한 동력차로서 운전실 또는 운전설비가 있는 동력차
다. 승객 설비를 갖추고 여객을 수송하는 객차
라. 법 제39조의3제1항제3호에서 "대통령령으로 정하는 차량정비기지"란 다음 각 호의 차량정비기지를 말한다.

정답 및 풀이 : 가
국토교통부령 ⇒ 대통령령

114. 열차운행의 일시 중지에 대한 설명으로 아닌 것은?

가. 철도운영자는 다음 각 호의 어느 하나에 해당하는 경우로서 열차의 안전운행에 지장이 있다고 인정하는 경우에는 열차운행을 일시 중지할 수 있다.
나. 그 밖에 열차운행에 경미한 장애가 발생하였거나 발생할 것으로 예상되는 경우
다. 철도종사자는 제2항에 따른 열차운행의 중지 요청과 관련하여 고의 또는 중대한 과실이 없는 경우에 민사상 책임을 지지 아니한다.
라. 지진, 태풍, 폭우, 폭설 등 천재지변 또는 악천후로 인하여 재해가 발생하였거나 재해가 발생할 것으로 예상되는 경우

정답 및 풀이 : 나
경미한 ⇒ 중대한

115. 다음 중 운송위탁 및 운송 금지 위험물이 아닌 것은?

가. 니트로글리세린
나. 뇌홍질화연에 속하는 것
다. 건조한 기폭약
라. 유독성 가스를 발생시킬 우려가 있는 것

정답 및 풀이 : 라
라는 운송 취급주의 위험물이다.(시행령 제44조 운송위탁 및 운송 금지 위험물등)

116. 노면전차의 안전운행 저해에 관한 설명으로 옳지 않은 것은?

가. 높이가 10미터 이상인 인공구조물
나. 깊이 20미터 이상의 굴착
다. 건설 기계 중 최대 높이가 10미터 이상인 건설기계
라. "철도보호지구"는 "노면전차 철도보호지구의 바깥쪽 경계선으로부터 20미터 이내의 지역"으로 본다.

정답 및 풀이 : 나.
20미터가 아니고 10미터이다.(시행령 제48조2)

117. 다음 중 시험 기관의 지정에 관한 설명으로 지정을 취소 하여야 하는 경우를 고르시오.

가. 성능시험 결과를 거짓으로 조작하여 수행한 경우
나. 정당한 사유 없이 성능시험을 실시하지 아니한 경우
다. 시험 기관 지정기준을 충족하지 못한 경우
라. 업무정지 명령을 받은 후 그 업무정지 기간에 성능시험을 실시한 경우

정답 및 풀이 : 라.
나머지는 1차 취소가 아님(안전법 제48조의4시험기관의 지정 등)

118. 다음 중 법 제43조에서 "대통령령으로 정하는 위험물"에 속하지 않는 것은?
가. 점화 또는 점폭약류를 붙인 폭약
나. 자연발화성 물질
다. 건조한 기폭약
라. 뇌홍질화연에 속하는 것

정답 및 풀이 : 나
시행령 제44조 & 시행규칙 제78조, 자연발화성 물질은 위해물품 중 가연성 물질류에 속함

119. 다음 중 "국토교통부령으로 정하는 특정한 직무를 수행하기 위한 경우"를 다음 각 호의 사람들이 직무를 수행하기 위해 위해물품을 휴대, 적재하는 경우다. 옳지 않은 것은?
가. [사법경찰관리의 직무를 수행할 자와 그 직무범위에 관한 법률] 제5조제11호에 따른 철도공안 국가공무원
나. [경찰관직무집행법] 제2조에 따른 경찰관직무를 수행하는 사람
다. 군용열차를 호송하는 군인
라. [경비업법] 제2조에 따른 경비원

정답 및 풀이 : 다
시행규칙 제77조, 위험물품을 운송하는 군용열차를 호송하는 군인

120. 다음 중 철도보호지구에서의 안전운행 저해행위에 해당하지 않는 것은?
가. 폭발물이나 인화물질 등 위험물을 제조·저장하거나 전시하는 행위
나. 철도신호등으로 오인할 우려가 있는 시설물이나 조명 설비를 설치하는 행위
다. 시설 또는 설비가 선로의 위로 횡단하거나 선로와 나란히 되도록 설치하는 행위
라. 전차선로에 의하여 감전될 우려가 있는 시설이나 설비를 설치하는 행위

정답 및 풀이 : 다
영 제48조 5항
시설 또는 설비가 선로의 위나 밑으로 횡단하거나 선로와 나란히 되도록 설치하는 행위

121. 다음 중 폭발물 등 적치금지 구역이 아닌 것은?
가. 정거장 및 선로(정거장 또는 선로를 지지하는 구조물 및 그 주변지역을 포함한다)
나. 철도 대합실
다. 철도 교량
라. 철도 터널

정답 및 풀이 : 나
규칙 제81조(폭발물 등 적치금지 구역)2항을 살펴보면 철도 대합실이 아닌 철도 역사로 표기되어 있다.

122. 다음 중 질서유지를 위한 금지행위로 알맞지 않는 것은?
가. 흡연이 금지된 철도시설이나 철도차량 안에서 흡연하는 행위
나. 철도종사자의 허락 없이 철도시설이나 철도차량에서 광고물을 붙이거나 배포하는 행위
다. 역시설에서 철도종사자의 허락 없이 기부를 부탁하거나 물품을 판매·배부하거나 연설·권유를 하는 행위
라. 철도운영자의 허락 없이 선로변에서 총포를 이용하여 수렵하는 행위

정답 및 풀이 : 라
규칙 제85조(질서유지를 위한 금지행위) 4항을 살펴보면 '철도운영자'가 아닌 '철도종사

자'의 허락없이 선로변에서 총포를 이용하여 수렵하는 행위가 금지되어 있다.

123. 보안검색장비의 성능인증으로 틀린 것은?
가. 제48조의 2제1항에 따른 보안검색을 하는 경우에는 국토교통부장관으로부터 성능인증을 받은 보안검색장비를 사용하여야 한다.
나. 국토교통부장관은 제 1항에 따라 성능인증을 받은 보안검색장비의 운영, 유지관리 등에 관한 기준을 정하여 고시하여야 한다.
다. 거짓이나 그 밖의 부정한 방법으로 인증을 받은 경우에는 인증을 취소할 수 있다.
라. 보안검색 장비가 제2항에 따른 성능인증 기준에 적합하지 아니하게 된 경우에는 취소할 수 있다.

정답 및 풀이 : 다
법 제48조의 3을 보면 거짓이나 그 밖의 부정한 방법으로 인증을 받은 경우에는 취소하여야 한다.

124. 여객 등의 안전 및 보안의 내용으로 틀린 것은?
가. 국토 교통부장관은 철도차량의 안전운행 및 철도시설의 보호를 위하여 필요한 경우에는 특별사법경찰 관리로 하여금 여격 열차에 승차하는 사람의 신체, 휴대물품 및 수하물에 대한 보안검색을 실시하여야 한다.
나. 국토교통부 장관은 제 1항의 보안검색 정보 및 그 밖의 철도보안, 치안 관리에 필요한 정보를 효율적으로 활용하기 위하여 철도보안정보체계를 구축, 운영하여야 한다.
다. 국토교통부 장관은 철도보안, 치안을 위하여 필요하다고 인정하는 경우에는 차량 운행정보 등을 철도운영자에게 요구 할 수 있고, 철도운영자는 정당한 사유 없이 그 요구를 거절할 수 없다.
라. 제 1항에 따른 보안 검색의 실시방법과 절차 및 보안검색장비 종류 등에 필요한 사항과 제 2항에 따른 철도보안정보체계 및 제3항에 따른 정보 확인 등에 필요한 사항은 국토교통부령으로 정한다.

정답 및 풀이 : 가
국토 교통부장관은 철도차량의 안전운행 및 철도시설의 보호를 위하여 필요한 경우에는 특별사법경찰 관리로 하여금 여격 열차에 승차하는 사람의 신체, 휴대물품 및 수하물에 대한 보안검색을 실시하게 할 수 있다. 이다.

125. 노면전차의 안전운행 저해행위에 대한 설명으로 틀린 것은?
가. 깊이 10미터 이상의 굴착
나. [건설 기계관리법] 제2조제1항제1호에 따른 건설기계 중 최대높이가 10미터 이상인 건설기계나 높이가 10미터 이상인 인공구조물
다. [건설 기계관리법] 제2조제1항제1호에 위험물을 같은 항 제2호에 따른 지정수량 이상 제조,지장하거나 전시하는 행위
라. 철도보호지구는 노면 전차 철도보호지구의 바깥쪽 경계선으로부터 10미터 이내의 지역으로 본다.

정답 및 풀이 : 라
법 제45조제1항은 법 45조제2항으로 철도보호지구는 노면전차 철도보호지구의 바깥쪽 경계선으로부터 20미터 이내의 지역으로 본다고 나와 있다.

126. 다음 설명 중 손실보상 기준 등에 관한 법률이 아닌 것은?
가. 공익사업을 위한 토지 등의 취득 및 보상에 관한 법률 제68조
나. 공익사업을 위한 토지 등의 취득 및 보상에 관한 법률 제71조
다. 공익사업을 위한 토지 등의 취득 및 보상에 관한 법률 제75조의1
라. 공익사업을 위한 토지 등의 취득 및 보상에 관한 법률 제75조

정답 및 풀이 : 다
시행령 제50조(손실보상)
에서 공익사업을 위한 토지 등의 취득 및 보상에 관한 법률 제75조의1이 아닌 제75조의2의 규정을 준용한다.

127. 위해물품을 검색 탐지 분석하기 위한 장비가 아닌 것은?
가. 엑스선 검색장비
나. 금속탐지장비
다. 기체폭발물탐지장비
라. 폭발물 탐지장비

정답 및 풀이 : 다
시행규칙 제85조의3
위해물픔을 검색 탐지 분석하기 위한 장비는 엑스선 검색장비, 금속탐지장비, 폭발물 탐지장비, 폭발물흔적탐지장비, 액체폭발물탐지장비가 있다. 그래서 기체폭발물탐지장비는 해당되지 않는다.

128. 다음 항목 중 시험기관의 지정취소 및 업무정지의 기준에 따라 2차 위반 시 지정취소가 되는 항목은?
가. 성능시험 결과를 거짓으로 조작해서 수행한 경우
나. 법 48조의4제2항에 따른 시험기관 지정기준을 충족하지 못하게 된 경우
다. 정당한 사유 없이 성능시험을 실시하지 않은 경우
라. 제48조의4제2항에 따른 시험기관 지정기준을 충족하지 못하게 된 경우

정답 및 풀이 : 가
별표 20 시험기관의 지정취소 및 업무정지의 기준(제85조의9제1항 관련)
바. 성능시험 결과를 거짓으로 조작해서 수행한 경우
1차 업무정지 90일 2차 지정 취소

129. 다음 중 법 제47조제1항제1호에서 "국토교통부령으로 정하는 여객출입 금지장소"로 맞는 것은?
가. 선로 시설
나. 철도 터널
다. 철도차량 정비시설
라. 방송실

정답 및 풀이 : 라
제47조제1항제1호에서 국토교통부령으로 정하는 여객출입 금지장소란 운전실, 기관실, 발전실, 방송실입니다.

130. 다음은 법 제48조의2(여객 등의 안전 및 보안) 과 관련된 내용이다. 알맞지 않은 것은?
가. 국토교통부장관은 철도차량의 안전운행 및 철도시설의 보호를 위해 필요한 경우 철도특별사법경찰관리로 하여금 여객열차에 승차하는 사람의 신체, 휴대물품 및 수하물에 대한 보안검색을 실시하게 할 수 있다.
나. 국토교통부장관은 제1항의 보안검색 정보 및 그 밖의 철도보안 · 치안관리에 필요한 정보를 효율적으로 활용하기 위해 철도보안 정보체계를 구축, 운영하여야 한다.
다. 국토교통부장관은 철도보안 · 치안을 위해 필요하다고 인정하는 경우, 차량은 운행정보를 철도운영자에게 요구할 수 있고, 철도운영자는 정당한 사유없이 그 요구를 거절할 수 없다.
라. 국토교통부장관은 철도보안정보체계를 운영하기 위해 철도차량의 안전운행 및 철도시설의 보호에 필요한 모든 정보를 수집 · 관리하여야 한다.

정답 및 풀이 : 라
필요한 모든 정보를 수집, 관리 하는 것이 아니라, 필요한 최소한의 정보만 수집, 관리 하여야 한다.

131. 다음은 법 제48조의2제1항에 따른 보안검색장비의 종류에 관한 내용이다. 위해물품을 검색, 탐지, 분석하기 위한 장비로 아닌 것은?
가. 엑스선 검색장비
나. 방검복
다. 폭발물 탐지장비
라. 액체폭발물 탐지장비

정답 및 풀이 : 나
방검복은 보안검색 시 안전을 위하여 착용 또는 휴대하는 장비이다.

132. 제85조의10(직무장비의 사용기준) 내용 중 틀린 것은?
가. 가스분사기 · 가스발사총 : 최소한의 범위에서 사용하되, 3미터 이내의 거리에서 상대방의 얼굴을 향해 발사하지 말 것
나. 전자충격기 : 14세 미만의 사람이나 임산부에게 사용해서는 안된다.
다. 전자충격기 : 전극침 발사장치가 있는 전자충격기를 사용하는 경우에는 상대방의 얼굴을 향해 전극침을 발사하지 말 것
라. 수갑 · 포승 : 체포영장 · 구속영장의 집행, 신체의 자유를 제한하는 판결 또는 처분을 받은 사람을 법률에서 정한 절차에 따라 호송 · 수용하거나, 범인, 술에 취한 사람, 정신착란자의 자살 또는 자해를 방지하기 위해 필요한 경우에 최소한의 범위에서 사용할 것

정답 및 풀이 : 가
가스분사기, 가스발사총의 경우 1미터 이내의 거리에서 상대방의 얼굴을 향해 발사하지 말 것이라고 되어 있음.

133. 철도운영자등이 법 제61조제1항에 따른 철도사고등이 발생한 때 국토교통부장관에게 즉시 보고해야 하는 내용이 아닌 것은?
가. 사고 발생 일시 및 장소
나. 사고 발생 경위
다. 사상자 등 피해 상황
라. 비상대응절차

정답 및 풀이 : 라
비상대응절차는 국토부장관에게 즉시 보고해야 하는 내용이 아니다.

134. 철도종사자에 대한 안전교육의 내용으로 틀린 것은?
가. 철도사고 사례 및 사고예방대책
나. 철도사고 및 운행장애 등 비상시 응급조치 및 수습복구대책
다. 작업책임자와 작업원의 의사소통 방법
라. 안전관리의 중요성 등 정신교육

정답 및 풀이 : 다
작업책임자와 작업원의 의사소통 방법은 작업책임자의 준수사항이다.

135. 철도교통관제업무의 대상 및 내용에서 관제업무의 내용중 틀린 것은?
가. 철도차량의 운행에 대한 집중 제어, 통제 및 감시
나. 철도시설의 운용상태 등 철도차량의 운행과 관련된 조언과 정보의 제공 업무
다. 철도사고등의 발생 시 사고복구, 긴급구조, 구호 지시 및 관계 기관에 대한 상황 보

고, 전파 업무
라. 그 밖에 대통령이 철도차량의 안전운행 등을 위하여 지시한 사항

정답 및 풀이: 라
대통령이 아닌 국토교통부장관이 지시한 사항이다.

136. 법 제39조의2제4항에 따라 국 토교통부장관이 행하는 관제업무의 내용이 아닌 것은?

가. 철도차량의 운행에 대한 집중제어통제 및 감시
나. 철도시설의 운용상태 등 철도차량의 운행과 관련된 조언과정보의 제공 업무
다. 철도보호지구에서 법 제45조제1항 각호의 어느 하나에 해당 하는 행위를 할 경우 열차운행 통제 업무
라. 관제업무를 수행할 구간의 철도차량 운행의 통제조정 관제업무를 수행할 구간의 철도차량 운행의 통제조정 업무

정답 : 라

137. 다음 철도교통관제에 대한 설명으로 틀린 것은?

가. 철도차량을 운행하는 자는 국토교통부장관이 제시하는 이동, 출발, 정지 등의 지시와 운행 기준, 방법, 절차 및 순서 등에 따라야 한다.
나. 국토교통부장관은 철도차량의 안전하고 효율적인 운행을 위하여 철도차량의 운행과 관련된 조언과 정보를 철도종사자 또는 철도운영자등에게 제공할 수 있다.
다. 국토교통부장관은 철도차량의 안전한 운행을 위하여 철도시설 내에서 사람, 자동차 및 철도차량의 운행제한 등 필요한 안전조치를 취할 수 있다.
라. 상기의 규정에 따라 국토교통부장관이 행하는 업무의 대상, 내용 및 절차 등에 관하여 필요한 사항은 국토교통부령으로 정한다.

정답 및 해설 : 가
철도안전법 제39조의2(철도교통관제)

138. 다음 철도교통관제업무에 대한 설명으로 틀린 것은?

가. 신설선 또는 개량선에서 철도차량 운행의 경우 국토교통부장관이 행하는 관제업무 대상에서 제외한다.
나. 철도운영자 등은 철도시설이 정상상태가 아님이 의심되는 경우 신속히 국토교통부장관에게 통보하여야한다.
다. 철도차량의 운행에 대한 집중 제어, 관리 및 감시는 국토교통부장관이 행하는 관제업무에 포함된다.
라. 관제업무에 관한 세부적인 기준, 절차 및 방법은 국토교통부장관이 정하여 고시한다.

정답 및 해설 : 다
철도안전법 시행규칙 제76조(철도교통관제업무의 대상 및 내용 등)
② 법 제39조의2제4항에 따라 국토교통부장관이 행하는 관제업무의 내용은 다음 각 호와 같다.
1. 철도차량의 운행에 대한 집중 제어·통제 및 감시
2. 철도시설의 운용상태 등 철도차량의 운행과 관련된 조언과 정보의 제공 업무
3. 철도보호지구에서 법 제45조제1항 각호의 어느 하나에 해당하는 행위를 할 경우 열차운행 통제 업무
4. 철도사고등의 발생 시 사고복구, 긴급구조·구호 지시 및 관계 기관에 대한 상황 보고·전파 업무
5. 그 밖에 국토교통부장관이 철도차량의 안전운행 등을 위하여 지시한 사항

139. 다음 중 직무장비의 사용기준으로 틀린 것은?

가. 가스분사기 · 가스발사총(고무탄은 제외한다) : 범인의 체포 또는 도주방지, 타인 또는 철도특별사법경찰관리의 생명 · 신체에 대한 방호, 공무집행에 대한 항거의 억제를 위해 필요한 경우에 최소한의 범위에서 사용하되, 2미터 이내의 거리에서 상대방의 얼굴을 향해 발사하지 말 것

나. 전자충격기 : 14세 미만의 사람이나 임산부에게 사용해서는 안 되며, 전극침 발사장치가 있는 전자충격기를 사용하는 경우에는 상대방의 얼굴을 향해 전극침을 발사하지 말 것

다. 경비봉 : 타인 또는 철도특별사법경찰관리의 생명 · 신체의 위해와 공공시설·재산의 위험을 방지하기 위해 필요한 경우에 최소한의 범위에서 사용할 수 있으며, 인명 또는 신체에 대한 위해를 최소화하도록 할 것

라. 수갑 · 포승 : 체포영장 · 구속영장의 집행, 신체의 자유를 제한하는 판결 또는 처분을 받은 사람을 법률에서 정한 절차에 따라 호송·수용하거나, 범인, 술에 취한 사람, 정신착란자의 자살 또는 자해를 방지하기 위해 필요한 경우에 최소한의 범위에서 사용할 것

정답 및 풀이 : 가

철도안전법 시행규칙 제85조의10(직무장비의 사용기준)

가스분사기 · 가스발사총 : 범인의 체포 또는 도주방지, 타인 또는 철도특별사법경찰관리의 생명 · 신체에 대한 방호, 공무집행에 대한 항거의 억제를 위해 필요한 경우에 최소한의 범위에서 사용하되, 1미터 이내의 거리에서 상대방의 얼굴을 향해 발사하지 말 것 (해당 내용 교재에 없음)

에듀컨텐츠·휴피아
ECH Educontents Huepia

제6장 철도사고조사 · 처리

제60조(철도사고등의 발생 시 조치)

① 철도운영자등은 철도사고등이 발생하였을 때에는 사상자 구호, 유류품(遺留品) 관리, 여객 수송 및 철도시설 복구 등 인명피해 및 재산피해를 최소화하고 열차를 정상적으로 운행할 수 있도록 필요한 조치를 하여야 한다.

② 철도사고등이 발생하였을 때의 사상자 구호, 여객 수송 및 철도시설 복구 등에 필요한 사항은 *대통령령(56조)*으로 정한다.

③ 국토교통부장관은 제61조에 따라 사고 보고를 받은 후 필요하다고 인정하는 경우에는 철도운영자등에게 사고 수습 등에 관하여 필요한 지시를 할 수 있다. 이 경우 지시를 받은 철도운영자등은 특별한 사유가 없으면 지시에 따라야 한다.

＊시행령 제56조(철도사고등의 발생 시 조치사항)

법 제60조제2항에 따라 철도사고등이 발생한 경우 철도운영자등이 준수하여야 하는 사항은 다음 각 호와 같다.

1. 사고수습이나 복구작업을 하는 경우에는 인명의 구조와 보호에 가장 우선순위를 둘 것
2. 사상자가 발생한 경우에는 법 제7조제1항에 따른 안전관리체계에 포함된 비상대응계획에서 정한 절차(이하 "비상대응절차"라 한다)에 따라 응급처치, 의료기관으로 긴급이송, 유관기관과의 협조 등 필요한 조치를 신속히 할 것
3. 철도차량 운행이 곤란한 경우에는 비상대응절차에 따라 대체교통수단을 마련하는 등 필요한 조치를 할 것

제61조(철도사고등 의무보고)

① 철도운영자등은 사상자가 많은 사고 등 *대통령령(57조)*으로 정하는 철도사고등이 발생하였을 때에는 국토교통부령으로 정하는 바에 따라 즉시 *국토교통부장관(86조)*에게 보고하여야 한다.

② 철도운영자등은 제1항에 따른 철도사고등을 제외한 철도사고등이 발생하였을 때에는 *국토교통부령(86조)*으로 정하는 바에 따라 사고 내용을 조사하여 그 결과를 국토교통부장관에게 보고하여야 한다.

＊시행령 제57조(국토교통부장관에게 즉시 보고하여야 하는 철도사고등)

법 제61조제1항에서 "사상자가 많은 사고 등 대통령령으로 정하는 철도사고등"이란 다음 각 호의 어느 하나에 해당하는 사고를 말한다.

1. **열차의 충돌이나 탈선**사고
2. 철도차량이나 열차에서 **화재가 발생하여 운행을 중지**시킨 사고
3. 철도차량이나 열차의 운행과 관련하여 **3명 이상 사상자**가 발생한 사고
4. 철도차량이나 열차의 운행과 관련하여 **5천만원 이상의 재산피해**가 발생한 사고

＊시행규칙 제86조(철도사고등의 의무보고)

① 철도운영자등은 법 제61조제1항에 따른 철도사고등이 발생한 때에는 다음 각 호의 사항을 국토교통부장관에게 즉시 보고하여야 한다.

1. **사고 발생 일시 및 장소**
2. **사상자 등 피해사항**
3. **사고 발생 경위**
4. **사고 수습 및 복구 계획 등**

② 철도운영자등은 법 제61조제2항에 따른 철도사고등이 발생한 때에는 다음 각 호의 구분에 따라 국토교통부장관에게 이를 보고하여야 한다.

1. **초기보고**: 사고발생현황 등
2. **중간보고**: 사고수습·복구상황 등
3. **종결보고**: 사고수습·복구결과 등

③ 제1항 및 제2항에 따른 보고의 절차 및 방법 등에 관한 세부적인 사항은 *국토교통부장관이 정하여 고시*한다.

제61조의2(철도차량 등에 발생한 고장 등 보고 의무)

① 제26조 또는 제27조에 따라 철도차량 또는 철도용품에 대하여 형식승인을 받거나 제26조의3 또는 제27조의2에 따라 철도차량 또는 철도용품에 대하여 제작자승인을 받은 자는 그 승인받은 철도차량 또는 철도용품이 설계 또는 제작의 결함으로 인하여 *국토교통부령(87조)*으로 정하는 고장, 결함 또는 기능장애가 발생한 것을 알게 된 경우에는 *국토교통부령(87조)*으로 정하는 바에 따라 국토교통부장관에게 그 사실을 보고하여야 한다.

② 제38조의7에 따라 철도차량 정비조직인증을 받은 자가 철도차량을 운영하거나 정비하는

중에 *국토교통부령(87조)*으로 정하는 고장, 결함 또는 기능장애가 발생한 것을 알게 된 경우에는 *국토교통부령(87조)*으로 정하는 바에 따라 국토교통부장관에게 그 사실을 보고하여야 한다.

***시행규칙 제87조(철도차량에 발생한 고장, 결함 또는 기능장애 보고)**

① 법 제61조의2제1항에서 "국토교통부령으로 정하는 고장, 결함 또는 기능장애"란 다음 각 호의 어느 하나에 해당하는 고장, 결함 또는 기능장애를 말한다.

1. 법 제26조 및 제26조의3에 따른 승인내용과 다른 설계 또는 제작으로 인한 **철도차량의 고장, 결함 또는 기능장애**
2. 법 제27조 및 제27조의2에 따른 승인내용과 다른 설계 또는 제작으로 인한 **철도용품의 고장, 결함 또는 기능장애**
3. **하자보수 또는 피해배상**을 해야 하는 철도차량 및 철도용품의 고장, 결함 또는 기능장애
4. 그 밖에 제1호부터 제3호까지의 규정에 따른 고장, 결함 또는 기능장애에 준하는 고장, 결함 또는 기능장애

② 법 제61조의2제2항에서 **"국토교통부령으로 정하는 고장, 결함 또는 기능장애"**란 다음 각 호의 어느 하나에 해당하는 고장, 결함 또는 기능장애(법 제61조에 따라 보고된 고장, 결함 또는 기능장애는 제외한다)를 말한다.

1. 철도차량 중정비(철도차량을 완전히 분해하여 검수·교환하거나 탈선·화재 등으로 중대하게 훼손된 철도차량을 정비하는 것을 말한다)가 요구되는 구조적 손상
2. 차상신호장치, 추진장치, 주행장치 그 밖에 철도차량 주요장치의 고장 중 차량 안전에 중대한 영향을 주는 고장
3. 법 제26조제3항, 제26조의3제2항, 제27조제2항 및 제27조의2제2항에 따라 고시된 기술기준에 따른 최대허용범위(제작사가 기술자료를 제공하는 경우에는 그 기술자료에 따른 최대허용범위를 말한다)를 초과하는 철도차량 구조의 균열, 영구적인 변형이나 부식
4. 그 밖에 제1호부터 제3호까지의 규정에 따른 고장, 결함 또는 기능장애에 준하는 고장, 결함 또는 기능장애

③ 법 제61조의2제1항 및 제2항에 따른 보고를 하려는 자는 별지 제45호의18서식의 고장·결함·기능장애 보고서를 국토교통부장관에게 제출하거나 국토교통부장관이 정하여 고시하는 방법으로 국토교통부장관에게 보고해야 한다.

④ 국토교통부장관은 제3항에 따른 보고를 받은 경우 관계 기관 등에게 이를 통보해야 한다.

⑤ 제4항에 따른 통보의 내용 및 방법 등에 관하여 필요한 사항은 *국토교통부장관이 정하여 고시*한다.

제61조의3(철도안전 자율보고)

① 철도안전을 해치거나 해칠 우려가 있는 사건·상황·상태 등(이하 "철도안전위험요인"이라 한다)을 발생시켰거나 철도안전위험요인이 발생한 것을 안 사람 또는 철도안전위험요인이 발생할 것이 예상된다고 판단하는 사람은 국토교통부장관에게 그 사실을 보고할 수 있다.

② 국토교통부장관은 제1항에 따른 보고(이하 "철도안전 자율보고"라 한다)를 한 사람의 의사에 반하여 보고자의 신분을 공개해서는 아니 되며, 철도안전 자율보고를 사고예방 및 철도안전 확보 목적 외의 다른 목적으로 사용해서는 아니 된다.

③ 누구든지 철도안전 자율보고를 한 사람에 대하여 이를 이유로 신분이나 처우와 관련하여 불이익한 조치를 하여서는 아니 된다.

④ 제1항부터 제3항까지에서 규정한 사항 외에 철도안전 자율보고에 포함되어야 할 사항, 보고 방법 및 절차는 *국토교통부령(88조)*으로 정한다.

***시행규칙 제88조(철도안전 자율보고의 절차 등)**

① 법 제61조의3제1항에 따른 철도안전 자율보고를 하려는 자는 별지 제45호의19서식의 철도안전 자율보고서를 한국교통안전공단 이사장에게 제출하거나 국토교통부장관이 정하여 고시하는 방법으로 한국교통안전공단 이사장에게 보고해야 한다.

② 한국교통안전공단 이사장은 제1항에 따른 보고를 받은 경우 관계기관 등에게 이를 통보해야 한다.

③ 제2항에 따른 통보의 내용 및 방법 등에 관하여 필요한 사항은 *국토교통부장관이 정하여 고시*한다.

【제6장 예상 및 기출문제】

1. 국토교통부장관에게 즉시 보고해야 하는 철도사고등에서 틀린 것은?
가. 철도차량이나 열차에서 화재가 발생하여 운행을 중지시킨 사고
나. 철도차량이나 열차의 운행과 관련하여 5천만원 이상의 재산피해가 발생한 사고
다. 열차의 추돌
라. 철도차량이나 열차의 운행과 관련하여 3명 이상 사상자가 발생한 사고

정답 및 풀이 : 다
시행령제57조에 따르면 열차의 추돌이 아닌 열차의 충돌이다.

2. 철도운영자 등이 법 제61조 제1항에 따른 철도사고 등이 발생한 때에는 국토교통부장관에게 즉시 보고하여야 하는 사항으로 옳지 않은 것은?
가. 사고 발생 일시 및 장소
나. 사상자 등 피해사항
다. 사고 발생 경위
라. 사고 예방 및 복구 계획 등

정답 및 풀이 : 라
시행규칙 제86조(철도사고등의 의무보고)
① 철도운영자 등은 법 제61조 제1항에 따른 철도사고 등이 발생한 때에는 다음 각 호의 사항을 국토교통부장관에게 즉시 보고하여야 한다.
1. 사고 발생 일시 및 장소
2. 사상자 등 피해사항
3. 사고 발생 경위
4. 사고 수습 및 복구 계획 등

3. 철도안전 자율보고에 대해 틀린 것은?
가. 누구든지 철도안전 자율보고를 한 사람에 대하여 이를 이유로 신분이나 처우와 관련하여 불이익한 조치를 하여서는 아니 된다.
나. 철도안전 자율보고를 사고 예방 및 철도안전 확보 목적 외의 다른 목적으로 사용해서는 아니 된다.
다. 철도안전 자율보고서는 한국교통안전공단에 제출해야 한다.
라. 철도안전 자율보고를 한 사람의 의사에 반하여 보고자의 신분을 공개해서는 안된다.

정답 및 풀이 : 다
철도안전 자율보고서는 한국교통안전공단 이사장에게 제출해야한다.

4. 사상자가 많은 사고 등 대통령령으로 정하는 철도사고등이 발생하였을 때 국토교통부장관에게 보고하여야 할 사항이 아닌 것은?
가. 사고 발생 일시 및 장소
나. 사고발생현황 등
다. 사고 발생 경위
라. 사고 수습 및 복구 계획 등

정답 및 풀이 : 나
사고발생현황 등은 법 제61조 2항에 따른 철도사고 등이 발생한 때에 보고하여야 하는 사항이다.

5. 다음 중 철도사고등의 의무보고에 대한 설명으로 옳은 것은?
가. "사상자가 많은 사고 등 대통령령으로 정하는 철도사고등"에는 철도차량이나 열차의 운행과 관련하여 3천만원 이상의 재산피해가 발생한 사고를 포함한다.

나. "사상자가 많은 사고 등 대통령령으로 정하는 철도사고등"이 발생한 때에는 초기보고·중간보고·종결보고의 절차에 따라 국토교통부장관에게 이를 즉시 보고하여야 한다.
다. 철도준사고가 발생하였을 때에는 국토교통부령으로 정하는 바에 따라 사고 내용을 조사하여 그 결과를 국토교통부장관에게 보고하여야 한다.
라. 철도운영자등은 법 제61조제2항에 따른 철도사고등이 발생하였을 때에서의 초기보고 내용은 사고수습·복구상황 등이 있다.

정답 및 풀이 : 다
철도안전법 시행규칙 제86조(철도사고등의 의무보고)
1. 초기보고 : 사고발생현황 등
2. 중간보고 : 사고수습·복구상황 등
3. 종결보고 : 사고수습·복구결과 등

6. 철도안전 자율보고에 관한 내용으로 옳지 않은 것은?
가. 누구든지 철도안전 자율보고를 한 사람에 대하여 이를 이휴로 신분이나 처우와 관련하여 불이익한 조치를 하여서는 아니된다
나. 국토교통부장관은 철도안전 자율보고를 한 사람의 의사에 반하여 보고자의 신분을 공개해서는 아니된다
다. 철도안전위험요인을 발생시킨 사람은 국토교통부장관에게 그 사실을 보고하여야 한다.
라. 규정한 사항 외에 철도안전 자율보고에 포함되어야 할 사항, 보고 방법 및 절차는 국토교통부령으로 정한다

정답 및 풀이 : 다
철도안전법 제61조의3(철도안전 자율보고)
① 철도안전을 해치거나 해칠 우려가 있는 사건·상황·상태 등(이하 "철도안전위험요인"이라 한다)을 발생시켰거나 철도안전위험요인이 발생한 것을 안 사람 또는 철도안전위험요인이 발생할 것이 예상된다고 판단하는 사람은 국토교통부장관에게 그 사실을 보고할 수 있다.

7. 다음 중 철도사고등의 발생 시 조치로 옳지 않은 것은?
가. 철도사고등이 발생하였을 때의 사상자 구호, 여객 수송 및 철도시설 복구 등에 필요한 사항은 대통령령으로 정한다.
나. 국토교통부장관은 제61조에 따라 사고 보고를 받은 후 필요하다고 인정하는 경우에는 철도운영자등에게 사고 수습 등에 관하여 필요한 지시를 하여야 한다.
다. 지시를 받은 철도운영자등은 특별한 사유가 없으면 지시에 따라야 한다.
라. 철도운영자등은 철도사고등이 발생하였을 때에는 사상자 구호, 유류품 관리, 여객 수송 및 철도시설 복구 등 인명피해 및 재산피해를 최소화하고 열차를 정상적으로 운행할 수 있도록 필요한 조치를 하여야 한다.

정답 및 풀이 : 나
철도안전법 제60조제3항(철도사고등의 발생 시 조치) - 국토교통부장관은 제61조에 따라 사고 보고를 받은 후 필요하다고 인정하는 경우에는 철도운영자등에게 사고 수습 등에 관하여 필요한 지시를 할 수 있다. 이 경우 지시를 받은 철도운영자등은 특별한 사유가 없으면 지시에 따라야 한다.

8. 철도사고등의 발생시 사상자가 발생한 경우에 비상대응계획에서 정한 절차에 따른 조치로 옳지 않은 것은?
가. 여객 수송
나. 응급처치
다. 유관기관과의 협조
라. 의료기관으로 긴급이송

정답 및 풀이 : 가
여객 수송은 철도운영자등이 철도사고 등이 발생하였을 때 해야 하는 조치이다.

9. 철도사고등의 의무보고에 대한 설명 중 아닌 것은?
가. 초기보고: 사고발생현황 등
나. 중간보고: 사고수습, 사고발생현황 등
나. 종결보고: 사고수습, 복구결과 등
라. 중간보고: 사고수습, 복구상황 등.

정답 및 풀이 : 나
사고발생 ⇒ 복구상황

10. 철도안전 자율보고 중 아닌 것은?
가. 철도안전을 해치거나 해칠 우려가 있는 사건·상황·상태 등(이하 "철도안전위험요인"이라 한다)을 발생시켰거나 철도안전위험요인이 발생한 것을 안 사람 또는 철도안전위험요인이 발생할 것이 예상된다고 판단하는 사람은 국토교통부장관에게 그 사실을 보고할 수 있다.
나. 국토교통부장관은 제1항에 따른 보고(이하 "철도안전 자율보고"라 한다)를 한 사람의 의사에 반하여 보고자의 신분을 공개해서는 아니 되며, 철도안전 자율보고를 사고예방 및 철도안전 확보 목적 외의 다른 목적으로 사용해서는 아니 된다.
다. 누구든지 철도안전 자율보고를 한 사람에 대하여 이를 이유로 신분이나 처우와 관련하여 불이익한 조치를 하여서는 아니 된다.
라. 제1항부터 제3항까지에서 규정한 사항 외에 철도안전 자율보고에 포함되어야 할 사항, 보고 방법 및 절차는 대통령령으로 정한다.

정답 및 풀이 : 라
대통령 ⇒ 국토교통부

11. 다음 중 철도사고등의 발생시 조치사항으로 옳지 않은 것은?
가. 사고 즉시 관제센터에 보고하고 신속히 통제에 따를 것
나. 사고의 수습이나 복구작업을 하는 경우에는 인명의 구조와 보호에 가장 우선순위를 둘 것
다. 사상자가 발생한 경우에는 법 제7조제1항에 따른 안전관리체계에 포함된 비상대응계획에서 정한 절차(이하 "비상대응절차"라 한다)에 따라 응급처치, 의료기관으로 긴급이송, 유관기관과의 협조 등 필요한 조치를 신속히 할 것
라. 철도차량 운행이 곤란한 경우에는 비상대응절차에 따라 대체교통수단을 마련하는 등 필요한 조치를 할 것

정답 및 풀이 : 가
영 제56조(철도사고등의 발생 시 조치사항)을 살펴보면 '가'의 내용은 존재하지 않기에 조치사항으로 올바른 내용이 아니다.

12. 법 제61조제1항에서 "사상자가 많은 사고 등 대통령령으로 정하는 철도사고등"의 내용 중 틀린 것은?
가. 열차의 추돌이나 탈선사고
나. 철도차량이나 열차에서 화재가 발생하여 운행을 중지시킨 사고
다. 철도차량이나 열차의 운행과 관련하여 3명 이상 사상자가 발생한 사고
라. 철도차량이나 열차의 운행과 관련하여 5천만원 이상의 재산피해가 발생한 사고

정답 및 풀이 : 가
열차의 추돌이나 탈선사고가 아닌 열차의 "충돌"이나 탈선사고이다.

제7장 철도안전기반 구축

제68조(철도안전기술의 진흥)

국토교통부장관은 철도안전에 관한 기술의 진흥을 위하여 연구・개발의 촉진 및 그 성과의 보급 등 필요한 시책을 마련하여 추진하여야 한다.

제69조(철도안전 전문기관 등의 육성)

① 국토교통부장관은 철도안전에 관한 전문기관 또는 단체를 지도・육성하여야 한다.

② 국토교통부장관은 철도시설의 건설, 운영 및 관리와 관련된 안전점검업무 등 *대통령령(59조)*으로 정하는 철도안전업무에 종사하는 전문인력(이하 "철도안전 전문인력"이라 한다)을 원활하게 확보할 수 있도록 시책을 마련하여 추진하여야 한다.

③ 국토교통부장관은 철도안전 전문인력의 분야별 자격을 다음 각 호와 같이 구분하여 부여할 수 있다.

1. 철도운행안전관리자
2. 철도안전전문기술자

④ 철도안전 전문인력의 분야별 자격기준, 자격부여 절차 및 자격을 받기 위한 안전교육훈련 등에 관하여 필요한 사항은 *대통령령(60조,60조의2)*으로 정한다.

⑤ 국토교통부장관은 철도안전에 관한 전문기관(이하 "안전전문기관"이라 한다)을 지정하여 철도안전 전문인력의 양성 및 자격관리 등의 업무를 수행하게 할 수 있다.

⑥ 안전전문기관의 지정기준, 지정절차 등에 관하여 필요한 사항은 *대통령령(60조의3,4)*으로 정한다.

⑦ 안전전문기관의 지정취소 및 업무정지*(국토교통부령92조의5)* 등에 관하여는 제15조제6항 및 제15조의2를 준용한다. 이 경우 "운전적성검사기관"은 "안전전문기관"으로, "운전적성검사 업무"는 "안전교육훈련 업무"로, "제15조제5항"은 "제69조제6항"으로, "운전적성검사 판정서"는 "안전교육훈련 수료증 또는 자격증명서"로 본다.

＊시행령 제59조(철도안전 전문인력의 구분)

① 법 제69조제2항에서 "대통령령으로 정하는 철도안전업무에 종사하는 전문인력"이란 다음 각 호의 어느 하나에 해당하는 인력을 말한다.

1. 철도운행안전관리자
2. 철도안전전문기술자

가. 전기철도 분야 철도안전전문기술자

나. 철도신호 분야 철도안전전문기술자

다. 철도궤도 분야 철도안전전문기술자

라. 철도차량 분야 철도안전전문기술자

② 제1항에 따른 철도안전 전문인력(이하 "철도안전 전문인력"이라 한다)의 업무 범위는 다음 각 호와 같다.

1. 철도운행안전관리자의 업무

가. 철도차량의 운행선로나 그 인근에서 철도시설의 건설 또는 관리와 관련한 작업을 수행하는 경우에 작업일정의 조정 또는 작업에 필요한 안전장비·안전시설 등의 점검

나. 가목에 따른 작업이 수행되는 선로를 운행하는 열차가 있는 경우 해당 열차의 운행일정 조정

다. 열차접근경보시설이나 열차접근감시인의 배치에 관한 계획 수립·시행과 확인

라. 철도차량 운전자나 관제업무종사자와 연락체계 구축 등

2. 철도안전전문기술자의 업무

가. 제1항제2호가목부터 다목까지의 철도안전전문기술자: 해당 철도시설의 건설이나 관리와 관련된 설계·시공·감리·안전점검 업무나 레일용접 등의 업무

나. 제1항제2호라목의 철도안전전문기술자: 철도차량의 설계·제작·개조·시험검사·정밀안전진단·안전점검 등에 관한 품질관리 및 감리 등의 업무

***시행령 제60조(철도안전 전문인력의 자격기준)**

① 법 제69조제3항제1호에 따른 철도운행안전관리자의 자격을 부여받으려는 사람은 국토교통부장관이 인정한 교육훈련기관에서 *국토교통부령(91조)*으로 정하는 교육훈련을 수료하여야 한다.

② 법 제69조제3항제2호에 따른 철도안전전문기술자의 자격기준은 *별표 5*와 같다.

■ 철도안전법 시행령 [별표 5]

철도안전전문기술자의 자격기준(제60조제2항 관련)

구분	자격 부여 범위
1. 특급	가. 「전력기술관리법」, 「전기공사업법」, 「정보통신공사업법」이나 「건설기술 진흥법」(이하 "관계법령"이라 한다)에 따른 특급기술자·특급기술인·특급감리원·수석감리사 또는 특급전기공사기술자로서 다음의 어느 하나에 해당하는 사람 1) 「국가기술자격법」에 따른 철도의 해당 기술 분야의 기술사 또는 기사자격 취득자 2) 3년 이상 철도의 해당 기술 분야에 종사한 경력이 있는 사람 나. 별표 1의2에 따른 1등급 철도차량정비기술자로서 경력에 포함되는 기술자격의 종목과 관련된 기술사, 기능장 또는 기사자격 취득자
2. 고급	가. 관계법령에 따른 특급기술자·특급기술인·특급감리원·수석감리사 또는 특급공사기술자로서 1년 6개월 이상 철도의 해당 기술 분야에 종사한 경력이 있는 사람 나. 관계법령에 따른 고급기술자·고급기술인·고급감리원·감리사 또는 고급전기공사기술자로서 다음의 어느 하나에 해당하는 사람 1) 「국가기술자격법」에 따른 철도의 해당 기술 분야의 기사 또는 산업기사 자격 취득자 2) 3년 이상 철도의 해당 기술 분야에 종사한 경력이 있는 사람 다. 별표 1의2에 따른 2등급 철도차량정비기술자로서 경력에 포함되는 기술자격의 종목과 관련된 기사 또는 산업기사 자격 취득자
3. 중급	가. 관계법령에 따른 고급기술자·고급기술인·고급감리원·감리사 또는 고급전기공사기술자로서 1년 6개월 이상 철도의 해당 기술 분야에 종사한 경력이 있는 사람 나. 관계법령에 따른 중급기술자·중급기술인·중급감리원 또는 중급전기공사기술자로서 다음의 어느 하나에 해당하는 사람 1) 「국가기술자격법」에 따른 철도의 해당 기술 분야의 기사, 산업기사 또는 기능사 자격 취득자 2) 3년 이상 철도의 해당 기술 분야에 종사한 경력이 있는 사람 다. 별표 1의2에 따른 3등급 철도차량정비기술자로서 경력에 포함되는 기술자격의 종목과 관련된 기사, 산업기사 또는 기능사 자격 취득자
4. 초급	가. 관계법령에 따른 중급기술자·중급기술인·중급감리원 또는 중급전기공사기술자로서 1년 6개월 이상 철도의 해당 기술 분야에 종사한 경

	력이 있는 사람 나. 관계법령에 따른 초급기술자·초급기술인·초급감리원·감리사보 또는 초급전기공사 기술자로서 다음의 어느 하나에 해당하는 사람 1) 「국가기술자격법」에 따른 철도의 해당 기술 분야의 기사, 산업기사 또는 기능사 자격 취득자 2) 3년 이상 철도의 해당 기술 분야에 종사한 경력이 있는 사람 다. 국토교통부령으로 정하는 철도의 해당 기술 분야의 설계·감리·시공·안전점검 관련 교육과정을 수료하고 수료 시 시행하는 검정시험에 합격한 사람 라. 「국가기술자격법」에 따른 용접자격을 취득한 사람으로서 국토교통부장관이 지정한 전문기관 또는 단체의 레일용접인정자격시험에 합격한 사람 마. 별표 1의2에 따른 4등급 철도차량정비기술자로서 경력에 포함되는 기술자격의 종목과 관련된 기사, 산업기사 또는 기능사 자격 취득자

＊시행규칙 제91조(철도안전 전문인력의 교육훈련)

① 영 제60조제1항 및 영 별표 5에 따른 철도안전 전문인력의 교육훈련은 *별표 24*에 따른다.

② 제1항에 따른 교육훈련의 방법·절차 등에 관하여 필요한 세부사항은 국토교통부장관이 정한다.

■ 철도안전법 시행규칙 [별표 24]

철도안전 전문인력의 교육훈련(제91조제1항 관련)

대상자	교육시간	교육내용	교육시기
철도운행 안전관리자	120시간(3주) - 직무관련: 100시간 - 교양교육: 20시간	- 열차운행의 통제와 조정 - 안전관리 일반 - 관계법령 - 비상 시 조치 등	- 철도운행안전관리자로 인정받으려는 경우
철도안전 전문기술자 (초 급)	120시간(3주) - 직무관련: 100시간 - 교양교육: 20시간	- 기초전문 직무교육 - 안전관리 일반 - 관계법령 - 실무실습	- 철도안전전문 초급기술자로 인정받으려는 경우

＊시행령 제60조의2(철도안전 전문인력의 자격부여 절차 등)

① 법 제69조제3항에 따른 자격을 부여받으려는 사람은 *국토교통부령(92조)*으로 정하는 바에 따라 국토교통부장관에게 자격부여 신청을 하여야 한다.

② 국토교통부장관은 제1항에 따라 자격부여 신청을 한 사람이 해당 자격기준에 적합한 경우에는 제59조제1항에 따른 전문인력의 구분에 따라 자격증명서를 발급하여야 한다.

③ 국토교통부장관은 제1항에 따라 자격부여 신청을 한 사람이 해당 자격기준에 적합한지를 확인하기 위하여 그가 소속된 기관이나 업체 등에 관계 자료 제출을 요청할 수 있다.

④ 국토교통부장관은 철도안전 전문인력의 자격부여에 관한 자료를 유지·관리하여야 한다.

⑤ 제1항부터 제4항까지의 규정에 따른 자격부여 절차와 방법, 자격증명서 발급 및 자격의 관리 등에 필요한 사항은 *국토교통부령(92조)*으로 정한다.

＊시행규칙 제92조(철도안전 전문인력 자격부여 절차 등)

① 영 제60조의2제1항에 따른 철도안전 전문인력의 자격을 부여받으려는 자는 별지 제46호서식의 철도안전 전문인력 자격부여(증명서 재발급) 신청서에 다음 각 호의 서류를 첨부하여 법 제69조제5항에 따라 지정받은 안전전문기관(이하 "안전전문기관"이라 한다)에 제출하여야 한다.

1. 경력을 확인할 수 있는 자료
2. 교육훈련 이수증명서(해당자에 한정한다)
3. 「전기공사업법」에 따른 전기공사 기술자, 「전력기술관리법」에 따른 전력기술인, 「정보통신공사업법」에 따른 정보통신기술자 경력수첩 또는 「건설기술 진흥법」에 따른 건설기술경력증 사본(해당자에 한정한다)
4. 국가기술자격증 사본(해당자에 한정한다)
5. 이 법에 따른 철도차량정비경력증 사본(해당자에 한정한다)
6. 사진(3.5센티미터×4.5센티미터)

② 안전전문기관은 제1항에 따른 신청인이 영 제60조제1항 및 제2항에 따른 자격기준에 적합한 경우에는 별지 제47호서식의 철도안전 전문인력 자격증명서를 신청인에게 발급하여야 한다.

③ 제2항에 따라 철도안전 전문인력 자격증명서를 발급받은 사람이 철도안전 전문인력 자격증명서를 잃어버렸거나 철도안전 전문인력 자격증명서가 헐거나 훼손되어 못 쓰게 된 때에는 별지 제46호서식의 철도안전 전문인력 자격증명서 재발급 신청서에 다음 각 호의 서류를 첨부하여 안전전문기관에 신청해야 한다. <개정 2023. 1. 18.>

1. 철도안전 전문인력 자격증명서(헐거나 훼손되어 못 쓰게 된 경우만 제출한다)
2. 분실사유서(분실한 경우만 제출한다)

3. 증명사진(3.5센티미터×4.5센티미터)

④ 제3항에 따른 재발급 신청을 받은 안전전문기관은 자격부여 사실과 재발급 사유를 확인한 후 철도안전 전문인력 자격증명서를 신청인에게 재발급해야 한다.

⑤ 안전전문기관은 해당 분야 자격 취득자의 자격증명서 발급 등에 관한 자료를 유지·관리하여야 한다.

＊시행령 제60조의3(안전전문기관 지정기준)

① 법 제69조제6항에 따른 안전전문기관으로 지정받을 수 있는 기관이나 단체는 다음 각 호의 어느 하나와 같다.

2. 철도안전과 관련된 업무를 수행하는 학회·기관이나 단체
3. 철도안전과 관련된 업무를 수행하는 「민법」 제32조에 따라 국토교통부장관의 허가를 받아 설립된 비영리법인

② 법 제69조제6항에 따른 안전전문기관의 지정기준은 다음 각 호와 같다.

1. 업무수행에 필요한 상설 전담조직을 갖출 것
2. 분야별 교육훈련을 수행할 수 있는 전문인력을 확보할 것
3. 교육훈련 시행에 필요한 사무실·교육시설과 필요한 장비를 갖출 것
4. 안전전문기관 운영 등에 관한 업무규정을 갖출 것

③ 국토교통부장관은 필요하다고 인정하는 경우에는 *국토교통부령(92조의2)*으로 정하는 바에 따라 분야별로 구분하여 안전전문기관을 지정할 수 있다.

④ 제2항에 따른 안전전문기관의 세부 지정기준은 *국토교통부령(92조의3)*으로 정한다.

＊시행규칙 제92조의2(분야별 안전전문기관 지정)

국토교통부장관은 영 제60조의3제3항에 따라 다음 각 호의 분야별로 구분하여 전문기관을 지정할 수 있다.

1. 철도운행안전 분야
2. 전기철도 분야
3. 철도신호 분야
4. 철도궤도 분야
5. 철도차량 분야

*시행규칙 제92조의3(안전전문기관의 세부 지정기준 등)

① 영 제60조의3제4항에 따른 안전전문기관의 세부 지정기준은 *별표 25*와 같다.

② 영 제60조의5제1항에 따른 안전전문기관의 변경사항 통지는 별지 제11호의2서식에 따른다.

■ 철도안전법 시행규칙 [별표 25]

철도안전 전문기관 세부 지정기준(제92조의3 관련)

1. 기술인력의 기준

가. 자격기준

등급	기술자격자	학력 및 경력자
교 육 책임자	1) 철도 관련 해당 분야 기술사 또는 이와 같은 수준 이상의 자격을 취득한 사람으로서 10년 이상 철도 관련 분야에 근무한 경력이 있는 사람 2) 철도 관련 해당 분야 기사 자격을 취득한 사람으로서 15년 이상 철도 관련 분야에 근무한 경력이 있는 사람 3) 철도 관련 해당 분야 산업기사 자격을 취득한 사람으로서 20년 이상 철도 관련 분야에 근무한 경력이 있는 사람 4) 「국민 평생 직업능력 개발법」 제33조에 따라 직업능력개발훈련 교사자격증을 취득한 사람으로서 철도 관련 분야 재직경력이 10년 이상인 사람	1) 철도 관련 분야 박사학위를 취득한 사람으로서 10년 이상 철도 관련 분야에 근무한 경력이 있는 사람 2) 철도 관련 분야 석사학위를 취득한 사람으로서 15년 이상 철도 관련 분야에 근무한 경력이 있는 사람 3) 철도 관련 분야 학사학위를 취득한 사람으로서 20년 이상 철도 관련 분야에 근무한 경력이 있는 사람 4) 관련 분야 4급 이상 공무원 경력자 또는 이와 같은 수준 이상의 경력자로서 철도 관련 분야 재직경력이 10년 이상인 사람
이론 교관	1) 철도 관련 해당분야 기술사 또는 이와 같은 수준 이상의 자격을 취득한 사람 2) 철도 관련 해당분야 기사 자격을 취득한 사람으로서 10년 이상 철도 관련 분야에 근무한 경력이	1) 철도 관련 분야 박사학위를 취득한 사람으로서 5년 이상 철도 관련 분야에 근무한 경력이 있는 사람 2) 철도 관련 분야 석사학위를 취득한 사람으로서 10년 이상 철도 관련 분야에 근무한 경력이 있는 사람

	있는 사람 3) 철도 관련 해당 분야 산업기사 자격을 취득한 사람으로서 15년 이상 철도 관련 분야에 근무한 경력이 있는 사람	3) 철도 관련 분야 학사학위를 취득한 사람으로서 15년 이상 철도 관련 분야에 근무한 경력이 있는 사람 4) 철도 관련 분야 6급 이상의 공무원 경력자 또는 이와 같은 수준 이상의 경력자로서 철도 관련 분야 재직경력이 10년 이상인 사람
기능교관	1) 철도 관련 해당 분야 기사 이상의 자격을 취득한 사람으로서 2년 이상 철도 관련 분야에 근무한 경력이 있는 사람 2) 철도 관련 해당 분야 산업기사 이상의 자격을 취득한 사람으로서 3년 이상 철도 관련 분야에 근무한 경력이 있는 사람	1) 철도 관련 분야 석사학위를 취득한 사람으로서 2년 이상 철도 관련 분야에 근무한 경력이 있는 사람 2) 철도 관련 분야 학사학위를 취득한 사람으로서 3년 이상 철도 관련 분야에 근무한 경력이 있는 사람 3) 철도 관련 분야 7급 이상의 공무원 경력자 또는 이와 같은 수준 이상의 경력자로서 철도 관련 분야 재직 경력이 10년 이상인 사람

비고:

1. 박사·석사·학사 학위는 학위수여학과에 관계없이 학위 취득 시 학위논문 제목에 철도 관련 연구임이 명확하게 기록되어야 함.
2. "철도 관련 분야"란 철도안전, 철도차량 운전, 관제, 전기철도, 신호, 궤도, 통신 및 철도차량 분야를 말한다.
3. "철도 관련 분야에 근무한 경력" 및 교육책임자의 기술자격자란4)의 "철도 관련 분야 재직경력"은 해당 학위 또는 자격증을 취득하기 전과 취득한 후의 경력을 모두 포함한다.

나. 보유기준

1) 최소보유기준: 교육책임자 1명, 이론교관 3명, 기능교관을 2명 이상 확보하여야 한다.
2) 1회 교육생 30명을 기준으로 교육인원이 10명 추가될 때마다 이론교관을 1명 이상 추가로 확보하여야 한다. 다만 추가로 확보하여야 하는 이론교관은 비전임으로 할 수 있다.
3) 이론교관 중 기능교관 자격을 갖춘 사람은 기능교관을 겸임할 수 있다.
4) 안전점검 업무를 수행하는 경우에는 영 제59조에 따른 분야별 철도안전 전문인력 8명(특급 3명, 고급 이상 2명, 중급 이상 3명) 이상, 열차운행 분야의 경우에는 철도

운행안전관리자 3명 이상을 확보할 것

2. 시설・장비의 기준

가. 강의실: 60㎡ 이상(의자, 탁자 및 교육용 비품을 갖추고 1㎡당 수용인원이 1명을 초과하지 않도록 한다)

나. 실습실: 125㎡(20명 이상이 동시에 실습할 수 있는 실습실 및 실습 장비를 갖추어야 한다)이상이어야 한다. 다만, 철도운행안전관리자의 경우 60㎡ 이상으로 할 수 있으며, 강의실에 실습 장비를 함께 설치하여 활용할 수 있는 경우는 제외한다.

다. 시청각 기자재: 텔레비전・비디오 1세트, 컴퓨터 1세트, 빔 프로젝터 1대 이상

라. 철도차량 운행, 전기철도, 신호, 궤도 및 철도안전 등 관련 도서 100권 이상

마. 그 밖에 교육훈련에 필요한 사무실・집기류・편의시설 등을 갖추어야 한다.

바. 전기철도・신호・궤도분야의 경우 다음과 같은 교육 설비를 확보하여야 한다.

1) 전기철도 분야: 모터카 진입이 가능한 궤도와 전차선로 600㎡ 이상의 실습장을 확보하여 절연 구분장치, 브래킷, 스팬선, 스프링밸런서, 균압선, 행거, 드롭퍼, 콘크리트 및 H형 강주 등이 설치되어 전차선가선 시공기술을 반복하여 실습할 수 있는 설비를 확보할 것

2) 철도신호 분야: 계전연동장치, 신호기장치, 자동폐색장치, 궤도회로장치, 선로전환장치, 신호용 전력공급장치, ATS장치 등을 갖춘 실습장을 확보하여 신호보안장치 시공기술을 반복하여 실습할 수 있는 설비를 확보할 것

3) 궤도 분야: 표준 궤간의 철도선로 200m 이상과 평탄한 광장 90㎡ 이상의 실습장을 확보하여 장대레일 재설정, 받침목다짐, GAS압접, 테르밋용접 등을 반복하여 실습할 수 있는 설비를 확보할 것

사. 장비 및 자재기준

1) 전기철도 분야: 교육을 실시할 수 있는 사다리차, 전선크램프, 도르레, 절연저항측정기, 전차선 가선측정기, 특고압 검전기, 접지걸이, 장선기, 가스누설 측정기, 활선용 피뢰기 진단기, 적외선 온도측정기, 콘크리트 강도 측정기, 아연도금 피막 측정기, 토오크 측정기, 슬리브 압축기, 애자 인장기, 자분 탐상기, 초저항 측정기, 접지저항 측정기, 초음파 측정기 등 장비와 실습용으로 사용할 수 있는 크램프, 금구, 급전선, 행거이어, 조가선, 애자, 드롭퍼용 전선, 슬리브, 완철, 전차선, 구분장치, 브래킷, 밴드, 장력조정장치, 표지, 전기철도자재 샘플보드 등 자재를 보유할 것

2) 신호 분야: 오실로스코프(전압의 변화를 화면으로 보여주는 장치), 접지저항계, 절연저항계, 클램프미터, 습도계(Hygrometer), 멀티미터(Mulimeter), 선로전환기 전환력 측정기, 전기회로시험기, 인터그레터, ATS지상자 측정기 등 장비를 보유할 것

3) 궤도 분야: 레일 절단기, 레일 연마기, 레일 다지기, 양로기, 레일 가열기, 샤링머신, 연마기, 그라인더, 얼라이먼트, 가스압접기, 테르밋 용접기, 고압펌프, 압력평행기, 발전기, 단면기, 초음파 탐상기, 레일단면 측정기 등 장비와 레일 온도계, 팬드롤

바, 크램프척, 버너(불판) 등 공구를 보유할 것

4) 철도운행안전관리자는 열차운행선 공사(작업) 시 안전조치에 관한 교육을 실시할 수 있는 무전기 등 장비와 단락용 동선 등 교육자재를 갖출 것

5) 철도차량 분야: 절연저항측정기, 내전압시험기, 온도측정기, 습도계, 전기측정기(AC/DC 전류, 전압, 주파수 등), 차상신호장치 시험기, 자분탐상기, 초음파 탐상기, 음향측정기, 다채널 데이터 측정기(소음, 진동 등), 거리측정기(비접촉), 속도측정기, 윤중(輪重: 철도차량 바퀴에 의하여 철도선로에 수직으로 가해지는 중량) 동시측정기, 제동압력 시험기 등의 장비·공구를 확보하여 철도차량 설계·제작·개조·개량·정밀안전진단 안전점검 기술을 반복하여 실습할 수 있는 설비를 갖출 것

***시행령 제60조의4(안전전문기관 지정절차 등)**

① 법 제69조제6항에 따른 안전전문기관으로 지정을 받으려는 자는 *국토교통부령(92조의4)*으로 정하는 바에 따라 철도안전 전문기관 지정신청서를 제출하여야 한다.

② 국토교통부장관은 제1항에 따라 안전전문기관의 지정 신청을 받은 경우에는 다음 각 호의 사항을 종합적으로 심사한 후 지정 여부를 결정하여야 한다.

1. 제60조의3에 따른 지정기준에 관한 사항
2. 안전전문기관의 운영계획
3. 철도안전 전문인력 등의 수급에 관한 사항
4. 그 밖에 국토교통부장관이 필요하다고 인정하는 사항

③ 국토교통부장관은 안전전문기관을 지정하였을 경우에는 *국토교통부령(92조의4)*으로 정하는 바에 따라 철도안전 전문기관 지정서를 발급하고 그 사실을 관보에 고시하여야 한다.

***시행규칙 제92조의4(안전전문기관 지정 신청 등)**

① 영 제60조의4제1항에 따라 안전전문기관으로 지정받으려는 자는 별지 제47호의2서식의 철도안전 전문기관 지정신청서(전자문서를 포함한다)에 다음 각 호의 서류를 첨부하여 국토교통부장관에게 제출하여야 한다. <개정 2013. 3. 23., 2019. 6. 18.>

1. 안전전문기관 운영 등에 관한 업무규정
2. 교육훈련이 포함된 운영계획서(교육훈련평가계획을 포함한다)
3. 정관이나 이에 준하는 약정(법인 그 밖의 단체의 경우만 해당한다)
4. 교육훈련, 철도시설 및 철도차량의 점검 등 안전업무를 수행하는 사람의 자격·학력·경력 등을 증명할 수 있는 서류

5. 교육훈련, 철도시설 및 철도차량의 점검에 필요한 강의실 등 시설·장비 등 내역서

6. 안전전문기관에서 사용하는 직인의 인영

② 영 제60조의4제3항에 따른 철도안전 전문기관 지정서는 별지 제47호의3서식에 따른다.

＊시행규칙 제92조의5(안전전문기관의 지정취소·업무정지 등)

① 법 제69조제7항에서 준용하는 법 제15조의2에 따른 안전전문기관의 지정취소 및 업무정지의 기준은 *별표 26*과 같다.

② 국토교통부장관은 안전전문기관의 지정을 취소하거나 업무정지의 처분을 한 경우에는 지체 없이 그 안전전문기관에 별지 제11호의3서식의 지정기관 행정처분서를 통지하고 그 사실을 관보에 고시하여야 한다.

■ **철도안전법 시행규칙 [별표 26]**

안전전문기관의 지정취소 및 업무정지의 기준(제92조의5제1항 관련)

위반사항	해당 법조문	처분기준			
		1차 위반	2차 위반	3차 위반	4차 위반
1. 거짓이나 그 밖의 부정한 방법으로 지정을 받은 경우	법 제15조의2 제1항제1호 및 제69조 제7항	지정취소			
2. 업무정지 명령을 위반하여 그 정지기간 중 안전교육훈련업무를 한 경우	법 제15조의2 제1항제2호 및 제69조 제7항	지정취소			
3. 법 제69조제6항에 따른 지정기준에 맞지 아니하게 된 경우	법 제15조의2 제1항제3호 및 제69조 제7항	경 고 또 는 보완명령	업무정지 1개월	업무정지 3개월	지정취소
4. 정당한 사유 없이 안전교육훈련업무를 거부한 경우	법 제15조의2 제1항제4호 및 제69조 제7항	경고	업무정지 1개월	업무정지 3개월	지정취소
5. 법 제15조제6항을 위반하여 거짓이나 그 밖의 부정한 방법으로 안전교육훈련 수료증 또는 자격증명서를 발급한 경우	법 제15조의2 제1항제5호 및 제69조 제7항	업무정지 1개월	업무정지 3개월	지정취소	

비고:

1. 위반행위가 둘 이상인 경우로서 그에 해당하는 각각의 처분기준이 다른 경우에는 그 중 무거운 처분기준에 따르며, 위반행위가 둘 이상인 경우로서 그에 해당하는 각각의 처분기준이 같은 경우에는 무거운 처분기준의 2분의 1까지 가중할 수 있되, 각 처분기준을 합산한 기간을 초과할 수 없다.
2. 위반행위의 횟수에 따른 행정처분의 가중된 부과기준은 최근 1년간 같은 위반행위로 행정처분을 받은 경우에 적용한다. 이 경우 기간의 계산은 위반행위에 대하여 행정처분을 받은 날과 그 처분 후 다시 같은 위반행위를 하여 적발된 날을 기준으로 한다.
3. 비고 제2호에 따라 가중된 행정처분을 하는 경우 가중처분의 적용 차수는 그 위반행위 전 부과처분 차수(비고 제2호에 따른 기간 내에 행정처분이 둘 이상 있었던 경우에는 높은 차수를 말한다)의 다음 차수로 한다.
4. 처분권자는 위반행위의 동기·내용 및 위반의 정도 등 다음 각 목에 해당하는 사유를 고려하여 그 처분을 감경할 수 있다. 이 경우 그 처분이 업무정지인 경우에는 그 처분기준의 2분의 1 범위에서 감경할 수 있고, 지정취소인 경우(거짓이나 그 밖의 부정한 방법으로 지정을 받은 경우나 업무정지 명령을 위반하여 그 정지기간 중 안전교육훈련업무를 한 경우는 제외한다)에는 3개월의 업무정지 처분으로 감경할 수 있다.
   가. 위반행위가 고의나 중대한 과실이 아닌 사소한 부주의나 오류로 인한 것으로 인정되는 경우
   나. 위반의 내용·정도가 경미하여 이해관계인에게 미치는 피해가 적다고 인정되는 경우

* 시행령 제60조의5(안전전문기관의 변경사항 통지)

① 안전전문기관은 그 명칭・소재지나 그 밖에 안전전문기관의 업무수행에 중대한 영향을 미치는 사항의 변경이 있는 경우에는 **해당 사유가 발생한 날부터 15일 이내**에 국토교통부장관에게 그 사실을 알려야 한다.

② 국토교통부장관은 제1항에 따른 통지를 받은 경우에는 그 사실을 관보에 고시하여야 한다.

제69조의2(철도운행안전관리자의 배치 등)

① 철도운영자등은 철도차량의 운행선로 또는 그 인근에서 철도시설의 건설 또는 관리와 관련한 작업을 시행할 경우 철도운행안전관리자를 배치하여야 한다. 다만, 철도운영자등이 자체적으로 작업 또는 공사 등을 시행하는 경우 등 *대통령령(60조의6)*으로 정하는 경우에는 그러하지 아니하다.

② 제1항에 따른 철도운행안전관리자의 배치기준, 방법 등에 관하여 필요한 사항은 *국토교통부령(92조의6)*으로 정한다.

※시행령 제60조의6(철도운행안전관리자의 배치)

법 제69조의2제1항 단서에서 **"철도운영자등이 자체적으로 작업 또는 공사 등을 시행하는 경우 등 대통령령으로 정하는 경우"** 란 다음 각 호의 어느 하나에 해당하는 경우를 말한다.

1. 철도운영자등이 선로 점검 작업 등 3명 이하의 인원으로 할 수 있는 소규모 작업 또는 공사 등을 자체적으로 시행하는 경우
2. 천재지변 또는 철도사고 등 부득이한 사유로 긴급 복구 작업 등을 시행하는 경우

※시행규칙 제92조의6(철도운행안전관리자의 배치기준 등)

① 법 제69조의2제2항에 따른 철도운행안전관리자의 배치기준 등은 *별표 27*과 같다.

② 철도운행안전관리자는 배치된 기간 중에 수행한 업무에 대하여 별지 제47호의4서식의 근무상황일지를 작성하여 철도운영자등에게 제출해야 한다.

■ 철도안전법 시행규칙 [별표 27]

철도운행안전관리자의 배치기준 등(제92조의6제1항 관련)

1. 철도운영자등은 작업 또는 공사가 다음 각 목의 어느 하나에 해당하는 경우에는 작업 또는 공사 구간 별로 철도운행안전관리자를 1명 이상 별도로 배치해야 한다. 다만, 열차의 운행 빈도가 낮아 위험이 적은 경우에는 국토교통부장관과 사전 협의를 거쳐 작업책임자가 철도운행안전관리자 업무를 수행하게 할 수 있다.
   가. 도급 및 위탁 계약 방식의 작업 또는 공사
      1) 철도운영자등이 도급(공사)계약 방식으로 시행하는 작업 또는 공사
      2) 철도운영자등이 자체 유지 · 보수 작업을 전문용역업체 등에 위탁하여 6개월 이상 장기간 수행하는 작업 또는 공사.
   나. 철도운영자등이 직접 수행하는 작업 또는 공사로서 4명 이상의 직원이 수행하는 작업 또는 공사

2. 철도운영자등은 작업 또는 공사의 효율적인 수행을 위해서는 제1호에도 불구하고 제1호 가목2) 및 같은 호 나목에 따른 작업 또는 공사에 대해 철도운행안전관리자를 작업 또는 공사를 수행하는 직원으로 지정할 수 있고, 제1호 각 목에 따른 작업 또는 공사에 대해 철도운행안전관리자 2명 이상이 3개 이상의 인접한 작업 또는 공사 구간을 관리하게 할 수 있다.

제69조의3(철도안전 전문인력의 정기교육)

① 제69조에 따라 철도안전 전문인력의 분야별 자격을 부여받은 사람은 직무 수행의 적정성 등을 유지할 수 있도록 정기적으로 교육을 받아야 한다.

② 철도운영자등은 제1항에 따른 정기교육을 받지 아니한 사람을 관련 업무에 종사하게 하여서는 아니 된다.

③ 제1항에 따른 철도안전 전문인력에 대한 정기교육의 주기, 교육 내용, 교육 절차 등에 관하여 필요한 사항은 *국토교통부령(92조의7)*으로 정한다.

＊시행규칙 제92조의7(철도안전 전문인력의 정기교육)

① 법 제69조의3제1항에 따른 철도안전 전문인력에 대한 정기교육의 주기, 교육 내용, 교육 절차 등은 *별표 28*과 같다.

② 철도안전 전문인력의 정기교육은 안전전문기관에서 실시한다.

③ 제1항 및 제2항에서 규정한 사항 외에 철도안전 전문인력의 정기교육에 필요한 세부사항은 *국토교통부장관이 정하여 고시*한다.

■ 철도안전법 시행규칙 [별표 28]

철도안전 전문인력의 정기교육(제92조의7제2항 관련)

1. 정기교육의 주기: 3년
2. 정기교육 시간: 15시간 이상
3. 교육 내용 및 절차

가. 철도운행안전관리자

교육과목	교육내용	교육절차
직무전문 교육	철도운행선 안전관리자로서 전문지식과 업무수행능력 배양 1) 열차운행선 지장작업의 순서와 절차 및 철도운행안전협의사항, 기타 안전조치 등에 관한 사항 2) 선로지장작업 관련 사고사례 분석 및 예방 대책 3) 철도인프라(정거장, 선로, 전철전력시스템, 열차제어시스템) 4) 일반 안전 및 직무 안전관리 등	강의 및 토의
철도안전 관련법령	철도안전법령 및 관련규정의 이해 1) 철도안전 정책 2) 철도안전법 및 관련 규정	강의 및 토의

교육과목	교육내용	교육절차
	3) 열차운행선 지장작업에 따른 관련 규정 및 취급절차 등 4) 운전취급관련 규정 등	
실무실습	철도운행안전관리자의 실무능력 배양 1) 열차운행조정 협의 2) 선로작업의 시행 절차 3) 작업시행 전 작업원 안전교육(작업원, 건널목임시관리원, 열차감시원, 전기철도안전관리자) 4) 이례운전취급에 따른 안전조치 요령 등	토의 및 실습

나. 전기철도분야 안전전문기술자

교육과목	교육내용	교육절차
직무전문 교육	전기철도에 대한 직무전문지식의 습득과 전문운용능력 배양 1) 전기철도공학 및 전기철도구조물공학 2) 철도 송·변전 및 철도배전설비 3) 전기철도 설계기준 및 급전제어규정 4) 전기철도 급전계통 특성 이해 5) 전기철도 고장장애 복구·대책 수립 6) 전기철도 사고사례 및 안전관리 등	강의 및 토의
철도안전 관련법령	철도안전법령 및 관련 행정규칙의 준수 및 이해도 향상 1) 철도안전정책 2) 철도안전법령 및 행정규칙 3) 열차운행선로 지장작업 업무 요령	강의 및 토의
실무실습	전기철도설비의 운용 및 안전확보를 위한 전문실무실습 1) 가공·강체전차선로 시공 및 유지보수 2) 철도 송·변전 및 철도배전설비 시공 및 유지보수 3) 전기철도 시설물 점검방법 등	현장실습

다. 철도신호분야 안전전문기술자

교육과목	교육내용	교육절차
직무전문	철도신호에 대한 직무전문지식의 습득과 운용능력 배양	강의 및 토의

교육	1) 신호기장치, 선로전환기장치, 궤도회로 및 연동장치 등 2) 신호 설계기준 및 신호설비 유지보수 세칙 3) 선로전환기 동작계통 및 연동도표 이해 4) 철도신호 장애 복구·대책 수립 요령 5) 철도신호 품질안전 및 안전관리 등	
철도안전 관련법령	철도안전법령 및 관련 행정규칙의 준수 및 이해도 향상 1) 철도안전 정책 2) 철도안전 법령 및 행정규칙 3) 열차운행선로 지장작업 업무요령	강의 및 토의
실무실습	철도신호 설비의 운용 및 안전 확보를 위한 전문실무실습 1) 신호기, 선로전환기, 궤도회로 및 연동장치 유지보수 실습 2) 철도신호 시설물 점검요령 실습	현장실습

라. 철도시설분야 안전전문기술자

교육과목	교육내용	교육절차
직무전문 교육	철도시설(궤도)에 대한 전문지식의 습득과 운용능력 배양 1) 철도공학: 궤도보수, 궤도장비, 궤도역학 2) 선로일반: 궤도구조, 궤도재료, 인접분야인터페이스 3) 궤도설계: 궤도설계기준, 궤도구조, 궤도재료, 궤도 설계기법, 궤도와 구조물인터페이스 4) 용접이론: 레일용접 관련지침 및 공법해설 5) 시설안전·재해업무 관련 규정 6) 사고사례 및 안전관리 등	강의 및 토의
철도안전 관련법령	철도안전법령 및 관련 행정규칙의 준수 및 이해도 향상 1) 철도안전법령 및 행정규칙 2) 선로지장취급절차, 열차 방호 요령 3) 철도차량 운전규칙, 열차운전 취급절차 규정 4) 선로유지관리지침 및 보선작업지침 해설	강의 및 토의
실무실습	철도시설의 운용 및 안전 확보를 위한 전문실무실습 1) 선로시공 및 보수 일반 2) 중대형 보선장비 제원 및 작업 견학	현장실습

마. 철도차량분야 안전전문기술자

교육과목	교육내용	교육절차

직무전문 교육	철도차량에 대한 직무전문지식의 습득과 운용능력 배양 1) 철도차량시스템 일반 2) 철도차량 신뢰성 및 품질관리 3) 철도차량 리스크(위험도) 평가 4) 철도차량 시험 및 검사 5) 철도 사고 사례 및 안전관리 등	강의 및 토의
철도안전 관련법령	철도안전법령 및 관련 행정규칙의 준수 및 이해도 향상 1) 철도안전 정책 2) 철도안전 법령 및 행정규칙 3) 철도차량 관련 표준 및 정비관련 규정	강의 및 토의
실무실습	철도차량의 운용 및 안전 확보를 위한 전문실무실습 1) 철도차량의 안전조치(작업 전/작업 후) 2) 철도차량 기능검사 및 응급조치 3) 철도차량 기술검토, 제작검사	현장실습

비고

1. **정기교육은 철도안전 전문인력의 분야별 자격을 취득한 날 또는 종전의 정기교육 유효기간 만료일부터 3년이 되는 날 전 1년 이내에 받아야 한다. 이 경우 그 정기교육의 유효기간은 자격 취득 후 3년이 되는 날 또는 종전 정기교육 유효기간 만료일의 다음 날부터 기산한다.**
2. **철도안전 전문인력이 제1호 전단에 따른 기간이 지난 후에 정기교육을 받은 경우 그 정기교육의 유효기간은 정기교육을 받은 날부터 기산한다.**

제69조의4(철도안전 전문인력 분야별 자격의 대여 등 금지)

누구든지 제69조제3항에 따른 철도안전 전문인력 분야별 자격을 다른 사람에게 빌려주거나 빌리거나 이를 알선하여서는 아니 된다.

제69조의5(철도안전 전문인력 분야별 자격의 취소ㆍ정지)

① 국토교통부장관은 **철도운행안전관리자**가 다음 각 호의 어느 하나에 해당할 때에는 철도운행안전관리자 자격을 취소하거나 1년 이내의 기간을 정하여 철도운행안전관리자 자격을 정지시킬 수 있다. 다만, 제1호부터 제3호까지의 규정에 해당할 때에는 철도운행안전관리자 자격을 취소하여야 한다.

1. 거짓이나 그 밖의 부정한 방법으로 철도운행안전관리자 자격을 받았을 때
2. 철도운행안전관리자 자격의 효력정지기간 중에 철도운행안전관리자 업무를 수행하였을 때
3. 제69조의4를 위반하여 철도운행안전관리자 자격을 다른 사람에게 빌려주었을 때
4. 철도운행안전관리자의 업무 수행 중 고의 또는 중과실로 인한 철도사고가 일어났을 때

5. 제41조제1항을 위반하여 술을 마시거나 약물을 사용한 상태에서 철도운행안전관리자 업무를 하였을 때
6. 제41조제2항을 위반하여 술을 마시거나 약물을 사용한 상태에서 업무를 하였다고 인정할 만한 상당한 이유가 있음에도 불구하고 국토교통부장관 또는 시·도지사의 확인 또는 검사를 거부하였을 때

② 국토교통부장관은 **철도안전전문기술자**가 제69조의4를 위반하여 철도안전전문기술자 자격을 다른 사람에게 빌려주었을 때에는 그 자격을 취소하여야 한다.

③ 제1항에 따른 철도운행안전관리자 자격의 취소 또는 효력정지의 기준 및 절차 등에 관하여는 제20조제2항부터 제6항까지를 준용한다. 이 경우 "운전면허"는 "철도운행안전관리자 자격"으로, "운전면허증"은 "철도운행안전관리자 자격증명서"로 본다.

***시행규칙 제92조의8(철도운행안전관리자의 자격 취소·정지)**

① 법 제69조의5제1항에 따른 철도운행안전관리자 자격의 취소 또는 효력정지 처분의 세부기준은 *별표 29*와 같다.

② 법 제69조의4제1항에 따른 철도운행안전관리자 자격의 취소 및 효력정지 처분의 통지 등에 관하여는 제34조를 준용한다. 이 경우 "운전면허"는 "철도운행안전관리자 자격"으로, "법 제20조제1항"은 "법 제69조의5제1항"으로, "별지 제22호서식의 철도차량 운전면허 취소·효력정지 처분 통지서"는 "별지 제47호의5서식의 철도운행안전관리자 자격 취소·효력정지 처분 통지서"로, "운전면허시험기관인 한국교통안전공단"은 "해당 안전전문기관"으로, "운전면허증을 한국교통안전공단"은 "철도운행안전관리자 자격증명서를 해당 안전전문기관"으로 본다.

■ 철도안전법 시행규칙 [별표 29]

철도운행안전관리자 자격취소·효력정지 처분의 세부기준(제92조의8 관련)

1. 일반기준

가. 위반행위가 둘 이상인 경우로서 그에 해당하는 각각의 처분기준이 다른 경우에는 그 중 무거운 처분기준에 따르며, 위반행위가 둘 이상인 경우로서 그에 해당하는 각각의 처분기준이 같은 경우에는 무거운 처분기준의 2분의 1까지 가중하되, 각 처분기준을 합산한 기간을 초과할 수 없다.

나. 위반행위의 횟수에 따른 행정처분의 기준은 최근 1년간 같은 위반행위로 행정처분을 받은 경우에 적용한다. 이 경우 행정처분 기준의 적용은 같은 위반행위에 대하여 최초로 행정처분을 한 날과 그 처분 후의 위반행위가 다시 적발된 날을 기준으로 한다.

2. 개별기준

위반사항 및 내용	근거 법조문	처분기준		
		1차 위반	2차 위반	3차 위반
가. 거짓이나 그 밖의 부정한 방법으로 철도운행안전관리자 자격을 받은 경우	법 제69조의5 제1항제1호	자격취소		
나. 철도운행안전관리자 자격의 효력정지 기간 중 철도운행안전관리자 업무를 수행한 경우	법 제69조의5 제1항제2호	자격취소		
다. 철도운행안전관리자 자격을 다른 사람에게 대여한 경우	법 제69조의5 제1항제3호	자격취소		
라. 철도운행안전관리자의 업무 수행 중 고의 또는 중과실로 인한 철도사고가 일어난 경우	법 제69조의5 제1항제4호			
1) 사망자가 발생한 경우		자격취소		
2) 부상자가 발생한 경우		효력정지 6개월	자격취소	
3) 1천만 원 이상 물적 피해가 발생한 경우		효력정지 3개월	효력정지 6개월	자격취소
마. 법 제41조제1항을 위반한 경우	법 제69조의5 제1항제5호			
1) 법 제41조제1항을 위반하여 약물을 사용한 상태에서 철도운행안전관리자 업무를 수행한 경우		자격취소		
2) 법 제41조제1항을 위반하여 술에 만취한 상태(혈중 알코올농도 0.1퍼센트 이상)에서 철도운행안전관리자 업무를 수행한 경우		자격취소		
3) 법 제41조제1항을 위반하여 술을 마신 상태의 기준(혈중 알코올농도 0.03퍼센트 이상)을 넘어서 철도운행안전관리자 업무를 하다가 철도사고를 일으킨 경우		자격취소		
4) 법 제41조제1항을 위반하여 술을 마신 상태(혈중 알코올농도 0.03퍼센트 이상 0.1퍼센트 미만)에서 철도운행안전관리자 업무를 수행한 경우		효력정지 3개월	자격취소	

바. 법 제41조제2항을 위반하여 술을 마시거나 약물을 사용한 상태에서 업무를 하였다고 인정할 만한 상당한 이유가 있음에도 불구하고 확인이나 검사 요구에 불응한 경우	법 제69조의5 제1항제6호	자격취소		

제70조(철도안전 지식의 보급 등)

국토교통부장관은 철도안전에 관한 지식의 보급과 철도안전의식을 고취하기 위하여 필요한 시책을 마련하여 추진하여야 한다.

제71조(철도안전 정보의 종합관리 등)

① 국토교통부장관은 이 법에 따른 철도안전시책을 효율적으로 추진하기 위하여 철도안전에 관한 정보를 종합관리하고, 관계 지방자치단체의 장 또는 철도운영자등, 운전적성검사기관, 관제적성검사기관, 운전교육훈련기관, 관제교육훈련기관, 인증기관, 시험기관, 안전전문기관 위험물 포장·용기검사기관, 위험물취급전문교육기관(2024.4.19. 시행) 및 제77조제2항에 따라 업무를 위탁받은 기관 또는 단체(이하 "철도관계기관등"이라 한다)에 그 정보를 제공할 수 있다.

② 국토교통부장관은 제1항에 따른 정보의 종합관리를 위하여 관계 지방자치단체의 장 또는 철도관계기관등에 필요한 자료의 제출을 요청할 수 있다. 이 경우 요청을 받은 자는 특별한 이유가 없으면 요청을 따라야 한다.

제72조(재정지원)

정부는 다음 각 호의 기관 또는 단체에 보조 등 재정적 지원을 할 수 있다.

1. 운전적성검사기관, 관제적성검사기관 또는 정밀안전진단기관
2. 운전교육훈련기관, 관제교육훈련기관 또는 정비교육훈련기관
3. 인증기관, 시험기관, 안전전문기관 및 철도안전에 관한 단체
4. 제77조제2항에 따라 업무를 위탁받은 기관 또는 단체

제72조의2(철도횡단교량 개축·개량 지원)

① 국가는 철도의 안전을 위하여 철도횡단교량의 개축 또는 개량에 필요한 비용의 일부를 지원할 수 있다.

② 제1항에 따른 개축 또는 개량의 지원대상, 지원조건 및 지원비율 등에 관하여 필요한 사항은 *대통령령*으로 정한다.

제8장 보칙

제73조(보고 및 검사)

① 국토교통부장관이나 관계 지방자치단체는 다음 각 호의 어느 하나에 해당하는 경우 *대통령령(61조)*으로 정하는 바에 따라 철도관계기관등에 대하여 필요한 사항을 보고하게 하거나 자료의 제출을 명할 수 있다.

1. 철도안전 종합계획 또는 시행계획의 수립 또는 추진을 위하여 필요한 경우

1의2. 제6조의2제1항에 따른 철도안전투자의 공시가 적정한지를 확인하려는 경우

2. 제8조제2항에 따른 점검·확인을 위하여 필요한 경우

2의2. 제9조의3제1항에 따른 안전관리 수준평가를 위하여 필요한 경우

3. 운전적성검사기관, 관제적성검사기관, 운전교육훈련기관, 관제교육훈련기관, 안전전문기관, 정비교육훈련기관, 정밀안전진단기관, 인증기관, 시험기관, 위험물 포장·용기검사기관 및 위험물취급전문교육기관(2024.4.19.시행)의 업무 수행 또는 지정기준 부합 여부에 대한 확인이 필요한 경우

4. 철도운영자등의 제21조의2, 제22조의2 또는 제23조제3항에 따른 철도종사자 관리의무 준수 여부에 대한 확인이 필요한 경우

4의2. 제31조제4항에 따른 조치의무 준수 여부를 확인하려는 경우

5. 제38조제2항에 따른 검토를 위하여 필요한 경우

5의2. 제38조의9에 따른 준수사항 이행 여부를 확인하려는 경우

6. 제40조에 따라 철도운영자가 열차운행을 일시 중지한 경우로서 그 결정 근거 등의 적정성에 대한 확인이 필요한 경우

7. 제44조제2항에 따른 철도운영자의 안전조치 등이 적정한지에 대한 확인이 필요한 경우

7의2. 제44조의2제1항에 따라 위험물 포장 및 용기의 안전성에 대한 확인이 필요한 경우

7의3. 제44조의3제1항에 따른 철도로 운송하는 위험물을 취급하는 종사자의 위험물취급안전교육 이수 여부에 대한 확인이 필요한 경우(2024.4.19.시행)

8. 제61조에 따른 보고와 관련하여 사실 확인 등이 필요한 경우

9. 제68조, 제69조제2항 또는 제70조에 따른 시책을 마련하기 위하여 필요한 경우

10. 제72조의2제1항에 따른 비용의 지원을 결정하기 위하여 필요한 경우

② 국토교통부장관이나 관계 지방자치단체는 제1항 각 호의 어느 하나에 해당하는 경우 소속 공무원으로 하여금 철도관계기관등의 사무소 또는 사업장에 출입하여 관계인에게 질문하게 하거나 서류를 검사하게 할 수 있다.

③ 제2항에 따라 출입·검사를 하는 공무원은 *국토교통부령(93조)*으로 정하는 바에 따라 그 권한을 표시하는 증표를 지니고 이를 관계인에게 보여주어야 한다.

④ 제3항에 따른 증표에 관하여 필요한 사항은 *국토교통부령(93조)*으로 정한다.

***시행령 제61조(보고 및 검사)**

① 국토교통부장관 또는 관계 지방자치단체의 장은 법 제73조제1항에 따라 보고 또는 자료의 제출을 명할 때에는 **7일 이상의 기간**을 주어야 한다. 다만, 공무원이 철도사고 등이 발생한 현장에 출동하는 등 긴급한 상황인 경우에는 그러하지 아니하다.

② 국토교통부장관은 법 제73조제2항에 따른 검사 등의 업무를 효율적으로 수행하기 위하여 특히 필요하다고 인정하는 경우에는 철도안전에 관한 전문가를 위촉하여 검사 등의 업무에 관하여 자문에 응하게 할 수 있다.

***시행규칙 제93조(검사공무원의 증표)**

법 제73조제4항에 따른 증표는 *별지 제48호서식*에 따른다.

■ 철도안전법 시행규칙 [별지 제48호서식]

(앞쪽)

증명서 번호: 제　　호

검사 공무원증

사 진
(모자를 쓰지 않고 배경 없이 6개월 이내에 촬영한 것)
(3.5cm×4.5cm)

홍 길 동
Hong. G. D

국토교통부장관

55㎜×85㎜[폴리염화비닐(PVC)]

(색상: 연하늘색)

(뒤쪽)

검사 공무원증

성명(Name): 홍길동
생년월일:

위 사람은 「철도안전법」 제73조제4항 및 같은 법 시행규칙 제93조에 따라 검사 공무원임을 증명합니다.

년　　월　　일

국토교통부장관 직인

☎(044) 0000-0000

1. 이 증은 다른 사람에게 대여하거나 양도할 수 없습니다.
2. 이 증을 습득한 경우에는 가까운 우체통에 넣어 주십시오.

비고: 앞면의 바탕에는 돋을새김 디자인 또는 비표를 넣어 쉽게 위조할 수 없도록 합니다.

제74조(수수료)

① 이 법에 따른 교육훈련, 면허, 검사, 진단, 성능인증 및 성능시험 등을 신청하는 자는 *국토교통부령*으로 정하는 수수료를 내야 한다. 다만, 이 법에 따라 국토교통부장관의 지정을 받은 운전적성검사기관, 관제적성검사기관, 운전교육훈련기관, 관제교육훈련기관, 정비교육훈련기관, 정밀안전진단기관, 인증기관, 시험기관, 안전전문기관, 위험물 포장·용기검사기관 및 위험물취급전문교육기관(이하 이 조에서 "대행기관"이라 한다) 또는 제77조제2항에 따라 업무를 위탁받은 기관(이하 이 조에서 "수탁기관"이라 한다)의 경우에는 대행기관 또는 수탁기관이 정하는 수수료를 대행기관 또는 수탁기관에 내야 한다.

② 제1항 단서에 따라 수수료를 정하려는 대행기관 또는 수탁기관은 그 기준을 정하여 국토교통부장관의 승인을 받아야 한다. 승인받은 사항을 변경하려는 경우에도 또한 같다.

＊시행규칙 제94조(수수료의 결정절차)

① 법 제74조제1항 단서에 따른 대행기관 또는 수탁기관(이하 이 조에서 "대행기관 또는 수탁기관"이라 한다)이 같은 조 제2항에 따라 수수료에 대한 기준을 정하려는 경우에는 해당 기관의 인터넷 홈페이지에 20일간 그 내용을 게시하여 이해관계인의 의견을 수렴하여야 한다. 다만, 긴급하다고 인정하는 경우에는 인터넷 홈페이지에 그 사유를 소명하고 10일간 게시할 수 있다.

② 제1항에 따라 대행기관 또는 수탁기관이 수수료에 대한 기준을 정하여 국토교통부장관의 승인을 얻은 경우에는 해당 기관의 인터넷 홈페이지에 그 수수료 및 산정내용을 공개하여야 한다.

제75조(청문)

국토교통부장관은 다음 각 호의 어느 하나에 해당하는 처분을 하는 경우에는 청문을 하여야 한다.

1. 제9조제1항에 따른 안전관리체계의 승인 취소
2. 제15조의2에 따른 운전적성검사기관의 지정취소(제16조제5항, 제21조의6제5항, 제21조의7제5항, 제24조의4제5항 또는 제69조제7항에서 준용하는 경우를 포함한다)
3. 삭제
4. 제20조제1항에 따른 운전면허의 취소 및 효력정지

4의2. 제21조의11제1항에 따른 관제자격증명의 취소 또는 효력정지

4의3. 제24조의5제1항에 따른 철도차량정비기술자의 인정 취소

5. 제26조의2제1항(제27조제4항에서 준용하는 경우를 포함한다)에 따른 형식승인의 취소
6. 제26조의7(제27조의2제4항에서 준용하는 경우를 포함한다)에 따른 제작자승인의 취소
7. 제38조의10제1항에 따른 인증정비조직의 인증 취소
8. 제38조의13제3항에 따른 정밀안전진단기관의 지정 취소

8의2. 제44조의2제6항에 따른 위험물 포장·용기검사기관의 지정 취소 또는 업무정지
8의3. 제44조의3제5항에 따른 위험물취급전문교육기관의 지정 취소 또는 업무정지(2024.4.19.시행)
9. 제48조의4제3항에 따른 시험기관의 지정 취소
10. 제69조의5제1항에 따른 철도운행안전관리자의 자격 취소
11. 제69조의5제2항에 따른 철도안전전문기술자의 자격 취소

제75조의2(통보 및 징계권고)

① 국토교통부장관은 이 법 등 철도안전과 관련된 법규의 위반에 따른 범죄혐의가 있다고 인정할 만한 상당한 이유가 있을 때에는 관할 수사기관에 그 내용을 통보할 수 있다.
② 국토교통부장관은 이 법 등 철도안전과 관련된 법규의 위반에 따라 사고가 발생했다고 인정할 만한 상당한 이유가 있을 때에는 사고에 책임이 있는 사람을 징계할 것을 해당 철도운영자등에게 권고할 수 있다. 이 경우 권고를 받은 철도운영자등은 이를 존중하여야 하며 그 결과를 국토교통부장관에게 통보하여야 한다.

제76조(벌칙 적용에서 공무원 의제)

다음 각 호의 어느 하나에 해당하는 사람은 「형법」 제129조부터 제132조까지의 규정을 적용할 때에는 공무원으로 본다.

1. 운전적성검사 업무에 종사하는 운전적성검사기관의 임직원 또는 관제적성검사 업무에 종사하는 관제적성검사기관의 임직원
2. 운전교육훈련 업무에 종사하는 운전교육훈련기관의 임직원 또는 관제교육훈련 업무에 종사하는 관제교육훈련기관의 임직원

2의2. 정비교육훈련 업무에 종사하는 정비교육훈련기관의 임직원
2의3. 정밀안전진단 업무에 종사하는 정밀안전진단기관의 임직원
2의4. 제27조의3에 따라 위탁받은 검사 업무에 종사하는 기관 또는 단체의 임직원
2의5. 제48조의4에 따른 성능시험 업무에 종사하는 시험기관의 임직원 및 성능인증·점검 업무에 종사하는 인증기관의 임직원
2의6. 제69조제5항에 따른 철도안전 전문인력의 양성 및 자격관리 업무에 종사하는 안전전문기관의 임직원
2의7. 제44조의2제4항에 따른 위험물 포장·용기검사 업무에 종사하는 위험물 포장·용기검사기관의 임직원
2의8. 제44조의3제3항에 따른 위험물취급안전교육 업무에 종사하는 위험물취급전문교육기관의 임직원(2024.4.19.시행)

3. 제77조제2항에 따라 위탁업무에 종사하는 철도안전 관련 기관 또는 단체의 임직원

第77조(권한의 위임·위탁)

① 국토교통부장관은 이 법에 따른 권한의 일부를 *대통령령(62조)*으로 정하는 바에 따라 소속기관의 장 또는 시·도지사에게 위임할 수 있다.

② 국토교통부장관은 이 법에 따른 업무의 일부를 *대통령령(63조)*으로 정하는 바에 따라 철도안전 관련 기관 또는 단체에 위탁할 수 있다.

***시행령 제62조(권한의 위임)**

① 국토교통부장관은 법 제77조제1항에 따라 해당 특별시·광역시·특별자치시·도 또는 특별자치도의 소관 도시철도(「도시철도법」 제3조제2호에 따른 도시철도 또는 같은 법 제24조 또는 제42조에 따라 도시철도건설사업 또는 도시철도운송사업을 위탁받은 법인이 건설·운영하는 도시철도를 말한다)에 대한 다음 각 호의 권한을 **해당 시·도지사에게 위임**한다.

1. 법 제39조의2제1항부터 제3항까지에 따른 이동·출발 등의 명령과 운행기준 등의 지시, 조언·정보의 제공 및 안전조치 업무

   제39조의2(철도교통관제)

   ② 국토교통부장관은 철도차량의 안전하고 효율적인 운행을 위하여 철도시설의 운용상태 등 철도차량의 운행과 관련된 조언과 정보를 철도종사자 또는 철도운영자등에게 제공할 수 있다.

   ③ 국토교통부장관은 철도차량의 안전한 운행을 위하여 철도시설 내에서 사람, 자동차 및 철도차량의 운행제한 등 필요한 안전조치를 취할 수 있다.

   ④ 제1항부터 제3항까지의 규정에 따라 국토교통부장관이 행하는 업무의 대상, 내용 및 절차 등에 관하여 필요한 사항은 국토교통부령으로 정한다.

2. 법 제82조제1항제10호에 따른 과태료의 부과·징수

   10. 제39조의2제3항에 따른 안전조치를 따르지 아니한 자

② 국토교통부장관은 법 제77조제1항에 따라 다음 각 호의 권한을 「국토교통부와 그 소속기관 직제」 제40조에 따른 **철도특별사법경찰대장에게 위임**한다.

1. 법 제41조제2항에 따른 술을 마셨거나 약물을 사용하였는지에 대한 확인 또는 검사
2. 법 제48조의2제2항에 따른 철도보안정보체계의 구축·운영
3. 법 제82조제1항제14호, 같은 조 제2항제7호·제8호·제9호·제10호, 같은 조 제4항 및 같은 조 제5항제2호에 따른 과태료의 부과·징수

   - 법 제82조제1항제14호. 철도종사자의 직무상 지시에 따르지 아니한 사람

- 법 제82조제2항제7호 : 철도종사자의 준수사항을 위반한 자
- 법 제82조제2항제8호 : 여객출입 금지장소에 출입하거나 물건을 여객열차 밖으로 던지는 행위를 한 사람
- 법 제82조제2항제9호 : 철도시설(선로는 제외한다)에 승낙 없이 출입하거나 통행한 사람
- 법 제82조제2항10호: 철도시설에 유해물 또는 오물을 버리거나 열차운행에 지장을 준 사람
- 법 제82조제4항 : 여객열차에서 흡연을 한 사람,
- 법 제82조제5항2호 : 선로에 승낙 없이 출입하거나 통행한 사람

＊시행령 제63조(업무의 위탁)

① 국토교통부장관은 법 제77조제2항에 따라 다음 각 호의 업무를 **한국교통안전공단**에 위탁한다.

1. 법 제7조제4항(승인 또는 변경승인의 신청)에 따른 안전관리기준에 대한 적합 여부 검사

1의2. 법 제7조제5항(철도운영 및 철도시설의 안전관리)에 따른 기술기준의 제정 또는 개정을 위한 연구・개발

1의3. 법 제8조제2항에 따른 안전관리체계에 대한 정기검사 또는 수시검사

1의4. 법 제9조의3제1항에 따른 철도운영자등에 대한 안전관리 수준평가

2. 법 제17조제1항에 따른 운전면허시험의 실시

3. 법 제18조제1항(법 제21조의9에서 준용하는 경우를 포함한다)에 따른 운전면허증 또는 관제자격증명서의 발급과 법 제18조제2항(법 제21조의9에서 준용하는 경우를 포함한다)에 따른 운전면허증 또는 관제자격증명서의 재발급이나 기재사항의 변경

4. 법 제19조제3항(법 제21조의9에서 준용하는 경우를 포함한다)에 따른 운전면허증 또는 관제자격증명서의 갱신 발급과 법 제19조제6항(법 제21조의9에서 준용하는 경우를 포함한다)에 따른 운전면허 또는 관제자격증명 갱신에 관한 내용 통지

5. 법 제20조제3항 및 제4항(법 제21조의11제2항에서 준용하는 경우를 포함한다)에 따른 운전면허증 또는 관제자격증명서의 반납의 수령 및 보관

6. 법 제20조제6항(법 제21조의11제2항에서 준용하는 경우를 포함한다)에 따른 운전면허 또는 관제자격증명의 발급・갱신・취소 등에 관한 자료의 유지・관리

6의2. 법 제21조의8제1항에 따른 관제자격증명시험의 실시

6의3. 법 제24조의2제1항부터 제3항까지에 따른 철도차량정비기술자의 인정 및 철도차량정비경력증의 발급·관리

6의4. 법 제24조의5제1항 및 제2항에 따른 철도차량정비기술자 인정의 취소 및 정지에 관한 사항

6의5. 법 제38조제2항에 따른 종합시험운행 결과의 검토

6의6. 법 제38조의5제5항에 따른 철도차량의 이력관리에 관한 사항

6의7. 법 제38조의7제1항 및 제2항에 따른 철도차량 정비조직의 인증 및 변경인증의 적합 여부에 관한 확인

6의8. 법 제38조의7제3항에 따른 정비조직운영기준의 작성

6의9. 법 제38조의14제1항에 따른 정밀안전진단기관이 수행한 해당 정밀안전진단의 결과 평가

6의10. 법 제61조의3제1항에 따른 철도안전 자율보고의 접수

7. 법 제70조에 따른 철도안전에 관한 지식 보급과 법 제71조에 따른 철도안전에 관한 정보의 종합관리를 위한 정보체계 구축 및 관리

7의2. 법 제75조제4호의3에 따른 철도차량정비기술자의 인정 취소에 관한 청문

② 국토교통부장관은 법 제77조제2항에 따라 다음 각 호의 업무를 **한국철도기술연구원**에 위탁한다.

1. ~~법 제25조제1항(철도시설),~~ 제26조제3항(철도차량 형식승인), 제26조의3제2항(철도차량의 제작관리), 제27조제2항(철도용품 형식승인) 및 제27조의2제2항(철도용품의 제작자승인)에 따른 기술기준의 제정 또는 개정을 위한 연구·개발

5. 법 제26조의8 및 제27조의2제4항에서 준용하는 법 제8조제2항에 따른 정기검사 또는 수시검사

8. 법 제34조제1항에 따른 철도차량·철도용품 표준규격의 제정·개정 등에 관한 업무 중 다음 각 목의 업무

가. 표준규격의 제정·개정·폐지에 관한 신청의 접수

나. 표준규격의 제정·개정·폐지 및 확인 대상의 검토

다. 표준규격의 제정·개정·폐지 및 확인에 대한 처리결과 통보

라. 표준규격서의 작성

마. 표준규격서의 기록 및 보관

9. 법 제38조의2제4항에 따른 철도차량 개조승인검사

③ 국토교통부장관은 법 제77조제2항에 따라 철도보호지구 등의 관리에 관한 다음 각 호의 업무를 「국가철도공단법」에 따른 **국가철도공단에 위탁**한다.

1. 법 제45조제1항에 따른 철도보호지구에서의 행위의 신고 수리, 같은 조 제2항에 따른 노면전차 철도보호지구의 바깥쪽 경계선으로부터 20미터 이내의 지역에서의 행위의 신고 수리 및 같은 조 제3항에 따른 행위 금지·제한이나 필요한 조치명령

2. 법 제46조에 따른 손실보상과 손실보상에 관한 협의

④ 국토교통부장관은 법 제77조제2항에 따라 다음 각 호의 업무를 국토교통부장관이 지정하여 고시하는 **철도안전에 관한 전문기관이나 단체에 위탁**한다.

2. 법 제69조제4항(철도안전 전문인력)에 따른 자격부여 등에 관한 업무 중 제60조의2에 따른 자격부여신청 접수, 자격증명서 발급, 관계 자료 제출 요청 및 자격부여에 관한 자료의 유지·관리 업무

***시행령 제63조의2(민감정보 및 고유식별정보의 처리)**

국토교통부장관(제63조제1항에 따라 국토교통부장관의 권한을 위탁받은 자를 포함한다), 법 제13조에 따른 의료기관과 운전적성검사기관, 운전교육훈련기관, 관제적성검사기관 및 관제교육훈련기관은 다음 각 호의 사무를 수행하기 위하여 불가피한 경우 「개인정보 보호법」 제23조에 따른 건강에 관한 정보나 같은 법 시행령 제19조제1호 또는 제2호에 따른 주민등록번호 또는 여권번호가 포함된 자료를 처리할 수 있다.

1. 법 제12조에 따른 운전면허의 신체검사에 관한 사무
2. 법 제15조에 따른 운전적성검사에 관한 사무
3. 법 제16조에 따른 운전교육훈련에 관한 사무
4. 법 제17조에 따른 운전면허시험에 관한 사무
5. 법 제21조의5에 따른 관제자격증명의 신체검사에 관한 사무
6. 법 제21조의6에 따른 관제적성검사에 관한 사무
7. 법 제21조의7에 따른 관제교육훈련에 관한 사무
8. 법 제21조의8에 따른 관제자격증명시험에 관한 사무
9. 법 제24조의2에 따른 철도차량정비기술자의 인정에 관한 사무
10. 제1호부터 제9호까지의 규정에 따른 사무를 수행하기 위하여 필요한 사무

＊시행령 제63조의3(규제의 재검토)

국토교통부장관은 다음 각 호의 사항에 대하여 다음 각 호의 기준일을 기준으로 3년마다(매 3년이 되는 해의 기준일과 같은 날 전까지를 말한다) 그 타당성을 검토하여 개선 등의 조치를 하여야 한다.

1. 제44조에 따른 운송위탁 및 운송 금지 위험물 등: 2017년 1월 1일
2. 제60조에 따른 철도안전 전문인력의 자격기준: 2017년 1월 1일

＊시행규칙 제96조(규제의 재검토)

국토교통부장관은 다음 각 호의 사항에 대하여 2020년 1월 1일을 기준으로 3년마다(매 3년이 되는 해의 1월 1일 전까지를 말한다) 그 타당성을 검토하여 개선 등의 조치를 하여야 한다.

1. 제12조에 따른 신체검사 방법・절차・합격기준 등
2. 제16조에 따른 적성검사 방법・절차 및 합격기준 등
4. 제78조에 따른 위해물품의 종류 등
5. 제92조의3 및 별표 25에 따른 안전전문기관의 세부 지정기준 등

【제8장 예상 및 기출문제】

1. 다음 중 철도교통관제에 대한 설명으로 옳지 않은 것은?

가. 철도차량을 운행하는 자는 국토교통부장관이 지시하는 이동, 출발, 정지 등의 명령과 운행 기준, 방법, 절차 및 순서 등에 따라야 한다.

나. 국토교통부장관은 철도차량의 안전하고 효율적인 운향을 위하여 철도시설의 운용상태 등 철도차량의 운행과 관련된 조언과 정보를 철도종사자 또는 철도운영자등에게 제공하여야 한다.

다. 국토교통부장관은 철도차량의 안전한 운행을 위하여 철도시설 내에서 사람, 자동차 및 철도차량의 운행제한 등 필요한 안전조치를 취할 수 있다.

라. 제1항부터 제3항까지의 규정에 따라 국토교통부장관이 행하는 업무의 대상, 내용 및 절차 등에 관하여 필요한 사항은 국토교통부령으로 정한다.

정답 및 풀이 : 나

법 제39조2(철도교통관제)

나. 국토교통부장관은 철도차량의 안전하고 효율적인 운향을 위하여 철도시설의 운용상태 등 철도차량의 운행과 관련된 조언과 정보를 철도종사자 또는 철도운영자등에게 제공할 수 있다.

2. 보고 및 검사에 관한 내용으로 틀린 것은?

가. 국토교통부장관이나 관계 지방자치단체는 보고 또는 자료의 제출을 명할 때에는 7일 이상의 기간을 주어야 한다.

나. 국토교통부장관이나 관계 지방자치단체는 안전관리수준평가를 위하여 필요한 경우 철도관계기관등에 대하여 필요한 사항을 보고하게 할 수 있다.

다. 국토교통부장관은 검사 등의 업무를 수행할 때 필요하다고 인정하는 경우 철도안전에 관한 전문가를 위촉하여 자문에 응하게 할 수 있다.

라. 국토교통부장관이나 관계 지방자치단체는 철도운영자의 안전조치 등이 적정한지에 대한 확인이 필요한 경우 소속 공무원으로 하여금 철도관계기관등의 사무소 또는 사업장에 출입하여 관계인에게 질문하게 하거나 서류를 검사할 수 있다.

정답 및 해설 : 가

철도안전법 시행령 제61조(보고 및 검사)

① 국토교통부장관 또는 관계 지방자치단체의 장은 법 제73조제1항에 따라 보고 또는 자료의 제출을 명할 때에는 7일 이상의 기간을 주어야 한다. 다만, 공무원이 철도사고등이 발생한 현장에 출동하는 등 긴급한 상황인 경우에는 그러하지 아니하다.

3. 국토교통부장관이 처분에 대한 청문을 하여야 하는 경우 중 틀린 것은?

가. 제9조제 1항에 따른 안전관리체계의 승인 취소

나. 제20조제 1항에 따른 운전면허의 취소 및 효력정지

다. 제21조의 11제 1항에 따른 관제자격증명의 취소

라. 제69조의 5제 1항에 따른 철도운행안전관리자의 자격 취소

정답 및 풀이 : 다

법 제 75조(청문)을 보면, 제21조의11제1항에 따른 관제자격증명의 취소 또는 효력정지이다.

4. 제76조 철도교통관제 업무의 대상 및 내용 등에서 틀린 것은? (ㄹ)

가. 철도보호지구에서 법 제 45조제1항 각호의 어느 하나에 해당하는 행위를 할 경우 열차통행 통제 업무

나. 관제업무에 관한 세부적인 기준, 절차 및 방법은 국토교통부장관이 정해 고시함.

다. 철도시설의 운용상태 등 철도차량의 운행과 관련된 조언과 정보의 제공 업무

라. 철도차량의 운행에 대한 집중 제어, 통제 및 관제

정답 및 풀이 : 라
'라'는 통제 및 관제가 아닌 통제 및 감시이다.

5. 다음 중 운전 업무 종사자 등에 관한 신체검사에 해당 되지 않는 것은?
가. 최초검사
나. 정기 검사는 최초 검사 검사 받은 후 2년 마다 실시 해야 한다.
다. 신체검사를 받은 날로부터 2년이 지난후 운전 업무에 종사 하는 사람은 정기 검사를 받아야 한다.
라. 신체검사를 받은 날로부터 2년이 지난후 운전 업무에 종사 하는 사람은 최초 검사를 받아야 한다.

정답 및 풀이 : 다
법 제23조제1항 ②해당 신체검사를 받은 날부터 2년 이상이 지난 후에 운전업무나 관제업무에 종사하는 사람은 제1항제1호에 따른 최초검사를 받아야 한다.

6. 다음 중 신체검사 등을 받아야 하는 철도종사자가 아닌 것은?
가. 운전업무종사자
나. 관제업무종사자
다. 정거장에서 철도신호기 선로전환기 및 조작판 등을 취급하는 업무를 수행하는 사람
라. 철도차량정비기술자

정답 및 풀이 : 라
철도안전법 시행령 제21조
시행령 제21조에 철도차량정비기술자는 포함되지 않는다.

7. 운전업무종사자 등에 대한 신체검사가 아닌 것은?
가. 최초검사
나. 개별검사
다. 정기검사
라. 특별검사

정답 및 풀이 : 나
철도안전법 시행규칙 제40조 1항
개별검사는 포함되지 않는다.

제9장 벌칙

第78조(벌칙)

① 다음 각 호의 어느 하나에 해당하는 사람은 <u>무기징역 또는 5년 이상의 징역</u>에 처한다.

1. 사람이 탑승하여 운행 중인 철도차량에 불을 놓아 소훼한 사람
2. 사람이 탑승하여 운행 중인 철도차량을 탈선 또는 충돌하게 하거나 파괴한 사람

② 제48조제1호를 위반하여 철도시설 또는 철도차량을 파손하여 철도차량 운행에 위험을 발생하게 한 사람은 <u>10년 이하의 징역 또는 1억원 이하의 벌금</u>에 처한다.

③ 과실로 제1항의 죄를 지은 사람은 1년 이하의 징역 또는 1천만원 이하의 벌금에 처한다.

④ 과실로 제2항의 죄를 지은 사람은 1천만원 이하의 벌금에 처한다.

⑤ 업무상 과실이나 중대한 과실로 제1항의 죄를 지은 사람은 3년 이하의 징역 또는 3천만원 이하의 벌금에 처한다.

⑥ 업무상 과실이나 중대한 과실로 제2항의 죄를 지은 사람은 2년 이하의 징역 또는 2천만원 이하의 벌금에 처한다.

⑦ 제1항 및 제2항의 미수범은 처벌한다.

第79조(벌칙)

① 제49조제2항을 위반하여 폭행·협박으로 철도종사자의 직무집행을 방해한 자는 <u>5년 이하의 징역 또는 5천만원 이하의 벌금</u>에 처한다.

② 다음 각 호의 어느 하나에 해당하는 자는 <u>3년 이하의 징역 또는 3천만원 이하의 벌금</u>에 처한다.

1. 제7조제1항을 위반하여 안전관리체계의 승인을 받지 아니하고 철도운영을 하거나 철도시설을 관리한 자
2. 제26조의3제1항을 위반하여 철도차량 제작자승인을 받지 아니하고 철도차량을 제작한 자
3. 제27조의2제1항을 위반하여 철도용품 제작자승인을 받지 아니하고 철도용품을 제작한 자

3의2. 제38조의2제2항을 위반하여 개조승인을 받지 아니하고 철도차량을 임의로 개조하여 운행한 자

3의3. 제38조의2제3항을 위반하여 적정 개조능력이 있다고 인정되지 아니한 자에게 철도차량 개조 작업을 수행하게 한 자

3의4. 제38조의3제1항을 위반하여 국토교통부장관의 운행제한 명령을 따르지 아니하고 철도차량을 운행한 자

4. 철도사고등 발생 시 제40조의2제2항제2호 또는 제5항을 위반하여 사람을 사상(死傷)에 이르게 하거나 철도차량 또는 철도시설을 파손에 이르게 한 자
5. 제41조제1항을 위반하여 술을 마시거나 약물을 사용한 상태에서 업무를 한 사람

6. 제43조를 위반하여 운송 금지 위험물의 운송을 위탁하거나 그 위험물을 운송한 자
7. 제44조제1항을 위반하여 위험물을 운송한 자
8. 제48조제2호부터 제4호까지의 규정에 따른 금지행위를 한 자

③ 다음 각 호의 어느 하나에 해당하는 자는 **2년 이하의 징역 또는 2천만원 이하의 벌금**에 처한다.

1. 거짓이나 그 밖의 부정한 방법으로 제7조제1항에 따른 안전관리체계의 승인을 받은 자
2. 제8조제1항을 위반하여 철도운영이나 철도시설의 관리에 중대하고 명백한 지장을 초래한 자
3. 거짓이나 그 밖의 부정한 방법으로 제15조제4항, 제16조제3항, 제21조의6제3항, 제21조의7제3항, 제24조의4제2항, 제38조의13제1항 또는 제69조제5항에 따른 지정을 받은 자
4. 제15조의2(제16조제5항, 제21조의6제5항, 제21조의7제5항, 제24조의4제5항 또는 제69조제7항에서 준용하는 경우를 포함한다)에 따른 업무정지 기간 중에 해당 업무를 한 자
5. 거짓이나 그 밖의 부정한 방법으로 제26조제1항 또는 제27조제1항에 따른 형식승인을 받은 자
6. 제26조제5항을 위반하여 형식승인을 받지 아니한 철도차량을 운행한 자
7. 거짓이나 그 밖의 부정한 방법으로 제26조의3제1항 또는 제27조의2제1항에 따른 제작자승인을 받은 자
8. 거짓이나 그 밖의 부정한 방법으로 제26조의3제3항(제27조의2제4항에서 준용하는 경우를 포함한다)에 따른 제작자승인의 면제를 받은 자
9. 제26조의6제1항을 위반하여 완성검사를 받지 아니하고 철도차량을 판매한자
10. 제26조의7제1항제5호(제27조의2제4항에서 준용하는 경우를 포함한다)에 따른 업무정지 기간 중에 철도차량 또는 철도용품을 제작한 자
11. 제27조제3항을 위반하여 형식승인을 받지 아니한 철도용품을 철도시설 또는 철도차량 등에 사용한 자

11의2. 거짓이나 그 밖의 부정한 방법으로 제27조의3에 따라 위탁받은 검사 업무를 수행한 자

12. 제32조제1항에 따른 중지명령에 따르지 아니한 자
13. 제38조제1항을 위반하여 종합시험운행을 실시하지 아니하거나 실시한 결과를 국토교통부장관에게 보고하지 아니하고 철도노선을 정상운행한 자

13의2. 제38조의6제1항을 위반하여 철도차량정비가 되지 않은 철도차량임을 알면서 운행한 자

13의3. 제38조의6제3항에 따른 철도차량정비 또는 원상복구 명령에 따르지 아니한 자

13의4. 거짓이나 그 밖의 부정한 방법으로 제38조의7제1항에 따른 철도차량 정비조직의 인증을 받은 자

13의5. 제38조의10제1항제2호에 해당하는 경우로서 고의 또는 중대한 과실로 철도사고 또는 중대한 운행장애를 발생시킨 자

13의6. 제38조의12제4항을 위반하여 정밀안전진단을 받지 아니하거나 정밀안전진단 결과 또는 정밀안전진단 결과에 대한 평가 결과 계속 사용이 적합하지 아니하다고 인정된 철도차량을 운행한 자
13의7. 제40조제2항 후단을 위반하여 특별한 사유 없이 열차운행을 중지하지 아니한 자
13의8. 제40조제4항을 위반하여 철도종사자에게 불이익한 조치를 한 자
15. 제41조제2항에 따른 확인 또는 검사에 불응한 자
16. 정당한 사유 없이 제42조제1항을 위반하여 위해물품을 휴대하거나 적재한 사람
17. 제45조제1항 및 제2항에 따른 신고를 하지 아니하거나 같은 조 제3항에 따른 명령에 따르지 아니한 자
18. 제47조제1항제2호를 위반하여 운행 중 비상정지버튼을 누르거나 승강용 출입문을 여는 행위를 한 사람
19. 제61조의3제3항을 위반하여 철도안전 자율보고를 한 사람에게 불이익한 조치를 한 자

④ 다음 각 호의 어느 하나에 해당하는 자는 **1년 이하의 징역 또는 1천만원 이하의 벌금**에 처한다.

1. 제10조제1항을 위반하여 운전면허를 받지 아니하고(제20조에 따라 운전면허가 취소되거나 그 효력이 정지된 경우를 포함한다) 철도차량을 운전한 사람
2. 거짓이나 그 밖의 부정한 방법으로 운전면허를 받은 사람
2의2. 거짓이나 그 밖의 부정한 방법으로 관제자격증명을 받은 사람
2의3. 거짓이나 그 밖의 부정한 방법으로 철도차량정비기술자로 인정받은 사람
2의4. 제19조의2를 위반하여 운전면허증을 다른 사람에게 빌려주거나 빌리거나 이를 알선한 사람
3. 제21조를 위반하여 실무수습을 이수하지 아니하고 철도차량의 운전업무에 종사한 사람
3의2. 제21조의2를 위반하여 운전면허를 받지 아니하거나(제20조에 따라 운전면허가 취소되거나 그 효력이 정지된 경우를 포함한다) 실무수습을 이수하지 아니한 사람을 철도차량의 운전업무에 종사하게 한 철도운영자등
3의3. 제21조의3을 위반하여 관제자격증명을 받지 아니하고(제21조의11에 따라 관제자격증명이 취소되거나 그 효력이 정지된 경우를 포함한다) 관제업무에 종사한 사람
3의4. 제21조의10을 위반하여 관제자격증명서를 다른 사람에게 빌려주거나 빌리거나 이를 알선한 사람
4. 제22조를 위반하여 실무수습을 이수하지 아니하고 관제업무에 종사한 사람
4의2. 제22조의2를 위반하여 관제자격증명을 받지 아니하거나(제21조의11에 따라 관제자격증명이 취소되거나 그 효력이 정지된 경우를 포함한다) 실무수습을 이수하지 아니한 사람을 관제업무에 종사하게 한 철도운영자등
5. 제23조제1항을 위반하여 신체검사와 적성검사를 받지 아니하거나 같은 조 제3항을 위반하여 신체검사와 적성검사에 합격하지 아니하고 같은 조 제1항에 따른 업무를 한 사람 및 그로 하여금 그 업무에 종사하게 한 자

5의2. 제24조의3을 위반한 다음 각 목의 어느 하나에 해당하는 사람
   가. 다른 사람에게 자기의 성명을 사용하여 철도차량정비 업무를 수행하게 하거나 자신의 철도차량정비경력증을 빌려 준 사람
   나. 다른 사람의 성명을 사용하여 철도차량정비 업무를 수행하거나 다른 사람의 철도차량정비경력증을 빌린 사람
   다. 가목 및 나목의 행위를 알선한 사람
6. 제26조제1항 또는 제27조제1항에 따른 형식승인을 받지 아니한 철도차량 또는 철도용품을 판매한 자
6의2. 제31조제6항에 따른 이행 명령에 따르지 아니한 자
7. 제38조제1항을 위반하여 종합시험운행 결과를 허위로 보고한 자
7의2. 제38조의7제1항을 위반하여 정비조직의 인증을 받지 아니하고 철도차량정비를 한 자
8. 제39조의2제1항에 따른 지시를 따르지 아니한 자
9. 제39조의3제3항을 위반하여 설치 목적과 다른 목적으로 영상기록장치를 임의로 조작하거나 다른 곳을 비춘 자 또는 운행기간 외에 영상기록을 한 자
10. 제39조의3제4항을 위반하여 영상기록을 목적 외의 용도로 이용하거나 다른 자에게 제공한 자
11. 제39조의3제5항을 위반하여 안전성 확보에 필요한 조치를 하지 아니하여 영상기록장치에 기록된 영상정보를 분실·도난·유출·변조 또는 훼손당한 자
12. 제47조제6호를 위반하여 술을 마시거나 약물을 복용하고 다른 사람에게 위해를 주는 행위를 한 사람
13. 거짓이나 부정한 방법으로 철도운행안전관리자 자격을 받은 사람
14. 제69조의2제1항을 위반하여 철도운행안전관리자를 배치하지 아니하고 철도시설의 건설 또는 관리와 관련한 작업을 시행한 철도운영자
15. 제69조의3제1항 및 제2항을 위반하여 정기교육을 받지 아니하고 업무를 한 사람 및 그로 하여금 그 업무에 종사하게 한 자
16. 제69조의4를 위반하여 철도안전 전문인력의 분야별 자격을 다른 사람에게 빌려주거나 빌리거나 이를 알선한 사람

⑤ 제47조제1항제5호를 위반한 자는 **500만원 이하의 벌금**에 처한다.

제80조(형의 가중)

① 제78조제1항의 죄를 지어 사람을 사망에 이르게 한 자는 사형, 무기징역 또는 7년 이상의 징역에 처한다.

② 제79조제1항, 제3항제16호 또는 제17호의 죄를 범하여 열차운행에 지장을 준 자는 그 죄에 규정된 형의 2분의 1까지 가중한다.

③ 제79조제3항제16호 또는 제17호의 죄를 범하여 사람을 사상에 이르게 한 자는 5년 이하의 징역 또는 5천만원 이하의 벌금에 처한다.

第81조(양벌규정)

법인의 대표자나 법인 또는 개인의 대리인, 사용인, 그 밖의 종업원이 그 법인 또는 개인의 업무에 관하여 제79조제2항, 같은 조 제3항(제16호는 제외한다) 및 제4항(제2호는 제외한다) 또는 제80조(제79조제3항제17호의 가중죄를 범한 경우만 해당한다)의 어느 하나에 해당하는 위반행위를 하면 그 행위자를 벌하는 외에 그 법인 또는 개인에게도 해당 조문의 벌금형을 과(科)한다. 다만, 법인 또는 개인이 그 위반행위를 방지하기 위하여 해당 업무에 관하여 상당한 주의와 감독을 게을리하지 아니한 경우에는 그러하지 아니하다.

제82조(과태료)

① 다음 각 호의 어느 하나에 해당하는 자에게는 **1천만원 이하의 과태료**를 부과한다.

1. 제7조제3항(제26조의8 및 제27조의2제4항에서 준용하는 경우를 포함한다)을 위반하여 안전관리체계의 변경승인을 받지 아니하고 안전관리체계를 변경한 자
2. 제8조제3항(제26조의8 및 제27조의2제4항에서 준용하는 경우를 포함한다)을 위반하여 정당한 사유 없이 시정조치 명령에 따르지 아니한 자

2의2. 제9조의4제4항을 위반하여 시정조치 명령을 따르지 아니한 자

4. 제26조제2항(제27조제4항에서 준용하는 경우를 포함한다)을 위반하여 변경승인을 받지 아니한 자
5. 제26조의5제2항(제27조의2제4항에서 준용하는 경우를 포함한다)에 따른 신고를 하지 아니한 자
6. 제27조의2제3항을 위반하여 형식승인표시를 하지 아니한 자
7. 제31조제2항을 위반하여 조사・열람・수거 등을 거부, 방해 또는 기피한 자
8. 제32조제2항 또는 제4항을 위반하여 시정조치계획을 제출하지 아니하거나 시정조치의 진행 상황을 보고하지 아니한 자
9. 제38조제2항에 따른 개선・시정 명령을 따르지 아니한 자

9의2. 제38조의5제3항을 위반한 다음 각 목의 어느 하나에 해당하는 자
 가. 이력사항을 고의로 입력하지 아니한 자
 나. 이력사항을 위조・변조하거나 고의로 훼손한 자
 다. 이력사항을 무단으로 외부에 제공한 자

9의3. 제38조의7제2항을 위반하여 변경인증을 받지 아니한 자

9의4. 제38조의9에 따른 준수사항을 지키지 아니한 자

9의5. 제38조의12제2항에 따른 정밀안전진단 명령을 따르지 아니한 자

9의6. 제38조의14제2항 후단을 위반하여 특별한 사유 없이 자료를 제출하지 아니하거나 거짓으로 제출한 자

10. 제39조의2제3항에 따른 안전조치를 따르지 아니한 자

10의2. 제39조의3제1항을 위반하여 영상기록장치를 설치・운영하지 아니한 자

13의2. 제48조의3제1항을 위반하여 국토교통부장관의 성능인증을 받은 보안검색장비를 사용하지 아니한 자
14. 제49조제1항을 위반하여 철도종사자의 직무상 지시에 따르지 아니한 사람
15. 제61조제1항 및 제61조의2제1항・제2항에 따른 보고를 하지 아니하거나 거짓으로 보고한 자
16. 제73조제1항에 따른 보고를 하지 아니하거나 거짓으로 보고한 자
17. 제73조제1항에 따른 자료제출을 거부, 방해 또는 기피한 자
18. 제73조제2항에 따른 소속 공무원의 출입・검사를 거부, 방해 또는 기피한 자

② 다음 각 호의 어느 하나에 해당하는 자에게는 **500만원 이하의 과태료**를 부과한다.
1. 제7조제3항(제26조의8 및 제27조의2제4항에서 준용하는 경우를 포함한다)을 위반하여 안전관리체계의 변경신고를 하지 아니하고 안전관리체계를 변경한 자
2. 제24조제1항을 위반하여 안전교육을 실시하지 아니한 자 또는 제24조제2항을 위반하여 직무교육을 실시하지 아니한 자
2의2. 제24조제3항을 위반하여 안전교육 실시 여부를 확인하지 아니하거나 안전교육을 실시하도록 조치하지 아니한 철도운영자등
3. 제26조제2항(제27조제4항에서 준용하는 경우를 포함한다)을 위반하여 변경신고를 하지 아니한 자
4. 제38조의2제2항 단서를 위반하여 개조신고를 하지 아니하고 개조한 철도차량을 운행한 자
5. 제38조의5제3항제1호를 위반하여 이력사항을 과실로 입력하지 아니한 자
6. 제38조의7제2항을 위반하여 변경신고를 하지 아니한 자
7. 제40조의2에 따른 준수사항을 위반한 자
7의2. 제44조제1항에 따른 위험물취급의 방법, 절차 등을 따르지 아니하고 위험물취급을 한 자(위험물을 철도로 운송한 자는 제외한다)
7의3. 제44조의2제1항에 따른 검사를 받지 아니하고 포장 및 용기를 판매 또는 사용한 자
7의4. 제44조의3제1항을 위반하여 자신이 고용하고 있는 종사자가 위험물취급안전교육을 받도록 하지 아니한 위험물취급자(2024.4.19.시행)
8. 제47조제1항제1호 또는 제3호를 위반하여 여객출입 금지장소에 출입하거나 물건을 여객열차 밖으로 던지는 행위를 한 사람
8의2. 제47조제3항을 위반하여 여객열차에서의 금지행위에 관한 사항을 안내하지 아니한 자
9. 제48조제5호를 위반하여 철도시설(선로는 제외한다)에 승낙 없이 출입하거나 통행한 사람
10. 제48조제7호・제9호 또는 제10호를 위반하여 철도시설에 유해물 또는 오물을 버리거나 열차운행에 지장을 준 사람
11. 제48조의3제2항에 따른 보안검색장비의 성능인증을 위한 기준・방법・절차 등을 위반한 인증기관 및 시험기관
12. 제61조제2항에 따른 보고를 하지 아니하거나 거짓으로 보고한 자

③ 다음 각 호의 어느 하나에 해당하는 자에게는 **300만원 이하의 과태료**를 부과한다.

3. 제9조의4제3항을 위반하여 우수운영자로 지정되었음을 나타내는 표시를 하거나 이와 유사한 표시를 한 자
4. 제20조제3항(제21조의11제2항에서 준용하는 경우를 포함한다)을 위반하여 운전면허증을 반납하지 아니한 사람

④ 다음 각 호의 어느 하나에 해당하는 자에게는 **100만원 이하의 과태료**를 부과한다.
1. 제40조의3을 위반하여 업무에 종사하는 동안에 열차 내에서 흡연을 한 사람(2024.4.19시행)
2. 제47조제1항제4호를 위반하여 여객열차에서 흡연을 한 사람
3. 제48조제5호를 위반하여 선로에 승낙 없이 출입하거나 통행한 사람

⑤ 다음 각 호의 어느 하나에 해당하는 자에게는 **50만원 이하의 과태료**를 부과한다.
1. 제45조제4항을 위반하여 조치명령을 따르지 아니한 자
2. 제47조제1항제7호를 위반하여 공중이나 여객에게 위해를 끼치는 행위를 한 사람

⑥ 제1항부터 제5항까지에 따른 과태료는 대통령령으로 정하는 바에 따라 국토교통부장관 또는 시·도지사(이 조 제1항제14호·제16호 및 제17호, 제2항제8호부터 제10호까지, 제4항제1호·제2호 및 제5항제1호·제2호만 해당한다)가 부과·징수한다.

제83조(과태료 규정의 적용 특례)

제82조의 과태료에 관한 규정을 적용할 때 제9조의2(제26조의8, 제27조의2제4항, 제38조의4, 제38조의11 및 제38조의15에서 준용하는 경우를 포함한다)에 따라 과징금을 부과한 행위에 대해서는 과태료를 부과할 수 없다.

***시행령 제64조(과태료 부과기준)**

법 제82조제1항부터 제5항까지의 규정에 따른 과태료 부과기준은 *별표 6*과 같다.

■ 철도안전법 시행령 [별표 6]

과태료 부과기준(제64조 관련)

1. 일반기준

가. 위반행위의 횟수에 따른 과태료의 가중된 부과기준은 최근 1년간 같은 위반행위로 과태료 부과처분을 받은 경우에 적용한다. 이 경우 기간의 계산은 위반행위에 대하여 과태료 부과처분을 받은 날과 그 처분 후 다시 같은 위반행위를 하여 적발된 날을 기준으로 한다.

나. 가목에 따라 가중된 부과처분을 하는 경우 가중처분의 적용 차수는 그 위반행위 전 부과처분 차수(가목에 따른 기간 내에 과태료 부과처분이 둘 이상 있었던 경우에는

높은 차수를 말한다)의 다음 차수로 한다.

다. 하나의 행위가 둘 이상의 위반행위에 해당하는 경우에는 그 중 무거운 과태료의 부과기준에 따른다.

라. 부과권자는 다음의 어느 하나에 해당하는 경우에는 제2호에 따른 과태료 금액의 2분의 1 범위에서 그 금액을 줄일 수 있다. 다만, 과태료를 체납하고 있는 위반행위자의 경우에는 그렇지 않다.

1) 삭제 <2020. 10. 8.>

2) 위반행위가 사소한 부주의나 오류로 인한 것으로 인정되는 경우

3) 위반행위자가 법 위반상태를 시정하거나 해소하기 위해 노력한 것이 인정되는 경우

4) 그 밖에 위반행위의 정도, 위반행위의 동기와 그 결과 등을 고려하여 과태료를 줄일 필요가 있다고 인정되는 경우

마. 부과권자는 다음의 어느 하나에 해당하는 경우에는 제2호의 개별기준에 따른 과태료 금액의 2분의 1 범위에서 그 금액을 늘릴 수 있다. 다만, 법 제82조제1항부터 제5항까지의 규정에 따른 과태료 금액의 상한을 넘을 수 없다.

1) 위반의 내용·정도가 중대하여 공중(公衆)에게 미치는 피해가 크다고 인정되는 경우

2) 그 밖에 위반행위의 정도, 위반행위의 동기와 그 결과 등을 고려하여 늘릴 필요가 있다고 인정되는 경우

2. 개별기준

위반행위	근거 법조문	과태료 금액 (단위: 만원)		
		1회 위반	2회 위반	3회 이상 위반
가. 법 제7조제3항(법 제26조의8 및 제27조의2제4항에서 준용하는 경우를 포함한다)을 위반하여 안전관리체계의 변경승인을 받지 않고 안전관리체계를 변경한 경우	법 제82조제1항제1호	300	600	900
나. 법 제7조제3항(법 제26조의8 및 제27조의2제4항에서 준용하는 경우를 포함한다)을 위반하여 안전관리체계의 변경신고를 하지 않고 안전관리체계를 변경한 경우	법 제82조제2항제1호	150	300	450
다. 법 제8조제3항(법 제26조의8 및 제27조의2제4항에서 준용하는 경우를 포함한다)을 위반하여 정당한 사유 없이	법 제82조제1항제2호	300	600	900

시정조치 명령에 따르지 않은 경우				
라. 법 제9조의4제3항을 위반하여 우수운영자로 지정되었음을 나타내는 표시를 하거나 이와 유사한 표시를 한 경우	법 제82조제3항제1호	90	180	270
마. 법 제9조의4제4항을 위반하여 시정조치명령을 따르지 않은 경우	법 제82조제1항제2호의2	300	600	900
바. 법 제20조제3항(법 제21조의11제2항에서 준용하는 경우를 포함한다)을 위반하여 운전면허증을 반납하지 않은 경우	법 제82조제3항제4호	90	180	270
사. 법 제24조제1항을 위반하여 안전교육을 실시하지 않거나 같은 조 제2항을 위반하여 직무교육을 실시하지 않은 경우	법 제82조제2항제2호	150	300	450
아. 법 제24제3항을 위반하여 철도운영자등이 안전교육 실시 여부를 확인하지 않거나 안전교육을 실시하도록 조치하지 않은 경우	법 제82조제2항제2호의2	150	300	450
자. 법 제26조제2항 본문(법 제27조제4항에서 준용하는 경우를 포함한다)을 위반하여 변경승인을 받지 않은 경우	법 제82조제1항제4호	300	600	900
차. 법 제26조제2항 단서(법 제27조제4항에서 준용하는 경우를 포함한다)를 위반하여 변경신고를 하지 않은 경우	법 제82조제2항제3호	150	300	450
카. 법 제26조의5제2항(법 제27조의2제4항에서 준용하는 경우를 포함한다)에 따른 신고를 하지 않은 경우	법 제82조제1항제5호	300	600	900
타. 법 제27조의2제3항을 위반하여 형식승인표시를 하지 않은 경우	법 제82조제1항제6호	300	600	900
파. 법 제31조제2항을 위반하여 조사·열람·수거 등을 거부, 방해 또는 기피한 경우	법 제82조제1항제7호	300	600	900
하. 법 제32조제2항 또는 제4항을 위반하여 시정조치계획을 제출하지 않거나 시정조치의 진행 상황을 보고하지 않은 경우	법 제82조제1항제8호	300	600	900
거. 법 제38조제2항에 따른 개선·시정 명령을 따르지 않은 경우	법 제82조제1항제9호	300	600	900
너. 법 제38조의2제2항 단서를 위반하여	법 제82조제2항제4호	150	300	450

개조신고를 하지 않고 개조한 철도차량을 운행한 경우				
더. 제38조의5제3항을 위반한 다음의 어느 하나에 해당하는 경우 1) 이력사항을 고의로 입력하지 않은 경우 2) 이력사항을 위조·변조하거나 고의로 훼손한 경우 3) 이력사항을 무단으로 외부에 제공한 경우	법 제82조제1항제9호의2	300	600	900
러. 법 제38조의5제3항제1호를 위반하여 이력사항을 과실로 입력하지 않은 경우	법 제82조제2항제5호	150	300	450
머. 법 제38조의7제2항을 위반하여 변경인증을 받지 않은 경우	법 제82조제1항제9호의3	300	600	900
버. 법 제38조의7제2항을 위반하여 변경신고를 하지 않은 경우	법 제82조제2항제6호	150	300	450
서. 법 제38조의9에 따른 준수사항을 지키지 않은 경우	법 제82조제1항제9호의4	300	600	900
어. 법 제38조의12제2항에 따른 정밀안전진단 명령을 따르지 않은 경우	법 제82조제1항제9호의5	300	600	900
저. 법 제38조의14제2항 후단을 위반하여 특별한 사유 없이 자료를 제출하지 않거나 거짓으로 제출한 경우	법 제82조제1항제9호의6	300	600	900
처. 법 제39조의2제3항에 따른 안전조치를 따르지 않은 경우	법 제82조제1항제10호	300	600	900
커. 법 제39조의3제1항을 위반하여 영상기록장치를 설치·운영하지 않은 경우	법 제82조제1항제10호의2	300	600	900
터. 법 제40조의2에 따른 준수사항을 위반한 경우	법 제82조제2항제7호	150	300	450
퍼. 법 제45조제4항을 위반하여 조치명령을 따르지 않은 경우	법 제82조제5항제1호	15	30	45
허. 법 제47조제1항제1호 또는 제3호를 위반하여 여객출입 금지장소에 출입하거나 물건을 여객열차 밖으로 던지는 행위를 한 경우	법 제82조제2항제8호	150	300	450
고. 법 제47조제1항제4호를 위반하여 여객열차에서 흡연을 한 경우	법 제82조제4항제1호	30	60	90

노. 법 제47조제1항제7호를 위반하여 공중이나 여객에게 위해를 끼치는 행위를 한 경우	법 제82조제5항제2호	15	30	45
도. 법 제47조제3항에 따른 여객열차에서의 금지행위에 관한 사항을 안내하지 않은 경우	법 제82조제2항제8호의2	150	300	450
로. 법 제48조제5호를 위반하여 철도시설(선로는 제외한다)에 승낙 없이 출입하거나 통행한 경우	법 제82조제2항제9호	150	300	450
모. 법 제48조제5호를 위반하여 선로에 승낙 없이 출입하거나 통행한 경우	법 제82조제4항제2호	30	60	90
보. 법 제48조제7호·제9호 또는 제10호를 위반하여 철도시설에 유해물 또는 오물을 버리거나 열차운행에 지장을 준 경우	법 제82조제2항제10호	150	300	450
소. 법 제48조의3제1항을 위반하여 국토교통부장관의 성능인증을 받은 보안검색장비를 사용하지 않은 경우	법 제82조제1항제13호의2	300	600	900
오. 인증기관 및 시험기관이 법 제48조의3제2항에 따른 보안검색장비의 성능인증을 위한 기준·방법·절차 등을 위반한 경우	법 제82조제2항제11호	150	300	450
조. 법 제49조제1항을 위반하여 철도종사자의 직무상 지시에 따르지 않은 경우	법 제82조제1항제14호	300	600	900
초. 법 제61조제1항에 따른 보고를 하지 않거나 거짓으로 보고한 경우	법 제82조제1항제15호	300	600	900
코. 법 제61조제2항에 따른 보고를 하지 않거나 거짓으로 보고한 경우	법 제82조제2항제12호	150	300	450
토. 법 제61조의2제1항·제2항에 따른 보고를 하지 않거나 거짓으로 보고한 경우	법 제82조제1항제15호	300	600	900
포. 법 제73조제1항에 따른 보고를 하지 않거나 거짓으로 보고한 경우	법 제82조제1항제16호	300	600	900
호. 법 제73조제1항에 따른 자료제출을 거부, 방해 또는 기피한 경우	법 제82조제1항제17호	300	600	900
구. 법 제73조제2항에 따른 소속 공무원의 출입·검사를 거부, 방해 또는 기피한 경우	법 제82조제1항제18호	300	600	900

부칙

이 법은 공포한 날부터 시행한다.

에듀컨텐츠·휴피아
CH Educontents·Huepia

철도안전법

2024년 6월 10일 초판 1쇄 인쇄
2024년 6월 15일 초판 1쇄 발행

저 자 | 김 형 준 ♦ 著

발 행 처 | 도서출판 에듀컨텐츠휴피아
발 행 인 | 李 相 烈
등록번호 | 제2017-000042호 (2002년 1월 9일 신고등록)
주 소 | 서울 광진구 자양로 28길 98, 동양빌딩
전 화 | (02) 443-6366
팩 스 | (02) 443-6376
e-mail | iknowledge@naver.com
web | http://cafe.naver.com/eduhuepia
만든사람들 | 기획 · 김수아 / 책임편집 · 이진훈 홍문정, 정민경 김민지 하지수
디자인 · 유충현 / 영업 · 이순우

ISBN 978-89-6356-455-5 (93320)
정 가 27,000원